畑 浩之 著

弱点克服

大学生の解析力学

東京図書

まえがき

解析力学は「最小作用の原理」を基本原理とした力学の美しい数学的体系であり，具体的な問題を解くためのさまざまな有用な手法も与えてくれる．考える系の力学変数とそのラグランジアンを定めれば，「最小作用の原理」から運動方程式 (オイラー・ラグランジュ方程式) が導かれる．ニュートン力学の質点系のラグランジアンに対しては，オイラー・ラグランジュ方程式は高校の物理以来学んできたニュートンの運動方程式を再現するが，解析力学の適用範囲は単にニュートン力学だけには留まらない．ローレンツ変換に対して不変なラグランジアンをとれば相対論的な力学を扱うことができ，また，空間の各点毎に自由度 (力学変数) が存在する「場の理論」と呼ばれる系 (例えば，マクスウェルの電磁場の理論) も解析力学の守備範囲内である．

さらに，解析力学は「量子力学」の理解の基礎を与えるものでもある．原子・分子以下の微視的な世界の物理を理解するためには，ニュートン力学やその一般化である解析力学ではなく，20 世紀初頭に構築された「量子力学」が必要となる．しかし，解析力学は量子力学の礎となるものであり，現代においても解析力学の知識は量子力学の理解のために大いに役に立つ．また，素粒子の世界は量子力学・場の理論・相対性理論を融合した「相対論的場の量子論」で記述されるが，解析力学に現れるさまざまな概念や手法はこの「相対論的場の量子論」においても必要となるものである．

さて，本書はこの解析力学の演習書であり，解析力学の体系を理解し応用するための 110 個の問題とそれに対する解説および解答からなる．「演習書」と書くと，その問題を解く前にまず「教科書」で解析力学を学ぶ必要があると読者は思うかも知れないが，本書では問題を解きながら解析力学を基礎から学べるように配慮した．具体的には，必要な定義や用語の説明は問題文あるいは「解説」の中で与え，教科書での基礎的な説明部分も本書では「問題」として取り上げている．

本書だけでは解析力学の基礎の理解が不十分と思われる場合は，拙著

『基幹講座 物理学 解析力学』

(益川敏英監修／植松恒夫，青山秀明編集／畑 浩之 著，東京図書，2014 年)

をお勧めするが，本書の問題を解くために必要というわけではない．なお，本書の 110 個の問題の中には『基幹講座 物理学 解析力学』で扱っているものも (特に，基礎部分に) あるが，より詳しい説明や異なる解法の紹介に努めている．また，本書の第 9 章 (剛体系の解析力学) は『基幹講座 物理学 解析力学』では全く扱っていない内容である．

本書は第 1 章から第 9 章までの全部で 9 つの章で構成されている．解析力学の体系には，ラグランジアンを出発点とする「ラグランジュ形式」と，ハミルトニアンに基づいた「ハミルトン形式」があり，第 1～5 章および第 9 章がラグランジュ形式，第 6～8 章がハミルトン形式に関するものである．各問題は「基本」「標準」「発展」の 3 段階に分類されているが，「基本」の中にも基本原理を理解していないと解答できないものもあり，また，「発展」の中には単に数式的に煩雑なものも含まれている．この 3 段階分類にはあまりこだわらずに，できるだけ多くの問題に挑戦していただきたい．

最後に，本書の執筆を勧めていただき，執筆中も常にサポートをいただいた東京図書の川上禎久氏に感謝したい．

2022 年 4 月

畑 浩之

目次

★問題の頁数のあとのマス目は，自分の理解の度合いを記入しておくのにご利用ください．

■カバー・表紙デザイン 高橋 敦

Chapter 1

ラグランジアンとオイラー・ラグランジュ方程式

最小作用の原理は解析力学の基本原理である．この原理にしたがえば，考える系の力学変数を定め，そのラグランジアンを与えることで，運動方程式がオイラー・ラグランジュ方程式として得られる．質点系の場合，オイラー・ラグランジュ方程式はニュートンの運動方程式と一致するが，ニュートンの運動方程式から出発する手法に比べ，最小作用の原理に基づく手法の方がはるかに見通しがよく，実用的である．この章では，最小作用の原理からのオイラー・ラグランジュ方程式の導出から出発し，さまざまな系のラグランジアンの決定とオイラー・ラグランジュ方程式の導出，そしてその解の構成についての問題を扱う．

問題 01　1 変数関数の微分とテイラー展開　基本

1. 次の各関数の x 微分を求めよ:

$$\sin^2 x \cos(x^2), \qquad \frac{x}{(\ln x)^2}, \qquad x\,e^{\sin x}$$

2. 次の各関数の $x=0$ 周りのテイラー展開を x の 1 次項まで求めよ (a と b は定数で，$b>0$):

$$\sin(a+x), \quad \cos(a+x), \quad \sqrt{b+x}, \quad \frac{1}{\sqrt{b-x}}$$

3. 次の各関数の $x=0$ 周りのテイラー展開を x^2 項まで求めよ:

$$\frac{1}{\sin^2(a+x)} \ (a\neq 0), \quad \sqrt{1+x+x^2}, \quad \frac{1+x}{2+x}$$

解 説　本書の全体を通して必要とされる 1 変数関数の微分と**テイラー展開** (Taylor expansion) の理解を確認する問題である．

1. 微分に関しては，関数の積の微分についての**ライプニッツ則** (Leibniz rule) と合成関数の微分についての**チェインルール** (chain rule) が重要である:

$$\frac{d}{dx}\big(f(x)g(x)\big) = f'(x)g(x) + f(x)g'(x) \quad (\text{ライプニッツ則}) \tag{01.1}$$

$$\frac{d}{dx}f\big(g(x)\big) = f'\big(g(x)\big)\,g'(x) \quad (\text{チェインルール}) \tag{01.2}$$

ここに，$f'(x)=\dfrac{df(x)}{dx}$ であり，(01.2) における $f\big(g(x)\big)$ は $f(x)$ の x を $g(x)$ に取り替えた合成関数である．チェインルールを用いて得られる特に有用な初等関数についての微分公式を以下に挙げておく (a は定数):

$$\frac{d}{dx}f(x)^a = af(x)^{a-1}f'(x), \quad \frac{d}{dx}e^{f(x)} = f'(x)\,e^{f(x)}, \quad \frac{d}{dx}\ln f(x) = \frac{f'(x)}{f(x)}$$

$$\frac{d}{dx}\sin f(x) = f'(x)\cos f(x), \quad \frac{d}{dx}\cos f(x) = -f'(x)\sin f(x)$$

2. 関数 $f(x)$ のテイラー展開公式は ($f''(x)=\dfrac{d^2f(x)}{dx^2}$，$f^{(n)}(x)=\dfrac{d^nf(x)}{dx^n}$ として)

$$f(a+x) = f(a) + \sum_{n=1}^{\infty}\frac{1}{n!}f^{(n)}(a)\,x^n = f(a) + f'(a)x + \frac{1}{2}f''(a)x^2 + \cdots \tag{01.3}$$

特に有用な初等関数のテイラー展開公式を挙げておく:

$$e^x = \sum_{n=0}^{\infty}\frac{1}{n!}x^n = 1 + x + \frac{1}{2}x^2 + O(x^3) \tag{01.4}$$

$$\sin x = \sum_{n=0}^{\infty} \frac{(-1)^n}{(2n+1)!} x^{2n+1} = x - \frac{1}{3!} x^3 + O(x^5) \tag{01.5}$$

$$\cos x = \sum_{n=0}^{\infty} \frac{(-1)^n}{(2n)!} x^{2n} = 1 - \frac{1}{2!} x^2 + O(x^4) \tag{01.6}$$

$$(1+x)^a = 1 + \sum_{n=1}^{\infty} \binom{a}{n} x^n = 1 + ax + \frac{a(a-1)}{2} x^2 + O(x^3) \tag{01.7}$$

$$\ln(1+x) = \sum_{n=1}^{\infty} \frac{(-1)^{n-1}}{n} x^n = x - \frac{1}{2}x^2 + O(x^3) \tag{01.8}$$

なお，(01.7)において $\binom{a}{n} \equiv \dfrac{a(a-1)\cdots(a-n+1)}{n!}$.

解答

1. いずれもライプニッツ則 (01.1)とチェインルール (01.2)を用いて

$$\frac{d}{dx}\left(\sin^2 x\ \cos(x^2)\right) = 2\sin x \cos x \cos(x^2) - 2x \sin^2 x \sin(x^2)$$

$$\frac{d}{dx}\frac{x}{(\ln x)^2} = \frac{1}{(\ln x)^2} - \frac{2}{(\ln x)^3}$$

$$\frac{d}{dx}\left(x\, e^{\sin x}\right) = (1 + x\cos x)\, e^{\sin x}$$

2. 一般公式 (01.3)および (01.7)を用いて

$$\sin(a+x) = \sin a + x\cos a + O(x^2), \tag{01.9}$$

$$\cos(a+x) = \cos a - x\sin a + O(x^2) \tag{01.10}$$

$$\sqrt{b+x} = \sqrt{b}\sqrt{1+\frac{x}{b}} = \sqrt{b}\left(1 + \frac{x}{2b} + O(x^2)\right)$$

$$\frac{1}{\sqrt{b-x}} = \frac{1}{\sqrt{b}}\left(1 - \frac{x}{b}\right)^{-1/2} = \frac{1}{\sqrt{b}}\left(1 + \frac{x}{2b} + O(x^2)\right) \tag{01.11}$$

3. これも一般公式 (01.3)および (01.7)を用いて

$$\frac{1}{\sin^2(a+x)} = \frac{1}{\sin^2 a} - \frac{2\cos a}{\sin^3 a} x + \left(\frac{3}{\sin^4 a} - \frac{2}{\sin^2 a}\right) x^2 + O(x^3) \tag{01.12}$$

$$\begin{aligned}\sqrt{1+x+x^2} &= 1 + \frac{1}{2}\left(x + x^2\right) - \frac{1}{8}\left(x + x^2\right)^2 + O(x^3) \\ &= 1 + \frac{1}{2}x + \frac{3}{8}x^2 + O(x^3)\end{aligned}$$

$$\begin{aligned}\frac{1+x}{2+x} &= (1+x)\,\frac{1}{2}\left(1 + \frac{x}{2}\right)^{-1} = \frac{1}{2}(1+x)\left(1 - \frac{x}{2} + \left(\frac{x}{2}\right)^2 + O(x^3)\right) \\ &= \frac{1}{2} + \frac{x}{4} - \frac{x^2}{8} + O(x^3)\end{aligned}$$

問題 02　多変数関数の偏微分とテイラー展開　基本

1. 次の (i), (ii), (iii) の各2変数関数 $f(x,y)$ に対して偏微分 $\dfrac{\partial f(x,y)}{\partial x}$ と $\dfrac{\partial f(x,y)}{\partial y}$ を求めよ (a, b, c は定数):

(i)　$f(x,y) = x^2 y + xy^3$

(ii)　$f(x,y) = \sin ax \, \cos(bx + cy)$

(iii)　$f(x,y) = \exp\bigl(ax^2 + bxy + cy\bigr)$

2. 上の (i), (ii), (iii) の各 $f(x,y)$ に対して，$f(x+\varepsilon, y+\eta)$ の微小量 ε と η についての1次までのテイラー展開を与えよ．
3. 設問1の (i) の関数 $f(x,y) = x^2 y + xy^3$ により $F(\theta) = f(\cos\theta, \sin\theta)$ で与えられる変数 θ の関数 $F(\theta)$ について，$\dfrac{dF(\theta)}{d\theta}$ を下の [解説] のチェインルール (02.3)を用いて求めよ．

解説　解析力学の出発点である「最小作用の原理」と，それから得られる「オイラー・ラグランジュ方程式」を理解するために，まず，多変数関数の**偏微分**と**テイラー展開** (Taylor expansion) を確認しておこう．

1. N 変数関数 $f(x_1, x_2, \cdots, x_N)$ の変数 x_i $(i = 1, 2, \cdots, N)$ についての偏微分 $\dfrac{\partial f(x_1, x_2, \cdots, x_N)}{\partial x_i}$ は，x_i 以外の変数を単に定数と見なして，x_i についてのみ微分すればよい．
2. 1変数関数 $f(x)$ のテイラー展開公式は (01.3)で与えられた．あるいは，次の (02.2) に記号を合わせると，$f(x+\varepsilon)$ の微小量 ε についての展開は

$$f(x+\varepsilon) = \sum_{n=0}^{\infty} \frac{1}{n!} \frac{d^n f(x)}{dx^n} \varepsilon^n = f(x) + \frac{df(x)}{dx}\varepsilon + \frac{1}{2!}\frac{d^2 f(x)}{dx^2}\varepsilon^2 + \cdots \qquad (02.1)$$

解析力学では多変数関数のテイラー展開が必要となるが，N 変数関数 $f(x_1, \cdots, x_N)$ の微小量 ε_i の2次までのテイラー展開は次式で与えられる:

$$\begin{aligned} f(x_1 + \varepsilon_1, \cdots, x_N + \varepsilon_N) &= f(x_1, \cdots, x_N) \\ &\quad + \sum_{i=1}^{N} \frac{\partial f(x_1, \cdots, x_N)}{\partial x_i}\varepsilon_i + \frac{1}{2!}\sum_{i,j=1}^{N} \frac{\partial f(x_1, \cdots, x_N)}{\partial x_i \partial x_j}\varepsilon_i \varepsilon_j + \cdots \end{aligned} \qquad (02.2)$$

3. N 変数関数 $f(x_1, \cdots, x_N)$ の各 x_i をある変数 s の関数 $x_i(s)$ として得られる

$$F(s) = f(x_1(s), \cdots, x_N(s))$$

の s についての微分は次の**チェインルール**で与えられる:

$$\frac{d}{ds}F(s) = \sum_{i=1}^{N} \frac{\partial f(x_1, \cdots, x_N)}{\partial x_i}\bigg|_{x=x(s)} \frac{dx_i(s)}{ds} \tag{02.3}$$

ここに，右辺の記号 $\big|_{x=x(s)}$ は「その左の量に $(x_1, \cdots, x_N) \Rightarrow (x_1(s), \cdots, x_N(s))$ の置き換えをする」の意味．変数 s を多変数 $(s_1, \cdots, s_M)$ とした場合も，(02.3) の両辺で $d/ds \Rightarrow \partial/\partial s_k$ $(k = 1, \cdots, M)$ と置き換えた公式が成り立つ．

解答

1. 2 変数関数 $f(x, y)$ の x についての偏微分は，y を定数と見なして x のみを微分する．

(i)
$$\frac{\partial f(x,y)}{\partial x} = 2xy + y^3, \quad \frac{\partial f(x,y)}{\partial y} = x^2 + 3xy^2$$

(ii)
$$\frac{\partial f(x,y)}{\partial x} = a\cos ax\ \cos(bx+cy) - b\sin ax\ \sin(bx+cy)$$
$$\frac{\partial f(x,y)}{\partial y} = -c\sin ax\ \sin(bx+cy)$$

(iii)
$$\frac{\partial f(x,y)}{\partial x} = (2ax+by)\exp\Big(ax^2+bxy+cy\Big)$$
$$\frac{\partial f(x,y)}{\partial y} = (bx+c)\exp\Big(ax^2+bx+cy\Big)$$

2. この問題で必要となる 2 変数関数 $f(x, y)$ のテイラー展開公式は

$$f(x+\varepsilon, y+\eta) = f(x,y) + \frac{\partial f(x,y)}{\partial x}\varepsilon + \frac{\partial f(x,y)}{\partial y}\eta + \cdots \tag{02.4}$$

これに前設問 1 の結果を用いて

(i)
$$f(x+\varepsilon, y+\eta) = x^2y + xy^3 + \Big(2xy + y^3\Big)\varepsilon + \Big(x^2 + 3xy^2\Big)\eta + \cdots$$

(ii)
$$\begin{aligned} f(x+\varepsilon, y+\eta) = &\sin ax\ \cos(bx+cy) \\ &+ \Big(a\cos ax\ \cos(bx+cy) - b\sin ax\ \sin(bx+cy)\Big)\varepsilon \\ &- c\sin ax\ \sin(bx+cy)\,\eta + \cdots \end{aligned}$$

(iii)
$$f(x+\varepsilon, y+\eta) = e^{ax^2+bx+cy}\left[1 + (2ax+by)\,\varepsilon + (bx+c)\,\eta + \cdots\right]$$

各式において $\cdots$ は微小量 (ε, η) の 2 次以上 (ε^2, $\varepsilon\eta$, η^2 やそれ以上の冪項) を表す．

3. 公式 (02.3)(ただし，$s \Rightarrow \theta$) と，設問 1 の (i) の解答を用いて

$$\begin{aligned} \frac{\partial F(\theta)}{\partial \theta} &= \frac{\partial f(x,y)}{\partial x}\bigg|_{\substack{x=\cos\theta \\ y=\sin\theta}} \frac{d\cos\theta}{d\theta} + \frac{\partial f(x,y)}{\partial y}\bigg|_{\substack{x=\cos\theta \\ y=\sin\theta}} \frac{d\sin\theta}{d\theta} \\ &= \Big(2\cos\theta\sin\theta + \sin^3\theta\Big)(-\sin\theta) + \Big(\cos^2\theta + 3\cos\theta\sin^2\theta\Big)\cos\theta \\ &= -2\cos\theta\sin^2\theta - \sin^4\theta + \cos^3\theta + 3\cos^2\theta\sin^2\theta \end{aligned}$$

もちろん，$F(\theta) = \cos^2\theta\sin\theta + \cos\theta\sin^3\theta$ を直接微分した結果と一致する．

問題 03　最小作用の原理とオイラー・ラグランジュ方程式　標準

1つの力学変数 $q(t)$ で記述される系 (1自由度系) を考える．この系の**ラグランジアン** (Lagrangian) $L(q(t),\dot{q}(t))$ は $q(t)$ とその時間微分 $\dot{q}(t) \equiv \dfrac{d}{dt}q(t)$ により与えられ，時刻 t_I から t_F までの**作用** (action) はラグランジアンの時間積分

$$S[q] = \int_{t_I}^{t_F} dt\, L(q(t),\dot{q}(t)) \tag{03.1}$$

として定義される．

最小作用の原理 (Principle of least action) は

両端の時刻における $q(t)$ の値を

$$q(t_I) = q_I, \qquad q(t_F) = q_F \tag{03.2}$$

と指定したとき，$t_I < t < t_F$ における $q(t)$ (すなわち，系の運動) は $S[q]$ の値が最小となるように決まる．

とするものである．この最小作用の原理から，$q(t)$ の運動方程式として**オイラー・ラグランジュ方程式** (Euler-Lagrange equation)

$$\frac{d}{dt}\frac{\partial L(q(t),\dot{q}(t))}{\partial \dot{q}(t)} = \frac{\partial L(q(t),\dot{q}(t))}{\partial q(t)} \qquad (t_I < t < t_F) \tag{03.3}$$

を導け．

解 説　解析力学における運動方程式であるオイラー・ラグランジュ方程式は**最小作用の原理**から導出されるが，この問題は1自由度系においてこの導出を問うたものである．

解答では**問題 02** の2変数関数 $f(x,y)$ のテイラー展開公式 (02.4)を

$$f(x,y) \Rightarrow L(q(t),\dot{q}(t)), \quad f(x+\varepsilon, y+\eta) \Rightarrow L(q(t)+\delta q(t), \dot{q}(t)+\delta\dot{q}(t))$$

として応用する．変数 $q(t)$ と $\dot{q}(t)$ は時間の関数であるが，「ある時刻 t」におけるものであり，x や y と同様の変数と見なして扱う．

解 答

今，$q(t)$ が作用 $S[q]$ を最小にするものとして，この $q(t)$ から微小な時間の関数 $\delta q(t)$ だけずれた $q(t)+\delta q(t)$ の作用

$$S[q+\delta q] = \int_{t_I}^{t_F} dt\, L\left(q(t)+\delta q(t), \dot{q}(t)+\delta\dot{q}(t)\right) \tag{03.4}$$

を考える．ただし，

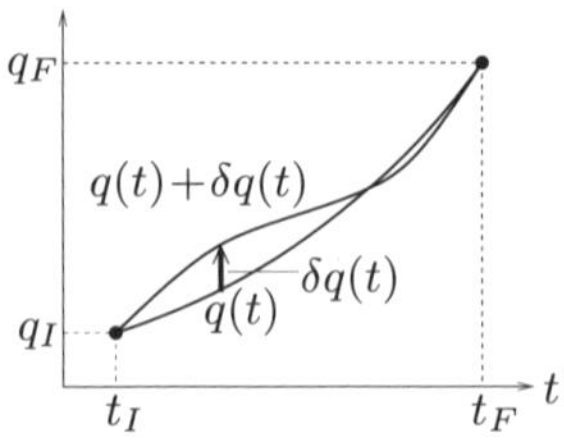

- δq は δ と q の掛け算ではなく，2つの文字で表された1つの時間の関数である．

- $\delta\dot{q}(t)$ は $\dot{q}(t)$ のずれ分であるが，
$$\delta\dot{q}(t) = \frac{d}{dt}\delta q(t) \tag{03.5}$$
である．
- $q(t) + \delta q(t)$ も両端の時刻 $t = t_I, t_F$ における条件 (03.2)を満たすべきことから，ずれ $\delta q(t)$ は両端の時刻でゼロでなければならない:
$$\delta q(t_I) = 0, \qquad \delta q(t_F) = 0 \tag{03.6}$$

さて，$S[q+\delta q]$ を微小な δq について冪展開しよう．まず，各時刻 t における $L(q(t), \dot{q}(t))$ を変数 $q(t)$ と $\dot{q}(t)$ の 2 変数関数としてテイラー展開を行うと
$$L(q+\delta q, \dot{q}+\delta\dot{q}) = L(q, \dot{q}) + \frac{\partial L(q, \dot{q})}{\partial q}\delta q + \frac{\partial L(q, \dot{q})}{\partial \dot{q}}\delta\dot{q} + (\delta q,\ \delta\dot{q} \text{ の 2 次以上})$$
これを (03.4)に代入して，**微小変形** $q(t) \to q(t) + \delta q(t)$ による作用 $S[q]$ の変化分 $\delta S[q]$ は (δq の 1 次に比べてより微小な $(\delta q, \delta\dot{q})$ の 2 次以上は無視し) 次式となる:
$$\delta S[q] \equiv S[q+\delta q] - S[q] = \int_{t_I}^{t_F} dt \left(\frac{\partial L(q(t), \dot{q}(t))}{\partial q(t)} - \frac{d}{dt}\frac{\partial L(q(t), \dot{q}(t))}{\partial \dot{q}(t)} \right) \delta q(t) \tag{03.7}$$
この導出において (03.5) を用い，次の部分積分を行った:
$$\int_{t_I}^{t_F} dt\, \frac{\partial L(q, \dot{q})}{\partial \dot{q}}\delta\dot{q} = \underbrace{\left[\frac{\partial L(q, \dot{q})}{\partial \dot{q}}\, \delta q(t) \right]_{t=t_I}^{t=t_F}}_{=0} - \int_{t_I}^{t_F} dt \left(\frac{d}{dt}\frac{\partial L(q, \dot{q})}{\partial \dot{q}} \right) \delta q(t)$$
ここで，右辺第 1 項が消えるのは (03.6)のためである．

最初の仮定の通り「$q(t)$ が作用 $S[q]$ を最小にする」とすると，(03.7)は任意の $\delta q(t)$ に対して負になってはいけない．しかし，これは各時刻 t において $\delta q(t)$ に掛かる量がゼロ，すなわちオイラー・ラグランジュ方程式 (03.3) が成り立たなければ不可能である．

補足

- 上の議論からわかるように，オイラー・ラグランジュ方程式 (03.3)は $\delta q = 0$ が $S[q+\delta q]$ の**停留点** (極小点，極大点，鞍点のどれか) であることを意味するだけであり，実際，極小点ではない場合もある．これを調べるには，ここでは無視した $(\delta q, \delta\dot{q})$ の 2 次項を見る必要がある．通常，「最小作用の原理」と呼ぶが，正確には「停留作用の原理」である．なお，$\delta q = 0$ が**鞍点**であるとは「ある $\delta q(t)$ の方向には極小点であるが，別の $\delta q(t)$ の方向には極大点となっている」ということである．1 自由度系で関数 $\delta q(t)$ が 1 つだけの場合も，t の関数としての $\delta q(t)$ の種類は無限個ある．
- (03.7)で与えられる作用 $S[q]$ の変化分 $\delta S[q] \equiv S[q+\delta q] - S[q]$ を「$S[q]$ の**変分** (variation)」と呼ぶ．また，変分 $\delta S[q]$ が任意の $\delta q(t)$ に対してゼロとなるべきことからオイラー・ラグランジュ方程式を導く手法を**変分法** (variational method) と呼ぶ．

問題 04　多自由度系のオイラー・ラグランジュ方程式　標準

問題 03 では 1 自由度系において最小作用の原理からオイラー・ラグランジュ方程式を導いた．ここではより一般に N 個の力学変数 $q(t) = (q_1(t), q_2(t), \cdots, q_N(t))$ を持った系 (N 自由度系) を考え，そのラグランジアンを

$$L(q(t), \dot{q}(t), t) = L(q_1(t), \cdots, q_N(t), \dot{q}_1(t), \cdots, \dot{q}_N(t), t)$$

とする．ここに，

- N 自由度系において単に q や $\dot{q}$ と書いた場合は，上記のように N 個の組 $(q_1, \cdots, q_N)$ や $(\dot{q}_1, \cdots, \dot{q}_N)$ を意味するものとする．
- $L(q(t), \dot{q}(t), t)$ の 3 番目の変数 t は「ラグランジアン L の**陽な時間依存性** (explicit time-dependence)」と呼び，時間の関数である $q(t)$ と $\dot{q}(t)$ を通じた以外の，手で与えた t の関数による L の時間依存性を表す．例えば，m, k, a, b を定数として

$$L(q, \dot{q}, t) = \sum_{i=1}^{N} \left(\frac{1}{2} m\, e^{-at^2} \dot{q}_i(t)^2 - \frac{1}{2} \frac{k}{1+bt^2} q_i(t)^2 \right) \tag{04.1}$$

  で与えられる L において，e^{-at^2} と $1/(1+bt^2)$ の t 依存性が陽な時間依存性である．陽な時間依存性がない場合は，単に $L(q, \dot{q})$ と書く．

この N 自由度系において最小作用の原理から導かれるオイラー・ラグランジュ方程式が各 i に対する N 個の方程式

$$\frac{d}{dt} \frac{\partial L(q, \dot{q}, t)}{\partial \dot{q}_i} = \frac{\partial L(q, \dot{q}, t)}{\partial q_i} \qquad (i = 1, 2, \cdots, N) \tag{04.2}$$

となることを示せ．

なお，N 自由度系においても，最小作用の原理は，境界条件 (03.6)を満たす $\delta q(t)$ (ただし，N 成分) に対して $S[q + dq]$ が $\delta q(t) = 0$ で停留すべきことを意味する．

解 説　本書では，和記号を含む数式が煩雑になるのを防ぐために，次の**アインシュタインの縮約ルール** (Einstein summation convention) を採用する:

<u>アインシュタインの縮約ルール</u>
ある単項式において同じインデックス (例えば i) が 2 回現れたら，(和記号がなくても) そのインデックスについて足し上げるものとする．
例えば，$A_i B_i$ と $A_i^2 (= A_i A_i)$ は，いずれも $\sum_i$ が省略されているものと見なす．

したがって，アインシュタインの縮約ルールを適用すると，(04.1)の和記号 $\sum_{i=1}^{N}$ は不必要となる．ただし，わかり易さのためや誤解を防ぐために，和記号を明記する場合もある．

なお，アインシュタインの縮約ルールは，元々は一般相対論の数式中に非常に多くの

和記号が現れて煩雑になるのを防ぐために，アインシュタインにより導入されたものであるが，今は一般相対論以外の非常に多くの場所で便利に用いられている．

解答

q と $\dot{q}$ がここではそれぞれ N 成分となることを考慮すれば**問題 03** の解答とほぼ同様である．L が陽な時間依存性を持つことは全く関係しない．まず，$L(q+\delta q, \dot{q}+\delta\dot{q}, t)$ の $(\delta q, \delta\dot{q})$ についての Taylor 展開は $2N$ 変数についてのものとなり

$$
\begin{aligned}
L(q+\delta q, \dot{q}+\delta\dot{q}, t) &= L(q, \dot{q}, t) \\
&\quad + \frac{\partial L(q,\dot{q},t)}{\partial q_i}\delta q_i + \frac{\partial L(q,\dot{q},t)}{\partial \dot{q}_i}\delta\dot{q}_i + (\delta q,\ \delta\dot{q}\ \text{の 2 次以上})
\end{aligned}
$$

ここではアインシュタインの縮約ルール ([解説] 参照) を用いており，右辺第 2 項と第 3 項において和記号 $\sum_{i=1}^{N}$ が省略されている．このテイラー展開を用いて作用 $S[q]$ の変分は (δq, $\delta\dot{q}$ の 2 次以上を無視し)

$$
\delta S[q] \equiv S[q+\delta q] - S[q] = \int_{t_I}^{t_F} dt \left(\frac{\partial L(q(t),\dot{q}(t),t)}{\partial q_i(t)} - \frac{d}{dt}\frac{\partial L(q(t),\dot{q}(t),t)}{\partial \dot{q}_i(t)} \right)\delta q_i(t) \tag{04.3}
$$

この導出において

$$
\delta\dot{q}_i(t) = \frac{d}{dt}\delta q_i(t)
$$

を用い，次の部分積分を行った:

$$
\int_{t_I}^{t_F} dt\, \frac{\partial L(q,\dot{q},t)}{\partial \dot{q}_i}\delta\dot{q}_i = \underbrace{\left[\frac{\partial L(q,\dot{q},t)}{\partial \dot{q}_i}\,\delta q_i(t)\right]_{t=t_I}^{t=t_F}}_{=0} - \int_{t_I}^{t_F} dt\left(\frac{d}{dt}\frac{\partial L(q,\dot{q},t)}{\partial \dot{q}_i}\right)\delta q_i(t)
$$

ここで，右辺第 2 項が消えるのは，境界条件

$$
\delta q_i(t_I) = 0, \qquad \delta q_i(t_F) = 0
$$

のためである．

最小作用の原理は，$S[q+\delta q]$ が $\delta q(t) = 0$ で停留すべきこと，すなわち，(04.3)の最右辺で与えられる $\delta S[q]$ の $\delta q_i(t)$ についての 1 次項が消えるべきことを要求しており，これはオイラー・ラグランジュ方程式 (04.2)を意味する．

問題 05　オイラー・ラグランジュ方程式とニュートンの運動方程式　基本

1. 3 次元空間における**ポテンシャル・エネルギー** $U(\boldsymbol{x})$ の下の質量 m の 1 質点系を考える．そのラグランジアンは，質点の**位置ベクトル** $\boldsymbol{x}(t) = (x_1(t), x_2(t), x_3(t))$ および速度ベクトル $\dot{\boldsymbol{x}}(t) = (\dot{x}_1(t), \dot{x}_2(t), \dot{x}_3(t))$ により

$$L(\boldsymbol{x}(t), \dot{\boldsymbol{x}}(t)) = (\text{運動エネルギー}) - (\text{ポテンシャル・エネルギー})$$
$$= \frac{1}{2}m\dot{\boldsymbol{x}}(t)^2 - U(\boldsymbol{x}(t))$$

で与えられるとする．この 1 質点系のオイラー・ラグランジュ方程式

$$\frac{d}{dt}\frac{\partial L(\boldsymbol{x}, \dot{\boldsymbol{x}})}{\partial \dot{x}_i} = \frac{\partial L(\boldsymbol{x}, \dot{\boldsymbol{x}})}{\partial x_i} \qquad (i = 1, 2, 3)$$

が**ニュートンの運動方程式**を再現することを示せ．

2. 3 次元空間において 2 個の質点の系を考える．質点 a $(a = 1, 2)$ の質量と位置ベクトルをそれぞれ m_a と $\boldsymbol{x}_a(t) = (x_a(t), y_a(t), z_a(t))$ とし，2 質点間には**万有引力型**のポテンシャル・エネルギー

$$U(\boldsymbol{x}_1, \boldsymbol{x}_2) = -\frac{k}{|\boldsymbol{x}_1 - \boldsymbol{x}_2|} \qquad \left(|\boldsymbol{x}_1 - \boldsymbol{x}_2| \equiv \sqrt{(\boldsymbol{x}_1 - \boldsymbol{x}_2)^2}\right)$$

による力が働いているとする．この系のラグランジアンも

$$L(\boldsymbol{x}_1, \boldsymbol{x}_2, \dot{\boldsymbol{x}}_1, \dot{\boldsymbol{x}}_2) = (\text{運動エネルギー}) - (\text{ポテンシャル・エネルギー})$$

として，それぞれの質点のオイラー・ラグランジュ方程式を与えよ．

解説　3 次元空間における 1 質点系の力学変数はその位置ベクトルの各成分 $x_i(t)$ $(i = 1, 2, 3)$ の 3 つであり，この系は 3 自由度系である．一般に，3 次元空間における N 質点系の自由度は $3N$ である．

質点系のラグランジアンは

$$L = (\text{運動エネルギー}) - (\text{ポテンシャル・エネルギー})$$

と取ることで，そのオイラー・ラグランジュ方程式からニュートンの運動方程式が再現される．

なお，本書では，質点の位置ベクトル $\boldsymbol{x}$ の成分を，設問 1 のように (x_1, x_2, x_3) とする場合と，設問 2 のように (x, y, z) とする場合がある (問題に応じて，表記上見やすいほうを採用する)．

解答

1. オイラー・ラグランジュ方程式の両辺を計算する．まず，

$$\frac{\partial L(\boldsymbol{x}, \dot{\boldsymbol{x}})}{\partial \dot{x}_i} = \frac{\partial}{\partial \dot{x}_i}\frac{1}{2}m\dot{\boldsymbol{x}}^2 = \frac{1}{2}m\frac{\partial}{\partial \dot{x}_i}\left(\dot{x}_1^2 + \dot{x}_2^2 + \dot{x}_3^2\right) = m\dot{x}_i$$

これをさらに時間微分して，オイラー・ラグランジュ方程式の左辺は

$$\frac{d}{dt}\frac{\partial L(\boldsymbol{x}, \dot{\boldsymbol{x}})}{\partial \dot{x}_i} = \frac{d}{dt}m\dot{x}_i = m\ddot{x}_i \qquad \left(\ddot{x}_i(t) = \frac{d^2 x_i(t)}{dt^2}\right)$$

となる．次に右辺は

$$\frac{\partial L(\boldsymbol{x}, \dot{\boldsymbol{x}})}{\partial x_i} = \frac{\partial}{\partial x_i}\left(-U(\boldsymbol{x})\right) = -\frac{\partial U(\boldsymbol{x})}{\partial x_i}$$

よってオイラー・ラグランジュ方程式は

$$m\ddot{x}_i = -\frac{\partial U(\boldsymbol{x})}{\partial x_i} \qquad (i = 1, 2, 3)$$

あるいは，ベクトル記号で表すと

$$m\ddot{\boldsymbol{x}} = -\boldsymbol{\nabla} U(\boldsymbol{x})$$

となるが，これはポテンシャル・エネルギー $U(\boldsymbol{x})$ の下の質点に対するニュートンの運動方程式に他ならない (右辺は**ポテンシャル力**である).

2. この系のラグランジアンは

$$\begin{aligned} L(\boldsymbol{x}_1, \boldsymbol{x}_2, \dot{\boldsymbol{x}}_1, \dot{\boldsymbol{x}}_2) &= \frac{1}{2}m_1\dot{\boldsymbol{x}}_1^2 + \frac{1}{2}m_2\dot{\boldsymbol{x}}_2^2 - U(\boldsymbol{x}_1, \boldsymbol{x}_2) \\ &= \frac{1}{2}m_1\dot{\boldsymbol{x}}_1^2 + \frac{1}{2}m_2\dot{\boldsymbol{x}}_2^2 + \frac{k}{|\boldsymbol{x}_1 - \boldsymbol{x}_2|} \end{aligned}$$

2 質点系のオイラー・ラグランジュ方程式をベクトル記号で表すと

$$\frac{d}{dt}\frac{\partial L}{\partial \dot{\boldsymbol{x}}_a} = \frac{\partial L}{\partial \boldsymbol{x}_a} \quad (a = 1, 2)$$

であるが，今の L の場合

$$\frac{\partial L}{\partial \dot{\boldsymbol{x}}_a} = m_a\dot{\boldsymbol{x}}_a \ \Rightarrow \ \frac{d}{dt}\frac{\partial L}{\partial \dot{\boldsymbol{x}}_a} = m_a\ddot{\boldsymbol{x}}_a, \quad \frac{\partial L}{\partial \boldsymbol{x}_a} = -\frac{\partial}{\partial \boldsymbol{x}_a}U(\boldsymbol{x}_1, \boldsymbol{x}_2)$$

よりオイラー・ラグランジュ方程式は

$$m_a\ddot{\boldsymbol{x}}_a = -\frac{\partial}{\partial \boldsymbol{x}_a}U(\boldsymbol{x}_1, \boldsymbol{x}_2) = -\boldsymbol{\nabla}_a U(\boldsymbol{x}_1, \boldsymbol{x}_2)$$

となり，ニュートンの運動方程式を再現する．特に問題の万有引力型ポテンシャルの場合は

$$\frac{\partial}{\partial \boldsymbol{x}_a}U(\boldsymbol{x}_1, \boldsymbol{x}_2) = -\frac{\partial}{\partial \boldsymbol{x}_a}\frac{k}{|\boldsymbol{x}_1 - \boldsymbol{x}_2|} = \frac{k}{|\boldsymbol{x}_1 - \boldsymbol{x}_2|^3} \times \begin{cases} \boldsymbol{x}_1 - \boldsymbol{x}_2 & (a = 1) \\ \boldsymbol{x}_2 - \boldsymbol{x}_1 & (a = 2) \end{cases}$$

であって，オイラー・ラグランジュ方程式は次の 2 本である:

$$m_1\ddot{\boldsymbol{x}}_1 = -k\frac{\boldsymbol{x}_1 - \boldsymbol{x}_2}{|\boldsymbol{x}_1 - \boldsymbol{x}_2|^3}, \qquad m_2\ddot{\boldsymbol{x}}_2 = -k\frac{\boldsymbol{x}_2 - \boldsymbol{x}_1}{|\boldsymbol{x}_1 - \boldsymbol{x}_2|^3}$$

問題　06　ラグランジアンの不定性　標準

任意の N 自由度系において，そのラグランジアン $L(q,\dot{q},t)$ に**時間についての全微分項**を加えた新しいラグランジアン

$$L_{\text{新}}(q(t),\dot{q}(t),t) = L(q(t),\dot{q}(t),t) + \frac{d}{dt}G(q(t),t) \tag{06.1}$$

のオイラー・ラグランジュ方程式は元の L のオイラー・ラグランジュ方程式と同じである．すなわち，ラグランジアンには常に「時間についての全微分項」を加える任意性がある．

1.　このことを，最小作用の原理に基づいて示せ．
2.　$L_{\text{新}}$ のオイラー・ラグランジュ方程式を考え，それが元の L のオイラー・ラグランジュ方程式に帰着することを示せ．

解説　(06.1)の右辺第2項, $G(q(t),t)$ の t についての全微分 $\dfrac{d}{dt}G(q(t),t)$ は, $G(q(t),t)$ の全ての t 依存性，すなわち，$q(t)$ を通じた t 依存性と陽な t 依存性の両方を微分したものである．具体的には

$$\frac{d}{dt}G(q(\underset{\substack{\uparrow\\(1)}}{t}),\underset{\substack{\uparrow\\(2)}}{t}) = \underbrace{\frac{\partial G(q(t),t)}{\partial q_i(t)}\dot{q}_i(t)}_{(1)\text{ の微分}} + \underbrace{\frac{\partial G(q(t),t)}{\partial t}}_{(2)\text{ の微分}} \tag{06.2}$$

ここに，右辺第1項ではアインシュタインの縮約ルールを用いている．右辺第2項の t の偏微分記号 $\partial/\partial t$ は「陽な t 依存性の微分」である．例えば，$G(q(t),t) = q_1(t)q_2(t)\,t^3$ に対しては

$$\frac{d}{dt}G(q,t) = (\dot{q}_1 q_2 + q_1\dot{q}_2)\,t^3 + 3q_1q_2t^2, \qquad \frac{\partial G(q,t)}{\partial t} = 3q_1q_2t^2$$

なお，(06.1)の G が $\dot{q}$ には依らないとしているのは，$L_{\text{新}}$ が $q(t)$ の時間2階微分 $\ddot{q}(t)$ に依らないようにするためである．もしも，G が $\dot{q}$ にも依るなら

$$\frac{d}{dt}G(q,\dot{q},t) = \frac{\partial G(q,\dot{q},t)}{\partial q_i}\dot{q}_i + \frac{\partial G(q,\dot{q},t)}{\partial \dot{q}_i}\ddot{q}_i + \frac{\partial G(q,\dot{q},t)}{\partial t}$$

となり，$\ddot{q}$ が現れる．

なお，本問題以降において**クロネッカーのデルタ** (Kronecker delta) δ_{ij} が現れる:

$$\delta_{ij} = \begin{cases} 1 & (i=j) \\ 0 & (i\neq j) \end{cases}$$

任意の A_i に対して，アインシュタインの縮約ルールを用いた次式が成り立つ:

$$\delta_{ij}A_j = A_i \tag{06.3}$$

解答

1.　$L_{\text{新}}$ の作用 $S_{\text{新}}[q]$ は ((03.1)式参照)

$$\begin{aligned} S_{\text{新}}[q] &= \int_{t_I}^{t_F} dt\, L_{\text{新}}(q(t), \dot{q}(t), t) \\ &= \int_{t_I}^{t_F} dt\, L(q(t), \dot{q}(t), t) + \int_{t_I}^{t_F} dt\, \frac{d}{dt} G(q(t), t) \\ &= S[q] + \underbrace{G(q(t_F), t_F) - G(q(t_I), t_I)}_{(\star)} \end{aligned}$$

ここに，最後の $S[q]$ は元のラグランジアン L の作用である．最小作用の原理を考える際は両端の時刻における $q(t_I)$ と $q(t_F)$ は固定しているので，上式の最後の $(\star)$ 項は $q(t)$ の微小変形 $q(t) \to q(t) + \delta q(t)$ で変化しない固定量である．したがって，2 つの作用の変分は等しい:

$$\delta S_{\text{新}}[q] \equiv S_{\text{新}}[q + \delta q] - S_{\text{新}}[q] = S[q + \delta q] - S[q] = \delta S[q]$$

オイラー・ラグランジュ方程式は作用の変分が $\delta q(t) = 0$ で停留すべきことから導かれるが，$\delta S_{\text{新}}[q] = \delta S[q]$ は $L_{\text{新}}$ と L のオイラー・ラグランジュ方程式が等しいことを意味する．

2. $\Delta L(q, \dot{q}, t)$ を (06.1)式の最後の項とすると，[解説] の (06.2)式より

$$\Delta L(q, \dot{q}, t) \equiv \frac{d}{dt} G(q, t) = \frac{\partial G(q, t)}{\partial q_j} \dot{q}_j + \frac{\partial G(q, t)}{\partial t}$$

である (アインシュタインの縮約ルールを用いているが，後で現れるインデックス i との競合を避けるために，ここでは足し上げインデックスを j とした)．$L_{\text{新}} = L + \Delta L$ なので，ΔL がオイラー・ラグランジュ方程式を自動的に満たすこと，すなわち，

$$\frac{d}{dt} \frac{\partial \Delta L}{\partial \dot{q}_i} = \frac{\partial \Delta L}{\partial q_i} \tag{06.4}$$

が恒等的に成り立つことを示せば，$L_{\text{新}}$ と L のオイラー・ラグランジュ方程式が同一であることになる．(06.4)の右辺は

$$\frac{\partial \Delta L}{\partial q_i} = \frac{\partial^2 G(q, t)}{\partial q_i \partial q_j} \dot{q}_j + \frac{\partial^2 G(q, t)}{\partial q_i \partial t}$$

また，左辺は (06.3)を用いて

$$\frac{\partial \Delta L}{\partial \dot{q}_i} = \frac{\partial G(q, t)}{\partial q_j} \underbrace{\frac{\partial \dot{q}_j}{\partial \dot{q}_i}}_{\delta_{ij}} = \frac{\partial G(q, t)}{\partial q_i}$$

$$\Rightarrow \quad \frac{d}{dt} \frac{\partial \Delta L}{\partial \dot{q}_i} = \frac{d}{dt} \frac{\partial G(q, t)}{\partial q_i} = \frac{\partial^2 G(q, t)}{\partial q_j \partial q_i} \dot{q}_j + \frac{\partial^2 G(q, t)}{\partial t \partial q_i}$$

偏微分 $\partial/\partial q_i$, $\partial/\partial q_j$, $\partial/\partial t$ は互いに交換可能 (偏微分の順序は交換してもよい) なので，(06.4)が任意の $G(q, t)$ について成り立つことが分かる．

問題	07	簡単な1自由度系（その1）	基本

1. バネ定数 k のバネの一端を固定し，他の端に質量 m の質点をつないだ系 (**1次元調和振動子**) を考える．**バネの自然長からの伸び**を $q(t)$ として，この系のラグランジアン $L(q, \dot{q})$ を与え，それからオイラー・ラグランジュ方程式を求めよ．さらに，時刻 $t = 0$ における初期条件を $q(0) = a$, $\dot{q}(0) = 0$ として，オイラー・ラグランジュ方程式の解を求めよ．
2. 一様な重力場 (重力加速度の大きさ g) の下の質点 (質量 m) の鉛直方向の運動を考える．質点の鉛直上向きの座標 $y(t)$ を力学変数として，ラグランジアン $L(y, \dot{y})$ を与え，それからオイラー・ラグランジュ方程式を求めよ．さらに，時刻 $t = 0$ における初期条件を $y(0) = y_0$, $\dot{y}(0) = v_0$ として，オイラー・ラグランジュ方程式の解を求めよ．

解説

問題 05 の通り，いずれの問題でもラグランジアンは

$$L = T - U$$

で与えられる．ここに，

$$T = (\text{運動エネルギー}), \qquad U = (\text{ポテンシャル・エネルギー})$$

である．T はどの問題においても質点の $\frac{1}{2}$(質量)(速度)^2 であるが，U はそれぞれの問題毎に指定された力学変数を用いて与える必要がある．

オイラー・ラグランジュ方程式はいずれも「力学」におけるニュートンの運動方程式と一致し，時間 t についての「2階常微分方程式」として与えられる．したがって，オイラー・ラグランジュ方程式の解法は「力学」で学ぶものと同じである．特に，設問1の調和振動子の運動方程式

$$\ddot{q}(t) = -\omega^2 q(t)$$

の一般解が

$$q(t) = A \sin \omega t + B \cos \omega t \qquad (A,\ B\text{: 任意実定数})$$

あるいは

$$q(t) = \alpha \sin(\omega t + \beta) \qquad (\alpha,\ \beta\text{: 任意実定数})$$

で与えられることは理解しておこう．なお，2つの表式における定数間の関係は

$$\alpha = \pm\sqrt{A^2 + B^2}, \qquad \tan \beta = \frac{B}{A}$$

解答

1. このバネに質点が付いた系の T と U は

$$T = \frac{1}{2}m\dot{q}^2, \qquad U = (\text{バネのポテンシャル・エネルギー}) = \frac{1}{2}kq^2$$

であって，ラグランジアンは

$$L(q, \dot{q}) = T - U = \frac{1}{2}m\dot{q}^2 - \frac{1}{2}kq^2 \tag{07.1}$$

オイラー・ラグランジュ方程式は

$$\frac{\partial L(q, \dot{q})}{\partial \dot{q}} = m\dot{q} \ \Rightarrow \ \frac{d}{dt}\frac{\partial L(q, \dot{q})}{\partial \dot{q}} = m\ddot{q}, \qquad \frac{\partial L(q, \dot{q})}{\partial q} = -kq$$

より

$$m\ddot{q} = -kq$$

この微分方程式の一般解は，A と B を任意定数として

$$q(t) = A\sin\omega t + B\cos\omega t \qquad \left(\omega = \sqrt{\frac{k}{m}}\right)$$

であり，時間微分は

$$\dot{q}(t) = A\omega\cos\omega t - B\omega\sin\omega t$$

定数 A と B は与えられた初期条件より

$$a = q(0) = B, \quad 0 = \dot{q}(0) = A\omega \quad \Rightarrow \quad A = 0, \quad B = a$$

と定まる．結局，求める解は

$$q(t) = a\cos\left(\sqrt{\frac{k}{m}}\,t\right)$$

2. この系の T と U は

$$T = \frac{1}{2}m\dot{y}^2, \qquad U = (\text{重力のポテンシャル・エネルギー}) = mgy$$

であって，ラグランジアンは

$$L(y, \dot{y}) = T - U = \frac{1}{2}m\dot{y}^2 - mgy \tag{07.2}$$

オイラー・ラグランジュ方程式は

$$\frac{d}{dt}\frac{\partial L(y, \dot{y})}{\partial \dot{y}} = m\ddot{y}, \qquad \frac{\partial L(y, \dot{y})}{\partial y} = -mg$$

より

$$m\ddot{y} = -mg$$

この微分方程式の一般解は A と B を任意定数として

$$y(t) = A + Bt - \frac{1}{2}mgt^2$$

であるが，定数 A と B は問題の初期条件より

$$y_0 = y(0) = A, \quad v_0 = \dot{y}(0) = B \quad \Rightarrow \quad A = y_0, \quad B = v_0$$

と定まる．結局，求める解は

$$y(t) = y_0 + v_0t - \frac{1}{2}mgt^2$$

問題 08　簡単な1自由度系（その2）　基本

一様な重力場 (重力加速度の大きさ g) の下，天井からバネ (バネ定数 k) でつるされたおもり (質量 m) の鉛直方向の運動を考える (右図)．なお，バネの質量は無視でき，おもりやバネは天井に衝突することはないとする．

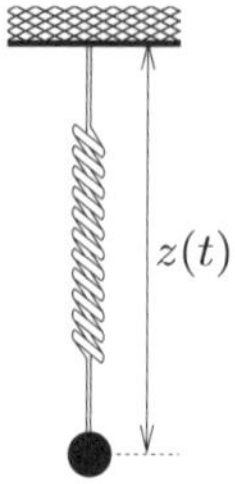

1. 天井から見た重りの位置 $z(t)$ を力学変数として，この系のラグランジアン $L(z,\dot{z})$ を与え，それからオイラー・ラグランジュ方程式を求めよ．バネが自然長のときの z の値を a とする．
2. おもりが静止しているときの z の値をオイラー・ラグランジュ方程式から求めよ．
3. $t=0$ における初期条件を $z(0)=a+b,\ \dot{z}(0)=c$ として，オイラー・ラグランジュ方程式の解 $z(t)$ を求めよ．

解説　この問題における $L=T-U$ の U はバネと重力のポテンシャル・エネルギーの和であり

$$T=\frac{1}{2}m\dot{z}^2,\qquad U=\frac{1}{2}k\,(z-a)^2-mgz$$

となる．ここで，バネのポテンシャル・エネルギーについては「$z-a$ がバネの自然長からの伸び」であることに注意．また，重力のポテンシャル・エネルギーについては，z がおもりの「低さ」であることから $mg(-z)$ となることに注意する必要がある．

解答

1. [解説] に与えた T と U より，ラグランジアンは
$$L=\frac{1}{2}m\dot{z}^2-\frac{1}{2}k\,(z-a)^2+mgz \tag{08.1}$$
オイラー・ラグランジュ方程式は
$$\frac{d}{dt}\frac{\partial L(z,\dot{z})}{\partial \dot{z}}=m\ddot{z},\qquad \frac{\partial L(z,\dot{z})}{\partial z}=-k\,(z-a)+mg$$
より次式で与えられる:
$$m\ddot{z}=-k\,(z-a)+mg$$
2. おもりが静止しているときは $z(t)=$ 一定 であって $\ddot{z}=0$ なのでオイラー・ラグランジュ方程式より
$$-k\,(z-a)+mg=0\quad\Rightarrow\quad z=a+\frac{mg}{k}$$
を得る．$\ddot{z}=0$ と置いたオイラー・ラグランジュ方程式は，おもりに働く重力 mg (鉛直下向き) とバネの力 $k\,(z-a)$ (鉛直上向き) のつり合いを表している．

3. 設問 1 で得たオイラー・ラグランジュ方程式は次のように書き直すことができる:

$$m\ddot{z} = -k\left(z - a - \frac{mg}{k}\right) \quad \Rightarrow \quad m\frac{d^2}{dt^2}\left(z - a - \frac{mg}{k}\right) = -k\left(z - a - \frac{mg}{k}\right)$$

左辺において，定数 $-a-(mg)/k$ は時間微分で消えることに注意．これは未知関数 $z(t)-a-(mg)/k$ に対する調和振動子の運動方程式であり，一般解は

$$z(t) - a - \frac{mg}{k} = A\sin\omega t + B\cos\omega t \qquad \left(\omega = \sqrt{\frac{k}{m}}, \quad A,\ B\text{: 任意定数}\right)$$

で与えられる．すなわち，

$$z(t) = a + \frac{mg}{k} + A\sin\omega t + B\cos\omega t$$

また，この両辺を t について微分して

$$\dot{z}(t) = A\omega\cos\omega t - B\omega\sin\omega t$$

問題で指定された初期条件より，定数 A と B は次のように定まる:

$$a + b = z(0) = a + \frac{mg}{k} + B, \quad c = \dot{z}(0) = A\omega \quad \Rightarrow \quad A = \frac{c}{\omega}, \quad B = b - \frac{mg}{k}$$

したがって，求める解は

$$z(t) = a + \frac{mg}{k} + \frac{c}{\omega}\sin\omega t + \left(b - \frac{mg}{k}\right)\cos\omega t$$

である．

問題 09　1自由度2質点系　標準

図のように，滑らかな水平台の上で，左端を固定されたバネ (ばね定数 k) の右端に質量 m の質点がつながれており，この質点はさらに，長さ一定のひもにより，滑車を介して質量 M の質点とつながっている．ひもがたるむことはなく，質量 M の質点は鉛直方向にのみ運動するとする．また，あらゆる摩擦，ひもと滑車の質量は無視できるものとし，重力加速度の大きさを g とする．

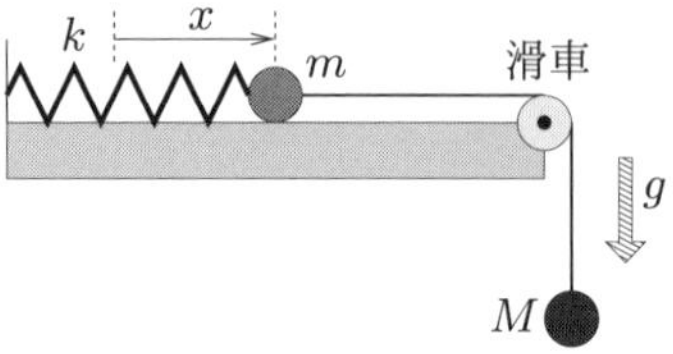

1. バネの自然長からの伸び $x(t)$ を力学変数としてとり，この系のラグランジアン $L(x, \dot{x})$ を与えよ．
2. この系のオイラー・ラグランジュ方程式を求めよ．
3. 質量 m の質点を $x = a$ の位置に固定し，時刻 $t = 0$ に静かに放した．オイラー・ラグランジュ方程式の解 $x(t)$ を求めよ．

解 説　質点が2つ現れるが，この系はすべての運動がバネの自然長からの伸び $x(t)$ のみで表される1自由度系である．まず，運動エネルギー T は，2質点が速度 $\dot{x}$ でそれぞれ水平右向きおよび鉛直下向きに運動することから

$$T = \frac{1}{2}m\dot{x}^2 + \frac{1}{2}M\dot{x}^2$$

で与えられる．次に，ポテンシャル・エネルギー U はバネのポテンシャル・エネルギーと質量 M の質点の重力ポテンシャル・エネルギーの和であり，特に後者については，x が大きくなると質点が下がることに注意して

$$U = \frac{1}{2}kx^2 + Mg(-x)$$

となる．

解 答

1. [解説] で与えられた T と U を用い，$L = T - U$ より

$$L(x, \dot{x}) = \frac{1}{2}(m + M)\dot{x}^2 - \frac{1}{2}kx^2 + Mgx$$

2. オイラー・ラグランジュ方程式は

$$\frac{d}{dt}\frac{\partial L}{\partial \dot{x}} = (m + M)\ddot{x}, \qquad \frac{\partial L}{\partial x} = -kx + Mg$$

より

$$(m+M)\,\ddot{x} = -kx + Mg \tag{09.1}$$

3. 上の 2. で得たオイラー・ラグランジュ方程式は

$$(m+M)\,\frac{d^2}{dt^2}\left(x - \frac{Mg}{k}\right) = -k\left(x - \frac{Mg}{k}\right)$$

と書き換えることができる．これは，質点質量が $(m+M)$，バネ定数が k，伸びが $x-(Mg/k)$ の調和振動子の運動方程式であり，その一般解は

$$x(t) - \frac{Mg}{k} = A\sin\omega t + B\cos\omega t \qquad \left(\omega = \sqrt{\frac{k}{m+M}},\quad A,\,B\text{: 任意定数}\right)$$

で与えられる．すなわち，

$$x(t) = \frac{Mg}{k} + A\sin\omega t + B\cos\omega t$$

また，この両辺を t について微分して

$$\dot{x}(t) = A\omega\cos\omega t - B\omega\sin\omega t$$

問題に与えられた初期条件は $x(0)=a,\ \dot{x}(0)=0$ であり，これより定数 A と B は

$$a = x(0) = \frac{Mg}{k} + B,\quad 0 = \dot{x}(0) = A\omega \quad \Rightarrow \quad A = 0,\quad B = a - \frac{Mg}{k}$$

と定まる．したがって，求めるオイラー・ラグランジュ方程式の解は

$$x(t) = \frac{Mg}{k} + \left(a - \frac{Mg}{k}\right)\cos\left(\sqrt{\frac{k}{m+M}}\,t\right) \tag{09.2}$$

問題 10　単振り子　標準

図のように (x, y) 面内 (y 軸の正の方向が鉛直上向き) を運動する**単振り子**を考える．この単振り子は，一端に質量 m のおもり (質点) がついた長さ ℓ の棒のもう片方の端が y 軸上の点 $(0, \ell)$ に固定され，その周りに摩擦なく回転することができるものである．単振り子が静止しているとき，おもりは原点 O にある．棒はたわまず，その質量は無視でき，また，おもりの大きさも無視できるとする．重力加速度の大きさを g とする．

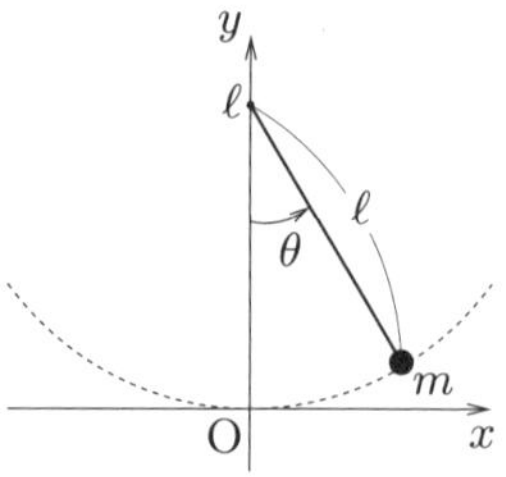

1. 図の振れ角 $\theta(t)$，すなわち，棒と y 軸のなす角度 (右方向への振れを $\theta > 0$ とする) を力学変数にとり，ラグランジアン $L(\theta, \dot{\theta})$ を与えよ．
2. オイラー・ラグランジュ方程式を求めよ．
3. 振り子を角度 θ が微小な値 θ_0 ($|\theta_0| \ll 1$) の位置に固定し，時刻 $t = 0$ に放した．その後の $\theta(t)$ を，前設問 2 で求めたオイラー・ラグランジュ方程式に θ の大きさが微小 ($|\theta| \ll 1$) である近似を行って求めよ．これより，振り子の周期を求めよ．

解 説　1. おもりの位置ベクトルを $\boldsymbol{x}(t) = (x(t), y(t))$ とすると，この系のラグランジアンは

$$L = \frac{1}{2} m \dot{\boldsymbol{x}}^2 - mgy$$

であるが，これを θ と $\dot{\theta}$ で表さなければならない．まず，図より

$$\boldsymbol{x}(t) = (x(t), y(t)) = \ell \left(\sin\theta(t), 1 - \cos\theta(t)\right)$$

であって，これを時間微分して速度ベクトルは

$$\dot{\boldsymbol{x}} = (\dot{x}, \dot{y}) = \ell\dot{\theta} \left(\cos\theta, \sin\theta\right)$$

したがって，おもりの (速度)^2 は

$$\dot{\boldsymbol{x}}^2 = \dot{x}^2 + \dot{y}^2 = (\ell\dot{\theta})^2 \left(\cos^2\theta + \sin^2\theta\right) = \ell^2 \dot{\theta}^2$$

となる．この結果は，おもりの時刻 t での運動が，半径 ℓ，角速度 $\dot{\theta}(t)$ の円運動であることからも理解できる．この $\dot{\boldsymbol{x}}^2$ と $y = \ell(1 - \cos\theta)$ より，$L(\theta, \dot{\theta})$ が得られる．なお，この問題では，単振り子が静止しているとき，おもりは原点 O にあるようにデカルト座標の原点 O を取ったが，これは単に解説の便宜のためである．

3. $|\theta|$ が微小な場合は，オイラー・ラグランジュ方程式において $\sin\theta \simeq \theta$ ($|\theta| \ll 1$) の近似を行う ((01.5)参照)．

解答

1. [解説] で説明した通り，ラグランジアンは

$$L(\theta,\dot{\theta}) = \frac{1}{2}m\ell^2\dot{\theta}^2 - mg\ell(1-\cos\theta) \tag{10.1}$$

2. オイラー・ラグランジュ方程式は

$$\frac{d}{dt}\frac{\partial L(\theta,\dot{\theta})}{\partial\dot{\theta}} = \frac{\partial L(\theta,\dot{\theta})}{\partial\theta}$$

に前設問 1 で得た $L(\theta,\dot{\theta})$ に対する

$$\frac{d}{dt}\frac{\partial L}{\partial\dot{\theta}} = \frac{d}{dt}m\ell^2\dot{\theta} = m\ell^2\ddot{\theta}, \qquad \frac{\partial L}{\partial\theta} = -mg\ell\sin\theta$$

を用いて

$$m\ell^2\ddot{\theta} = -mg\ell\sin\theta$$

あるいは，両辺を $m\ell^2$ で割って

$$\ddot{\theta} = -\frac{g}{\ell}\sin\theta \tag{10.2}$$

で与えられる．

3. [解説] のとおり，振れ角 θ の大きさが微小な場合，オイラー・ラグランジュ方程式 (10.2)において $\sin\theta \simeq \theta$ ($|\theta| \ll 1$) と近似すると，

$$\ddot{\theta} = -\frac{g}{\ell}\theta$$

これは調和振動子の運動方程式であり，一般解は

$$\theta(t) = A\sin\omega t + B\cos\omega t \qquad \left(\omega = \sqrt{\frac{g}{\ell}},\quad A,\ B\text{: 任意定数}\right)$$

問題の初期条件，$\theta(0) = \theta_0$, $\dot{\theta}(0) = 0$ より

$$\theta_0 = \theta(0) = B, \quad 0 = \dot{\theta}(0) = A\omega \quad \Rightarrow \quad A = 0, \quad B = \theta_0$$

であって，求める解は

$$\theta(t) = \theta_0\cos\left(\sqrt{\frac{g}{\ell}}\,t\right)$$

周期 T は

$$\sqrt{\frac{g}{\ell}}\,T = 2\pi \quad \Rightarrow \quad T = 2\pi\sqrt{\frac{\ell}{g}} \tag{10.3}$$

と求まる．

問題 11　棒とバネの系　発展

長さが共に a の 2 本の棒 (棒 1 と棒 2)，質量が m と M の 2 つの質点，および，バネが図のようにつなげられた系を考える．まず，棒 1 の片方の端は原点 O に固定され，棒自体は原点を支点として xy 面内を振れることができる．棒 1 のもう片方の端には，同じ長さ a の棒 2 の端がつなげられ，2 つの棒の間の角度は自由に変えられる．また，この接続点には質量 m の質点が付いている．棒 2 のもう片方の端には質量 M の質点が付いており，y 軸上のみを上下に運動することができる．さらに，バネ (バネ定数: k, 自然長: b) が原点 O と棒 2 の y 軸上の端 (質量 M の質点) の間に張られている．全ての運動は xy 面内に限られ，棒とバネはたわむことなく，それらの質量は無視でき，摩擦は一切存在しないとする．重力加速度を y 軸下方に g とする．

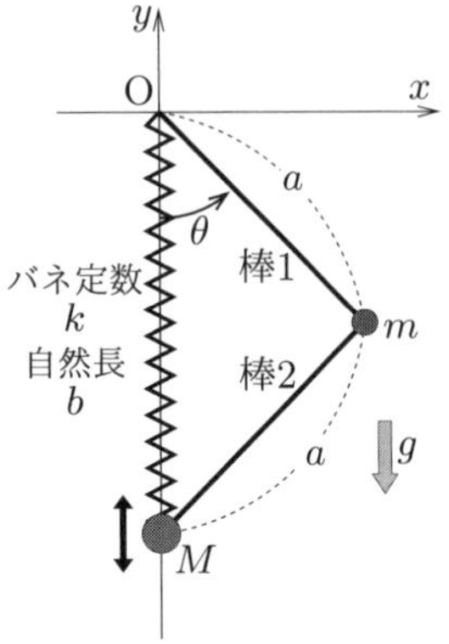

1. 図の角度 $\theta(t)$，すなわち，棒 1 の y 軸からの振れ角 $\theta(t)$ (右への振れを $\theta > 0$ とする) を力学変数としてとると，この系のラグランジアン $L(\theta, \dot{\theta})$ は

$$L(\theta, \dot{\theta}) = \frac{1}{2}F(\theta)\,a^2\dot{\theta}^2 + Ga\cos\theta + Ha^2\cos^2\theta + (\text{定数})$$

の形で与えられる．θ の関数 $F(\theta)$，および，定数 G と H を求めよ．なお，$-\pi/2 < \theta < \pi/2$ であるとする．

2. この系のオイラー・ラグランジュ方程式は，$(\theta, \dot{\theta}, \ddot{\theta})$ 依存性を明示して

$$\left(m + 4M\sin^2\theta\right)\ddot{\theta} + A\sin\theta\cos\theta\,\dot{\theta}^2 + B\sin\theta + C\sin\theta\cos\theta = 0$$

と表すことができる．ここに現れる定数 A, B, C を m, M, a, b, k, g を用いて与えよ．

3. 2 つの質点が静止した状態における角度 θ を θ_0 (ただし $\sin\theta_0 \neq 0$) とする．前設問 2 で求めたオイラー・ラグランジュ方程式から $\cos\theta_0$ を求めよ．なお，

$$2a - b > \frac{(m + 2M)\,g}{2k}$$

が成り立つとする．

解 説　2 つの質点の位置ベクトルは角度 θ により指定されることに注意．ラグランジアンは 2 つの質点の運動エネルギー (T_m と T_M) と重力ポテンシャル・エネルギー

(U_m と U_M)，および，バネのポテンシャル・エネルギー $U_{バネ}$ から構成されるが，それぞれは以下の通り:

- 質量 m の質点の位置ベクトル (x, y) は $(a\sin\theta, -a\cos\theta)$ であり，単振り子と同様に (速度)$^2 = a^2\dot{\theta}^2$ である．したがって，

$$T_m = \frac{1}{2}ma^2\dot{\theta}^2, \qquad U_m = mg\,(-a\cos\theta)$$

- 質量 M の質点の位置ベクトルは $(0, -2a\cos\theta)$ であり，これを時間微分して速度ベクトルは $(0, 2a\dot{\theta}\sin\theta)$．これより

$$T_M = \frac{1}{2}M\left(2a\dot{\theta}\sin\theta\right)^2, \quad U_M = Mg\,(-2a\cos\theta)\,, \quad U_{バネ} = \frac{1}{2}k\,(2a\cos\theta - b)^2$$

解答

1. [解説] で与えた $T_m, T_M, U_m, U_M, U_{バネ}$ を用いて，この系のラグランジアンは

$$\begin{aligned}L &= T_m + T_M - U_m - U_M - U_{バネ}\\ &= \frac{1}{2}\left(m + 4M\sin^2\theta\right)a^2\dot{\theta}^2 + [(m+2M)\,g + 2kb]\,a\cos\theta - 2ka^2\cos^2\theta - \frac{1}{2}kb^2\end{aligned}$$

したがって，

$$F(\theta) = m + 4M\sin^2\theta, \qquad G = (m+2M)\,g + 2kb, \qquad H = -2k$$

2. 前設問 1 で得た L より，

$$\frac{d}{dt}\frac{\partial L}{\partial\dot{\theta}} = \frac{d}{dt}\left(m + 4M\sin^2\theta\right)a^2\dot{\theta} = \left(m + 4M\sin^2\theta\right)a^2\ddot{\theta} + 8Ma^2\sin\theta\cos\theta\,\dot{\theta}^2$$

$$\frac{\partial L}{\partial\theta} = 4Ma^2\sin\theta\cos\theta\,\dot{\theta}^2 - [(m+2M)\,g + 2kb]\,a\sin\theta + 4ka^2\sin\theta\cos\theta$$

したがって，オイラー・ラグランジュ方程式 $\dfrac{d}{dt}\dfrac{\partial L}{\partial\dot{\theta}} = \dfrac{\partial L}{\partial\theta}$ は,

$$\begin{aligned}&\left(m + 4M\sin^2\theta\right)a^2\ddot{\theta} + 4Ma^2\sin\theta\cos\theta\,\dot{\theta}^2\\ &\qquad + [(m+2M)\,g + 2kb]\,a\sin\theta - 4ka^2\sin\theta\cos\theta = 0\end{aligned}$$

全体を a^2 で割り，求める定数 A, B, C は

$$A = 4M, \qquad B = \frac{1}{a}\,[(m+2M)\,g + 2kb]\,, \qquad C = -4k$$

3. 前設問 2 で求めたオイラー・ラグランジュ方程式において $\dot{\theta} = \ddot{\theta} = 0$ として

$$\frac{1}{a}\,[(m+2M)\,g + 2kb]\sin\theta_0 - 4k\sin\theta_0\cos\theta_0 = 0$$

$\sin\theta_0 \neq 0$ なので,

$$\cos\theta_0 = \frac{(m+2M)\,g + 2bk}{4ka}$$

である．問題の仮定より,

$$2a - b > \frac{(m+2M)\,g}{2k} \quad \Rightarrow \quad 0 < \frac{(m+2M)\,g + 2bk}{4ka} < 1$$

であり，θ_0 $(0 < |\theta_0| < \pi/2)$ が確かに存在する．

問題 12　二重振り子　標準

長さ ℓ_1 と ℓ_2 の 2 つの棒，質量 m_1 と m_2 の 2 つのおもり (質点) が図のようにつながれ，(x, y) 面内を運動する**二重振り子**を考える．2 つの棒はたわまず，それらの質量は無視できるとし，また，長さ ℓ_1 の棒の両端 (原点 O，および，2 つの棒の接合点) での摩擦は存在しないとする．y 軸の正方向が鉛直上向であり，重力加速度の大きさを g とする．

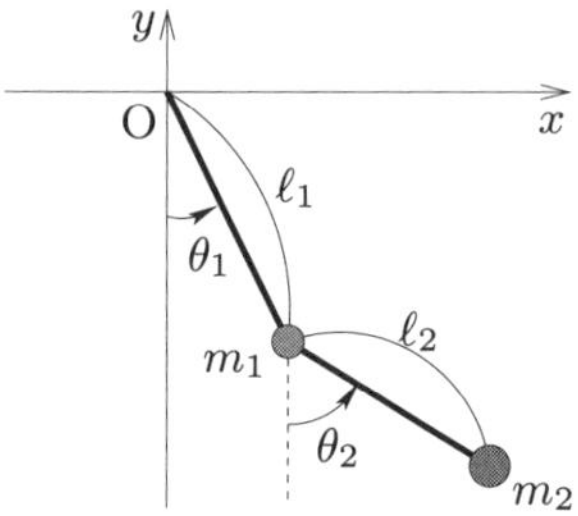

1. 力学変数として 2 つの棒がそれぞれ鉛直となす角度 $\theta_1(t)$ と $\theta_2(t)$ をとり (右方向への振れを $\theta_{1,2} > 0$ とする)，この系のラグランジアンを与えよ．
2. θ_1 と θ_2 のオイラー・ラグランジュ方程式を求めよ．

解説　以下では，質量 m_1，m_2 のおもりを，それぞれ，「おもり 1」，「おもり 2」と呼ぶ．ラグランジアンを求めるためには，2 つのおもりの運動エネルギーと重力ポテンシャル・エネルギーを (θ_1, θ_2) と $(\dot{\theta}_1, \dot{\theta}_2)$ で表す必要がある．おもり 1 の $(\text{速度})^2$ は単振り子と同じで $\ell_1^2\dot{\theta}_1^2$ であるが，おもり 2 の $(\text{速度})^2$ を図だけから求めるのは難しい．ここでは，デカルト座標での速度ベクトルを用いて計算を行う．

なお，二重振り子の運動方程式を解析的に解くことは不可能であり，また，一般に二重振り子は極めて複雑な運動をする．しかし，単振り子の場合と同様に，2 つの振れ角 θ_1 と θ_2 の大きさが共に微小な場合は，運動方程式の一般解を近似的に求めることができるが，これは**問題 50** において行う．

解答

1. おもり 1 とおもり 2 のデカルト座標をそれぞれ (x_1, y_1) と (x_2, y_2) とすると

$$(x_1, y_1) = (\ell_1 \sin\theta_1, -\ell_1 \cos\theta_1)$$
$$(x_2, y_2) = (\ell_1 \sin\theta_1 + \ell_2 \sin\theta_2, -\ell_1 \cos\theta_1 - \ell_2 \cos\theta_2)$$

これらを時間微分して，速度ベクトルは

$$(\dot{x}_1, \dot{y}_1) = \left(\ell_1\dot{\theta}_1 \cos\theta_1, \ell_1\dot{\theta}_1 \sin\theta_1\right)$$

$$(\dot{x}_2, \dot{y}_2) = \left(\ell_1\dot{\theta}_1 \cos\theta_1 + \ell_2\dot{\theta}_2 \cos\theta_2, \ell_1\dot{\theta}_1 \sin\theta_1 + \ell_2\dot{\theta}_2 \sin\theta_2\right) \tag{12.1}$$

これらより

$$\dot{x}_1^2 + \dot{y}_1^2 = \left(\ell_1\dot{\theta}_1 \cos\theta_1\right)^2 + \left(\ell_1\dot{\theta}_1 \sin\theta_1\right)^2 = \ell_1^2\dot{\theta}_1^2$$

$$\begin{aligned}\dot{x}_2^2 + \dot{y}_2^2 &= \left(\ell_1\dot{\theta}_1 \cos\theta_1 + \ell_2\dot{\theta}_2 \cos\theta_2\right)^2 + \left(\ell_1\dot{\theta}_1 \sin\theta_1 + \ell_2\dot{\theta}_2 \sin\theta_2\right)^2 \\ &= \ell_1^2\dot{\theta}_1^2\left(\cos^2\theta_1 + \sin^2\theta_1\right) + \ell_2^2\dot{\theta}_2^2\left(\cos^2\theta_2 + \sin^2\theta_2\right) \\ &\quad + 2\ell_1\ell_2\dot{\theta}_1\dot{\theta}_2\left(\cos\theta_1\cos\theta_2 + \sin\theta_1\sin\theta_2\right) \\ &= \ell_1^2\dot{\theta}_1^2 + \ell_2^2\dot{\theta}_2^2 + 2\ell_1\ell_2\dot{\theta}_1\dot{\theta}_2\cos(\theta_1 - \theta_2)\end{aligned}$$

ラグランジアンは 2 つのおもりの

(運動エネルギー) − (重力ポテンシャル・エネルギー) であって

$$\begin{aligned}L &= \frac{1}{2}m_1\left(\dot{x}_1^2 + \dot{y}_1^2\right) + \frac{1}{2}m_2\left(\dot{x}_2^2 + \dot{y}_2^2\right) - m_1gy_1 - m_2gy_2 \\ &= \frac{1}{2}m_1\ell_1^2\dot{\theta}_1^2 + \frac{1}{2}m_2\left[\ell_1^2\dot{\theta}_1^2 + \ell_2^2\dot{\theta}_2^2 + 2\ell_1\ell_2\cos(\theta_1 - \theta_2)\,\dot{\theta}_1\dot{\theta}_2\right] \\ &\quad + (m_1 + m_2)\,g\ell_1\cos\theta_1 + m_2g\ell_2\cos\theta_2\end{aligned} \tag{12.2}$$

2. オイラー・ラグランジュ方程式は

$$\begin{aligned}\frac{d}{dt}\frac{\partial L}{\partial\dot{\theta}_1} = \frac{\partial L}{\partial\theta_1} \quad &\Rightarrow \quad \frac{d}{dt}\left[(m_1 + m_2)\,\ell_1^2\dot{\theta}_1 + m_2\ell_1\ell_2\cos(\theta_1 - \theta_2)\dot{\theta}_2\right] \\ &\qquad = -m_2\ell_1\ell_2\sin(\theta_1 - \theta_2)\dot{\theta}_1\dot{\theta}_2 - (m_1 + m_2)\,g\ell_1\sin\theta_1 \\ \frac{d}{dt}\frac{\partial L}{\partial\dot{\theta}_2} = \frac{\partial L}{\partial\theta_2} \quad &\Rightarrow \quad \frac{d}{dt}\left[m_2\ell_2^2\dot{\theta}_2 + m_2\ell_1\ell_2\cos(\theta_1 - \theta_2)\dot{\theta}_1\right] \\ &\qquad = m_2\ell_1\ell_2\sin(\theta_1 - \theta_2)\dot{\theta}_1\dot{\theta}_2 - m_2g\ell_2\sin\theta_2\end{aligned}$$

2 式の左辺の d/dt を陽に実行しまとめると，それぞれ

$$\begin{aligned}&(m_1 + m_2)\,\ell_1^2\ddot{\theta}_1 + m_2\ell_1\ell_2\cos(\theta_1 - \theta_2)\,\ddot{\theta}_2 + m_2\ell_1\ell_2\sin(\theta_1 - \theta_2)\,\dot{\theta}_2^2 \\ &\qquad + (m_1 + m_2)\,g\ell_1\sin\theta_1 = 0\end{aligned}$$

$$m_2\ell_2^2\,\ddot{\theta}_2 + m_2\ell_1\ell_2\cos(\theta_1 - \theta_2)\,\ddot{\theta}_1 - m_2\ell_1\ell_2\sin(\theta_1 - \theta_2)\,\dot{\theta}_1^2 + m_2g\ell_2\sin\theta_2 = 0$$

となる．

問題 *13*　回転曲線上の質点　標準

図のように，鉛直な (ρ, z) 面上の曲線 $z=\frac{1}{2}k\rho^2$ (k は正定数) が，z 軸を回転軸として (ρ, z) 平面と共に角速度 ω で回転している．z 軸の正の向きが鉛直上方，ρ, x, y 軸は水平方向であり，(x, y, z) 座標系がいわゆる**慣性系**である．今，この曲線に沿って摩擦なく運動する質点 (質量 m) の系を，力学変数として $\rho(t)$ を取って考える．重力加速度の大きさを g とする．

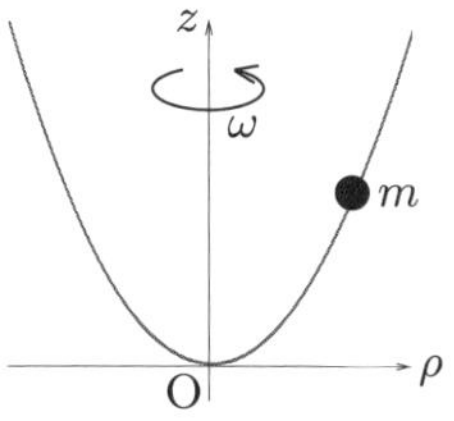

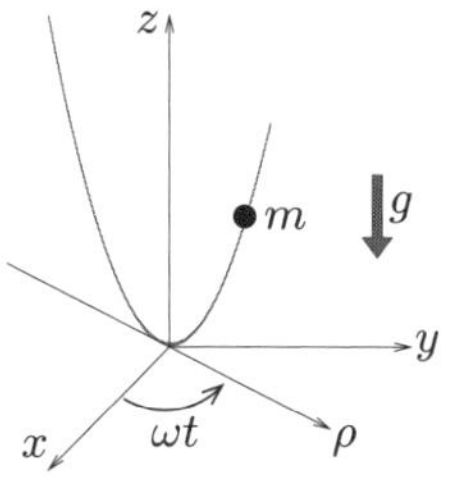

1.　この系のラグランジアン $L(\rho, \dot{\rho})$ を求めよ．
2.　この系のオイラー・ラグランジュ方程式を求めよ．
3.　オイラー・ラグランジュ方程式の解として，曲線上の一点に静止している質点を表すものが存在するか．存在するための条件，および，その ρ の値を与えよ．

解 説　**問題 05** において，質点系のラグランジアンが $L=$ (運動エネルギー) $-$ (ポテンシャル・エネルギー) と与えられ，オイラー・ラグランジュ方程式がニュートンの運動方程式を再現することを見たが，このときの座標系が**慣性系**である．本問題以降では，慣性系に対して加速運動 (回転運動や等加速度運動) をしている**非慣性系**でのラグランジアンやオイラー・ラグランジュ方程式を扱う問題が現れる．非慣性系でのラグランジアンは，単に慣性系でのラグランジアンを非慣性系の座標で表しなおしたものである．

1. (x, y, z) 座標系が慣性系なので，ラグランジアンは

$$L=\frac{1}{2}m\left(\dot{x}^2+\dot{y}^2+\dot{z}^2\right)-mgz$$

であるが，これを ρ と $\dot{\rho}$ で表す必要がある．問題の設定より

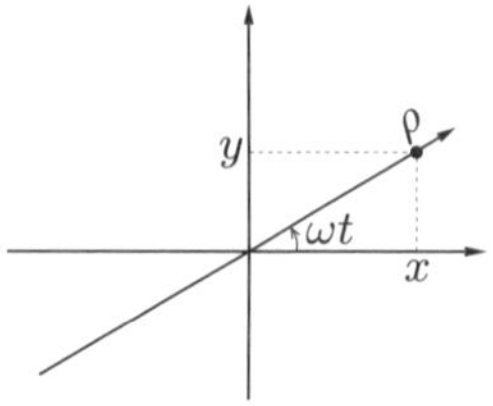

$$x(t)=\rho(t)\cos\omega t, \quad y(t)=\rho(t)\sin\omega t$$
$$z(t)=\frac{1}{2}k\,\rho(t)^2$$

特に，(x, y) と ρ の関係は右図参照のこと．

これより速度ベクトルの各成分は

$$(\dot{x}, \dot{y}, \dot{z}) = (\dot{\rho}\cos\omega t - \omega\rho\sin\omega t, \dot{\rho}\sin\omega t + \omega\rho\cos\omega t, k\rho\dot{\rho})$$

であって，(速度)^2 を $(\rho, \dot{\rho})$ で表すと

$$\begin{aligned}\dot{x}^2 + \dot{y}^2 + \dot{z}^2 &= (\dot{\rho}\cos\omega t - \omega\rho\sin\omega t)^2 + (\dot{\rho}\sin\omega t + \omega\rho\cos\omega t)^2 + (k\rho\dot{\rho})^2 \\ &= \dot{\rho}^2 + \omega^2\rho^2 + k^2\rho^2\dot{\rho}^2 = \left(1 + k^2\rho^2\right)\dot{\rho}^2 + \omega^2\rho^2\end{aligned}$$

2. 力学変数が ρ なので，オイラー・ラグランジュ方程式は

$$\frac{d}{dt}\frac{\partial L(\rho, \dot{\rho})}{\partial \dot{\rho}} = \frac{\partial L(\rho, \dot{\rho})}{\partial \rho}$$

　であり，1. で得た $L(\rho, \dot{\rho})$ に対してこの両辺を求める．

3. オイラー・ラグランジュ方程式の解として，$\rho(t) = \rho_0 =$ 一定 のものが存在できるかを調べる．

解答

1. 解説で与えた結果を用いて

$$\begin{aligned}L(\rho, \dot{\rho}) &= \frac{1}{2}m\left(\left(1 + k^2\rho^2\right)\dot{\rho}^2 + \omega^2\rho^2\right) - mg\frac{1}{2}k\rho^2 \\ &= \frac{1}{2}m\left(1 + k^2\rho^2\right)\dot{\rho}^2 - \frac{1}{2}m\left(gk - \omega^2\right)\rho^2\end{aligned}$$

2. 上の $L(\rho, \dot{\rho})$ より

$$\frac{\partial L(\rho, \dot{\rho})}{\partial \rho} = mk^2\rho\,\dot{\rho}^2 - m\left(gk - \omega^2\right)\rho$$

$$\frac{\partial L(\rho, \dot{\rho})}{\partial \dot{\rho}} = m\left(1 + k^2\rho^2\right)\dot{\rho} \;\Rightarrow\; \frac{d}{dt}\frac{\partial L(\rho, \dot{\rho})}{\partial \dot{\rho}} = m\left(1 + k^2\rho^2\right)\ddot{\rho} + 2mk^2\rho\,\dot{\rho}^2$$

　したがって，オイラー・ラグランジュ方程式は

$$\left(1 + k^2\rho^2\right)\ddot{\rho} + k^2\rho\,\dot{\rho}^2 + \left(gk - \omega^2\right)\rho = 0 \tag{13.1}$$

　もちろん，各項に m が掛かっていてもよい．

3. オイラー・ラグランジュ方程式の解として $\rho(t) = \rho_0 =$ 一定 のものが存在したとすると，$\ddot{\rho} = \dot{\rho} = 0$ より

$$\left(gk \quad \omega^2\right)\rho_0 = 0 \tag{13.2}$$

　したがって，

- $\rho(t) = 0$ (原点に静止した質点) は常に解である．
- $gk = \omega^2$ の場合は，任意の ρ_0(一定) に対して $\rho(t) = \rho_0$ が解である (曲線上の任意の点に静止)．

問題 14　**回転曲線上の質点系の静止解の安定/不安定性**　発展

問題 13 の設問 3 で考えた「曲線上の一点に静止している質点を表す解」が安定か不安定かを調べよ．

なお，「解 $\rho(t)=\rho_0=$ 一定 が安定である」とは，この解に任意の微小な揺らぎを加えても，揺らぎが無制限に増大しないことである．具体的には，$\rho(t)=\rho_0+f(t)$ ($f(t)$ は ρ_0 の周りの微小揺らぎ) を**問題 13** で求めたオイラー・ラグランジュ方程式に代入し，$(f,\dot{f},\ddot{f})$ の 1 次項のみを取る近似を行って得られる $f(t)$ に対する**線形微分方程式**の一般解に，(絶対値が) 時間とともにいくらでも大きくなるものが (解の任意定数を如何にとっても) 存在しない場合をいう．また，安定ではない場合を「不安定である」という．例えば，線形微分方程式が $\ddot{f}=a^2f$ $(a>0)$ の場合，一般解は $f(t)=c_1e^{at}+c_2e^{-at}$ (c_1, c_2 は任意定数) であるが，e^{at} は時間とともにいくらでも大きくなるので不安定である．

解説　**問題 13** の設問 2 で得たオイラー・ラグランジュ方程式 (13.1)

$$\left(1+k^2\rho^2\right)\ddot{\rho}+k^2\rho\,\dot{\rho}^2+\left(gk-\omega^2\right)\rho=0$$

に

$$\rho=\rho_0+f,\qquad \dot{\rho}=\dot{f},\qquad \ddot{\rho}=\ddot{f}$$

を代入し，f, $\dot{f}$, $\ddot{f}$ が微小だとして，それらの 1 次項のみを残す近似を行う．具体的には，オイラー・ラグランジュ方程式の最初の 2 項に対しては

$$\begin{aligned}\left(1+k^2\rho^2\right)\ddot{\rho}&=\left(1+k^2\left(\rho_0^2+2\rho_0 f+f^2\right)\right)\ddot{f}\simeq\left(1+k^2\rho_0^2\right)\ddot{f}\\ k^2\rho\,\dot{\rho}^2&=k^2\left(\rho_0+f\right)\dot{f}^2\simeq 0\end{aligned}$$

と近似する．特に $k^2\rho\,\dot{\rho}^2$ 項については，$(f,\dot{f},\ddot{f})$ の 1 次項が存在しないので，ゼロと近似される．さらに，オイラー・ラグランジュ方程式の第 3 項については，**問題 13** の設問 3 で得た ρ_0 に対する条件式 (13.2) $\left(gk-\omega^2\right)\rho_0=0$ を用いて

$$\left(gk-\omega^2\right)\rho=\left(gk-\omega^2\right)\left(\rho_0+f\right)=\left(gk-\omega^2\right)f$$

と (近似なしで) f の 1 次項となる．

以上より，$(f,\dot{f},\ddot{f})$ の 1 次項のみを取る近似を行ったオイラー・ラグランジュ方程式は

$$\left(1+k^2\rho_0^2\right)\ddot{f}+\left(gk-\omega^2\right)f=0 \tag{14.1}$$

となる．あとは，**問題 13** の設問 3 の [解答] にある「$\rho_0=0$ の場合」と「$gk=\omega^2$ の場合」のそれぞれにおいて，線形微分方程式 (14.1)の一般解を考え，(絶対値が) 時間とともにいくらでも大きくなるものが含まれるかどうかを調べる．

解 答

[解説] で与えた，微小揺らぎ f について線形近似を行ったオイラー・ラグランジュ方程式 (14.1)の一般解を「$\rho_0 = 0$ の場合」と「$gk = \omega^2$ の場合」のそれぞれについて調べる．

まず，$\rho_0 = 0$ の場合，(14.1)は

$$\ddot{f} + \left(gk - \omega^2\right) f = 0$$

となり，一般解は $gk - \omega^2$ の正/負/ゼロに応じて異なる:

- $\omega^2 < gk$ の場合，一般解は
$$f(t) = c_1 \sin\left(\sqrt{gk - \omega^2}\, t\right) + c_2 \cos\left(\sqrt{gk - \omega^2}\, t\right) \quad (c_1,\ c_2\text{: 任意定数})$$
という振動関数なので，$\rho(t) = 0$ は安定である．
- $\omega^2 > gk$ の場合，一般解は
$$f(t) = c_1\ \exp\left(\sqrt{\omega^2 - gk}\, t\right) + c_2\ \exp\left(-\sqrt{\omega^2 - gk}\, t\right) \quad (c_1,\ c_2\text{: 任意定数})$$
であり，$\exp\left(\sqrt{\omega^2 - gk}\, t\right)$ は時間とともにいくらでも大きくなるので，$\rho(t) = 0$ は不安定である．
- $\omega^2 = gk$ の場合は，$\rho_0 \neq 0$ の場合とまとめて次に扱う．

次に，$gk = \omega^2$ の場合，(14.1)は

$$\left(1 + k^2 \rho_0^2\right) \ddot{f} = 0 \quad \Rightarrow \quad \ddot{f} = 0$$

となる．この一般解は

$$f(t) = at + b \quad (a,\ b\text{: 任意定数})$$

であり，at 項は時間とともにいくらでも大きくなるので，$\rho(t) = \rho_0$ は不安定である．

問題 15　回転座標系　発展

位置ベクトル $\boldsymbol{x}=\begin{pmatrix}x\\y\\z\end{pmatrix}$ を力学変数として，ラグランジアンが

$$L=\frac{1}{2}m\dot{\boldsymbol{x}}^2=\frac{1}{2}m\left(\dot{x}^2+\dot{y}^2+\dot{z}^2\right) \tag{15.1}$$

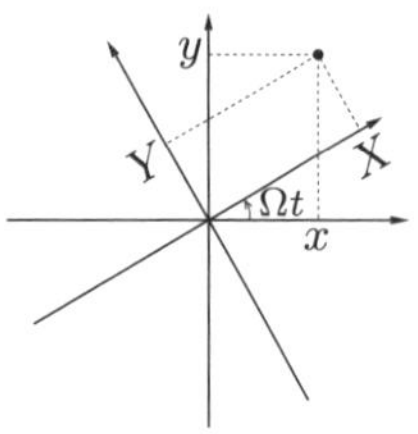

で与えられる，力の働かない自由な質点 (質量 m) を考える．このデカルト座標系 $\begin{pmatrix}x\\y\\z\end{pmatrix}$ がいわゆる慣性系であるが，これに対して z 軸を回転軸として一定の角速度 Ω で回転する別のデカルト座標系 (**回転座標系**) $\begin{pmatrix}X\\Y\\Z\end{pmatrix}$ に乗っている観測者にとって，自由質点の運動がどのように見えるかを，ラグランジアンをもとにして考えよう．なお，z 座標は共通，すなわち，$z=Z$ である．

1. 2つの座標系における質点の位置ベクトル $\boldsymbol{x}=\begin{pmatrix}x\\y\\z\end{pmatrix}$ と $\boldsymbol{X}=\begin{pmatrix}X\\Y\\Z\end{pmatrix}$ は，ある 3×3 回転行列 (直交行列)$R(t)$ により

$$\boldsymbol{x}(t)=R(t)\boldsymbol{X}(t),\qquad \boldsymbol{X}(t)=R(t)^{\mathrm{T}}\boldsymbol{x}(t),\qquad \left(R^{\mathrm{T}}\text{ は }R\text{ の転置行列}\right)$$

   で関係している．この回転行列 $R(t)$ を与えよ．なお，時刻 $t=0$ において，2つの座標系は一致している，すなわち $R(0)=\mathbb{I}_3=3\times3$ **単位行列** とせよ．さらに，行列 $\dot{R}(t)$ および $R(t)^{\mathrm{T}}\dot{R}(t)$ を求めよ．
2. ラグランジアン (15.1)を，力学変数として回転座標系における位置ベクトル $\boldsymbol{X}$ の各成分 X,Y,Z を取り，$L=L(X,Y,Z,\dot{X},\dot{Y},\dot{Z})$ として与えよ．なお，R^{T} も回転行列であることからの関係式 $(\dot{\boldsymbol{x}})^2=(R^{\mathrm{T}}\dot{\boldsymbol{x}})^2$ を用いるとよい．
3. 設問2で求めた L から (X,Y,Z) についてのオイラー・ラグランジュ方程式を導け．

解説　慣性系に対して回転している座標系に乗っている観測者にとって質点の運動がどのように見えるかを，最も簡単な場合にラグランジアンをもとにして考える問題である．オイラー・ラグランジュ方程式から遠心力とコリオリ力が再現される．

1. 3×3 **回転行列** (**直交行列**) $R(t)$ は，R の転置行列 R^{T} が「R の逆行列」，すなわち，

$$R^{\mathrm{T}}R=RR^{\mathrm{T}}=\mathbb{I}_3=\begin{pmatrix}1&0&0\\0&1&0\\0&0&1\end{pmatrix}$$

を満たす3行3列行列である．ただし，今の場合は $z=Z$ であり，(x,y) 面内での回転を表す 2×2 回転行列を同定することが問題である．なお，任意行列 M に対

してその**転置行列** M^{T} は M の行と列を入れ替えたものである:

$$M=\begin{pmatrix} M_{11} & M_{12} & M_{13} \\ M_{21} & M_{22} & M_{23} \\ M_{31} & M_{32} & M_{33} \end{pmatrix} \quad \Rightarrow \quad M^{\mathrm{T}}=\begin{pmatrix} M_{11} & M_{21} & M_{31} \\ M_{12} & M_{22} & M_{32} \\ M_{13} & M_{23} & M_{33} \end{pmatrix}$$

2. 問題のヒントとして与えた関係式 $(\dot{\boldsymbol{x}})^2=(R^{\mathrm{T}}\dot{\boldsymbol{x}})^2$ と設問 1 で求めた $R(t)^{\mathrm{T}}R(t)$ を用いると計算が楽になる．なお，この関係式は R^{T} が回転行列であることと，空間回転でベクトルの長さが変わらないことによる．

解答

1. 問題の図より

$$R(t)=\begin{pmatrix} \cos\Omega t & -\sin\Omega t & 0 \\ \sin\Omega t & \cos\Omega t & 0 \\ 0 & 0 & 1 \end{pmatrix}, \quad R(t)^{\mathrm{T}}=\begin{pmatrix} \cos\Omega t & \sin\Omega t & 0 \\ -\sin\Omega t & \cos\Omega t & 0 \\ 0 & 0 & 1 \end{pmatrix}$$

さらに，

$$\dot{R}(t)=\Omega\begin{pmatrix} -\sin\Omega t & -\cos\Omega t & 0 \\ \cos\Omega t & -\sin\Omega t & 0 \\ 0 & 0 & 0 \end{pmatrix}, \qquad R(t)^{\mathrm{T}}\dot{R}(t)=\Omega\begin{pmatrix} 0 & -1 & 0 \\ 1 & 0 & 0 \\ 0 & 0 & 0 \end{pmatrix}$$

2. $\boldsymbol{x}=R\boldsymbol{X}$ の両辺を時間微分し，得られた式に左から R^{T} を掛け，$R^{\mathrm{T}}R=\mathbb{I}_3$ を用いて

$$\boldsymbol{x}=R\boldsymbol{X} \quad \Rightarrow \quad \dot{\boldsymbol{x}}=R\dot{\boldsymbol{X}}+\dot{R}\boldsymbol{X} \quad \Rightarrow \quad R^{\mathrm{T}}\dot{\boldsymbol{x}}=\dot{\boldsymbol{X}}+R^{\mathrm{T}}\dot{R}\boldsymbol{X}$$

ここで前設問 1 で求めた $R^{\mathrm{T}}(t)\dot{R}(t)$ を用いて

$$R^{\mathrm{T}}\dot{\boldsymbol{x}}=\dot{\boldsymbol{X}}+R^{\mathrm{T}}\dot{R}\boldsymbol{X}=\begin{pmatrix} \dot{X} \\ \dot{Y} \\ \dot{Z} \end{pmatrix}+\Omega\begin{pmatrix} 0 & -1 & 0 \\ 1 & 0 & 0 \\ 0 & 0 & 0 \end{pmatrix}\begin{pmatrix} X \\ Y \\ Z \end{pmatrix}=\begin{pmatrix} \dot{X}-\Omega Y \\ \dot{Y}+\Omega X \\ \dot{Z} \end{pmatrix}$$

これを $L=\frac{1}{2}m\dot{\boldsymbol{x}}^2=\frac{1}{2}m(R^{\mathrm{T}}\dot{\boldsymbol{x}})^2$ に代入して，求めるラグランジアンは

$$\begin{aligned} L &= \frac{1}{2}m\left[\left(\dot{X}-\Omega Y\right)^2+\left(\dot{Y}+\Omega X\right)^2+\dot{Z}^2\right] \\ &= \frac{1}{2}m\left(\dot{X}^2+\dot{Y}^2+\dot{Z}^2\right)+m\Omega\left(X\dot{Y}-Y\dot{X}\right)+\frac{1}{2}m\Omega^2\left(X^2+Y^2\right) \end{aligned}$$

3. (X,Y,Z) の各オイラー・ラグランジュ方程式は以下の通り:

$$\begin{aligned} &\frac{d}{dt}\frac{\partial L}{\partial\dot{X}}=\frac{\partial L}{\partial X} \quad \Rightarrow \quad \frac{d}{dt}\left(\dot{X}-\Omega Y\right)=\Omega\dot{Y}+\Omega^2 X \quad \Rightarrow \quad \ddot{X}=2\Omega\dot{Y}+\Omega^2 X \\ &\frac{d}{dt}\frac{\partial L}{\partial\dot{Y}}=\frac{\partial L}{\partial Y} \quad \Rightarrow \quad \frac{d}{dt}\left(\dot{Y}+\Omega X\right)=-\Omega\dot{X}+\Omega^2 Y \quad \Rightarrow \quad \ddot{Y}=-2\Omega\dot{X}+\Omega^2 Y \\ &\frac{d}{dt}\frac{\partial L}{\partial\dot{Z}}=\frac{\partial L}{\partial Z} \quad \Rightarrow \quad \ddot{Z}=0 \end{aligned}$$

なお，X と Y のオイラー・ラグランジュ方程式の各右辺第 1 項は**コリオリ力** (Coriolis force)，第 2 項が**遠心力**を表す．

問題 16　加速座標系　標準

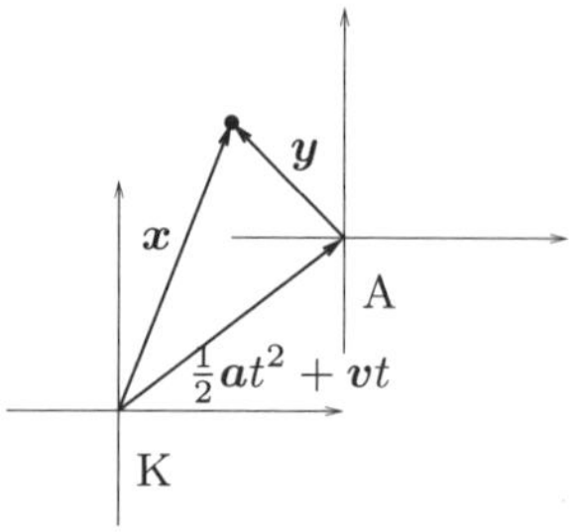

自由質点のラグランジアンは慣性系 K (質点の位置ベクトル $\boldsymbol{x}(t)$) において

$$L_{\mathrm{K}} = \frac{1}{2}m\dot{\boldsymbol{x}}^2 \qquad (16.1)$$

で与えられるが，慣性系 K に対して一定の加速度 $\boldsymbol{a}$ で運動する座標系 (**加速 (座標) 系**) A (質点の位置ベクトル $\boldsymbol{y}(t)$) を考える．時刻 t における 2 つの系での質点の位置ベクトルの関係は

$$\boldsymbol{y}(t) = \boldsymbol{x}(t) - \frac{1}{2}\boldsymbol{a}t^2 - \boldsymbol{v}t \qquad (\boldsymbol{a},\, \boldsymbol{v} \text{ は共に定数ベクトル})$$

であるとする．すなわち，時刻 $t = 0$ で，2 つの座標系の原点は一致し，K に対する A の速度は $\boldsymbol{v}$ である．

1. 加速系 A における質点のラグランジアン $L_{\mathrm{A}}(\boldsymbol{y}, \dot{\boldsymbol{y}}, t)$ は (16.1)式の L_{K} を $(\boldsymbol{y}, \dot{\boldsymbol{y}}, t)$ で表すことにより得られる．この $L_{\mathrm{A}}(\boldsymbol{y}, \dot{\boldsymbol{y}}, t)$ を与え，さらに，$\boldsymbol{y}$ のオイラー・ラグランジュ方程式を導け．
2. ラグランジアン L_{A} には時間についての全微分項 $\dfrac{d}{dt}G(\boldsymbol{y}(t), t)$ を加えるだけの任意性がある (**問題 06** 参照: t の全微分項はオイラー・ラグランジュ方程式に効かない)．この任意性および「L_{A} に加わる $(\boldsymbol{y}, \dot{\boldsymbol{y}})$ を全く含まない項はオイラー・ラグランジュ方程式に寄与せず捨ててもよい」ことを用いると，設問 1 で求めた L_{A} を

$$L_{\mathrm{A}}(\boldsymbol{y}, \dot{\boldsymbol{y}}) = \frac{1}{2}m\dot{\boldsymbol{y}}^2 - U(\boldsymbol{y}) \qquad (16.2)$$

   の形にすることができる．ここに現れる $\boldsymbol{y}$ のみの関数 $U(\boldsymbol{y})$ (時刻 t に陽には依存しない) を求めよ．さらに，求めた $U(\boldsymbol{y})$ を用いた (16.2)式の L_{A} のオイラー・ラグランジュ方程式を書き下せ．

解 説　慣性系において力の働かない自由質点の運動が，慣性系に対して加速運動する座標系 (加速 (座標) 系) に乗った観測者からどのように見えるかを，ラグランジアンとオイラー・ラグランジュ方程式から考える問題である．結果として，いわゆる「慣性力」が導かれる．

設問 2 は，**問題 06** で扱ったラグランジアンの不定性の一般論 (オイラー・ラグランジュ方程式を変えないラグランジアンの任意性) を用いて，加速系におけるラグランジアンを見やすい形にする問題である．

解答

1. 関係式 $\boldsymbol{x} = \boldsymbol{y} + \frac{1}{2}\boldsymbol{a}t^2 + \boldsymbol{v}t$ の両辺を時間微分して得られる

$$\dot{\boldsymbol{x}} = \dot{\boldsymbol{y}} + \boldsymbol{a}t + \boldsymbol{v}$$

を (16.1)式の L_{K} に代入して

$$L_{\mathrm{A}}(\boldsymbol{y}, \dot{\boldsymbol{y}}, t) = \frac{1}{2}m\left(\dot{\boldsymbol{y}} + \boldsymbol{a}t + \boldsymbol{v}\right)^2$$

次に，オイラー・ラグランジュ方程式は

$$\frac{\partial L_{\mathrm{A}}(\boldsymbol{y}, \dot{\boldsymbol{y}}, t)}{\partial \dot{\boldsymbol{y}}} = m\left(\dot{\boldsymbol{y}} + \boldsymbol{a}t + \boldsymbol{v}\right), \qquad \frac{\partial L_{\mathrm{A}}(\boldsymbol{y}, \dot{\boldsymbol{y}}, t)}{\partial \boldsymbol{y}} = 0$$

を用いて

$$\frac{d}{dt}\frac{\partial L_{\mathrm{A}}(\boldsymbol{y}, \dot{\boldsymbol{y}})}{\partial \dot{\boldsymbol{y}}} = \frac{\partial L_{\mathrm{A}}(\boldsymbol{y}, \dot{\boldsymbol{y}})}{\partial \boldsymbol{y}} \;\Rightarrow\; \frac{d}{dt}m\left(\dot{\boldsymbol{y}} + \boldsymbol{a}t + \boldsymbol{v}\right) = 0 \;\Rightarrow\; m\ddot{\boldsymbol{y}} = -m\boldsymbol{a}$$

となる．なお，得られたオイラー・ラグランジュ方程式の右辺の $-m\boldsymbol{a}$ はいわゆる**慣性力**である．

2. 上の L_{A} を $\dot{\boldsymbol{y}}$ の冪で展開し，$\dot{\boldsymbol{y}}$ の 1 次項を (t の全微分項) + ($\dot{\boldsymbol{y}}$ を含まない項) と表す:

$$\begin{aligned} L_{\mathrm{A}} &= \frac{1}{2}m\left(\dot{\boldsymbol{y}} + \boldsymbol{a}t + \boldsymbol{v}\right)^2 = \frac{1}{2}m\dot{\boldsymbol{y}}^2 + m\underbrace{\dot{\boldsymbol{y}}\cdot(\boldsymbol{a}t + \boldsymbol{v})}_{\frac{d}{dt}\left[\boldsymbol{y}\cdot(\boldsymbol{a}t+\boldsymbol{v})\right] - \boldsymbol{y}\cdot\boldsymbol{a}} + \frac{1}{2}m\left(\boldsymbol{a}t + \boldsymbol{v}\right)^2 \\ &= \frac{1}{2}m\dot{\boldsymbol{y}}^2 - m\boldsymbol{y}\cdot\boldsymbol{a} + \underbrace{\frac{d}{dt}\left[m\boldsymbol{y}\cdot(\boldsymbol{a}t + \boldsymbol{v})\right]}_{t\,\text{の全微分項}} + \underbrace{\frac{1}{2}m\left(\boldsymbol{a}t + \boldsymbol{v}\right)^2}_{(\boldsymbol{y},\dot{\boldsymbol{y}})\,\text{を含まない}} \end{aligned}$$

これより「t の全微分項」と「$(\boldsymbol{y}, \dot{\boldsymbol{y}})$ を含まない項」は落として

$$U(\boldsymbol{y}) = m\boldsymbol{y}\cdot\boldsymbol{a}$$

なお，「$(\boldsymbol{y}, \dot{\boldsymbol{y}})$ を含まない項」も「t の全微分項」と表される:

$$\frac{1}{2}m\left(\boldsymbol{a}t + \boldsymbol{v}\right)^2 = \frac{1}{2}m\frac{d}{dt}\left(\frac{1}{3}\boldsymbol{a}^2t^3 + \boldsymbol{a}\cdot\boldsymbol{v}t^2 + \boldsymbol{v}^2t\right)$$

次に，オイラー・ラグランジュ方程式は

$$\frac{d}{dt}\frac{\partial L_{\mathrm{A}}(\boldsymbol{y}, \dot{\boldsymbol{y}})}{\partial \dot{\boldsymbol{y}}} = \frac{\partial L_{\mathrm{A}}(\boldsymbol{y}, \dot{\boldsymbol{y}})}{\partial \boldsymbol{y}} \quad\Rightarrow\quad m\ddot{\boldsymbol{y}} = -\frac{\partial U(\boldsymbol{y})}{\partial \boldsymbol{y}} = -m\boldsymbol{a}$$

であり，もちろん設問 1 で得たものと一致する．

問題 17　2階非斉次線形常微分方程式　基本

未知関数 $f(t)$ に対する次の微分方程式の一般解を与えよ:

$$\ddot{f}(t)+\omega^2 f(t)=h\sin\Omega t \tag{17.1}$$

ここに，ω と Ω は正定数，h は定数である．

解説　次の**問題18**と**問題19**のための数学的準備の問題である．

$g(t)$ を与えられた t の関数として，未知関数 $f(t)$ に対する2階常微分方程式

$$\ddot{f}(t)+\omega^2 f(t)=g(t) \tag{17.2}$$

の一般解の構成手順は次の通りである．なお，(17.2)の左辺は f およびその微分について線形，右辺に非斉次項 $g(t)$ があるので，(17.2) は**2階非斉次線形常微分方程式**と呼ばれる．

(1) 微分方程式 (17.2)の解を1つ見つける．見つけ方は，目の子でも，あるいは，(ここでは説明しない) 一般的手法でも何でも良い．得られた解 (**特解**と呼ぶ) を $f_{特解}(t)$ とする．

(2) 微分方程式 (17.2)において $g(t)=0$ とした

$$\ddot{f}_{斉次}(t)+\omega^2 f_{斉次}(t)=0$$

の一般解を求める (**斉次解**)．これは今の場合

$$f_{斉次}(t)=A\sin\omega t+B\cos\omega t \qquad \bigl(A,\ B\text{: 任意定数}\bigr) \tag{17.3}$$

(3) 元の微分方程式 (17.2)の一般解は，$f_{特解}(t)$ と $f_{斉次}(t)$ の和として与えられる:

$$f(t)=f_{特解}(t)+f_{斉次}(t)$$

以上の一般解の構成手順は，より一般の n 階非斉次線形常微分方程式

$$f^{(n)}(t)+a_{n-1}f^{(n-1)}(t)+\cdots+a_1 f^{(1)}(t)+a_0 f(t)=g(t)$$

に対しても同様である．ここに，$f^{(k)}(t)=(d/dt)^k f(t)$ であり，a_k $(k=0,1,\cdots,n-1)$ は定数である．

解答

解説の手順にしたがって一般解を構成する．まず特解は，C を定数として

$$f_{特解}(t)=C\sin\Omega t$$

と目星をつけ (なぜなら，このとき (17.1)式の両辺の3つの項は全て $\sin\Omega t$ に比例することがわかるから)，微分方程式 (17.1)に代入すると

$$C\left(-\Omega^2+\omega^2\right)\sin\Omega t=h\sin\Omega t$$

これが任意の t で成り立つべきことから，定数 C は

$$C = \frac{h}{\omega^2 - \Omega^2} \qquad \left(\Omega^2 \neq \omega^2\right)$$

と定まる．ただし，$\Omega^2 \neq \omega^2$ ($\Omega,\ \omega > 0$ より $\Omega \neq \omega$) が必要である．斉次解 $f_{\text{斉次}}(t)$ は解説の (17.3)式のとおりであり，$\Omega \neq \omega$ の場合の (17.1)の一般解は

$$f(t) = -\frac{h}{\Omega^2 - \omega^2}\sin\Omega t + A\sin\omega t + B\cos\omega t \quad \left(A,\ B\text{: 任意定数},\ \Omega \neq \omega\right) \tag{17.4}$$

で与えられる．

次に，$\Omega = \omega$ の場合の一般解を構成するために，(17.4)式の $\Omega \to \omega$ 極限を考える．微小量 $\Omega - \omega$ についてのテイラー展開 (および**ローラン展開** (Laurent expansion))

$$\sin\Omega t = \sin\left[\omega t + (\Omega - \omega)\,t\right] = \sin\omega t + (\Omega - \omega)\,t\cos\omega t + O\big((\Omega - \omega)^2\big) \tag{17.5}$$

$$\frac{1}{\Omega^2 - \omega^2} = \frac{1}{(\Omega + \omega)\,(\Omega - \omega)} = \frac{1}{2\omega}\frac{1}{\Omega - \omega} + O\big((\Omega - \omega)^0\big) \tag{17.6}$$

を用いて，(17.4)の特解部分は

$$-\frac{h}{\Omega^2 - \omega^2}\sin\Omega t = -\frac{1}{2\omega}\frac{h}{\Omega - \omega}\sin\omega t - \frac{h}{2\omega}t\cos\omega t + O(\Omega - \omega)$$

と展開される．これより，(17.4)は $\Omega = \omega$ 近傍で

$$f(t) = -\frac{h}{2\omega}t\cos\omega t + \left(A - \frac{1}{2\omega}\frac{h}{\Omega - \omega}\right)\sin\omega t + B\cos\omega t + O(\Omega - \omega)$$

と展開されるが，右辺の $\sin\omega t$ の係数 $A' = A - \dfrac{1}{2\omega}\dfrac{h}{\Omega - \omega}$ において A は任意なので，結局，A' も任意に取れる．したがって，A' を改めて A と表すと，$\Omega = \omega$ の場合の一般解

$$f(t) = -\frac{h}{2\omega}t\cos\omega t + A\sin\omega t + B\cos\omega t \quad \left(A,\ B\text{: 任意定数},\ \Omega = \omega\right) \tag{17.7}$$

を得る．なお，この右辺第 1 項，$-\dfrac{h}{2\omega}t\cos\omega t$ が $\Omega = \omega$ の場合の微分方程式 (17.1)の特解になっていることは直接確認できる．

補足: (17.5)と (17.6)の導出

これらの展開式については次の微小 x についてのテイラー展開公式を用いる:

$$\sin(a + x) = \sin a + x\cos a + O(x^2), \qquad \frac{1}{1 + x} = 1 - x + O(x^2)$$

問題 01 の (01.9)と (01.7)を参照．特に，(17.6)は

$$\begin{aligned}\frac{1}{\Omega + \omega} = \frac{1}{2\omega + (\Omega - \omega)} &= \frac{1}{2\omega}\left(1 + \frac{1}{2\omega}(\Omega - \omega)\right)^{-1} \\ &= \frac{1}{2\omega}\left(1 - \frac{1}{2\omega}(\Omega - \omega) + O\big((\Omega - \omega)^2\big)\right)\end{aligned} \tag{17.8}$$

に $1/(\Omega - \omega)$ を掛ければよい．

問題 18　強制振動を受けるバネ　標準

図のように，水平な x 軸上のバネ (バネ定数 k，自然長 a) の右端に質点 (質量 m) が取り付けてあり，バネの左端は時刻 t での x 座標が $b\sin\Omega t$ で $x=0$ の周りを強制的に振動させられている (b と Ω は定数で，$\Omega>0$)．時刻 t におけるバネの自然長からの伸びを $q(t)$ とする．バネはたわむことなく，また，その質量は無視できるとする．

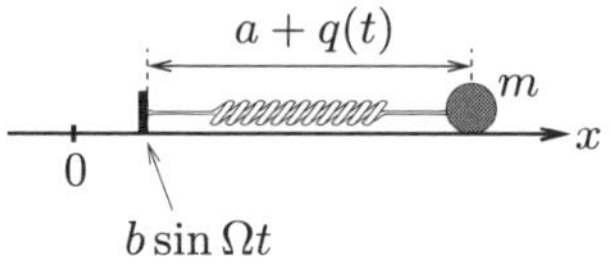

1. 力学変数をバネの自然長からの伸び $q(t)$ に取り，この系のラグランジアン $L(q,\dot{q},t)$ を与えよ．
2. この系のオイラー・ラグランジュ方程式を与えよ．
3. 時刻 $t=0$ における初期条件を $q(0)=0$ および $\dot{q}(0)=0$ として，オイラー・ラグランジュ方程式の解 $q(t)$ を求めよ．

解説　端に質点がついたバネの他端を強制的に振動させた場合の運動を考える問題である．**問題 17** の 2 階非斉次線形常微分方程式の解法を用いることでオイラー・ラグランジュ方程式の解が求まる．

解答

1. 質点の x 座標とその時間微分は

$$x(t)=a+q(t)+b\sin\Omega t, \qquad \dot{x}(t)=\dot{q}(t)+b\Omega\cos\Omega t$$

ラグランジアンは今の場合も $L=$(質点の運動エネルギー)$-$(バネのポテンシャル・エネルギー) であって

$$L(q,\dot{q},t)=\frac{1}{2}m\dot{x}^2-\frac{1}{2}kq^2=\frac{1}{2}m\left(\dot{q}+b\Omega\cos\Omega t\right)^2-\frac{1}{2}kq^2$$

2. 設問 1 で得たラグランジアンより

$$\frac{\partial L}{\partial\dot{q}}=m\left(\dot{q}+b\Omega\cos\Omega t\right), \qquad \frac{\partial L}{\partial q}=-kq$$

これを用いてオイラー・ラグランジュ方程式は

$$\frac{d}{dt}\frac{\partial L}{\partial\dot{q}}=\frac{\partial L}{\partial q} \quad\Rightarrow\quad \frac{d}{dt}m\left(\dot{q}+b\Omega\cos\Omega t\right)=-kq$$

すなわち

$$\ddot{q}+\frac{k}{m}q=b\Omega^2\sin\Omega t \tag{18.1}$$

3. 設問 2 で得たオイラー・ラグランジュ方程式 (18.1) は**問題 17** の 2 階非斉次線形常微分方程式 (17.1)において

$$\omega = \sqrt{\frac{k}{m}}, \qquad h = b\Omega^2$$

としたものであり，その解は $\Omega \neq \omega$ と $\Omega = \omega$ の各場合に以下の通りである．

<u>$\Omega \neq \omega$ の場合</u>

オイラー・ラグランジュ方程式 (18.1) の一般解は**問題 17** の [解答] の (17.4)式より

$$q(t) = -\frac{b\Omega^2}{\Omega^2 - \omega^2} \sin \Omega t + A \sin \omega t + B \cos \omega t$$

定数 A と B は問題で指定された初期条件より

$$0 = q(0) = B,\ 0 = \dot{q}(0) = -\frac{b\Omega^3}{\Omega^2 - \omega^2} + A\omega \ \Rightarrow\ A = \frac{b\Omega^3}{\omega\left(\Omega^2 - \omega^2\right)},\ B = 0$$

と定まり，結局，求める解 $q(t)$ は

$$q(t) = -\frac{b\Omega^2}{\Omega^2 - \omega^2}\left(\sin \Omega t - \frac{\Omega}{\omega} \sin \omega t\right) \qquad (\Omega \neq \omega) \qquad (18.2)$$

強制振動の振動数 Ω がバネの振動数 ω に近くなると，$q(t)$ の振幅は非常に大きくなる (**共鳴現象**).

<u>$\Omega = \omega$ の場合</u>

この場合，オイラー・ラグランジュ方程式の一般解は**問題 17** の [解答] の (17.7)式で与えられており，これに今の問題の初期条件を課して定数 A と B を求めればよい．しかし，ここでは上の $\Omega \neq \omega$ の場合の解 (18.2) の $\Omega \to \omega$ 極限を取ることで $\Omega = \omega$ の場合の解を得よう．このために，(18.2)式の各量を微小量 $\Omega - \omega$ について展開した

$$\begin{aligned} \sin \Omega t - \frac{\Omega}{\omega} \sin \omega t &= \underbrace{\sin\left[\omega t + (\Omega - \omega)\, t\right]}_{= \sin \omega t + (\Omega - \omega)\, t \cos \omega t + O\left((\Omega - \omega)^2\right)} - \left(1 + \frac{\Omega - \omega}{\omega}\right) \sin \omega t \\ &= (\Omega - \omega)\left(t \cos \omega t - \frac{1}{\omega} \sin \omega t\right) + O\left((\Omega - \omega)^2\right) \end{aligned}$$

$$\frac{b\Omega^2}{\Omega^2 - \omega^2} = \underbrace{\frac{b\Omega^2}{\Omega + \omega}}_{= b\omega/2 + O(\Omega - \omega)} \frac{1}{\Omega - \omega} = \frac{b\omega}{2} \frac{1}{\Omega - \omega} + O\left((\Omega - \omega)^0\right)$$

を用いると，$\Omega = \omega$ の場合の解として

$$q(t) = -\frac{b}{2}\left(\omega t \cos \omega t - \sin \omega t\right)$$

を得る．この $\cos \omega t$ の係数の絶対値 $(b/2)\omega t$ は t に比例していくらでも大きくなるが，もちろん，実際のバネの伸び縮みの長さには限度がある．

問題 19　強制振動を受ける単振り子　標準

図のように，長さ ℓ でおもりの質量 m の単振り子の支点が，振幅 a，角振動数 Ω で x 軸上を原点 O を中心として水平方向に強制的に単振動をしている．すなわち，単振り子の支点のデカルト座標は $(a\cos\Omega t, 0)$ である．振り子は (x, y) 面内のみを振れるものとし，重力加速度を y 軸の負の方向に g とする．

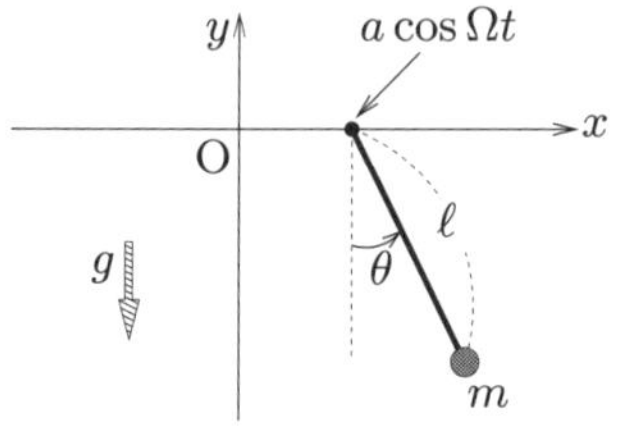

1. 振り子が鉛直下方となす角度 $\theta(t)$(図参照) を力学変数としてとり，この系のラグランジアン $L(\theta, \dot{\theta}, t)$ を与えよ．
2. この系のオイラー・ラグランジュ方程式を求めよ．
3. 振り子の振れが微小 ($|\theta| \ll 1$) であると仮定し，テイラー展開公式 $\sin\theta = \theta + O(\theta^3)$，$\cos\theta = 1 + O(\theta^2)$ を用いると，設問 2 で求めたオイラー・ラグランジュ方程式は

$$\ddot{\theta} = -\alpha\theta + \beta\cos\Omega t \tag{19.1}$$

   と近似される．g, ℓ, a, Ω で表される定数 α と β を求めよ．
4. 上の近似オイラー・ラグランジュ方程式 (19.1)を，時刻 $t = 0$ における初期条件 $\theta(0) = 0$ および $\dot{\theta}(0) = 0$ の下で解き，解 $\theta(t)$ を与えよ．ただし，定数 α と β は，設問 3 で与えた (g, ℓ, a, Ω) による表式を用いよ．なお，$g/\ell \neq \Omega^2$ とする．

解説　振り子の振れ角が微小であると近似したオイラー・ラグランジュ方程式 (19.1) は**問題 17** の微分方程式 (17.2) で $g(t) \propto \cos\Omega t$ としたものであり，**問題 17** の解説の通り，その一般解は，(特解) +「$g(t) = 0$ とした斉次微分方程式の一般解」で与えられる．今の場合の特解は目の子で $\cos\Omega t$ に比例する形であるとわかる．

解答

1. 振り子の重りの座標は，

$$(x, y) = (a\cos\Omega t + \ell\sin\theta, -\ell\cos\theta)$$

   であり，

$$(\dot{x}, \dot{y}) = \left(-a\Omega\sin\Omega t + \ell\dot{\theta}\cos\theta, \ell\dot{\theta}\sin\theta\right)$$

$$\dot{x}^2 + \dot{y}^2 = a^2\Omega^2\sin^2\Omega t - 2a\Omega\ell\dot{\theta}\sin\Omega t\cos\theta + \ell^2\dot{\theta}^2$$

を用いて，

$$\begin{aligned} L(\theta, \dot{\theta}, t) &= \frac{1}{2}m\left(\dot{x}^2 + \dot{y}^2\right) - mgy \\ &= \frac{1}{2}m\Bigl(\ell^2\dot{\theta}^2 - 2a\Omega\ell\dot{\theta}\sin\Omega t\cos\theta \overbrace{+a^2\Omega^2\sin^2\Omega t}^{\text{不要}}\Bigr) + mg\ell\cos\theta \end{aligned} \tag{19.2}$$

不要とした項は $(\theta, \dot{\theta})$ に依らず，オイラー・ラグランジュ方程式に効かないことに注意．なお，この不要項を除いた L は

$$L(\theta, \dot{\theta}, t) = \frac{1}{2}m\left(\ell^2\dot{\theta}^2 + 2a\Omega^2\ell\cos\Omega t\sin\theta\right) + mg\ell\cos\theta - \frac{d}{dt}\left(ma\Omega\ell\sin\Omega t\sin\theta\right)$$

とも表されるので，最後の全微分項を除いた L を取っても以下同じ結果となる．

2. 設問 1 で得たラグランジアン (19.2)より

$$\frac{\partial L}{\partial\theta} = m\left(a\Omega\ell\dot{\theta}\sin\Omega t\sin\theta - g\ell\sin\theta\right), \quad \frac{\partial L}{\partial\dot{\theta}} = m\left(\ell^2\dot{\theta} - a\Omega\ell\sin\Omega t\cos\theta\right),$$

$$\frac{d}{dt}\frac{\partial L}{\partial\dot{\theta}} = m\left(\ell^2\ddot{\theta} - a\Omega^2\ell\cos\Omega t\cos\theta + a\Omega\ell\dot{\theta}\sin\Omega t\sin\theta\right)$$

これより，オイラー・ラグランジュ方程式は

$$\frac{d}{dt}\frac{\partial L}{\partial\dot{\theta}} = \frac{\partial L}{\partial\theta} \quad\Rightarrow\quad \ell^2\ddot{\theta} - a\Omega^2\ell\cos\Omega t\cos\theta = -g\ell\sin\theta$$

すなわち

$$\ddot{\theta} = -\frac{g}{\ell}\sin\theta + \frac{a\Omega^2}{\ell}\cos\Omega t\cos\theta \tag{19.3}$$

3. オイラー・ラグランジュ方程式 (19.3)において $|\theta| \ll 1$ と近似すると

$$\ddot{\theta} = -\frac{g}{\ell}\theta + \frac{a\Omega^2}{\ell}\cos\Omega t \tag{19.4}$$

すなわち

$$\alpha = \frac{g}{\ell}, \quad \beta = \frac{a\Omega^2}{\ell}$$

4. まず，特解として $\theta_{\text{特解}}(t) = C\cos\Omega t$ を仮定し (19.4)に代入すると

$$-\Omega^2 C = -\frac{g}{\ell}C + \frac{a\Omega^2}{\ell} \quad\Rightarrow\quad C = \frac{a\Omega^2}{g - \ell\Omega^2}$$

この特解に斉次微分方程式 $\ddot{\theta} = -(g/\ell)\theta$ の一般解を加えて，(19.4)の一般解は

$$\theta(t) = \frac{a\Omega^2}{g - \ell\Omega^2}\cos\Omega t + A\sin\left(\sqrt{\frac{g}{\ell}}\,t\right) + B\cos\left(\sqrt{\frac{g}{\ell}}\,t\right) \quad (A, B：\text{任意定数})$$

次に，初期条件より

$$0 = \theta(0) = \frac{a\Omega^2}{g - \ell\Omega^2} + B, \quad 0 = \dot{\theta}(0) = A\sqrt{\frac{g}{\ell}} \quad\Rightarrow\quad A = 0, \quad B = -\frac{a\Omega^2}{g - \ell\Omega^2}$$

したがって求める解は

$$\theta(t) = \frac{a\Omega^2}{g - \ell\Omega^2}\left[\cos\Omega t - \cos\left(\sqrt{\frac{g}{\ell}}\,t\right)\right]$$

Tea Time ……………………… 場の理論と最小作用の原理

「最小作用の原理」は解析力学の出発点となる基本原理であるが，この最小作用の原理の適用範囲は，解析力学で扱う質点系や剛体系だけでなく，電磁気学や一般相対性理論，さらには，素粒子の世界を記述する非可換ゲージ理論，そして，微視的究極理論と期待される「ひも理論」にまでおよぶ．これらの理論も，本書で扱う簡単な系と同様に，その力学変数とラグランジアン (あるいは，作用) を与えることで定義され，最小作用の原理からのオイラー・ラグランジュ方程式として，電磁気学の場合は「マクスウェル方程式」，一般相対性理論の場合は「アインシュタイン方程式」が得られる．

電磁気学の場合，我々が観測するのは電場 $\boldsymbol{E}(\boldsymbol{x},t)$ や磁場 $\boldsymbol{B}(\boldsymbol{x},t)$ であるが，力学変数として採用するのは電場と磁場そのものではなく，それらを

$$\boldsymbol{E}(\boldsymbol{x},t)=-\boldsymbol{\nabla}\phi(\boldsymbol{x},t)-\frac{\partial}{\partial t}\boldsymbol{A}(\boldsymbol{x},t),\quad \boldsymbol{B}(\boldsymbol{x},t)=\boldsymbol{\nabla}\times\boldsymbol{A}(\boldsymbol{x},t) \tag{I}$$

により表すベクトル・ポテンシャル $\boldsymbol{A}(\boldsymbol{x},t)$ とスカラー・ポテンシャル $\phi(\boldsymbol{x},t)$ である．本書で扱う N 自由度系の力学変数 $q_i(t)$ $(i=1,\cdots,N)$ のインデックス i に対応するのは，1) $\boldsymbol{A}=(A_1,A_2,A_3)$ と ϕ の4種類の区別，および，2) 空間座標 $\boldsymbol{x}=(x_1,x_2,x_3)$ である．特に，空間座標点は「連続無限個」あるので，この系は無限自由度系 $(N=\infty)$ である．このような「空間の各点ごとに力学変数 (自由度) がある系」は「場の理論」と呼ばれる．

さて，電磁気学は場 $(\boldsymbol{A}(\boldsymbol{x},t),\phi(\boldsymbol{x},t))$ を力学変数とし，そのラグランジアンは (I) 式で表された $\boldsymbol{E}$ と $\boldsymbol{B}$ により空間積分

$$L=\frac{1}{2}\int d^3x\left(\epsilon_0\boldsymbol{E}(\boldsymbol{x},t)^2-\frac{1}{\mu_0}\boldsymbol{B}(\boldsymbol{x},t)^2\right)+(\text{電荷密度 }\rho,\ \text{電流密度 }\boldsymbol{j}\text{ との相互作用項}) \tag{II}$$

で与えられる．ここに，ϵ_0 と μ_0 は真空中の誘電率と透磁率である．この L より，ϕ と $\boldsymbol{A}$ のオイラー・ラグランジュ方程式としてマクスウェル方程式のうちの2本

$$\boldsymbol{\nabla}\cdot\boldsymbol{E}=\rho/\epsilon_0,\qquad \boldsymbol{\nabla}\times\boldsymbol{B}-\epsilon_0\mu_0\frac{\partial\boldsymbol{E}}{\partial t}=\mu_0\boldsymbol{j}$$

がそれぞれ得られる．残り2本のマクスウェル方程式

$$\boldsymbol{\nabla}\cdot\boldsymbol{B}=0,\qquad \boldsymbol{\nabla}\times\boldsymbol{E}+\frac{\partial\boldsymbol{B}}{\partial t}=0$$

は (I) 式により自動的に満たされる．

Chapter 2

変分法の応用

第 1 章の最小作用の原理とそれから導かれるオイラー・ラグランジュ方程式の考え方 (変分法) は，物理学における問題だけでなく，より広い一般的な問題に応用できる．具体的には，関数 $f(x)$ とその微分 $f'(x)$ を用いて与えられる量の x 積分が最小になるように関数 $f(x)$ を定めたい場合，x を「時間」，$f(x)$ を「力学変数」と見なしたオイラー・ラグランジュ方程式を解けばよい．この章では，簡単な問題から始めて，さまざまな変分法の応用問題を扱う．

問題 20　変分法と保存量　標準

次の x 積分で与えられる量 $P[f]$ を考える:

$$P[f] = \int_{x_1}^{x_2} dx\, L(f(x), f'(x), x) \tag{20.1}$$

ここに，被積分関数 $L(f(x), f'(x), x)$ は，関数 $f(x)$ とその微分 $f'(x) = df(x)/dx$，および，x 自身 (陽な x 依存性) からなる量であり，例えば，$L(f, f', x) = \dfrac{1+(f')^2}{x^2+f^2}$ である．今，関数 $f(x)$ の積分の両端 $x = x_1, x_2$ での値を

$$f(x_1) = f_1, \qquad f(x_2) = f_2 \tag{20.2}$$

と指定したとき，$P[f]$ の値を最小や最大 (一般には停留) にするような $f(x)$ を求めたい．$P[f]$ の例としては，曲線の長さや軸対称な曲面の面積等がある．

この問題には，最小作用の原理からオイラー・ラグランジュ方程式を導く**問題 03**の考え方/手法をそのまま用いることができる．すなわち，$P[f]$ を作用 (03.1)，変数 x を時間 t，$f(x)$ を力学変数 $q(t)$，(20.1)の被積分関数 $L(f, f', x)$ をラグランジアン，**端点条件** (20.2)を (03.2)式とそれぞれ対比させれば，$P[f]$ を最小/最大にする関数 $f(x)$ はオイラー・ラグランジュ方程式 (03.3)を今の問題の量に書き直した

$$\frac{d}{dx}\frac{\partial L(f, f', x)}{\partial f'} = \frac{\partial L(f, f', x)}{\partial f} \tag{20.3}$$

の解として求まる．

(20.3)は一般に $f(x)$ に対する 2 階微分方程式となるが，次の 2 つの特別な (しかし，よく現れる) 場合は，より簡単な 1 階微分方程式に帰着される．

1. $L(f, f', x)$ が (f' には依るが) f そのものには依らず，

$$L = L(f'(x), x) \tag{20.4}$$

の場合，$f(x)$ は次式を満たすべきことを示せ:

$$\frac{\partial L(f', x)}{\partial f'} = x \text{ に依らない定数} \tag{20.5}$$

2. $L(f, f', x)$ の陽な x 依存性がなく，

$$L = L(f(x), f'(x)) \tag{20.6}$$

の場合，$f(x)$ は次式を満たすべきことを示せ:

$$L(f, f') - \frac{\partial L(f, f')}{\partial f'} f' = x \text{ に依らない定数} \tag{20.7}$$

解説 1. と 2. のそれぞれの場合に，x に依らない一定量が存在するが，いずれも第 3 章の「対称性と保存則」における保存量に対応している．すなわち，(20.5)は運動量保存，(20.7)はエネルギー保存である．

解答

1. L が $f(x)$ そのものには依らない場合は，

$$\frac{\partial L(f',x)}{\partial f} = 0$$

なので，(20.3)の右辺はゼロ，したがって

$$\frac{d}{dx}\frac{\partial L(f',x)}{\partial f'} = \frac{\partial L(f',x)}{\partial f} = 0 \quad \Rightarrow \quad \frac{\partial L(f',x)}{\partial f'} = x\text{ に依らない定数}$$

2. 陽な x 依存性がある一般的な $L(f,f',x)$ に対する x 全微分は

$$\frac{d}{dx}L(f(x),f'(x),x) = \frac{\partial L(f,f',x)}{\partial f}f' + \frac{\partial L(f,f',x)}{\partial f'}f'' + \frac{\partial L(f,f',x)}{\partial x} \tag{20.8}$$

の右辺 3 項からなる．それぞれは，L の $f(x)$ を通じた x 依存性，$f'(x)$ を通じた x 依存性，陽な x 依存性を微分したものである．

今の「L に陽な x 依存性がない場合」は (20.8)の右辺第 3 項がなく，

$$\frac{d}{dx}L(f,f') = \frac{\partial L(f,f')}{\partial f}f' + \frac{\partial L(f,f')}{\partial f'}f''$$

であり，これを用いて (20.7)の左辺の x 微分は

$$\begin{aligned}
&\frac{d}{dx}\left(L(f,f') - \frac{\partial L(f,f')}{\partial f'}f'\right) \\
&= \frac{\partial L(f,f')}{\partial f}f' + \frac{\partial L(f,f')}{\partial f'}f'' - \left(\left(\frac{d}{dx}\frac{\partial L(f,f')}{\partial f'}\right)f' + \frac{\partial L(f,f')}{\partial f'}\frac{df'}{dx}\right) \\
&= \left(\frac{\partial L(f,f')}{\partial f} - \frac{d}{dx}\frac{\partial L(f,f')}{\partial f'}\right)f' = 0
\end{aligned}$$

となる ($df'/dx = f''$ に注意)．ここに最後の等号でオイラー・ラグランジュ方程式 (20.3)を用いた．よって，(20.7)が成り立つ．

問題 21　2点を結ぶ最短曲線　基本

(x, y) 面上の与えられた2点 (x_1, y_1) と (x_2, y_2) を結ぶ曲線 $y = f(x)$ で2点間の長さを最小にするものを求めよ．

解説　この問題の答えが「2点を結ぶ直線」であることは誰でも知っているが，ここではこの問題を**問題 20** の変分法の手法で考える．**問題 20** の (20.4)および (20.6)の場合に該当し，オイラー・ラグランジュ方程式は1階微分方程式に帰着される例である．

解答

まず，曲線 $y = f(x)$ に沿った2点間の長さ $\ell[f]$ は

$$\ell[f] = \int_{x_1}^{x_2} dx \sqrt{1 + f'(x)^2}, \tag{21.1}$$

で与えられる (簡単な導出はこの解答の最後に記載)．ただし，$y = f(x)$ が与えられた2点を通るべきことから，関数 $f(x)$ には

$$f(x_1) = y_1, \qquad f(x_2) = y_2 \tag{21.2}$$

が要請される．

(21.1)の被積分関数 $L(f') = \sqrt{1 + f'(x)^2}$ は $f(x)$ そのものには依らないので，**問題 20** の (20.4)の場合に該当し，(20.5)式，すなわち，

$$\frac{\partial L(f')}{\partial f'} = \frac{f'}{\sqrt{1 + (f')^2}} = \text{定数}$$

が成り立つ．これは $f'(x)$ が定数であることを意味し

$$f'(x) = \text{定数} = a \quad \Rightarrow \quad f(x) = ax + b \quad (a,\ b\text{: 定数})$$

となり，$y = f(x)$ は直線を表す．なお，定数 a と b は条件 (21.2)より

$$a = \frac{y_1 - y_2}{x_1 - x_2}, \qquad b = \frac{x_1 y_2 - x_2 y_1}{x_1 - x_2}$$

と定まる．

なお，**問題 20** の (20.6)の場合にも該当するので (20.7)式も成り立つが，これは今の場合

$$L(f') - \frac{\partial L(f')}{\partial f'} f' = \sqrt{1 + (f')^2} - \frac{f'}{\sqrt{1 + (f')^2}} f' = \frac{1}{\sqrt{1 + (f')^2}} = \text{定数}$$

であって，結局，$f'(x) = \text{定数}$ を意味する．

さらに，オイラー・ラグランジュ方程式 (20.3)そのものを考えるなら

$$\frac{d}{dx} \frac{\partial L(f')}{\partial f'} = \frac{d}{dx} \frac{f'}{\sqrt{1 + (f')^2}} = \frac{f''}{(1 + (f')^2)^{3/2}}, \qquad \frac{\partial L(f')}{\partial f} = 0$$

より

$$\frac{d}{dx}\frac{\partial L(f')}{\partial f'} = \frac{\partial L(f')}{\partial f} \quad \Rightarrow \quad \frac{f''}{(1+(f')^2)^{3/2}} = 0 \quad \Rightarrow \quad f''(x) = 0$$

となり，これからも解は $f(x) = ax + b$ の形である．

補足：(21.1)式の導出

(x, y) 平面の曲線 $y = f(x)$ の微小区間 $[x, x + \Delta x]$ (Δx: 微小) の長さ $\Delta \ell$ は，下図からわかるように，三平方の定理より (近似的に)

$$\Delta \ell \fallingdotseq \sqrt{(\Delta x)^2 + (f'(x)\Delta x)^2} = \sqrt{1 + f'(x)^2}\, \Delta x$$

これを x_1 から x_2 までの微小区間について足し上げ，各微小区間の幅をゼロにする極限を取ることで，曲線全体の長さの積分表式 (21.1) を得る．

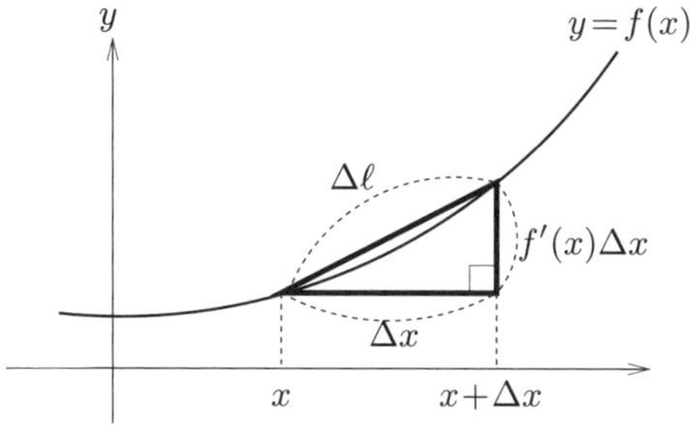

問題 22　簡単な例題　基本

$f(x_1) = f_1$ および $f(x_2) = f_2$ $(0 < x_1 < x_2)$ を満たす実関数 $f(x)$ で次の積分をそれぞれ最小あるいは最大にするものを求めよ．なお，$f(x)$ に含まれる定数がどのように定められるかを説明すること．

1. $\displaystyle\int_{x_1}^{x_2} dx\, x\sqrt{1 - f'(x)^2}$

2. $\displaystyle\int_{x_1}^{x_2} dx\, f(x)\sqrt{1 + f'(x)^2} \qquad (f(x) \geq 0)$

解 説　問題 **20** のオイラー・ラグランジュ方程式 (20.3)を直接解くのではなく，(20.4)あるいは (20.6)の場合に該当し，1 階微分方程式を解けばよい例 2 つである．ただし，それぞれの 1 階微分方程式を考える際は工夫が必要である．また，解 $f(x)$ に含まれる積分定数は端点条件の定数 x_1, x_2, f_1, f_2 により初等的には与えられないので，積分定数を決定する式を書き下すだけで十分である．

解 答

1. (20.1)式の $L(f, f', x)$ が

$$L(f', x) = x\sqrt{1 - f'(x)^2}$$

であって，L が $f(x)$ そのものには依らない (20.4)に該当する．したがって，(20.5)が成り立ち，

$$-\frac{\partial L(f', x)}{\partial f'} = \frac{x\, f'}{\sqrt{1 - (f')^2}} = A\,(\text{定数}) \;\Rightarrow\; (f')^2 = \frac{A^2}{x^2 + A^2}$$

$$\Rightarrow\; f' = \pm\frac{A}{\sqrt{x^2 + A^2}} \quad \underset{\substack{\pm A\text{ を }A\text{ と}\\ \text{再定義し}}}{\Rightarrow} \quad f' = \frac{A}{\sqrt{x^2 + A^2}}$$

を得る．$f(x)$ を求めるために $x = |A| \sinh y$ により変数 y を導入すると，$dx = |A| \cosh y\, dy$ および $\sqrt{x^2 + A^2} = |A| \cosh y$ を用いて (双曲線関数 sinh と cosh の基本公式は次ページの最後を参照)

$$\frac{df}{dx} = \frac{A}{\sqrt{x^2 + A^2}} \quad\Rightarrow\quad \frac{df}{dy} = A \quad\Rightarrow\quad f = Ay + B \quad (B\text{: 定数})$$

これを，$y = \operatorname{arcsinh}(x/|A|)$ により x で表し，結局，

$$f(x) = A \operatorname{arcsinh}\frac{x}{|A|} + B$$

を得る．2 つの積分定数 A と B は $f(x_1) = f_1$ と $f(x_2) = f_2$，すなわち，

$$A \operatorname{arcsinh}\frac{x_1}{|A|} + B = f_1, \qquad A \operatorname{arcsinh}\frac{x_2}{|A|} + B = f_2$$

あるいは

$$\frac{x_1}{|A|} = \sinh \frac{f_1 - B}{A}, \qquad \frac{x_2}{|A|} = \sinh \frac{f_2 - B}{A}$$

から決定される．

2. (20.1)式の $L(f, f', x)$ が

$$L(f, f') = f\sqrt{1 + (f')^2}$$

であって，L が x に陽には依らない (20.6)に該当する．したがって，(20.7)が成り立ち，

$$L - \frac{\partial L}{\partial f'} f' = f\sqrt{1 + (f')^2} - f\frac{f'}{\sqrt{1 + (f')^2}} f' = \frac{f}{\sqrt{1 + (f')^2}} = C \text{ (非負定数)}$$

問題の設定 $f(x) \geq 0$ より $C \geq 0$ であることに注意．これより，

$$\left(\frac{df}{dx}\right)^2 = \left(\frac{f}{C}\right)^2 - 1$$

を得る．そこで，$f(x) = C \cosh F(x)$ と表すと

$$\frac{df}{dx} = C \sinh F \frac{dF}{dx}, \qquad \left(\frac{f}{C}\right)^2 - 1 = \sinh^2 F$$

より

$$\left(\frac{df}{dx}\right)^2 = \left(\frac{f}{C}\right)^2 - 1 \ \Rightarrow \ \frac{dF}{dx} = \pm\frac{1}{C} \ \Rightarrow \ F(x) = \pm\frac{x - x_0}{C} \quad (x_0 \text{：定数})$$

したがって，$f(x)$ として

$$f(x) = C \cosh F = C \cosh\left(\frac{x - x_0}{C}\right)$$

を得る (cosh は偶関数)．2 つの積分定数 C と x_0 は，$f(x_1) = f_1$ と $f(x_2) = f_2$，すなわち，

$$C \cosh\left(\frac{x_1 - x_0}{C}\right) = f_1, \qquad C \cosh\left(\frac{x_2 - x_0}{C}\right) = f_2$$

により定まる．

補足：双曲線関数の基本公式

双曲線関数 sinh と cosh は

$$\sinh x = \frac{1}{2}\left(e^x - e^{-x}\right), \quad \cosh x = \frac{1}{2}\left(e^x + e^{-x}\right)$$

で定義され，次の公式を満たす:

$$\frac{d}{dx}\sinh x = \cosh x, \quad \frac{d}{dx}\cosh x = \sinh x, \quad \cosh^2 x - \sinh^2 x = 1$$

また，arcsinh は sinh の逆関数であり

$$y = \sinh x \quad \Leftrightarrow \quad x = \operatorname{arcsinh} y$$

問題 23　最速降下曲線 (その 1)　標準

(x, y) 平面内を曲線 $y = f(x)$ に沿って摩擦なく運動する質点 (質量 m) を考える．x 軸方向が水平，y 軸の正の方向が鉛直下向きであり，重力加速度の大きさを g とする (y 軸の正の方向が通常と逆であることに注意)．この曲線 $y = f(x)$ は，原点 O$(0, 0)$ と点 (a, b) ($a > 0$, $b \geq 0$) を通るものとし，原点から初速ゼロで滑り始めた質点が点 (a, b) に到達するまでに要する時間が最小になるように関数 $f(x)$ を定めたい．なお，このような曲線を**最速降下曲線** (Brachistochrone curve) と呼ぶ．ただし，一般には上昇部分もある．

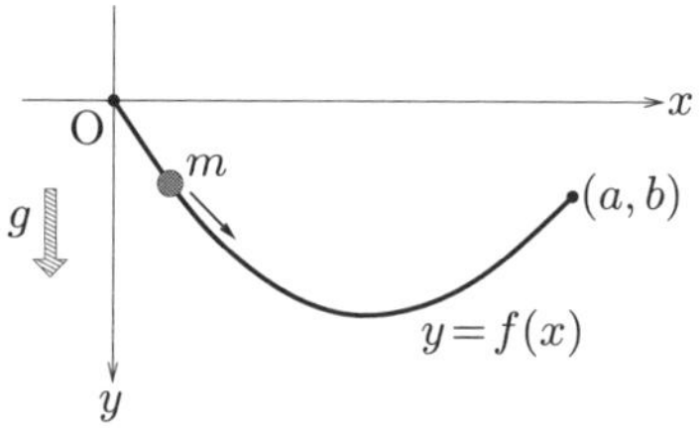

1. 質点のエネルギー $E = \dfrac{1}{2}m\left(\dot{x}^2 + \dot{y}^2\right) - mgy$ が一定 (原点で初速ゼロより $E = 0$) であることを用いて，この質点が原点 O を出発して点 (a, b) に至るまでの時間 $T[f]$ が

$$T[f] = \frac{1}{\sqrt{2g}} \int_0^a dx \sqrt{\frac{1 + f'(x)^2}{f(x)}}, \qquad (f(0) = 0,\ f(a) = b) \tag{23.1}$$

で与えられることを示せ．

2. $T[f]$ を最小にする関数 $f(x)$ は微分方程式

$$\frac{f''}{A + (f')^2} + \frac{B}{f} = 0 \tag{23.2}$$

を満たす．ここに現れる数定数 A と B を求めよ．

解 説　変分法の応用の代表例である「最速降下曲線」に関する問題である．本書ではこの問題を**問題 23** と**問題 24** に分けて扱う．この**問題 23** では，まず，与えられた曲線 $y = f(x)$ に沿って運動する際の所要時間を表す (20.1)式の $L(f, f', x)$ を求め，それよりオイラー・ラグランジュ方程式を導出する．最速降下曲線を具体的に求めることは，次の**問題 24** で行う．

解答

1. $\dot{y} = \dfrac{df(x)}{dx}\dot{x}$ から

$$E = \frac{1}{2}m\left[1 + \left(\frac{df(x)}{dx}\right)^2\right]\left(\frac{dx}{dt}\right)^2 - mgf(x) = 0$$

これより

$$\left(\frac{dt}{dx}\right)^2 = \left[\left(\frac{dx}{dt}\right)^2\right]^{-1} = \frac{1}{2gf(x)}\left(1 + \left(\frac{df(x)}{dx}\right)^2\right)$$

$$\Rightarrow \quad \frac{dt}{dx} = \sqrt{\frac{1}{2gf(x)}\left(1 + \left(\frac{df(x)}{dx}\right)^2\right)} > 0$$

ここに，t が x の関数として $t = t(x)$ と与えられるとした．したがって，

$$T[f] = t(a) - t(0) = \int_{x=0}^{x=a} \frac{dt}{dx}dx = \int_0^a dx\sqrt{\frac{1}{2gf(x)}\left(1 + \left(\frac{df(x)}{dx}\right)^2\right)}$$

2. L 全体に掛かる定数を除いて

$$L(f, f') = \sqrt{\frac{1 + (f')^2}{f}}$$

であり，これより

$$\frac{\partial L}{\partial f} = -\frac{1}{2f}\sqrt{\frac{1 + (f')^2}{f}}, \qquad \frac{\partial L}{\partial f'} = \frac{f'}{\sqrt{f\,(1 + (f')^2)}}$$

$$\begin{aligned}\frac{d}{dx}\frac{\partial L}{\partial f'} &= \frac{1}{\sqrt{f\,(1 + (f')^2)}}\left[f'' - \frac{(f')^2}{2f} - \frac{(f')^2 f''}{1 + (f')^2}\right] \\ &= \frac{1}{\sqrt{f\,(1 + (f')^2)}}\left[\frac{f''}{1 + (f')^2} - \frac{(f')^2}{2f}\right]\end{aligned}$$

これらを用いるとオイラー・ラグランジュ方程式 (20.3)は

$$\frac{d}{dx}\frac{\partial L}{\partial f'} = \frac{\partial L}{\partial f} \;\Rightarrow\; \frac{1}{\sqrt{f\,(1 + (f')^2)}}\left[\frac{f''}{1 + (f')^2} + \frac{1}{2f}\right] = 0$$

すなわち

$$\frac{f''}{1 + (f')^2} + \frac{1}{2f} = 0$$

となる．これより求める数定数 A と B は

$$A = 1, \qquad B = \frac{1}{2}$$

問題 24　最速降下曲線 (その 2)　標準

問題 23 で得た最速降下曲線に対するオイラー・ラグランジュ方程式 (23.2)は未知関数 $f(x)$ に対する非線形の 2 階常微分方程式であり，これから直接解を求めるのは一般に容易ではない．しかし，所要時間 $T[f]$ (23.1) を表す

$$L(f, f') = \sqrt{\frac{1+(f')^2}{f}} \tag{24.1}$$

は陽な x 依存性を持たず，**問題 20** の (20.6)の例となっており，より簡単な 1 階常微分方程式である (20.7)式が成り立つ．

3. (24.1)式の $L(f, f')$ に対して，(20.7)は

$$\frac{df}{dx} = M(f) \tag{24.2}$$

の形の関数 $f(x)$ に対する 1 階微分方程式となる．右辺の f で表される量 $M(f)$ を与えよ．ただし，(20.7)の右辺の「x に依らない定数」を $1/\sqrt{2C}$ (C は定数) とせよ．

4. 微分方程式 (24.2)において $f = 2C\sin^2\frac{\theta}{2} = C(1-\cos\theta)$ により f を θ で表し，これを解くことで，x を θ の関数として与えよ．また，定数 C がどのように決まるかも説明せよ．なお，これにより f と x が共に θ で与えられる，すなわち，求める曲線がパラメータ θ で表される．

5. 具体例として，$a = 100\,\mathrm{km}$，$b = 0$ の場合を考える．$g = 9.81\,\mathrm{m/s^2}$ として，原点 O から滑り始めて，点 (a, b) に到達するまでの時間 T を計算せよ．また，この場合の最速降下曲線の最大深度 ($f(x)$ の $0 \le x \le a$ における最大値) も計算せよ．いずれも，有効数字 3 桁で答えよ．

6. 前設問 5 の最速降下曲線の $(0,0)$ から $(a,0)$ に至る概形を描け．

解 説　各設問の指示にしたがって考えればよい．得られる最速降下曲線は**サイクロイド** (cycloid) と呼ばれる曲線である．

解 答

3. (24.1)の $L(f, f')$ に対して (20.7)は

$$L - \frac{\partial L}{\partial f'}f' = \sqrt{\frac{1+(f')^2}{f}} - \frac{f'}{\sqrt{f\,(1+(f')^2)}}f' = \frac{1}{\sqrt{f\,(1+(f')^2)}} = \frac{1}{\sqrt{2C}}$$

$$\Rightarrow \left(\frac{df}{dx}\right)^2 = \frac{2C}{f} - 1 \;\Rightarrow\; \frac{df}{dx} = \sqrt{\frac{2C}{f} - 1} \;\Rightarrow\; M(f) = \sqrt{\frac{2C}{f} - 1}$$

なお，この平方根 $\sqrt{(2C/f) - 1}$ は，次に見るように正負の値を取るものである．

4. 設問の指示に従って $f = 2C\sin^2\frac{\theta}{2} = C\,(1-\cos\theta)$ と表すと

$$M(f) = \sqrt{\frac{2C}{f} - 1} = \frac{1}{\tan\dfrac{\theta}{2}}, \qquad df = C\sin\theta\,d\theta = 2C\sin\frac{\theta}{2}\cos\frac{\theta}{2}\,d\theta$$

であり，微分方程式 (24.2)の解は

$$dx = \frac{df}{M(f)} = \underbrace{2C\sin^2\frac{\theta}{2}}_{C\,(1-\cos\theta)}\,d\theta \quad \Rightarrow \quad x = C\,(\theta - \sin\theta) + D \quad (D\text{: 定数})$$

となるが，$f(x=0)=0$ から一般性を失わずに $D=0$ と取れる (この時，$\theta=0 \Rightarrow x=0,\ f=0$，すなわち，$\theta=0$ が原点 O に対応)．結局，x と $y(=f)$ を θ で表すと

$$x = C\,(\theta - \sin\theta), \qquad y = C\,(1-\cos\theta)$$

終点 (a,b) に対応した θ を θ_0 とすると，$f(\theta=\theta_0)=a$ と $x(\theta=\theta_0)=b$ より

$$a = C\,(\theta_0 - \sin\theta_0) \qquad b = C\,(1-\cos\theta_0) \tag{24.3}$$

定数 C および θ_0 はこれら 2 式から (a,b) により定まる．

5. まず，$(f')^2 = (df/dx)^2 = M(f)^2 = (2C/f) - 1$ を用いて，一般の (a,b) に対して (23.1)の $T[f]$ は

$$T[f] = \sqrt{\frac{C}{g}}\int_0^a \frac{dx}{f(x)} = \sqrt{\frac{C}{g}}\int_0^{\theta_0}\frac{C\,(1-\cos\theta)\,d\theta}{C\,(1-\cos\theta)} = \sqrt{\frac{C}{g}}\int_0^{\theta_0} d\theta = \theta_0\sqrt{\frac{C}{g}}$$

次に，$b=0$ の場合は (24.3)の 2 式より

$$b = C\,(1-\cos\theta_0) = 0 \ \Rightarrow\ \theta_0 = 2\pi\ (\text{原点は } \theta=0) \ \Rightarrow\ C = \frac{a}{\theta_0 - \sin\theta_0} = \frac{a}{2\pi}$$

したがって，

$$T = \theta_0\sqrt{\frac{C}{g}} = 2\pi\sqrt{\frac{a/(2\pi)}{g}} = \sqrt{\frac{2\pi a}{g}}$$

$a = 100\,\mathrm{km} = 10^5\,\mathrm{m}$ と $g = 9.81\,\mathrm{m/s^2}$ を代入して

$$T = \sqrt{\frac{2\pi\times10^5}{9.81}}\,\text{秒} = 253\,\text{秒}$$

また，最大深度点は $\theta=\pi$ の点であり，

$$\text{最大深度} = f(\theta=\pi) = C\,(1-\cos\pi) = 2C = \frac{a}{\pi} = \frac{100\,\mathrm{km}}{\pi} = 31.8\,\mathrm{km}$$

6. 下図の通り (数字の単位は km)．曲線の両端で接線は y 軸方向．

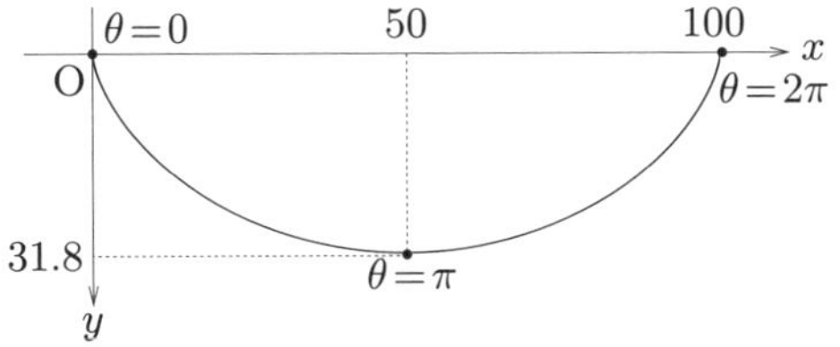

問題 25　球面上の 2 点を結ぶ最短曲線　標準

球面上の与えられた 2 点を結ぶ最短の曲線を求めたい．ここでは簡単のために半径 1 の球面 (**単位球面**) を考える．図の 2 つの角度 (θ, ϕ) を用いると，単位球面上の点 P のデカルト座標は

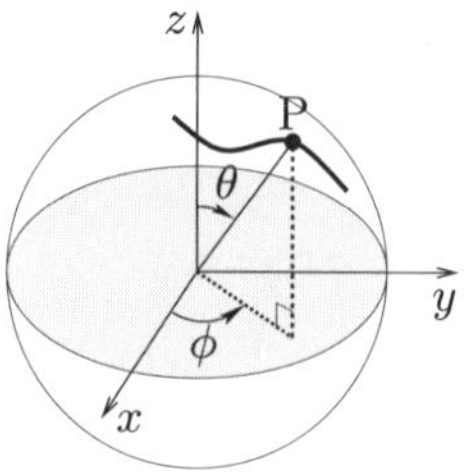

$$(x, y, z) = (\sin\theta\cos\phi, \sin\theta\sin\phi, \cos\theta)$$

と表され，単位球面上の曲線は ϕ を θ の関数として $\phi = \phi(\theta)$ と与える，あるいは逆に θ を ϕ の関数として $\theta = \theta(\phi)$ と与えることで表される．

1. 与えられた 2 点 (θ_1, ϕ_1) と (θ_2, ϕ_2) を結ぶ単位球面上の曲線 $\phi = \phi(\theta)$ の長さは

$$\ell[\phi] = \int_{\theta_1}^{\theta_2} d\theta\, L_\phi(\phi(\theta), \phi'(\theta), \theta) \qquad (\phi(\theta_1) = \phi_1,\ \phi(\theta_2) = \phi_2)$$

と表される．$L_\phi(\phi, \phi', \theta)$ を与えよ．

2. $\ell[\phi]$ を最小にする曲線は**大円**，すなわち，球の中心を通る平面と球面との交線であることを示せ．

3. 曲線を $\theta = \theta(\phi)$ と表した場合にその長さを

$$\ell[\theta] = \int_{\phi_1}^{\phi_2} d\phi\, L_\theta(\theta(\phi), \theta'(\phi), \phi) \qquad (\theta(\phi_1) = \theta_1,\ \theta(\phi_2) = \theta_2)$$

と与える $L_\theta(\theta, \theta', \phi)$ を求め，これより最短曲線が前設問 2 と同一であることを示せ．

解説　一般に曲面上の 2 点を結ぶ最短曲線は**測地線** (geodesic) と呼ばれる．**問題 20** の設問 1 と設問 2 の 2 つの一般論の応用問題である．

解答

1. 単位球面上の微小に離れた 2 点，(θ, ϕ) と $(\theta + \Delta\theta, \phi + \Delta\phi)$ ($\Delta\theta$ と $\Delta\phi$ は微小)，の x 座標の差 Δx は ($\Delta\theta$ と $\Delta\phi$ の 2 次以上は無視する近似で)

$$\begin{aligned}\Delta x &= \sin(\theta + \Delta\theta)\cos(\phi + \Delta\phi) - \sin\theta\cos\phi \\ &= (\sin\theta + \Delta\theta\cos\theta)(\cos\phi - \Delta\phi\sin\phi) - \sin\theta\cos\phi \\ &= \Delta\theta\cos\theta\cos\phi - \Delta\phi\sin\theta\sin\phi\end{aligned}$$

ここに，第 2 行目でテイラー展開公式 (01.9) と (01.10) を用いた．同様にして

$$\Delta y = \Delta\theta\cos\theta\sin\phi + \Delta\phi\sin\theta\cos\phi, \quad \Delta z = -\Delta\theta\sin\theta$$

これらより，2 点間の微小距離 $\Delta\ell$ は

$$\Delta\ell = \sqrt{(\Delta x)^2 + (\Delta y)^2 + (\Delta z)^2} = \sqrt{(\Delta\theta)^2 + \sin^2\theta\,(\Delta\phi)^2} \tag{25.1}$$

で与えられる．曲線 $\phi = \phi(\theta)$ 上の隣接した 2 点 $(\theta, \phi(\theta))$ と $(\theta+\Delta\theta, \phi(\theta+\Delta\theta))$ に対しては

$$\begin{aligned} \phi(\theta+\Delta\theta) = \phi(\theta) + \phi'(\theta)\Delta\theta \quad &\Rightarrow \quad \Delta\phi = \phi'(\theta)\Delta\theta \\ &\Rightarrow \quad \Delta\ell = \sqrt{1+\sin^2\theta\,\phi'(\theta)^2}\,\Delta\theta \end{aligned}$$

となる．$\ell[\phi]$ は微小距離 $\Delta\ell$ を足し上げて

$$\ell[\theta] = \int_{\theta_1}^{\theta_2} d\theta\,\sqrt{1+\sin^2\theta\,\phi'(\theta)^2} \;\Rightarrow\; L_\phi(\phi, \phi', \theta) = \sqrt{1+\sin^2\theta\,\phi'(\theta)^2}$$

2. L_ϕ は (ϕ' には依るが) ϕ 自体には依らないので，オイラー・ラグランジュ方程式より，あるいは，**問題 20** の設問 1 の一般論より

$$\frac{d}{d\theta}\frac{\partial L_\phi}{\partial\phi'} = \frac{\partial L_\phi}{\partial\phi} = 0 \quad\Rightarrow\quad \frac{\partial L_\phi}{\partial\phi'} = \frac{\sin^2\theta\,\phi'}{\sqrt{1+\sin^2\theta\,(\phi')^2}} = \text{定数} \equiv C \tag{25.2}$$

C の定義式より $|C| \le 1$ に注意．(25.2)の両辺を二乗して

$$\left(\frac{1}{C^2}\sin^4\theta - \sin^2\theta\right)\left(\frac{d\phi}{d\theta}\right)^2 = 1 \quad\Rightarrow\quad \left(\frac{du}{d\phi}\right)^2 = \frac{1}{C^2} - 1 - u^2 \tag{25.3}$$

ここに右式を得る際に，θ の代わりに $u = \cot\theta = \cos\theta/\sin\theta$ を導入し

$$\frac{du}{d\theta} = -\frac{1}{\sin^2\theta}, \quad \frac{d\phi}{d\theta} = \frac{d\phi}{du}\frac{du}{d\theta} = -\frac{1}{\sin^2\theta}\frac{d\phi}{du}, \quad \frac{1}{\sin^2\theta} = 1 + u^2$$

を用いた．(25.3)の一般解は

$u = A\sin(\phi+\alpha) = a\,(\sin\alpha\cos\phi + \cos\alpha\sin\phi)$ $\bigl(\alpha$: 定数, $A \equiv \sqrt{(1/C^2) - 1}\bigr)$

であり，これに $u = \cos\theta/\sin\theta$ を用い，両辺に $\sin\theta$ を掛けると

$$\underbrace{\cos\theta}_{z} = A\sin\alpha\,\underbrace{\sin\theta\cos\phi}_{x} + A\cos\alpha\,\underbrace{\sin\theta\sin\phi}_{y}$$

これは最短曲線が単位球と「原点を通る平面: $z = (A\sin\alpha)\,x + (A\cos\alpha)\,y$」との交線であることを意味する．

3. $\theta = \theta(\phi)$ の場合は，(25.1) において $\Delta\theta = \theta'(\phi)\Delta\phi$ であり

$$\ell[\theta] = \int_{\phi_1}^{\phi_2} d\phi\sqrt{\theta'(\phi)^2 + \sin^2\theta(\phi)} \;\Rightarrow\; L_\theta(\theta, \theta', \phi) = \sqrt{\theta'(\phi)^2 + \sin^2\theta(\phi)}$$

L_θ は ϕ に陽には依らないので，**問題 20** の設問 2 の一般論より，オイラー・ラグランジュ方程式は次式を意味する:

$$\begin{aligned} L_\theta - \frac{\partial L_\theta}{\partial\theta'}\theta' &= \sqrt{(\theta')^2 + \sin^2\theta} - \frac{\theta'}{\sqrt{(\theta')^2 + \sin^2\theta}}\theta' \\ &= \frac{\sin^2\theta}{\sqrt{\theta'(\phi)^2 + \sin^2\theta}} = \text{定数} \equiv C \end{aligned}$$

$\theta'(\phi) = d\theta/d\phi = (d\phi/d\theta)^{-1} = 1/\phi'(\theta)$ より，これは (25.2)と同一である．

問題 26　円錐面上の 2 点を結ぶ最短曲線　標準

円錐面上の与えられた 2 点を結ぶ最短の曲線を求めたい．具体的にはデカルト座標で $z = a\sqrt{x^2+y^2}$ (a:正定数) と表される円錐面を考える．図の円筒座標 (ρ, ϕ) を用いると，この円錐面上の点 P のデカルト座標は

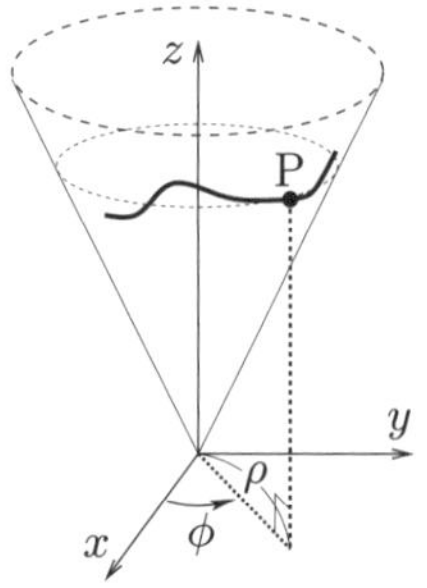

$$(x, y, z) = (\rho\cos\phi, \rho\sin\phi, a\rho) \quad (\rho \geq 0,\ 0 \leq \phi \leq 2\pi)$$

と表され，円錐面上の曲線は $\phi = \phi(\rho)$ あるいは $\rho = \rho(\phi)$ で与えられる．

1. 与えられた 2 点 (ρ_1, ϕ_1) と (ρ_2, ϕ_2) を結ぶ円錐面上の曲線 $\phi = \phi(\rho)$ の長さは
$$\ell[\phi] = \int_{\rho_1}^{\rho_2} d\rho\, L_\phi(\phi(\rho), \phi'(\rho), \rho) \qquad (\phi(\rho_1) = \phi_1,\ \phi(\rho_2) = \phi_2)$$
と表される．$L_\phi(\phi, \phi', \rho)$ を与えよ．
2. $\ell[\phi]$ を最小にする曲線を求めよ．
3. 曲線を $\rho = \rho(\phi)$ と表した場合にその長さを
$$\ell[\rho] = \int_{\phi_1}^{\phi_2} d\phi\, L_\rho(\rho(\phi), \rho'(\phi), \rho) \qquad (\rho(\phi_1) = \rho_1,\ \rho(\phi_2) = \rho_2)$$
と与える $L_\rho(\rho, \rho', \phi)$ を求め，これより最短曲線が前設問 2 と同一であることを示せ．

解 説　**問題 26** と同様の問題であり，全く同じ手法で解くことができる．ここでもオイラー・ラグランジュ方程式の解は初等関数で表される．

解 答

1. 円錐面上の微小に離れた 2 点 (ρ, ϕ) と $(\rho + \Delta\rho, \phi + \Delta\phi)$ ($\Delta\rho$, $\Delta\phi$: 微小) の間の微小距離 $\Delta\ell$ は (導出等は**問題 26** の設問 1 の解答と同様)
$$\begin{aligned}(\Delta\ell)^2 &= (\Delta x)^2 + (\Delta y)^2 + (\Delta z)^2 \\ &= (\Delta\rho\cos\phi - \rho\sin\phi\,\Delta\phi)^2 + (\Delta\rho\sin\phi + \rho\cos\phi\,\Delta\phi)^2 + (a\Delta\rho)^2 \\ &= (1+a^2)(\Delta\rho)^2 + \rho^2(\Delta\phi)^2 \end{aligned} \tag{26.1}$$
これより，曲線 $\phi = \phi(\rho)$ の微小区間 $[\rho, \rho + \Delta\rho]$ の長さは
$$\Delta\ell = \sqrt{1 + a^2 + \rho^2\phi'(\rho)^2}\,\Delta\rho$$
であり，これを足し上げて
$$\ell[\phi] = \int_{\rho_1}^{\rho_2} d\rho\, \sqrt{1 + a^2 + \rho^2\phi'(\rho)^2}$$

を得る．すなわち，

$$L_\phi(\phi(\rho), \phi'(\rho), \rho) = \sqrt{1 + a^2 + \rho^2 \phi'(\rho)^2}$$

2. L_ϕ は (ϕ' には依るが) ϕ 自体には依らないので，オイラー・ラグランジュ方程式より，あるいは，**問題 20** の設問 1 の一般論より

$$\frac{d}{d\rho}\frac{\partial L_\phi}{\partial \phi'} = \frac{\partial L_\phi}{\partial \phi} = 0 \ \Rightarrow\ \frac{\partial L}{\partial \phi'} = \frac{\rho^2 \phi'}{\sqrt{1 + a^2 + \rho^2 \phi'(\rho)^2}} = \text{定数} = C \qquad (26.2)$$

これより

$$(\phi')^2 = \left(\frac{d\phi}{d\rho}\right)^2 = \frac{C^2(1 + a^2)}{\rho^2\,(\rho^2 - C^2)} \quad \Rightarrow \quad \frac{d\phi}{d\rho} = \frac{C\sqrt{1 + a^2}}{\rho\sqrt{\rho^2 - C^2}} \qquad (26.3)$$

ここに，(26.2)より ϕ' と C は同符号であり，(26.3)の右式に $\pm$ は不要であることに注意．微分方程式 (26.3)は ρ を新変数 u により

$$\rho = \frac{C}{\cos u} \quad \Rightarrow \quad \sqrt{\rho^2 - C^2} = C\tan u, \quad \frac{d\rho}{\rho} = \tan u\, du$$

と表すと次のように解くことができる:

$$d\phi = \frac{C\sqrt{1 + a^2}}{\sqrt{\rho^2 - C^2}}\frac{d\rho}{\rho} = \sqrt{1 + a^2}\, du \ \Rightarrow\ \phi = \sqrt{1 + a^2}\, u + \phi_0 \quad (\phi_0\text{: 定数})$$

これより ρ を ϕ で表すことで最短曲線が得られる:

$$\rho = \frac{C}{\cos u} = C\left[\cos\left(\frac{\phi - \phi_0}{\sqrt{1 + a^2}}\right)\right]^{-1}$$

2 つの定数 C と ϕ_0 は曲線が与えられた 2 点を通る条件式

$$\rho_1 = C\left[\cos\left(\frac{\phi_1 - \phi_0}{\sqrt{1 + a^2}}\right)\right]^{-1}, \quad \rho_2 = C\left[\cos\left(\frac{\phi_2 - \phi_0}{\sqrt{1 + a^2}}\right)\right]^{-1}$$

より決まる．

3. (26.1)より，曲線 $\rho = \rho(\phi)$ の微小区間 $[\phi, \phi + \Delta\phi]$ の長さは

$$\Delta\ell = \sqrt{(1 + a^2)\rho'(\phi)^2 + \rho^2}\,\Delta\phi$$

であって，求める $L_\rho(\rho, \rho', \phi)$ は

$$L_\rho(\rho(\phi), \rho'(\phi), \rho) = \sqrt{(1 + a^2)\rho'(\phi)^2 + \rho^2}$$

L_ρ は ϕ に陽には依らないので，**問題 20** の設問 2 の一般論より，

$$L_\rho - \frac{\partial L_\rho}{\partial \rho'}\rho' = \frac{\rho^2}{\sqrt{(1 + a^2)(\rho')^2 + \rho^2}} = \text{定数} = C$$

$\rho'(\phi) = d\rho/d\phi = (d\phi/d\rho)^{-1} = 1/\phi'(\rho)$ より，これは (26.2)と同一である．

問題 27　x 軸と囲む面積が最大になる長さ一定の曲線　発展

その一端が原点 O に固定され，第 1 象限 $(x, y \geq 0)$ 内を通って x 軸上に至る長さ ℓ (一定) のひもを考える．今，ひもと x 軸で囲まれた領域の面積

$$S = \int_0^a dx\, y \tag{27.1}$$

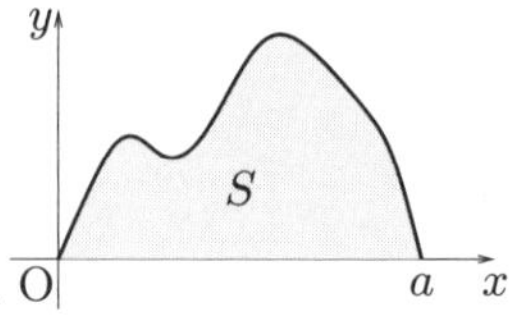

が最大となるようにひもの形 $y = y(x)$ (x 軸上の端点 $(a, 0)$ の位置も含む) を決めたい．

1. 面積の表式 (27.1)のままでは「ひもの長さが ℓ」の条件を別途考慮する必要があるので不便である．そこで，原点からひもに沿った長さ s $(0 \leq s \leq \ell)$ を用いて，ひも上の点のデカルト座標が $(x(s), y(s))$ と与えられたとする．このとき，面積 (27.1)を

$$S[y] = \int_0^\ell ds\, L(y(s), y'(s), s)$$

と表す $L(y(s), y'(s), s)$ を求めよ．

2. 面積 $S[y]$ を最大にするひもの形を求めよ．

解説　この問題も，オイラー・ラグランジュ方程式を直接解くのではなく，**問題 20** の設問 2 の一般論を用いて得られる 1 階微分方程式を考えるのがよい．

解答

1. $(x(s), y(s))$ が与えられたとき，ひも上の微小に離れた 2 点 (x, y) と $(x + \Delta x, y + \Delta y)$ (Δx, Δy: 微小) の間の距離を Δs として

$$(\Delta s)^2 = (\Delta x)^2 + (\Delta y)^2 = \left(x'(s)^2 + y'(s)^2\right)(\Delta s)^2 \;\Rightarrow\; x'(s) = \sqrt{1 - y'(s)^2} \tag{27.2}$$

ここに，$(\Delta x, \Delta y) = (x'(s)\Delta s, y'(s)\Delta s)$ を用いた．したがって，面積 (27.1)は

$$dx = x'(s)ds = \sqrt{1 - y'(s)^2}\, ds$$

より

$$S[y] = \int_0^\ell ds\, y(s)\sqrt{1 - y'(s)^2}$$

すなわち

$$L(y(s), y'(s), s) = y(s)\sqrt{1 - y'(s)^2}$$

2. $L(y, y', s)$ は s に陽には依らないので，**問題 20** の設問 2 の一般論より，オイラー・ラグランジュ方程式は次式を意味する:

$$L(y,y') - \frac{\partial L(y,y')}{\partial y'}y' = y\sqrt{1-(y')^2} - y\frac{-y'}{\sqrt{1-(y')^2}}y'$$
$$= \frac{y}{\sqrt{1-(y')^2}} = \text{定数} = C\,(>0)$$

これより

$$(y')^2 = \left(\frac{dy}{ds}\right)^2 = 1 - \frac{y^2}{C^2} \tag{27.3}$$

であるが，$y = C\sin u$ と表すと (27.3)は

$$\left(C\cos u\frac{du}{ds}\right)^2 = 1 - \sin^2 u \quad \Rightarrow \quad \frac{du}{ds} = \pm\frac{1}{C}$$
$$\Rightarrow \quad u = \pm\left(\frac{s}{C} + u_0\right) \ (u_0\text{:定数}) \ \Rightarrow \ y(s) = \pm C\sin\left(\frac{s}{C} + u_0\right)$$

2 つの定数 C と s_0 は，ひもの端点 $s = 0$ と $s = \ell$ が x 軸上にあることから決まる．まず

$$y(0) = 0 \quad \Rightarrow \quad \pm C\sin u_0 = 0 \quad \Rightarrow \quad u_0 = 0\ (\text{一般性を失わず})$$

これを用いて

$$y(\ell) = 0 \quad \Rightarrow \quad \pm C\sin\frac{\ell}{C} = 0 \quad \Rightarrow \quad \frac{\ell}{C} = n\pi \quad (n = 1,2,3\cdots)$$

したがって

$$y(s) = \pm\frac{\ell}{n\pi}\sin\frac{n\pi s}{\ell}$$

であるが，ひもが x 軸より上にある，すなわち，$0 \leq s \leq \ell$ において $y(s) \geq 0$ であるべきことから，$n = 1$ かつ先頭の符号がプラス:

$$y(s) = \frac{\ell}{\pi}\sin\frac{\pi s}{\ell} \tag{27.4}$$

と決まる．次に，$x(s)$ は (27.2) と (27.3)より

$$\frac{dx(s)}{ds} = \sqrt{1-y'(s)^2} = \frac{y(s)}{C} = \sin\frac{\pi s}{\ell} \ \Rightarrow \ x(s) = x_0 - \frac{\ell}{\pi}\cos\frac{\pi s}{\ell}$$

定数 x_0 は，$x(0) = 0 \ \Rightarrow \ x_0 = \ell/\pi$ と決まり，結局，

$$x(s) = \frac{\ell}{\pi}\left(1 - \cos\frac{\pi s}{\ell}\right) \tag{27.5}$$

(27.4)と (27.5)が求める曲線であるが，これは

$$\left(x(s) - \frac{\ell}{\pi}\right)^2 + y(s)^2 = \left(\frac{\ell}{\pi}\right)^2$$

すなわち，x 軸上の点 $(\ell/\pi, 0)$ を中心とする半径 ℓ/π の半円である．なお，ひもの右端の点 $(a, 0)$ は $(2\ell/\pi, 0)$ である．

Tea Time　解析力学をつくった人々

17 世紀の終わりにニュートン力学が確立された後，その美しい数学的体系化/一般化である解析力学は 18 世紀後半から 19 世紀中頃にかけてヨーロッパの数学者・物理学者達により構築された．本書に現れる順におもな人々を紹介しよう．

まず，オイラー (Leonhard Euler, 1707–1783 年) はスイス生まれで，ロシアやドイツで活躍した数学者・天体物理学者である．本書ではオイラー・ラグランジュ方程式 (第 1 章)，非定常回転座標系で生じるオイラー力，剛体の運動を記述するオイラーの運動方程式，剛体の回転自由度を与えるオイラー角 (以上，第 9 章)，そして，同次関数についてのオイラーの定理 (第 3 章) と，ハミルトンと並んで多数回現れる．オイラーは数学者としても微分積分学，整数論，幾何学等で偉大な業績を残している．

次に，ラグランジュ (Joseph-Louis Lagrange, 1736–1813 年) はイタリア生まれでドイツやフランスで活躍した数学者・天体物理学者．本書では，ラグランジアン，オイラー・ラグランジュ方程式 (第 1 章)，拘束条件がある系に対するラグランジュの未定乗数法 (第 5 章) 等に現れる．オイラーと並んで 18 世紀の最も偉大な数学者の一人であり，マリー・アントワネットの数学教師でもあった．天体物理学では，円制限三体問題におけるラグランジュ点でも有名である (オイラーと共に発見した)．

ハミルトン (William Rowan Hamilton, 1805–1865 年) はアイルランドの数学者・物理学者である．本書では，ハミルトン形式，ハミルトニアン，ハミルトンの運動方程式 (第 6 章)，ハミルトン・ヤコビ理論/方程式，ハミルトンの主関数，ハミルトンの特性関数 (第 8 章) 等で現れる．数学者としても，4 元数や (線形代数における) ケイリー・ハミルトンの定理等で有名である．

ポアソン (Siméon Denis Poisson，1781–1840 年) はフランスの数学者・物理学者・地理学者である．本書に現れるポアソン括弧 (第 6 章) 以外にも，ポアソン分布，ポアソン方程式，(弾性体の) ポアソン比，等の物理屋にも馴染みのある概念の発明者である．

最後に，ネーター (Amalie Emmy Noether, 1882–1935 年) はドイツ生まれで，ドイツやアメリカで活躍した女性数学者・物理学者である．本書ではネーターの定理 (第 3 章) で現れるが，数学者としてもネーター環をはじめ代数学等で数多くの業績を残している．

これらの人々により解析力学は美しい数学的体系として 19 世紀中に完成された．しかし，それが記述する力学 (古典力学) は黒体放射や金属の低温比熱等における現実世界 (実験) とのさまざまな不一致/困難が発見され，20 世紀はじめの新しい力学 (量子力学) の構築へとつながっていく．この量子力学の発見においても，解析力学の理論体系は重要な役割を果たした．

Chapter 3

対称性と保存則

解析力学における重要な定理として「ネーターの定理」がある．これは「ラグランジアンが連続対称性を持つならば，したがって，ラグランジアンがある微小変換に対して (時間全微分項を除いて) 不変であるならば，必ずそれに対応した保存量 (時間に依らず一定である量) が存在する」というものである．例えば，質点系におけるエネルギー，運動量，角運動量の保存はすべてネーターの定理により理解される．

本章では，ネーターの定理の証明，さまざまな保存量のネーターの定理による理解/導出，さらには，保存量を利用したオイラー・ラグランジュ方程式の解の構成についての問題を扱う．オイラー・ラグランジュ方程式は一般に時間についての 2 階微分方程式であるが，ネーターの定理から構成される保存量は一般に力学変数の 1 階微分しか含まず，その保存の式はより解きやすい 1 階微分方程式を与える．

問題 28 ネーターの定理 基本

ラグランジアン $L(q,\dot{q},t)$ で記述される N 自由度系を考える．ある $F_i(q,\dot{q},t)$ により与えられる力学変数 q の微小変換

$$q_i(t) \to q_i(t) + \varepsilon F_i(q(t),\dot{q}(t),t) \qquad (\varepsilon\text{: 任意微小定数}) \tag{28.1}$$

の下でのラグランジアンの変化分 (ε の 2 次以上を無視) が時間についての全微分の形となる．すなわち，微小変換 (28.1)でラグランジアンが

$$L(q,\dot{q},t) \to L(q,\dot{q},t) + \varepsilon\frac{d}{dt}Y(q,\dot{q},t) \tag{28.2}$$

と変化するならば ($Y=0$ でラグランジアンが不変な場合も含む)，

$$Q = \frac{\partial L}{\partial \dot{q}_i}F_i - Y \tag{28.3}$$

で定義される Q は

$$\frac{d}{dt}Q = 0 \quad (\text{オイラー・ラグランジュ方程式を用いて成り立つ}) \tag{28.4}$$

を満たす**保存量** (=時間に依らず一定である量) であることを示せ．

解 説 **問題 06** で見たように，その差が「時間の全微分項」だけであるような 2 つのラグランジアンのオイラー・ラグランジュ方程式は同一であり同じ物理を表す．今の問題の場合，(28.1)の微小変換によりラグランジアンは一般に不変ではないが，変化分は「時間の全微分項」であり，微小変換で物理は変わらない．この意味で (28.1)の微小変換は「ラグランジアンの**対称性**」であるという．なお，(28.1)の変換は連続パラメータ ε を持っているため，特に**連続対称性**と呼ばれる．これに対し，連続パラメータを持たない変換，例えば空間反転 ($\boldsymbol{x} \to -\boldsymbol{x}$) の下での不変性は**離散対称性**と呼ばれる．

この問題で示すことは「ラグランジアンが連続対称性を持っていると，必ずそれに対応した保存量が存在する」ということであり，この事実は**ネーターの定理** (Noether's theorem) として知られている．ネーターの定理は，解析力学に限らず，素粒子の世界を記述する「相対論的場の量子論」においても重要な役割を持った定理である．

なお，この問題では F_i で与えられる 1 つの微小変換のみを考えているが，インデックス A で指定され，$F_i^A(q,\dot{q},t)$ で与えられる複数種類の微小変換

$$q_i \to q_i + \sum_A \varepsilon_A F_i^A(q,\dot{q},t) \qquad (\varepsilon_A\text{: 任意微小定数}) \tag{28.5}$$

に対するラグランジアンの変化分が時間についての全微分の形

$$L(q,\dot{q},t) \to L(q,\dot{q},t) + \frac{d}{dt}\sum_A \varepsilon_A Y^A(q,\dot{q},t) \tag{28.6}$$

となるならば，各インデックス A 毎に

$$Q^A = \frac{\partial L}{\partial \dot{q}_i} F_i^A - Y^A \tag{28.7}$$

が保存量となる．これは，以下の解答をインデックス A を持つ場合に一般化することで容易に理解できるであろう．

解 答

まず，「q に対する任意の微小変換の下でのラグランジアンの変化分は，オイラー・ラグランジュ方程式 (04.2)，$\dfrac{\partial L}{\partial q_i} = \dfrac{d}{dt}\dfrac{\partial L}{\partial \dot{q}_i}$，を用いると，必ず時間についての全微分項となる」ということを示す．実際，任意の微小変換

$$q_i \to q_i + \delta q_i, \qquad \dot{q}_i \to \dot{q}_i + \delta \dot{q}_i = \dot{q}_i + \frac{d}{dt}\delta q_i$$

に対してラグランジアンの変化分 δL は

$$\begin{aligned} \delta L(q, \dot{q}, t) &= L(q + \delta q, \dot{q} + \delta \dot{q}, t) - L(q, \dot{q}, t) \\ &= \frac{\partial L}{\partial q_i}\delta q_i + \frac{\partial L}{\partial \dot{q}_i}\delta \dot{q}_i \quad \Leftarrow \boxed{\text{微小量 } (\delta q, \delta \dot{q}) \text{ についてテイラー展開 (2 次以上を無視)}} \\ &\underset{\uparrow}{=} \left(\frac{d}{dt}\frac{\partial L}{\partial \dot{q}_i}\right)\delta q_i + \frac{\partial L}{\partial \dot{q}_i}\frac{d}{dt}\delta q_i = \frac{d}{dt}\left(\frac{\partial L}{\partial \dot{q}_i}\delta q_i\right) \end{aligned} \tag{28.8}$$

オイラー・ラグランジュ方程式を用いる

と時間全微分の形となる．

今の場合，$\delta q_i = \varepsilon F_i$ なので，(28.8)は

$$\delta L = \varepsilon \frac{d}{dt}\left(\frac{\partial L}{\partial \dot{q}_i} F_i\right) \quad \left(\Leftarrow \text{ オイラー・ラグランジュ方程式を用いて成り立つ}\right)$$

他方，問題の (28.2)式は

$$\delta L = \varepsilon \frac{d}{dt} Y$$

ただし，これはラグランジアン L に対する仮定であり，オイラー・ラグランジュ方程式を用いることなく成り立つべきものである．2 つの δL を等置して

$$\varepsilon \frac{d}{dt}\left(\frac{\partial L}{\partial \dot{q}_i} F_i - Y\right) = 0 \tag{28.9}$$

すなわち，(28.3)で定義される Q は (28.4) を満たす．

なお，インデックス A で指定される複数の微小変換を一度に考えた (28.5)と (28.6)の場合は，上の証明を繰り返すと，(28.9)の代わりに

$$\sum_A \varepsilon_A \frac{d}{dt}\left(\frac{\partial L}{\partial \dot{q}_i} F_i^A - Y^A\right) = 0$$

を得る．ε_A は A 毎に独立な任意微小定数なので，各 A に対して (28.7)の Q^A が保存する．

問題 29　保存量としてのエネルギーと運動量　基本

1. 陽な時間依存性を持たない N 自由度系のラグランジアン $L(q, \dot{q})$ に対して微小な**時間並進**変換

$$q_i(t) \to q_i(t+\varepsilon) \quad (\varepsilon\text{: 微小定数})$$

を考えることにより，ネーターの定理にしたがって保存量を構成せよ．また，特に次の 1 質点系のラグランジアンに対してこの保存量を与えよ:

$$L(\boldsymbol{x}, \dot{\boldsymbol{x}}) = \frac{1}{2}m\dot{\boldsymbol{x}}^2 - U(\boldsymbol{x}) \tag{29.1}$$

2. 次の 2 質点系のラグランジアンを考える:

$$L(\boldsymbol{x}_1, \boldsymbol{x}_2, \dot{\boldsymbol{x}}_1, \dot{\boldsymbol{x}}_2, t) = \frac{1}{2}m_1\dot{\boldsymbol{x}}_1^2 + \frac{1}{2}m_2\dot{\boldsymbol{x}}_2^2 - U(\boldsymbol{x}_1 - \boldsymbol{x}_2, t) \tag{29.2}$$

ここに，ポテンシャル・エネルギー $U(\boldsymbol{x}_1 - \boldsymbol{x}_2, t)$ は，陽な時間依存性を持つ他，差 $\boldsymbol{x}_1 - \boldsymbol{x}_2$ を通じてのみ 2 質点の位置ベクトル $\boldsymbol{x}_1$ と $\boldsymbol{x}_2$ に依存している．いかなる $U(\boldsymbol{x}_1 - \boldsymbol{x}_2, t)$ に対しても常に存在するこの系の保存量を与えよ．

解 説　**問題 28** のネーターの定理の応用として，エネルギー (設問 1) と質点系の運動量 (設問 2) を保存量として得る問題である．設問 2 の解答は**問題 28** の公式を直接用いるのではなく，ネーターの定理の証明を実質繰り返す方法を主に与えている．

解 答

1. 微小な時間並進の下での q_i の微小変換は

$$q_i(t) \to q_i(t+\varepsilon) = q_i(t) + \varepsilon\dot{q}_i(t) \quad (\varepsilon\text{ の 2 次以上を無視})$$

すなわち，**問題 28** の F_i と $(\delta q_i, \delta\dot{q}_i)$ は

$$F_i = \dot{q}_i \quad \Rightarrow \quad \delta q_i = \varepsilon\dot{q}_i, \quad \delta\dot{q}_i = \frac{d}{dt}\delta q_i = \varepsilon\ddot{q}_i$$

ラグランジアンが陽な時間依存性を持たない

$$L = L(q(t), \dot{q}(t), \cancel{t}) \tag{29.3}$$

の場合，この微小変換に対する L の変化分は (オイラー・ラグランジュ方程式を用いることなく) 時間についての全微分となる:

$$\delta L = \frac{\partial L}{\partial q_i}\delta q_i + \frac{\partial L}{\partial \dot{q}_i}\delta\dot{q}_i = \varepsilon\left(\frac{\partial L}{\partial q_i}\dot{q}_i + \frac{\partial L}{\partial \dot{q}_i}\ddot{q}_i\right) = \varepsilon\frac{d}{dt}L$$

ここで，(一般に陽な時間依存性を持つ) $L(q(t), \dot{q}(t), t)$ の時間についての全微分の公式

$$\frac{d}{dt}L(q(t), \dot{q}(t), t) = \frac{\partial L(q, \dot{q}, t)}{\partial q_i}\dot{q}_i + \frac{\partial L(q, \dot{q}, t)}{\partial \dot{q}_i}\ddot{q}_i + \frac{\partial L(q, \dot{q}, t)}{\partial t}$$

を用いた．今の陽な時間依存性を持たない (29.3) の場合は，最後の「陽な時間依存性に対する微分」$\partial L(q,\dot{q},t)/\partial t$ が存在しないことに注意してほしい．

したがって今の場合，(28.2)式の Y はラグランジアンそのもの，$Y=L$ であり，保存量 (E と表す) は (28.3)式に今の $F_i=\dot{q}_i$ と $Y=L$ を代入し，

$$E=\frac{\partial L}{\partial \dot{q}_i}\dot{q}_i-L \tag{29.4}$$

となる．これは系の**エネルギー**である．実際，問題で与えられた 1 質点系のラグランジアン (29.1)の場合，

$$E=\underbrace{\frac{\partial L}{\partial \dot{x}_i}}_{m\dot{x}_i}\dot{x}_i-L=m\dot{\boldsymbol{x}}^2-\left(\frac{1}{2}m\dot{\boldsymbol{x}}^2-U(\boldsymbol{x})\right)=\frac{1}{2}m\dot{\boldsymbol{x}}^2+U(\boldsymbol{x}) \tag{29.5}$$

2. 問題のラグランジアン (29.2)は任意の**空間並進**

$$\boldsymbol{x}_1(t)\to\boldsymbol{x}_1(t)+\boldsymbol{a},\quad \boldsymbol{x}_2(t)\to\boldsymbol{x}_2(t)+\boldsymbol{a}\quad (\boldsymbol{a}\text{: 任意定数ベクトル})$$

に対して不変である．実際，この変換の下で，L の構成要素である各質点の速度ベクトルおよび 2 つの位置ベクトルの差は不変

$$\dot{\boldsymbol{x}}_a\to\dot{\boldsymbol{x}}_a\quad (a=1,2),\qquad \boldsymbol{x}_1-\boldsymbol{x}_2\to(\boldsymbol{x}_1+\boldsymbol{a})-(\boldsymbol{x}_2+\boldsymbol{a})=\boldsymbol{x}_1-\boldsymbol{x}_2$$

であり，したがってラグランジアンも不変である:

$$L(\boldsymbol{x}_1,\boldsymbol{x}_2,\dot{\boldsymbol{x}}_1,\dot{\boldsymbol{x}}_2)\to L(\boldsymbol{x}_1+\boldsymbol{a},\boldsymbol{x}_2+\boldsymbol{a},\dot{\boldsymbol{x}}_1,\dot{\boldsymbol{x}}_2)=L(\boldsymbol{x}_1,\boldsymbol{x}_2,\dot{\boldsymbol{x}}_1,\dot{\boldsymbol{x}}_2)$$

特に，$\boldsymbol{a}$ が微小定数ベクトル $\boldsymbol{\varepsilon}$ の場合を考えると

$$\begin{aligned}0=\delta L&=L(\boldsymbol{x}_1+\boldsymbol{\varepsilon},\boldsymbol{x}_2+\boldsymbol{\varepsilon},\dot{\boldsymbol{x}}_1,\dot{\boldsymbol{x}}_2)-L(\boldsymbol{x}_1,\boldsymbol{x}_2,\dot{\boldsymbol{x}}_1,\dot{\boldsymbol{x}}_2)\\&=\sum_{a=1,2}\frac{\partial L}{\partial \boldsymbol{x}_a}\cdot\boldsymbol{\varepsilon}\underset{\substack{\uparrow\\ \text{E-L eq.}}}{=}\sum_{a=1,2}\frac{d}{dt}\frac{\partial L}{\partial \dot{\boldsymbol{x}}_a}\cdot\boldsymbol{\varepsilon}=\boldsymbol{\varepsilon}\cdot\frac{d}{dt}\left(\sum_{a=1,2}\frac{\partial L}{\partial \dot{\boldsymbol{x}}_a}\right)\end{aligned}$$

を得る．ここに，「E-L eq.」の等号において，オイラー・ラグランジュ方程式 $\dfrac{\partial L}{\partial \boldsymbol{x}_a}=\dfrac{d}{dt}\dfrac{\partial L}{\partial \dot{\boldsymbol{x}}_a}$ $(a=1,2)$ を用いた．微小定数ベクトル $\boldsymbol{\varepsilon}$ は任意なので，保存量として

$$\boldsymbol{P}=\sum_{a=1,2}\frac{\partial L}{\partial \dot{\boldsymbol{x}}_a}=m_1\dot{\boldsymbol{x}}_1+m_2\dot{\boldsymbol{x}}_2 \tag{29.6}$$

を得る．これは系の**運動量** (2 質点の運動量の和) である．

なお，**問題 28** の (28.5), (28.6), (28.7)式を用いて保存量を求めるなら，$(\boldsymbol{x}_a)_i=x_{a,i}$ $(i=1,2,3)$ と表して，ラグランジアン (29.2)は

$$x_{a,i}\to x_{a,i}+\varepsilon_i=x_{a,i}+\sum_{j=1}^{3}\varepsilon_j F^j_{a,i}\qquad \left(F^j_{a,i}=\delta_{ij}\right)$$

の下で不変．(28.5)の F^A_i ⇔ 今の $F^j_{i,a}$ (i ⇔ (i,a)，A ⇔ j) であり，$Y^j=0$. (28.7)より保存量 P^j として上と同じものを得る:

$$P^j=\sum_{a=1,2}\sum_{i=1}^{3}\frac{\partial L}{\partial \dot{x}_{a,i}}F^j_{a,i}=\sum_{a=1,2}\frac{\partial L}{\partial \dot{x}_{a,j}}$$

問題 30　ラグランジアンとエネルギーの関係　標準

問題 29 で見たように，質点系においてラグランジアン L が $L = T - U =$ (運動エネルギー) − (ポテンシャル・エネルギー) で与えられる場合，(29.4)で定義されるエネルギー E はラグランジアンの中のポテンシャル・エネルギー U の前の符号を逆にした $E = T + U$ となった．ここでは，これがどの程度一般的に成り立つことなのかを考える．

具体的には，力学変数 $q = (q_1, \cdots, q_N)$ で記述され，そのラグランジアンが

$$L(q, \dot{q}) = T(q, \dot{q}) - U(q)$$

の形で与えられる N 自由度系を考える．なお，運動エネルギー $T(q, \dot{q})$ は $\dot{q}$ だけでなく，一般に q にも依るとしているが，これは質点系においても力学変数をデカルト座標ではなく極座標に取った場合に生じることである (**問題 39** の (39.1)参照)．ここで考える問題は「どのような $T(q, \dot{q})$ に対して，エネルギーが

$$E\left(\equiv \frac{\partial L}{\partial \dot{q}_i}\dot{q}_i - L\right) = T(q, \dot{q}) + U(q) \tag{30.1}$$

となるのか？」である．

1. 1 自由度系 $(N = 1)$ において $T(q, \dot{q})$ が次の「$\dot{q}$ についての冪展開」で与えられているとする:

$$T(q, \dot{q}) = \sum_{n=1}^{\infty} f_n(q)\dot{q}^n$$

エネルギー E を求め，(30.1)式，$E = T + U$，が成り立つための条件を述べよ．

2. 前設問 1 の結果から N 自由度系において $T(q, \dot{q})$ が $\dot{q}$ の **2 次同次多項式**

$$T(q, \dot{q}) = \frac{1}{2}\sum_{i,j=1}^{N} m_{ij}(q)\dot{q}_i\dot{q}_j \tag{30.2}$$

の場合を考える．ここに，係数 $m_{ij}(q)$ は (i, j) について対称，すなわち，$m_{ij}(q) = m_{ji}(q)$ である (対称部分しか右辺の和に寄与しない)．この $T(q, \dot{q})$ に対して (30.1)が成り立つことを示せ．

3. 一般に，(30.1)が成り立つための必要十分条件は $T(q, \dot{q})$ が $\dot{q} = (\dot{q}_1, \cdots, \dot{q}_N)$ の **2 次同次関数**であることを示せ．なお，「$T(q, \dot{q})$ が $\dot{q}$ の 2 次同次関数」とは $T(q, \dot{q})$ が次の性質を持つことである:

$$T(q, \lambda\dot{q}) = \lambda^2 T(q, \dot{q}) \tag{30.3}$$

(30.2)はその例であるが，$\dot{q}$ の分数式も許すなら T の形はもっと広がる．

解 説　ほとんどの系においてラグランジアンが $L = T - U$ ならばエネルギーは

$E = T + U$ となるが，その理由を理解する問題である．なお，設問 3 では**同次関数についてのオイラーの定理**の内容を用いる．

解答

1. 与えられた $T(q, \dot{q})$ に対して

$$\frac{\partial L}{\partial \dot{q}} = \frac{\partial T}{\partial \dot{q}} = \sum_{n=1}^{\infty} n f_n(q) \dot{q}^{n-1}$$

$$\Rightarrow \ E = \frac{\partial L}{\partial \dot{q}} \dot{q} - L = \sum_{n=1}^{\infty} n f_n(q) \dot{q}^n - \left(\sum_{n=1}^{\infty} f_n(q) \dot{q}^n - U(q) \right)$$

$$= \sum_{n=1}^{\infty} (n-1) f_n(q) \dot{q}^n + U(q)$$

$E = T + U$ となるためには $(n-1) f_n(q) = f_n(q)$，すなわち，$f_n(q) = 0 \ (n \neq 2)$ であって，$T(q, \dot{q}) = f_2(q) \dot{q}^2$ でなければならない．

2. アインシュタインの縮約ルールを適用して

$$\frac{\partial L}{\partial \dot{q}_i} = \frac{\partial T}{\partial \dot{q}_i} = \frac{\partial}{\partial \dot{q}_i} \left(\frac{1}{2} m_{jk}(q) \dot{q}_j \dot{q}_k \right) = \frac{1}{2} \left(m_{ik}(q) \dot{q}_k + m_{ji}(q) \dot{q}_j \right) = m_{ij}(q) \dot{q}_j$$

ここに，最後の表式を得る際に，足し算インデックス k を j に置き換え，$m_{ji} = m_{ij}$ を用いた．これよりエネルギーは

$$E = \frac{\partial L}{\partial \dot{q}_i} \dot{q}_i - L = m_{ij}(q) \dot{q}_j \dot{q}_i - \left(\frac{1}{2} m_{ij}(q) \dot{q}_i \dot{q}_j - U(q) \right) = \frac{1}{2} m_{ij}(q) \dot{q}_i \dot{q}_j + U(q)$$

となり，(30.1)が成り立っている．

3. 一般に

$$E = \frac{\partial L}{\partial \dot{q}_i} \dot{q}_i - L = \frac{\partial T}{\partial \dot{q}_i} \dot{q}_i - (T - U) = \frac{\partial T}{\partial \dot{q}_i} \dot{q}_i - T + U$$

したがって，(30.1)は

$$\frac{\partial T(q, \dot{q})}{\partial \dot{q}_i} \dot{q}_i = 2T(q, \dot{q}) \tag{30.4}$$

と等価であるが，これはさらに $T(q, \dot{q})$ が $\dot{q}$ の 2 次同次関数であって (30.3)が成り立つことと等価である．実際，(30.3)の両辺を λ で微分して $\lambda = 1$ と置くと (30.4)を得る．逆に，(30.4)を仮定すると，$g(\lambda) \equiv T(q, \lambda \dot{q})$ に対して

$$\frac{dg(\lambda)}{d\lambda} = \frac{\partial T(q, \lambda \dot{q})}{\partial (\lambda \dot{q}_i)} \underbrace{\frac{\partial (\lambda \dot{q}_i)}{\partial \lambda}}_{\dot{q}_i} = \frac{1}{\lambda} \frac{\partial T(q, \lambda \dot{q})}{\partial (\lambda \dot{q}_i)} \lambda \dot{q}_i = \frac{2}{\lambda} g(\lambda) \tag{30.5}$$

ここに，最後の等号では (30.4)において $\dot{q}_i \to \lambda \dot{q}_i$ の置換えをした

$$\frac{\partial T(q, \lambda \dot{q})}{\partial (\lambda \dot{q}_i)} \lambda \dot{q}_i = 2T(q, \lambda \dot{q}) = 2g(\lambda)$$

を用いた．$g(\lambda)$ の微分方程式 (30.5)の解は $g(\lambda) = \lambda^2 g(1)$，すなわち，(30.3)である．

問題 31　レビ・チビタ記号とベクトル積の諸公式　基本

3階レビ・チビタ記号 (Levi-Civita symbol) ϵ_{ijk} を

$$\epsilon_{ijk} = \begin{cases} +1 & : (i,j,k) = (1,2,3) \text{ の偶置換} = (1,2,3), (2,3,1), (3,1,2) \\ -1 & : (i,j,k) = (1,2,3) \text{ の奇置換} = (1,3,2), (2,1,3), (3,2,1) \\ 0 & : \text{上記以外の場合} \ (i,j,k \text{ のうち少なくとも 2 つが等しい場合}) \end{cases} \tag{31.1}$$

で定義する．ϵ_{ijk} はそのインデックス (i,j,k) について完全反対称，すなわち，どの 2 つのインデックスを交換しても符号が反転する:

$$\epsilon_{ijk} = -\epsilon_{jik} = -\epsilon_{kji} = -\epsilon_{ikj} \tag{31.2}$$

したがって，(i,j,k) の偶置換で関係したもの同士は等しい:

$$\epsilon_{ijk} = \epsilon_{jki} = \epsilon_{kij} \tag{31.3}$$

1. ϵ_{ijk} についての次の各公式が成り立つことを示せ:

$$\sum_{k=1}^{3} \epsilon_{ijk}\epsilon_{abk} = \delta_{ia}\delta_{jb} - \delta_{ib}\delta_{ja} \tag{31.4}$$

$$\sum_{j,k=1}^{3} \epsilon_{ijk}\epsilon_{ajk} = 2\delta_{ia} \tag{31.5}$$

$$\sum_{k=1}^{3} \left(\epsilon_{ijk}\epsilon_{k\ell m} + \epsilon_{i\ell k}\epsilon_{kmj} + \epsilon_{imk}\epsilon_{kj\ell}\right) = 0 \tag{31.6}$$

(31.6)の第 2，第 3 項は第 1 項に $j \rightleftarrows \ell \rightleftarrows m \rightleftarrows j$ の置換えを行ったものであり，(31.6)式は ϵ_{ijk} の**ヤコビ恒等式** (Jacobi identity) とも呼ばれる．

2. 3 次元ベクトル $\boldsymbol{A}$ と $\boldsymbol{B}$ の**ベクトル積** (外積) $\boldsymbol{A} \times \boldsymbol{B}$ と**内積** $\boldsymbol{A} \cdot \boldsymbol{B}$ を

$$(\boldsymbol{A} \times \boldsymbol{B})_i = \sum_{j,k=1}^{3} \epsilon_{ijk} A_j B_k, \qquad \boldsymbol{A} \cdot \boldsymbol{B} = \sum_{i=1}^{3} A_i B_i \tag{31.7}$$

で定義する．次の諸公式が成り立つことを示せ:

$$\boldsymbol{A} \times \boldsymbol{B} = -\boldsymbol{B} \times \boldsymbol{A} \tag{31.8}$$

$$\boldsymbol{A} \cdot (\boldsymbol{B} \times \boldsymbol{C}) = \boldsymbol{B} \cdot (\boldsymbol{C} \times \boldsymbol{A}) = \boldsymbol{C} \cdot (\boldsymbol{A} \times \boldsymbol{B}) \tag{31.9}$$

$$\boldsymbol{A} \times (\boldsymbol{B} \times \boldsymbol{C}) = (\boldsymbol{A} \cdot \boldsymbol{C})\,\boldsymbol{B} - (\boldsymbol{A} \cdot \boldsymbol{B})\,\boldsymbol{C} \tag{31.10}$$

$$\boldsymbol{A} \times (\boldsymbol{B} \times \boldsymbol{C}) + \boldsymbol{B} \times (\boldsymbol{C} \times \boldsymbol{A}) + \boldsymbol{C} \times (\boldsymbol{A} \times \boldsymbol{B}) = 0 \tag{31.11}$$

$$(\boldsymbol{A} \times \boldsymbol{B})^2 = \boldsymbol{A}^2 \boldsymbol{B}^2 - (\boldsymbol{A} \cdot \boldsymbol{B})^2 \tag{31.12}$$

解 説　空間回転等を扱うために必要なベクトル積の基本的諸性質と，その基礎になっているレビ・チビタ記号 ϵ_{ijk} の諸公式の導出をまとめた問題である．

解答

1. (31.4)式　ϵ_{ijk} は (i,j,k) が $(1,2,3)$ の置換ではない場合はゼロなので，$\sum_k \epsilon_{ijk}\epsilon_{abk}$ は $(i,j)=(a,b)$ あるいは (b,a) の場合以外はゼロとなる．したがって，α と β を数定数として

$$\sum_k \epsilon_{ijk}\epsilon_{abk} = \alpha\delta_{ia}\delta_{jb} + \beta\delta_{ib}\delta_{ja}$$

の形となる．この式において $(i,j,a,b)=(1,1,1,1)$ および $(1,2,1,2)$ と置くと

$$\sum_k \underbrace{\epsilon_{11k}}_{=0}\epsilon_{11k} = (\alpha+\beta)(\delta_{11})^2 = \alpha+\beta, \quad \underbrace{\sum_k \epsilon_{12k}\epsilon_{12k}}_{=(\epsilon_{123})^2=1} = \alpha\delta_{11}\delta_{22} + \beta(\delta_{12})^2 = \alpha$$

したがって，$\alpha=-\beta=1$ であって (31.4) が成り立つ．なお，$\alpha=-\beta$ は $i\rightleftarrows j$ 反対称性に注意すれば最初から要求される．

(31.5)式　(31.4)式において $b=j$ とおいて $\sum_j$ を実行し，$\sum_j \delta_{jj}=3$ を用いて

$$\sum_{j,k}\epsilon_{ijk}\epsilon_{ajk} = \sum_j(\delta_{ia}\delta_{jj} - \delta_{ij}\delta_{ja}) = 3\delta_{ia} - \delta_{ia} = 2\delta_{ia}$$

(31.6)式　(31.6)の左辺の3項に (31.4) を用いると ($\sum_k \epsilon_{ijk}\epsilon_{k\ell m} = \sum_k \epsilon_{ijk}\epsilon_{\ell mk}$ に注意)

$$(31.6)\text{の左辺} = (\delta_{i\ell}\delta_{jm} - \delta_{im}\delta_{j\ell}) + (\delta_{im}\delta_{\ell j} - \delta_{ij}\delta_{\ell m}) + (\delta_{ij}\delta_{m\ell} - \delta_{i\ell}\delta_{mj}) = 0$$

2. 以下の解答では，アインシュタインの縮約ルールを用いる．

(31.8)式　ϵ_{ijk} の完全反対称性 (31.2)を用いて

$$(\boldsymbol{A}\times\boldsymbol{B})_i = \underbrace{\epsilon_{ijk}}_{-\epsilon_{ikj}} A_jB_k = -\epsilon_{ikj}B_kA_j = -(\boldsymbol{B}\times\boldsymbol{A})_i$$

(31.9)式　(31.3)を用いて

$$\boldsymbol{A}\cdot(\boldsymbol{B}\times\boldsymbol{C}) = \underbrace{\epsilon_{ijk}}_{\epsilon_{jki}} A_iB_jC_k = \epsilon_{jki}B_jC_kA_i = \boldsymbol{B}\cdot(\boldsymbol{C}\times\boldsymbol{A})$$

(31.10)式　(31.4)を用いて

$$\begin{aligned}[\boldsymbol{A}\times(\boldsymbol{B}\times\boldsymbol{C})]_i &= \epsilon_{ijk}A_j\underbrace{(\boldsymbol{B}\times\boldsymbol{C})_k}_{\epsilon_{k\ell m}B_\ell C_m} = \underbrace{\epsilon_{ijk}\epsilon_{k\ell m}}_{=\delta_{i\ell}\delta_{jm}-\delta_{im}\delta_{j\ell}} A_jB_\ell C_m \\ &= (\boldsymbol{A}\cdot\boldsymbol{C})B_i - (\boldsymbol{A}\cdot\boldsymbol{B})C_i\end{aligned}$$

(31.11)式　$\sum_{j,\ell,m}(31.6)\times A_jB_\ell C_m$ により得られる．

(31.12)式　(31.4)を用いて

$$\begin{aligned}(\boldsymbol{A}\times\boldsymbol{B})^2 &= \epsilon_{ijk}A_jB_k\epsilon_{i\ell m}A_\ell B_m = (\delta_{j\ell}\delta_{km} - \delta_{jm}\delta_{k\ell})A_jB_kA_\ell B_m \\ &= \boldsymbol{A}^2\boldsymbol{B}^2 - (\boldsymbol{A}\cdot\boldsymbol{B})^2\end{aligned}$$

問題　32　微小空間回転　基本

3 次元空間における位置ベクトル $\boldsymbol{x} = \begin{pmatrix} x_1 \\ x_2 \\ x_3 \end{pmatrix}$ の原点周りの**空間回転**は

$$\boldsymbol{x} \to R\boldsymbol{x} \qquad (x_i \to R_{ij}x_j)$$

と表される (括弧内は成分表示)．ここに，R は

$$RR^{\mathrm{T}} = R^{\mathrm{T}}R = \mathbb{I}_3 \qquad (R_{ik}R_{jk} = R_{ki}R_{kj} = \delta_{ij})$$

を満たす回転行列 (3×3 直交行列) である．実際，この変換はベクトルの長さを変えない:

$$\boldsymbol{x}^2 \to (R\boldsymbol{x})^2 = (R\boldsymbol{x})^{\mathrm{T}}R\boldsymbol{x} = \boldsymbol{x}^{\mathrm{T}}R^{\mathrm{T}}R\boldsymbol{x} = \boldsymbol{x}^{\mathrm{T}}\boldsymbol{x} = \boldsymbol{x}^2$$

1. 第 a 軸の正の向きを回転軸とした角度 θ の回転を表す回転行列 $R_\theta^{(a)}$ を各 $a = 1, 2, 3$ について与えよ．なお，例えば $R_\theta^{(3)}$ による回転は右図のとおりである．

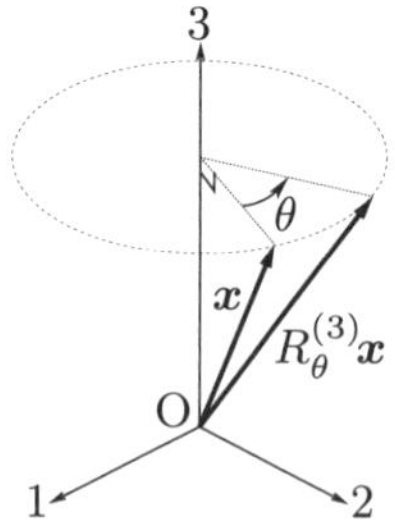

微小ベクトル $\delta\boldsymbol{\varphi}$ の向きを回転軸とし，その長さ $\delta\varphi = |\delta\boldsymbol{\varphi}|$ を回転角度とする**微小空間回転**は ($\delta\varphi$ の 2 次以上を無視する近似で)

$$\boldsymbol{x} \to \boldsymbol{x} + \delta\boldsymbol{\varphi} \times \boldsymbol{x} \quad (x_i \to x_i + \epsilon_{ijk}\delta\varphi_j x_k) \tag{32.1}$$

と表される．

2. 前設問 1 で得た $R_\theta^{(a)}$ において回転角 θ が微小な場合 ($|\theta| \ll 1$) を考え，それらによる空間回転が (32.1)の形になっていることを確認せよ．
3. 一般に (32.1)が「微小ベクトル $\delta\boldsymbol{\varphi}$ の向きを回転軸とし，その長さ $\delta\varphi = |\delta\boldsymbol{\varphi}|$ を回転角度とする微小空間回転」であることを示せ．

解説　ネーターの定理より保存量としての角運動量を導出するために必要な微小空間回転の表式 (32.1)を理解するための問題である．

解答

1. 第 1 軸を回転軸とする空間回転では位置ベクトル $\boldsymbol{x} = \begin{pmatrix} x_1 \\ x_2 \\ x_3 \end{pmatrix}$ の 3 成分のうち，x_1 は不変で，x_2 と x_3 が 2-3 平面内での角度 θ の回転を受けることより

$$R_\theta^{(1)} = \begin{pmatrix} 1 & 0 & 0 \\ 0 & \cos\theta & -\sin\theta \\ 0 & \sin\theta & \cos\theta \end{pmatrix} \tag{32.2}$$

同様に

$$R_\theta^{(2)} = \begin{pmatrix} \cos\theta & 0 & \sin\theta \\ 0 & 1 & 0 \\ -\sin\theta & 0 & \cos\theta \end{pmatrix}, \qquad R_\theta^{(3)} = \begin{pmatrix} \cos\theta & -\sin\theta & 0 \\ \sin\theta & \cos\theta & 0 \\ 0 & 0 & 1 \end{pmatrix} \tag{32.3}$$

2. 微小 θ の 1 次までの近似で $\sin\theta \simeq \theta$, $\cos\theta \simeq 1$ を用いて

$$R_\theta^{(1)} \simeq \begin{pmatrix} 1 & 0 & 0 \\ 0 & 1 & -\theta \\ 0 & \theta & 1 \end{pmatrix} \Rightarrow (R_\theta^{(1)})_{ij} \simeq \delta_{ij} + \epsilon_{i1j}\theta \Rightarrow (R_\theta^{(1)}\boldsymbol{x})_i \simeq x_i + \epsilon_{i1j}\theta x_j$$

であり，(32.1)式で $\delta\boldsymbol{\varphi} = \left(\begin{smallmatrix} \theta \\ 0 \\ 0 \end{smallmatrix}\right)$ とした場合になっている．なお，(31.1)より

$$\epsilon_{i1j} = \begin{cases} \epsilon_{312} = +1 & (i,j) = (3,2) \\ \epsilon_{213} = -1 & (i,j) = (2,3) \\ 0 & (i,j) \text{ が上記以外} \end{cases}$$

に注意．他の $R_\theta^{(a)}$ についても同様であり，一般に，

$$(R_\theta^{(a)})_{ij} \simeq \delta_{ij} + \epsilon_{iaj}\theta \Rightarrow (R_\theta^{(a)}\boldsymbol{x})_i \simeq x_i + \epsilon_{iaj}\theta x_j \quad (a = 1, 2, 3)$$

3. (32.1)の変換は，1) 位置ベクトルの長さを保ち，また，2) $\boldsymbol{x}$ が回転軸の方向を向いている場合 ($\boldsymbol{x} \propto \delta\boldsymbol{\varphi}$) は $\boldsymbol{x}$ は変換で不変である．実際，

1) $$(\boldsymbol{x} + \delta\boldsymbol{\varphi} \times \boldsymbol{x})^2 = \boldsymbol{x}^2 + 2\underbrace{\boldsymbol{x} \cdot (\delta\boldsymbol{\varphi} \times \boldsymbol{x})}_{= \delta\boldsymbol{\varphi} \cdot (\boldsymbol{x} \times \boldsymbol{x}) = 0} + O(\delta\varphi^2) = \boldsymbol{x}^2 + O(\delta\varphi^2)$$

2) $$\boldsymbol{x} \propto \delta\boldsymbol{\varphi} \Rightarrow \delta\boldsymbol{\varphi} \times \boldsymbol{x} = 0 \Rightarrow \boldsymbol{x} + \delta\boldsymbol{\varphi} \times \boldsymbol{x} = \boldsymbol{x}$$

したがって，(32.1)は「微小ベクトル $\delta\boldsymbol{\varphi}$ の向きを回転軸とした微小空間回転」である．回転角が $\delta\varphi$ であることまで理解するには，

$$\delta\boldsymbol{\varphi} = \delta\varphi\,\widetilde{\boldsymbol{e}}_1, \qquad \widetilde{\boldsymbol{e}}_a \times \widetilde{\boldsymbol{e}}_b = \epsilon_{abc}\widetilde{\boldsymbol{e}}_c, \qquad \widetilde{\boldsymbol{e}}_a \cdot \widetilde{\boldsymbol{e}}_b = \delta_{a,b}$$

を満たす，互いに直交する 3 つの**単位ベクトル** $\widetilde{\boldsymbol{e}}_a$ $(a = 1, 2, 3)$ を導入する．$\widetilde{\boldsymbol{e}}_1$ が $\delta\boldsymbol{\varphi}$ の方向であり，それに直交する $\widetilde{\boldsymbol{e}}_2$ と $\widetilde{\boldsymbol{e}}_3$ を一組とる．位置ベクトル $\boldsymbol{x}$ を

$$\boldsymbol{x} = \widetilde{x}_a\widetilde{\boldsymbol{e}}_a = \widetilde{x}_1\widetilde{\boldsymbol{e}}_1 + \widetilde{x}_2\widetilde{\boldsymbol{e}}_2 + \widetilde{x}_3\widetilde{\boldsymbol{e}}_3$$

と展開すると，今の微小回転による $\boldsymbol{x}$ の変化分は

$$\delta\boldsymbol{\varphi} \times \boldsymbol{x} = \delta\varphi\,\widetilde{\boldsymbol{e}}_1 \times \widetilde{x}_a\widetilde{\boldsymbol{e}}_a = \delta\varphi\,\widetilde{x}_a\epsilon_{1ab}\widetilde{\boldsymbol{e}}_b = (\epsilon_{a1b}\delta\varphi\,\widetilde{x}_b)\widetilde{\boldsymbol{e}}_a$$

最後の等号で足し上げインデックス a と b を入れ替えた．したがって，(32.1)の変換は

$$\widetilde{x}_a \to \widetilde{x}_a + \epsilon_{a1b}\delta\varphi\,\widetilde{x}_b$$

これは前設問 1 で見たように，$\widetilde{\boldsymbol{e}}_1$ を回転軸とする回転角 $\delta\varphi$ の微小回転を表す．

問題 33　保存量としての角運動量　標準

1. 位置ベクトル $\boldsymbol{x}$ に対する依存性が原点からの距離 $r = |\boldsymbol{x}|$ を通じてのみであるポテンシャル $U(r, t)$ 下の 1 質点系のラグランジアン

$$L(\boldsymbol{x}, \dot{\boldsymbol{x}}, t) = \frac{1}{2}m\dot{\boldsymbol{x}}^2 - U(r, t) \qquad (r = |\boldsymbol{x}|)$$

は原点周りの任意の (時間に依らない) 空間回転

$$\boldsymbol{x}(t) \to R\boldsymbol{x}(t), \qquad \dot{\boldsymbol{x}}(t) \to \frac{d}{dt}R\boldsymbol{x}(t) = R\dot{\boldsymbol{x}}(t)$$

に対して不変，$L(R\boldsymbol{x}, R\dot{\boldsymbol{x}}, t) = L(\boldsymbol{x}, \dot{\boldsymbol{x}}, t)$，である．ここに，$R$ は任意の時間に依らない 3 次元回転行列 (3×3 直交行列) である．この空間回転不変性に対応した保存量を与えよ．

2. 2 質点系のラグランジアン

$$L(\boldsymbol{x}_1, \boldsymbol{x}_2, \dot{\boldsymbol{x}}_1, \dot{\boldsymbol{x}}_2) = \frac{1}{2}m_1\dot{\boldsymbol{x}}_1^2 + \frac{1}{2}m_2\dot{\boldsymbol{x}}_2^2 - U(\boldsymbol{x}_1, \boldsymbol{x}_2)$$

のポテンシャル $U(\boldsymbol{x}_1, \boldsymbol{x}_2)$ を，ラグランジアンが次の 2 種類の変換に対して共に厳密に不変であるように取る:

- 空間並進: $\boldsymbol{x}_a(t) \to \boldsymbol{x}_a(t) + \boldsymbol{a} \quad (a = 1, 2)$
- 原点周りの空間回転: $\boldsymbol{x}_a(t) \to R\boldsymbol{x}_a(t) \quad (a = 1, 2)$

ここに，$\boldsymbol{a}$ は任意の定数ベクトル，R は任意の定数回転行列である．$U(\boldsymbol{x}_1, \boldsymbol{x}_2)$ は位置ベクトル $\boldsymbol{x}_1$ と $\boldsymbol{x}_2$ にどのような形で依存していればよいか．また，この系の保存量を全て与えよ．

解 説　設問 1 はラグランジアンの空間回転不変性に対応した保存量として角運動量を導く問題．設問 2 は空間並進と空間回転の両不変性を持つ 2 質点系のラグランジアンのポテンシャル項の許される一般形を問う問題である．

解 答

1. ラグランジアンは原点周りの任意の空間回転で不変なので，微小定数ベクトル $\delta\boldsymbol{\varphi}$ で与えられる微小空間回転 ((32.1)参照)

$$\boldsymbol{x}(t) \to \boldsymbol{x}(t) + \delta\boldsymbol{\varphi} \times \boldsymbol{x}(t),$$
$$\dot{\boldsymbol{x}}(t) \to \frac{d}{dt}\left(\boldsymbol{x}(t) + \delta\boldsymbol{\varphi} \times \boldsymbol{x}(t)\right) = \dot{\boldsymbol{x}}(t) + \delta\boldsymbol{\varphi} \times \dot{\boldsymbol{x}}(t)$$

に対しても ($\delta\varphi$ の 2 次以上を無視する近似で厳密に) 不変，すなわち，

$$\delta L \equiv L(\boldsymbol{x} + \delta\boldsymbol{\varphi} \times \boldsymbol{x}, \dot{\boldsymbol{x}} + \delta\boldsymbol{\varphi} \times \dot{\boldsymbol{x}}, t) - L(\boldsymbol{x}, \dot{\boldsymbol{x}}, t) = O(\delta\varphi^2) \qquad (33.1)$$

である．他方，δL を微小ベクトル $\delta\boldsymbol{\varphi}$ について 1 次までテイラー展開すると

$$
\begin{aligned}
\delta L &= L(\boldsymbol{x}+\delta\boldsymbol{\varphi}\times\boldsymbol{x}, \dot{\boldsymbol{x}}+\delta\boldsymbol{\varphi}\times\dot{\boldsymbol{x}}, t) - L(\boldsymbol{x},\dot{\boldsymbol{x}},t)\\
&= \frac{\partial L(\boldsymbol{x},\dot{\boldsymbol{x}},t)}{\partial \boldsymbol{x}}\cdot(\delta\boldsymbol{\varphi}\times\boldsymbol{x}) + \frac{\partial L(\boldsymbol{x},\dot{\boldsymbol{x}},t)}{\partial\dot{\boldsymbol{x}}}\cdot(\delta\boldsymbol{\varphi}\times\dot{\boldsymbol{x}}) + \overbrace{O(\delta\varphi^2)}^{\text{以下では無視}}\\
&\underset{\substack{\uparrow\\ \text{公式 (31.9)}}}{=} \delta\boldsymbol{\varphi}\cdot\left(\boldsymbol{x}\times\frac{\partial L}{\partial\boldsymbol{x}} + \dot{\boldsymbol{x}}\times\frac{\partial L}{\partial\dot{\boldsymbol{x}}}\right) \underset{\substack{\uparrow\\ \text{E-L eq.}}}{=} \delta\boldsymbol{\varphi}\cdot\left(\boldsymbol{x}\times\frac{d}{dt}\frac{\partial L}{\partial\dot{\boldsymbol{x}}} + \dot{\boldsymbol{x}}\times\frac{\partial L}{\partial\dot{\boldsymbol{x}}}\right)\\
&= \delta\boldsymbol{\varphi}\cdot\frac{d}{dt}\left(\boldsymbol{x}\times\frac{\partial L}{\partial\dot{\boldsymbol{x}}}\right)
\end{aligned}
\tag{33.2}
$$

ここに,「E-L eq.」の等号においてはオイラー・ラグランジュ方程式 $\dfrac{\partial L}{\partial\boldsymbol{x}} = \dfrac{d}{dt}\dfrac{\partial L}{\partial\dot{\boldsymbol{x}}}$ を用いた．(33.1)と (33.2) の $O(\delta\varphi)$ 項を比較して $\delta\boldsymbol{\varphi}\cdot\dfrac{d}{dt}\left(\boldsymbol{x}\times\dfrac{\partial L}{\partial\dot{\boldsymbol{x}}}\right) = 0$ が (オイラー・ラグランジュ方程式を用いて) 成り立つが，$\delta\boldsymbol{\varphi}$ は任意なので，結局，保存量として

$$
\boldsymbol{M} = \boldsymbol{x}\times\frac{\partial L}{\partial\dot{\boldsymbol{x}}} = \boldsymbol{x}\times\boldsymbol{p} \qquad (\boldsymbol{p} = m\dot{\boldsymbol{x}}\text{: 運動量})
\tag{33.3}
$$

を得る．これは質点の**角運動量**である．

2. まず, 速度ベクトル $\dot{\boldsymbol{x}}_a$ は空間並進で不変 $(\dot{\boldsymbol{x}}_a \to \dot{\boldsymbol{x}}_a)$, 空間回転の下で R による回転を受ける $(\dot{\boldsymbol{x}}_a \to R\dot{\boldsymbol{x}}_a)$ ので，ラグランジアンの運動エネルギー項 $\sum_a (1/2)m_a\dot{\boldsymbol{x}}_a^2$ は 2 つの変換で不変．

ポテンシャル $U(\boldsymbol{x}_1, \boldsymbol{x}_2)$ が空間並進で厳密に不変であるためには U は位置ベクトルの差 $\boldsymbol{x}_1 - \boldsymbol{x}_2$ (空間並進で不変な量) の関数でなければならない．次に，空間回転の下での $\boldsymbol{x}_1 - \boldsymbol{x}_2$ の変換性は

$$
\boldsymbol{x}_1 - \boldsymbol{x}_2 \to R\boldsymbol{x}_1 - R\boldsymbol{x}_2 = R\,(\boldsymbol{x}_1 - \boldsymbol{x}_2)
$$

すなわち，R による回転である．したがって，U が空間回転の下でも厳密に不変であるためには，U はさらに回転変量である $(\boldsymbol{x}_1 - \boldsymbol{x}_2)^2$ あるいは，$|\boldsymbol{x}_1 - \boldsymbol{x}_2| = \sqrt{(\boldsymbol{x}_1 - \boldsymbol{x}_2)^2}$ を通じてのみの関数でなければならない．すなわち，

$$
U(\boldsymbol{x}_1, \boldsymbol{x}_2) = U(|\boldsymbol{x}_1 - \boldsymbol{x}_2|)
$$

このとき，系の保存量は運動量 $\boldsymbol{P}$ (空間並進不変性より)，角運動量 $\boldsymbol{M}$ (空間回転不変性より)，および，エネルギー E (ラグランジアン, 特に $U(\boldsymbol{x}_1, \boldsymbol{x}_2)$ が時間に陽に依存しないため) であり，それぞれの表式は

$$
\begin{aligned}
\boldsymbol{P} &= \sum_{a=1,2}\frac{\partial L}{\partial\dot{\boldsymbol{x}}_a} = \sum_{a=1,2} m_a\dot{\boldsymbol{x}}_a\\
\boldsymbol{M} &= \sum_{a=1,2}\boldsymbol{x}_a\times\frac{\partial L}{\partial\dot{\boldsymbol{x}}_a} = \sum_{a=1,2}\boldsymbol{x}_a\times m_a\dot{\boldsymbol{x}}_a\\
E &= \sum_{a=1,2}\frac{\partial L}{\partial\dot{\boldsymbol{x}}_a}\cdot\dot{\boldsymbol{x}}_a - L = \sum_{a=1,2}\frac{1}{2}m_a\dot{\boldsymbol{x}}_a^2 + U(|\boldsymbol{x}_1 - \boldsymbol{x}_2|)
\end{aligned}
$$

$\boldsymbol{P}$ と $\boldsymbol{M}$ の導出はそれぞれ**問題 29** の設問 2 および本問設問 1 と同様である．

問題 34　諸系の保存量　標準

1. 次のラグランジアンで記述される一様な重力場中の1質点系における保存量を5つ構成せよ (ベクトル保存量は「3つ」と数える):

$$L(\boldsymbol{x}, \dot{\boldsymbol{x}}) = \frac{1}{2}m\dot{\boldsymbol{x}}^2 - mgz$$

2. 前設問1の質点がパラメータ θ $(-\infty < \theta < \infty)$ により

$$\boldsymbol{x} = (x, y, z) = (a\cos\theta, a\sin\theta, b\theta) \quad (a,\ b\text{: 定数})$$

で与えられる半径 a で勾配 b/a のらせん滑り台上 (右図参照) のみを摩擦なく運動する場合を考える．力学変数として $\theta(t)$ を取り，この系の保存量を2つ与えよ．

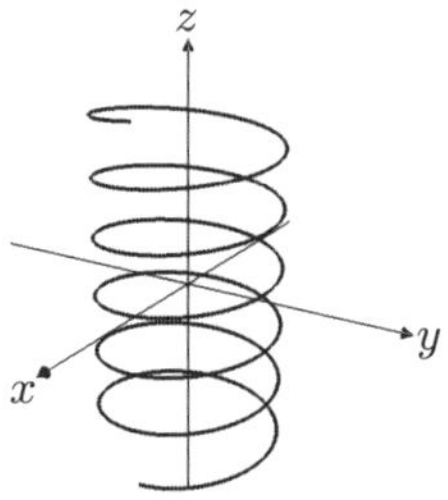

解説　ネーターの定理の応用問題2つである．ここでも，解答は，ネーターの定理における保存量の公式 (28.3)を直接用いる場合と，この公式の導出と実質同じ操作を行う場合とがある．

解答

1. エネルギー E

ラグランジアンが陽な時間依存性を持たないのでエネルギーが保存する．**問題 29** の公式 (29.4)，あるいは (30.1)式より

$$E = \frac{\partial L}{\partial \dot{\boldsymbol{x}}} \cdot \dot{\boldsymbol{x}} - L = \frac{1}{2}m\dot{\boldsymbol{x}}^2 + mgz$$

運動量 $\boldsymbol{P}$

微小空間並進

$$\boldsymbol{x} \to \boldsymbol{x} + \varepsilon, \qquad \dot{\boldsymbol{x}} \to \dot{\boldsymbol{x}}$$

に対するラグランジアンの変化分は

$$\delta L = L(\boldsymbol{x} + \boldsymbol{\varepsilon}, \dot{\boldsymbol{x}}) - L(\boldsymbol{x}, \dot{\boldsymbol{x}}) = -mg\varepsilon_z = \varepsilon_z \frac{d}{dt}(-mgt)$$

すなわち，x および y 方向の並進に対しては L は厳密に不変，z 方向の並進に対しては L は定数 (= 時間全微分項) だけずれる．z 方向に並進しても重力の大きさと向きは変わらないので，z 方向の並進不変性が実質的に存在することは直観的にも明らか．

他方，オイラー・ラグランジュ方程式を用いるとラグランジアンの微小変化分は時間全微分となる:

$$\delta L = \frac{\partial L}{\partial \boldsymbol{x}} \cdot \boldsymbol{\varepsilon} \underset{\substack{\uparrow \\ \text{E-L eq.}}}{=} \frac{d}{dt} \frac{\partial L}{\partial \dot{\boldsymbol{x}}} \cdot \boldsymbol{\varepsilon}$$

2 つの δL の表式を等置して

$$\boldsymbol{\varepsilon} \cdot \frac{d}{dt}\left[\frac{\partial L}{\partial \dot{\boldsymbol{x}}} + (0, 0, mgt)\right] = 0$$

すなわち，運動量

$$\boldsymbol{P} = \frac{\partial L}{\partial \dot{\boldsymbol{x}}} + (0, 0, mgt) = m\dot{\boldsymbol{x}} + (0, 0, mgt) = (m\dot{x}, m\dot{y}, m\dot{z} - mgt)$$

が保存する．

角運動量 M_z

ラグランジアンは z 軸を回転軸とする空間回転で厳密に不変 ($\dot{\boldsymbol{x}}^2$ と z がそれぞれ不変) であるが，x 軸と y 軸を回転軸とする空間回転では不変ではなく，変化分は時間全微分項にもならない．したがって，角運動量の z 成分 M_z のみが保存し，その表式は (33.3)の z 成分と同一であり

$$M_z = (\boldsymbol{x} \times \boldsymbol{p})_z = xp_y - yp_x = m(x\dot{y} - y\dot{x})$$

2. 力学変数を $\theta(t)$ とした今の系のラグランジアンは

$$\dot{\boldsymbol{x}} = (\dot{x}, \dot{y}, \dot{z}) = \dot{\theta}(-a\sin\theta, a\cos\theta, b) \Rightarrow \dot{\boldsymbol{x}}^2 = \dot{x}^2 + \dot{y}^2 + \dot{z}^2 = \left(a^2 + b^2\right)\dot{\theta}^2$$

より

$$L(\theta, \dot{\theta}) = \frac{1}{2}m\dot{\boldsymbol{x}}^2 - mgz = \frac{1}{2}m\left(a^2 + b^2\right)\dot{\theta}^2 - mgb\theta$$

2 つの保存量は次の通り:

エネルギー E

$L(\theta, \dot{\theta})$ も時間に陽に依存しないのでエネルギーが保存し，公式 (29.4)より

$$E = \frac{\partial L}{\partial \dot{\theta}}\dot{\theta} - L = m\left(a^2 + b^2\right)\dot{\theta}^2 - L = \frac{1}{2}m\left(a^2 + b^2\right)\dot{\theta}^2 + mgb\theta$$

角運動量 M_z

θ の定数ずらし (=z 軸周りの回転 +z 軸方向への並進)

$$\theta \to \theta + \varepsilon, \qquad \dot{\theta} \to \dot{\theta}$$

に対するラグランジアンの変化分は時間全微分項となる:

$$\delta L = L(\theta + \varepsilon, \dot{\theta}) - L(\theta, \dot{\theta}) = -mgb\varepsilon = \varepsilon \frac{d}{dt}(-mgbt)$$

対応する保存量 (M_z の記号を用いる) は公式 (28.3)より

$$M_z = \frac{\partial L}{\partial \dot{\theta}}F - Y = m\left(a^2 + b^2\right)\dot{\theta} + mgbt \qquad (F = 1,\ Y = -mgbt)$$

問題 35　一般化運動量と循環座標　基本

質点系において質点 a の運動量は $\boldsymbol{p}_a = \dfrac{\partial L}{\partial \dot{\boldsymbol{x}}_a}$ で与えられるが ((29.6)参照)，より一般に，ラグランジアン $L(q, \dot{q}, t)$ で記述される N 自由度系において，力学変数 q_i に対応した **(一般化) 運動量** p_i を

$$p_i = \frac{\partial L(q, \dot{q}, t)}{\partial \dot{q}_i} \quad (i = 1, \cdots, N) \tag{35.1}$$

で定義する．

また，ラグランジアンがある A 番目の力学変数 q_A に依存しない (時間微分 $\dot{q}_A$ には依存している)

$$L = L(q_1, \cdots, \cancel{q_A}, \cdots, q_N, \dot{q}_1, \cdots, \dot{q}_A, \cdots, q_N, t) \tag{35.2}$$

の場合，q_A を**循環座標** (cyclic coordinate) と呼ぶ．循環座標について次の有用な定理がある:

> 循環座標に対応した一般化運動量は保存量である．

例えば，$L = \dfrac{1}{2} m \dot{\boldsymbol{x}}^2$ の自由 1 質点系における $\boldsymbol{x}$ は循環座標であり，その運動量 $\boldsymbol{p} = \dfrac{\partial L}{\partial \dot{\boldsymbol{x}}} = m\dot{\boldsymbol{x}}$ は保存する．

1. 循環座標 q_A に対応した一般化運動量 p_A は保存量であることを p_A の時間微分を考えることにより示せ．
2. 同じことを**問題 28** のネーターの定理に基づいて示せ．
3. **問題 29** の設問 2 の 2 質点系における $\boldsymbol{x}_1$ と $\boldsymbol{x}_2$ は循環座標ではないが，独立な力学変数として $\boldsymbol{x}_1$ と $\boldsymbol{x}_2$ の適当な線形和で表される 2 つのベクトル力学変数を，その片方が循環座標であるように導入できる．この循環座標に対応した保存量を求めよ．

解説　循環座標はこれ以降の問題でもたびたび現れ，そこでは本問題で扱う定理「循環座標に対応した一般化運動量は保存量である」が役に立つ．なお，「一般化運動量」の「一般化」を省略し，単に「運動量」と呼ぶこともある．一般化運動量はハミルトン形式 (第 6 章) でも重要な概念であり，そこで改めて登場する (**問題 63**)．

解答

1. p_A を時間微分し，一般化運動量の定義式 (35.1)，オイラー・ラグランジュ方程式，循環座標の定義 (35.2)を用いて

$$\frac{d}{dt}p_A \underset{\substack{\uparrow\\(35.1)}}{=} \frac{d}{dt}\frac{\partial L}{\partial \dot{q}_A} \underset{\substack{\uparrow\\\text{E-L eq.}}}{=} \frac{\partial L}{\partial q_A} \underset{\substack{\uparrow\\(35.2)}}{=} 0$$

を得る.

2. ラグランジアン (35.2)は q_A のみの定数 ε のずらし

$$q_A \to q_A + \varepsilon, \quad q_i \to q_i \ (i \neq A) \quad \left(\Rightarrow \ \dot{q}_i \to \dot{q}_i \ (\text{すべての } i)\right)$$

の変換で (厳密に) 不変である. すなわち, **問題 28** のネーターの定理において

$$F_i = \delta_{i,A}, \qquad Y = 0$$

であり, 保存量 Q (28.3)は

$$Q = \frac{\partial L}{\partial \dot{q}_i}F_i - Y = \frac{\partial L}{\partial \dot{q}_i}\delta_{i,A} = \frac{\partial L}{\partial \dot{q}_A} = p_A$$

3. 2 質点の相対座標 $\boldsymbol{r} \equiv \boldsymbol{x}_1 - \boldsymbol{x}_2$ と (例えば) $\boldsymbol{x}_1$ を独立な力学変数として取ると, $\dot{\boldsymbol{x}}_2 = \dot{\boldsymbol{x}}_1 - \dot{\boldsymbol{r}}$ を用いてラグランジアン (29.2)は

$$L(\boldsymbol{r}, \dot{\boldsymbol{r}}, \dot{\boldsymbol{x}}_1, t) = \frac{1}{2}m_1\dot{\boldsymbol{x}}_1^2 + \frac{1}{2}m_2(\dot{\boldsymbol{x}}_1 - \dot{\boldsymbol{r}})^2 - U(\boldsymbol{r}, t)$$

であり, $\boldsymbol{x}_1$ は循環座標となる. $\boldsymbol{x}_1$ に対応する運動量 (= 保存量) は

$$\frac{\partial L(\boldsymbol{r}, \dot{\boldsymbol{r}}, \dot{\boldsymbol{x}}_1, t)}{\partial \dot{\boldsymbol{x}}_1} = m_1\dot{\boldsymbol{x}}_1 + m_2(\dot{\boldsymbol{x}}_1 - \dot{\boldsymbol{r}}) = m_1\dot{\boldsymbol{x}}_1 + m_2\dot{\boldsymbol{x}}_2$$

となるが, これは系の全運動量 $\boldsymbol{P}$ (29.6) である.
なお, 2 つの新ベクトル力学変数のうちの 1 つは相対座標 $\boldsymbol{r}$ とする必要があるが, もう片方は $\boldsymbol{r}$ と線形独立なら何でもよい. 実際,

$$\boldsymbol{r} = \boldsymbol{x}_1 - \boldsymbol{x}_2, \qquad \boldsymbol{y} = a\boldsymbol{x}_1 + b\boldsymbol{x}_2 \quad (a + b \neq 0)$$

の $\boldsymbol{r}$ と $\boldsymbol{y}$ を独立な力学変数に取ると,

$$\boldsymbol{x}_1 = \frac{\boldsymbol{y} + b\boldsymbol{r}}{a + b}, \qquad \boldsymbol{x}_2 = \frac{\boldsymbol{y} - a\boldsymbol{r}}{a + b}$$

であり, ラグランジアン (29.2)は

$$L(\boldsymbol{r}, \dot{\boldsymbol{r}}, \dot{\boldsymbol{y}}, t) = \frac{1}{2}m_1\left(\frac{\dot{\boldsymbol{y}} + b\dot{\boldsymbol{r}}}{a + b}\right)^2 + \frac{1}{2}m_2\left(\frac{\dot{\boldsymbol{y}} - a\dot{\boldsymbol{r}}}{a + b}\right)^2 - U(\boldsymbol{r}, t)$$

となり, $\boldsymbol{y}$ は循環座標である. $\boldsymbol{y}$ に対応した運動量 (= 保存量) は

$$\frac{\partial L(\boldsymbol{r}, \dot{\boldsymbol{r}}, \dot{\boldsymbol{y}}, t)}{\partial \dot{\boldsymbol{y}}} = m_1\frac{\dot{\boldsymbol{y}} + b\dot{\boldsymbol{r}}}{(a + b)^2} + m_2\frac{\dot{\boldsymbol{y}} - a\dot{\boldsymbol{r}}}{(a + b)^2} = \frac{m_1\dot{\boldsymbol{x}}_1 + m_2\dot{\boldsymbol{x}}_2}{a + b}$$

となり, (定数 $1/(a + b)$ を除いて) 同じ結果である.

問題 36　ルンゲ・レンツベクトル　発展

万有引力型ポテンシャル

$$U(r) = -\frac{k}{r}$$

の下の 1 質点系のラグランジアン

$$L(\boldsymbol{x}, \dot{\boldsymbol{x}}) = \frac{1}{2}m\dot{\boldsymbol{x}}^2 - U(r)$$

に対して，空間方向インデックス $a\,(=1,2,3)$ で識別される微小変換 δ_a

$$\delta_a x_i = \varepsilon F_i^a, \qquad F_i^a = 2\dot{x}_i x_a - x_i \dot{x}_a - \delta_{ia}(\boldsymbol{x}\cdot\dot{\boldsymbol{x}}) \tag{36.1}$$

を考える．

1. ラグランジアンの運動エネルギー項とポテンシャル・エネルギー項の δ_a に対する変化分がそれぞれ時間についての全微分の形になることを示せ．
2. 前設問 1 の結果から，今の系のベクトル保存量として

$$\boldsymbol{A} = \boldsymbol{p}\times\boldsymbol{M} + mU(r)\boldsymbol{x}, \qquad (A_i = \epsilon_{ijk}p_j M_k + mU(r)x_i) \tag{36.2}$$

を導け．ここに，$\boldsymbol{p}$ と $\boldsymbol{M}$ は質点の運動量と角運動量

$$\boldsymbol{p} = m\dot{\boldsymbol{x}}, \qquad \boldsymbol{M} = \boldsymbol{x}\times\boldsymbol{p}$$

である．なお，今の系において，$\boldsymbol{M}$ は保存するが，$\boldsymbol{p}$ は保存量ではない．

解説　(36.2)で与えられるベクトル保存量 $\boldsymbol{A}$ は**ルンゲ・レンツベクトル** (Runge-Lenz vector) と呼ばれる．[解答] での導出からわかるように，ルンゲ・レンツベクトルは $U(r)\propto 1/r$ の場合のみ保存するが，この保存量の存在はケプラー問題の軌道 (楕円軌道) が閉じていることと密接に関係している．ルンゲ・レンツベクトルは**問題 70** と**問題 85** においても登場する．

解答

1. まず，$\dot{x}_i$ の微小変換は

$$\begin{aligned}\delta_a\dot{x}_i &= \frac{d}{dt}\delta_a x_i = \varepsilon\frac{d}{dt}F_i^a\\ &= \varepsilon\left(2\left(\ddot{x}_i x_a + \dot{x}_i\dot{x}_a\right) - \left(\dot{x}_i\dot{x}_a + x_i\ddot{x}_a\right) - \delta_{ia}\left(\dot{\boldsymbol{x}}^2 + \boldsymbol{x}\cdot\ddot{\boldsymbol{x}}\right)\right)\\ &= \varepsilon\left(2\ddot{x}_i x_a - x_i\ddot{x}_a - \delta_{ia}(\boldsymbol{x}\cdot\ddot{\boldsymbol{x}}) + \dot{x}_i\dot{x}_a - \delta_{ia}\dot{\boldsymbol{x}}^2\right)\end{aligned}$$

これを用いて，運動エネルギー項の微小変換は

$$\delta_a\left(\frac{1}{2}m\dot{\boldsymbol{x}}^2\right) = m\dot{x}_i\delta_a\dot{x}_i = \varepsilon m\dot{x}_i\left(2\ddot{x}_i x_a - x_i\ddot{x}_a - \delta_{ia}(\boldsymbol{x}\cdot\ddot{\boldsymbol{x}}) + \dot{x}_i\dot{x}_a - \delta_{ia}\dot{\boldsymbol{x}}^2\right)$$

$$= \varepsilon m\left(2(\dot{\boldsymbol{x}}\cdot\ddot{\boldsymbol{x}})x_a - (\dot{\boldsymbol{x}}\cdot\boldsymbol{x})\ddot{x}_a - \dot{x}_a(\boldsymbol{x}\cdot\ddot{\boldsymbol{x}}) + \dot{\boldsymbol{x}}^2\dot{x}_a - \dot{x}_a\dot{\boldsymbol{x}}^2\right)$$
$$= \varepsilon m\,(2(\dot{\boldsymbol{x}}\cdot\ddot{\boldsymbol{x}})x_a - (\boldsymbol{x}\cdot\dot{\boldsymbol{x}})\ddot{x}_a - (\boldsymbol{x}\cdot\ddot{\boldsymbol{x}})\dot{x}_a)$$
$$= \varepsilon m\frac{d}{dt}\left(\dot{\boldsymbol{x}}^2 x_a - (\boldsymbol{x}\cdot\dot{\boldsymbol{x}})\dot{x}_a\right)$$

と時間全微分の形になる.

次に，$\delta_a U(r)$ を計算するために，まず,

$$\delta_a r = \frac{1}{r}x_i\delta_a x_i = \varepsilon\frac{1}{r}x_i(2\dot{x}_i x_a - x_i\dot{x}_a - \delta_{ia}(\boldsymbol{x}\cdot\dot{\boldsymbol{x}}))$$
$$= \varepsilon\frac{1}{r}\left(2(\boldsymbol{x}\cdot\dot{\boldsymbol{x}})x_a - r^2\dot{x}_a - x_a(\boldsymbol{x}\cdot\dot{\boldsymbol{x}})\right) = \varepsilon\frac{1}{r}\left((\boldsymbol{x}\cdot\dot{\boldsymbol{x}})x_a - r^2\dot{x}_a\right)$$

なお，最初に次式を用いた:

$$\delta_a r = \delta_a\sqrt{\boldsymbol{x}^2} = \frac{1}{2}\frac{1}{\sqrt{\boldsymbol{x}^2}}\delta_a\boldsymbol{x}^2 = \frac{1}{2r}\,2x_i\delta_a x_i = \frac{1}{r}x_i\delta_a x_i$$

これより

$$\delta_a U(r) = U'(r)\,\delta_a r = \varepsilon\frac{k}{r^3}\left((\boldsymbol{x}\cdot\dot{\boldsymbol{x}})x_a - r^2\dot{x}_a\right) = -\varepsilon k\frac{d}{dt}\frac{x_a}{r} = \varepsilon\frac{d}{dt}\,(U(r)x_a)$$

と，これも時間全微分の形となる．なお，時間全微分形にする際に次式を用いた:

$$\frac{d}{dt}\frac{1}{r} = \frac{d}{dt}\frac{1}{\sqrt{\boldsymbol{x}^2}} = -\frac{1}{2}\frac{1}{(\boldsymbol{x}^2)^{3/2}}\frac{d}{dt}\boldsymbol{x}^2 = -\frac{1}{r^3}(\boldsymbol{x}\cdot\dot{\boldsymbol{x}})$$

また，$\delta_a U(r)$ が時間全微分になるのは $U(r) \propto 1/r$ の場合のみであることに注意.

2. 前設問 1 の結果より，ラグランジアン全体の微小変換も時間全微分となる:

$$\delta_a L = \varepsilon\frac{d}{dt}Y_a, \qquad Y_a = m\left(\dot{\boldsymbol{x}}^2 x_a - (\boldsymbol{x}\cdot\dot{\boldsymbol{x}})\dot{x}_a\right) - U(r)x_a$$

微小変換 δ_a に対応した保存量 Q_a は公式 (28.3)より得られる:

$$Q_a = \frac{\partial L}{\partial\dot{x}_i}F_i^a - Y_a$$
$$= \underbrace{m\dot{x}_i\,(2\dot{x}_i x_a - x_i\dot{x}_a - \delta_{ia}(\boldsymbol{x}\cdot\dot{\boldsymbol{x}}))}_{=\,2m\left(\dot{\boldsymbol{x}}^2 x_a - (\boldsymbol{x}\cdot\dot{\boldsymbol{x}})\dot{x}_a\right)} - \left[m\left(\dot{\boldsymbol{x}}^2 x_a - (\boldsymbol{x}\cdot\dot{\boldsymbol{x}})\dot{x}_a\right) - U(r)x_a\right]$$
$$= m\left(\dot{\boldsymbol{x}}^2 x_a - (\boldsymbol{x}\cdot\dot{\boldsymbol{x}})\dot{x}_a\right) + U(r)x_a$$
$$= \frac{1}{m}(\boldsymbol{p}\times\boldsymbol{M})_a + U(r)x_a$$

最後の等号では

$$\boldsymbol{p}\times\boldsymbol{M} = \boldsymbol{p}\times(\boldsymbol{x}\times\boldsymbol{p}) = \boldsymbol{p}^2\boldsymbol{x} - (\boldsymbol{p}\cdot\boldsymbol{x})\boldsymbol{p} = m^2\left(\dot{\boldsymbol{x}}^2\boldsymbol{x} - (\boldsymbol{x}\cdot\dot{\boldsymbol{x}})\dot{\boldsymbol{x}}\right)$$

を用いた．問題の保存量 A_i (36.2)は Q_i に定数 m を掛けたものである (もちろんこれも保存量).

問題 37　エネルギー保存を用いた簡単な系の解の構成　基本

一般にオイラー・ラグランジュ方程式は力学変数 $q(t)$ の時間についての 2 階微分方程式であるが，ラグランジアンが陽な時間依存性を持たない系におけるエネルギー保存の式は力学変数の時間 1 階微分しか含まず，これを用いて解をより簡単に求めることができる．

問題 07 と**問題 08** では簡単な系でオイラー・ラグランジュ方程式の解を構成したが，ここでは同じ系の解をエネルギー保存を用いて求めよ (ただし，これらの場合は必ずしもより簡単に求まるわけではない)．

1. **問題 07** の設問 1 のバネ定数 k，質点の質量 m の 1 次元調和振動子の系．バネの自然長からの伸び $q(t)$ を力学変数とし，初期条件を $q(0)=a$, $\dot{q}(0)=0$ に取る．
2. **問題 07** の設問 2 の一様な重力場中を鉛直方向に運動する質点 (質量 m) の系．質点の高さ $y(t)$ を力学変数とし，初期条件を $y(0)=y_0$, $\dot{y}(0)=v_0$ に取る．
3. **問題 08** の一様な重力場の下，天井からつるされたバネ (バネ定数 k) とおもり (質量 m) の系．天井から見たおもりの位置 $z(t)$ (バネが自然長のときは $z=a$) を力学変数とし，初期条件を $z(0)=a+b$, $\dot{z}(0)=0$ に取る．

解説　いずれの系もラグランジアンが $L=T(\dot{q})-U(q)$ で，運動エネルギー $T(\dot{q})$ が $\dot{q}$ の 2 次なので，**問題 30** の一般論よりエネルギーは $E=T+U$ である．

解答

1. ラグランジアン (07.1)より，この系のエネルギーは

$$E=\frac{1}{2}m\dot{q}^2+\frac{1}{2}kq^2 \underset{\uparrow}{=} \frac{1}{2}ka^2$$

$$\boxed{q(0)=a,\ \dot{q}(0)=0}$$

ここに，第 2 等号ではエネルギー保存と初期条件を用いた．これより

$$\frac{dq}{dt}=\sqrt{\frac{k}{m}\left(a^2-q^2\right)} \Rightarrow \sqrt{\frac{k}{m}}\,dt=\frac{dq}{\sqrt{a^2-q^2}} \underset{\uparrow}{=} du$$

$$\boxed{q=a\sin u}$$

$$\Rightarrow\ u(t)=\sqrt{\frac{k}{m}}\,t+\beta \quad (\beta\text{: 定数})$$

$$\Rightarrow\ q(t)=a\sin u(t)=a\sin\left(\sqrt{\frac{k}{m}}\,t+\beta\right) \tag{37.1}$$

を得る．初期条件 $q(0)=a\sin\beta=a$ より $\beta=\pi/2$ として

$$q(t) = a\cos\left(\sqrt{\frac{k}{m}}\,t\right)$$

となるが，これはもちろん**問題 07** の設問 1 の解答と一致する．

2. ラグランジアン (07.2)より，この系のエネルギーは

$$E = \frac{1}{2}m\dot{y}^2 + mgy \underset{\uparrow}{=} \frac{1}{2}mv_0^2 + mgy_0$$
$$\boxed{y(0) = y_0,\ \dot{y}(0) = v_0}$$

これより

$$\frac{dy}{dt} = \pm\sqrt{2g\left(\frac{E}{mg} - y\right)} \;\Rightarrow\; \frac{1}{\sqrt{2g}}\frac{dy}{\sqrt{\dfrac{E}{mg} - y}} = \pm dt$$

$$\Rightarrow\; -\sqrt{\frac{2}{g}}\sqrt{\frac{E}{mg} - y} = \pm(t+\alpha) \quad (\alpha\text{: 定数})$$

$$\Rightarrow\; y(t) = \frac{E}{mg} - \frac{g}{2}(t+\alpha)^2 = \frac{1}{mg}\left(\frac{1}{2}mv_0^2 + mgy_0\right) - \frac{g}{2}(t+\alpha)^2$$

定数 α は初期条件 $\dot{y}(0) = v_0$ より $\alpha = -v_0/g$ と定まり，求める解は

$$y(t) = y_0 + v_0 t - \frac{1}{2}mgt^2$$

3. ラグランジアン (08.1)より，この系のエネルギーは

$$E = \frac{1}{2}m\dot{z}^2 + \frac{1}{2}k(z-a)^2 - mgz \underset{\uparrow}{=} \frac{1}{2}kb^2 - mg(a+b)$$
$$\boxed{z(0) = a+b,\ \dot{z}(0) = 0}$$

z について平方完成すると

$$\left(\frac{dz}{dt}\right)^2 = \frac{k}{m}\left[\left(b - \frac{mg}{k}\right)^2 - \left(z - a - \frac{mg}{k}\right)^2\right]$$

となるが，これは設問 1 の調和振動子において

$$q \to z - a - \frac{mg}{k}, \qquad a \to b - \frac{mg}{k}$$

と置換えたものと同じ．(37.1)にこの置き換えをして解 $z(t)$ は

$$z(t) - a - \frac{mg}{k} = \left(b - \frac{mg}{k}\right)\sin\left(\sqrt{\frac{k}{m}}t + \alpha\right)$$

定数 α は初期条件 $z(0) = a+b$ より $\sin\alpha = 1 \Rightarrow \alpha = \pi/2$ として，結局

$$z(t) = a + \frac{mg}{k} + \left(b - \frac{mg}{k}\right)\cos\left(\sqrt{\frac{k}{m}}\,t\right)$$

問題	38	エネルギー保存を用いた単振り子系の解の構成	標準

問題 10 で扱った長さ ℓ，おもりの質量 m の単振り子系の解をエネルギー保存を用いて構成する．振り子の鉛直からの振れ角 $\theta(t)$ を力学変数とする．

1. 系の保存エネルギーを $E\,(=$定数$)$ とし，

$$\sin\frac{\theta(t)}{2} = k\sin\phi(t) \qquad \left(k \equiv \sqrt{\frac{E}{2mg\ell}}\right) \tag{38.1}$$

で定義される $\phi(t)$ を用いると，次式が成り立つことを示せ:

$$\left(\frac{d\phi}{dt}\right)^2 = \frac{g}{\ell}\left(1 - k^2\sin^2\phi\right) \tag{38.2}$$

2. 一般に，変数 y から変数 x への写像

$$x = \int_0^y \frac{du}{\sqrt{(1-u^2)(1-k^2u^2)}} \underset{\substack{\uparrow \\ u=\sin\phi}}{=} \int_0^{\arcsin y} \frac{d\phi}{\sqrt{1-k^2\sin^2\phi}}$$

の逆関数を

$$y = \mathrm{sn}(x, k)$$

と表し，$\mathrm{sn}(x,k)$ を**ヤコビの楕円関数** (Jacobi elliptic function) と呼ぶ．容易にわかるように，次の公式が成り立つ:

$$\mathrm{sn}(-x,k) = -\,\mathrm{sn}(x,k), \qquad \mathrm{sn}(x,0) = \sin x$$

前設問1の結果から，オイラー・ラグランジュ方程式の解 $\theta(t)$ で，エネルギー E を持ち，初期条件 $\theta(0) = 0$ を満たし，$\dot\theta(0) > 0$ であるものをヤコビの楕円関数を用いて与えよ．また，E が小さく $(k \ll 1)$ 微小な振れの場合は，$\theta(t)$ が近似的に三角関数で表されることを示せ．

3. 振り子が (回転運動ではなく) 往復運動をする $k < 1$ の場合の振り子の周期 T を積分で与えよ．さらに $k \ll 1$ の場合に T を $O(k^2)$ まで求めよ．

解説　振れ角が有限の場合の単振り子の解 $\theta(t)$ は初等関数で表すことができず，この問題のとおり，ヤコビの楕円関数が必要となる．

解答

1. 単振り子のラグランジアン (10.1)よりエネルギーは

$$E = \frac{1}{2}m\ell^2\dot\theta^2 + mg\ell(1-\cos\theta) = \frac{1}{2}m\ell^2\dot\theta^2 + 2mg\ell\sin^2\frac{\theta}{2}$$

これより，設問で定義された定数 $k = \sqrt{E/(2mg\ell)}$ を用いて

$$\left(\frac{d\theta}{dt}\right)^2 = \frac{4g}{\ell}\left(\frac{E}{2mg\ell} - \sin^2\frac{\theta}{2}\right) = \frac{4g}{\ell}\left(k^2 - \sin^2\frac{\theta}{2}\right) \tag{38.3}$$

この式の左辺は非負なので，右辺の $\sin(\theta/2)$ の範囲は $\left|\sin\frac{\theta}{2}\right| \le k$ に限られ，(38.1)式により θ を ϕ で表すことができる．これにより上式は

$$\left(\frac{d\theta}{dt}\right)^2 = \frac{4gk^2}{\ell}\left(1-\sin^2\phi\right) = \frac{4gk^2}{\ell}\cos^2\phi \tag{38.4}$$

となる．次に，(38.1)式の両辺を t 微分すると

$$\frac{1}{2}\cos\frac{\theta}{2}\frac{d\theta}{dt} = k\cos\phi\frac{d\phi}{dt} \;\Rightarrow\; \frac{1}{4}\underbrace{\cos^2\frac{\theta}{2}}_{1-k^2\sin^2\phi}\left(\frac{d\theta}{dt}\right)^2 = k^2\cos^2\phi\left(\frac{d\phi}{dt}\right)^2$$

$$\Rightarrow\;\left(\frac{d\theta}{dt}\right)^2 = \frac{4k^2\cos^2\phi}{1-k^2\sin^2\phi}\left(\frac{d\phi}{dt}\right)^2$$

これを (38.4)の左辺に用いることで設問の (38.2)式を得る．

2. (38.2)式の平方根を取り積分を行って次式を得る:

$$\frac{d\phi}{dt} = \pm\sqrt{\frac{g}{\ell}}\sqrt{1-k^2\sin^2\phi} \;\Rightarrow\; \int_0^{\phi(t)}\frac{d\phi'}{\sqrt{1-k^2\sin^2\phi'}} = \pm\sqrt{\frac{g}{\ell}}\,t+\alpha\;(\alpha\text{: 定数})$$

ここで，初期条件 $\theta(0)=0$ より $\phi(0)=0$ と取ると，$\alpha=0$ となる．また，(38.1)の両辺を t 微分し $t=0$ と置いて $\dot\phi(0)=\dot\theta(0)/(2k)>0$ であることから，右辺の $\pm$ は $+$ を取る．結局，

$$\int_0^{\phi(t)}\frac{d\phi'}{\sqrt{1-k^2\sin^2\phi'}} = \sqrt{\frac{g}{\ell}}\,t \tag{38.5}$$

であり，これと問題に与えられたヤコビの楕円関数の定義式を用いて

$$\phi(t) = \arcsin y = \arcsin \mathrm{sn}(x,k) = \arcsin\left[\mathrm{sn}\left(\sqrt{\frac{g}{\ell}}\,t,k\right)\right] \;\Rightarrow\; \sin\frac{\theta(t)}{2}$$

$$= k\sin\phi(t) = k\,\mathrm{sn}\left(\sqrt{\frac{g}{\ell}}\,t,k\right) \;\Rightarrow\; \theta(t) = 2\arcsin\left[k\,\mathrm{sn}\left(\sqrt{\frac{g}{\ell}}\,t,k\right)\right] \tag{38.6}$$

を得る．$k\ll 1$ の場合は，$\mathrm{sn}(x,k)\simeq\sin x$ および $\arcsin z\simeq z$ ($|z|\ll 1$) より

$$\theta(t)\simeq 2\arcsin\left[k\sin\left(\sqrt{\frac{g}{\ell}}\,t\right)\right]\simeq 2k\sin\left(\sqrt{\frac{g}{\ell}}\,t\right)$$

3. $k<1$ の場合，振り子の最大振れ角 $\theta_{\max}$ (>0) および対応した $\phi_{\max}$ は (38.3)において $\dot\theta=0$ として $\sin(\theta_{\max}/2)=k \Rightarrow \phi_{\max}=\pi/2$ であり，周期 T は (38.5)において $\phi=\phi_{\max}=\pi/2$，$t=T/4$ とした式より

$$T = 4\sqrt{\frac{\ell}{g}}\int_0^{\pi/2}\frac{d\phi}{\sqrt{1-k^2\sin^2\phi}} \tag{38.7}$$

これは k に，したがって $\theta_{\max}$ に依存しており，一般に**等時性**は破れている．$k\ll 1$ の場合はテイラー展開公式 $1/\sqrt{1-z} = 1+(z/2)+O(z^2)$ ((01.7)参照) を用いて

$$T\simeq 4\sqrt{\frac{\ell}{g}}\int_0^{\pi/2}d\phi\left(1+\frac{1}{2}k^2\sin^2\phi\right) = 2\pi\sqrt{\frac{\ell}{g}}\left(1+\frac{1}{4}k^2\right)$$

もちろん初項は (10.3)と一致する．

問題 39　中心力ポテンシャル下の平面上の質点　標準

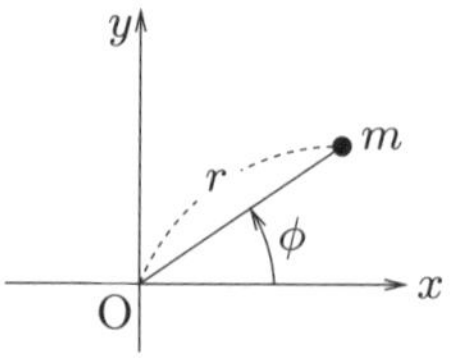

図のように，平面上を中心力ポテンシャル $U(r)$ の下で運動する質点 (質量 m) の系を **2 次元極座標** (r, ϕ) を力学変数にとって考える．

1. この系のラグランジアン $L(r, \phi, \dot{r}, \dot{\phi})$ を与え，(r, ϕ) のオイラー・ラグランジュ方程式を書き下せ．
2. この系の保存量であるエネルギー E と原点 O 周りの角運動量 M を求めよ．
3. オイラー・ラグランジュ方程式の解 $(r(t), \phi(t))$ は動径座標 r の関数としての時間 $t(r)$ および角度座標 $\phi(r)$ を定める．エネルギー E と角運動量 M の保存を用いることにより，$t(r)$ と $\phi(r)$ を求めよ．r についての不定積分の形でよい．
4. 前設問 3 の結果を用い，特に万有引力型ポテンシャル $U(r) = -k/r$ $(k > 0)$ の場合に，r を ϕ の関数として与えよ．

解 説　ここでは「質点は 1 つの平面上を運動する」としているが，特に一般性を失うわけではない．なぜなら，中心力ポテンシャル $U(r)$ の下では角運動量 $\boldsymbol{M} = \boldsymbol{x} \times \boldsymbol{p}$ は保存量 (=一定) であり，$\boldsymbol{x} \cdot \boldsymbol{M} = \boldsymbol{x} \cdot (\boldsymbol{x} \times \boldsymbol{p}) = 0$ より $\boldsymbol{x}$ は定ベクトル $\boldsymbol{M}$ に常に垂直，すなわち，質点は 1 つの平面上を運動することになるからである (**問題 65** 参照)．

解 答

1. デカルト座標から始めると

$$(x, y) = (r\cos\phi, r\sin\phi) \ \Rightarrow\ (\dot{x}, \dot{y}) = \left(\dot{r}\cos\phi - r\dot{\phi}\sin\phi, \dot{r}\sin\phi + r\dot{\phi}\cos\phi\right)$$
$$\Rightarrow\ \dot{x}^2 + \dot{y}^2 = \left(\dot{r}\cos\phi - r\dot{\phi}\sin\phi\right)^2 + \left(\dot{r}\sin\phi + r\dot{\phi}\cos\phi\right)^2 = \dot{r}^2 + r^2\dot{\phi}^2$$

を用いてラグランジアンは次式で与えられる:

$$L(r, \phi, \dot{r}, \dot{\phi}) = \frac{1}{2}m\left(\dot{x}^2 + \dot{y}^2\right) - U(r) = \frac{1}{2}m\left(\dot{r}^2 + r^2\dot{\phi}^2\right) - U(r) \tag{39.1}$$

これより，まず r のオイラー・ラグランジュ方程式は

$$\frac{\partial L}{\partial \dot{r}} = m\dot{r} \ \Rightarrow\ \frac{d}{dt}\frac{\partial L}{\partial \dot{r}} = m\ddot{r}, \qquad \frac{\partial L}{\partial r} = mr\dot{\phi}^2 - U'(r)$$

を用いて

$$\frac{d}{dt}\frac{\partial L}{\partial \dot{r}} = \frac{\partial L}{\partial r} \quad \Rightarrow \quad m\ddot{r} = mr\dot{\phi}^2 - U'(r)$$

次に，ϕ のオイラー・ラグランジュ方程式は

$$\frac{\partial L}{\partial \dot{\phi}} = mr^2\dot{\phi}, \qquad \frac{\partial L}{\partial \phi} = 0$$

より

$$\frac{d}{dt}\frac{\partial L}{\partial \dot{\phi}} = \frac{\partial L}{\partial \phi} \quad \Rightarrow \quad \frac{d}{dt}\left(mr^2\dot{\phi}\right) = 0 \tag{39.2}$$

2. エネルギー E は公式 (29.4)より (あるいは，**問題 30** の一般論より)

$$E = \frac{\partial L}{\partial \dot{r}}\dot{r} + \frac{\partial L}{\partial \dot{\phi}}\dot{\phi} - L = \frac{1}{2}m\left(\dot{r}^2 + r^2\dot{\phi}^2\right) + U(r) \tag{39.3}$$

角運動量 M は，ラグランジアン (39.1)が ($\dot{\phi}$ には依存するが) ϕ そのものには依存せず (ϕ が循環座標)，$\phi \to \phi +$ (任意定数) に対して不変であることに対応した保存量である．これは ϕ に対応した一般化運動量であって (**問題 35** 参照)

$$M = \frac{\partial L}{\partial \dot{\phi}} = mr^2\dot{\phi} \tag{39.4}$$

で与えられる．設問 1 で得た ϕ のオイラー・ラグランジュ方程式 (39.2)は M の保存の式そのものである．

3. (39.4)からの

$$\dot{\phi} = \frac{M}{mr^2} \tag{39.5}$$

を (39.3)に用いて

$$E = \frac{1}{2}m\left(\frac{dr}{dt}\right)^2 + \frac{M^2}{2mr^2} + U(r) \tag{39.6}$$

これからの

$$\frac{dr}{dt} = \frac{1}{m}\sqrt{2m\left(E - U(r)\right) - \frac{M^2}{r^2}} \tag{39.7}$$

を用いて ((39.7)の右辺の平方根は正負の値をとるもの)

$$t(r) = m\int dr\left[2m\left(E - U(r)\right) - \frac{M^2}{r^2}\right]^{-1/2} + (\text{定数}) \tag{39.8}$$

を得る．次に，

$$\frac{dr}{d\phi} = \frac{dr}{dt}\left(\frac{d\phi}{dt}\right)^{-1} \underset{\uparrow}{=} \frac{r^2}{M}\sqrt{2m\left(E - U(r)\right) - \frac{M^2}{r^2}}$$

より　　　　(39.5)と (39.7)

$$\phi(r) = M\int \frac{dr}{r^2}\left[2m\left(E - U(r)\right) - \frac{M^2}{r^2}\right]^{-1/2} + (\text{定数}) \tag{39.9}$$

4. 積分変数を $u = 1/r$ $(dr/r^2 = -du)$ とすると，$U(r) = -k/r = -ku$ の場合

$$\phi(r) = -M\int du\left[2m\left(E + ku\right) - M^2u^2\right]^{-1/2}$$

$$= -\int du\left[\frac{2mE}{M^2} + \left(\frac{mk}{M^2}\right)^2 - \left(u - \frac{mk}{M^2}\right)^2\right]^{-1/2} = \arccos\frac{u - \frac{mk}{M^2}}{\sqrt{\frac{2mE}{M^2} + \left(\frac{mk}{M^2}\right)^2}}$$

ここに積分公式

$$\int \frac{dx}{\sqrt{a^2 - x^2}} = -\arccos\frac{x}{a} + (\text{定数})$$

を用いた．これより軌道の式として次式を得る:

$$r = \frac{\ell}{1 + \varepsilon\cos\phi} \qquad \left(\ell = \frac{M^2}{mk}, \quad \varepsilon = \sqrt{1 + \frac{2EM^2}{mk^2}}\right)$$

問題 40　球面振り子 (その1)　発展

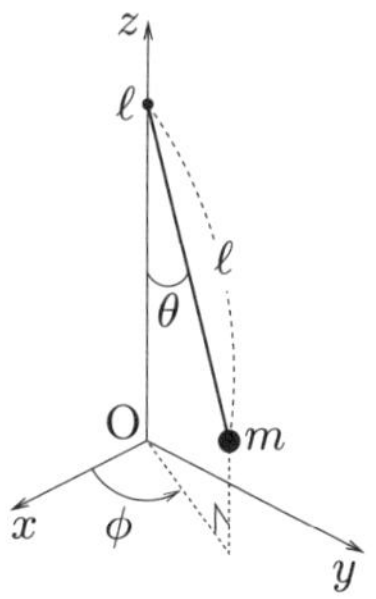

図のような，その一端に質量 m のおもりがついた長さ ℓ の直線棒の他方の端点が z 軸上の点 $(0, 0, \ell)$ に固定され，その点の周りに摩擦なく自由に回転できる系 (**球面振り子**) を考える．z 軸の正の方向が鉛直上方であり，重力加速度の大きさを g とする．

1. 図の 2 つの角度 (θ, ϕ) を力学変数にとり，この系のラグランジアンを与え，(θ, ϕ) のオイラー・ラグランジュ方程式を求めよ．また，この系において ϕ は循環座標であり，角運動量の z 成分 M_z が保存量となる．M_z の表式を求めよ．
2. オイラー・ラグランジュ方程式の解 $(\theta(t), \phi(t))$ として，特に $\theta(t) = (\text{一定}) = \theta_0$ $(0 < \theta_0 < \pi/2)$ のものを $(\theta_0, \phi_0(t))$ とする (この場合は**円錐振り子**と呼ばれる)．この解の $\phi_0(t)$ を与えよ．また，この場合の M_z を θ_0 を用いて表せ．
3. 前設問 2 の解 $(\theta_0, \phi_0(t))$ から微小にずれたオイラー・ラグランジュ方程式の解

$$\theta(t) = \theta_0 + \xi(t), \quad \phi(t) = \phi_0(t) + \eta(t) \qquad \left(|\xi(t)|, |\eta(t)|\text{: 微小}\right) \tag{40.1}$$

で $(\theta_0, \phi_0(t))$ と同じ M_z を持ったものの $\xi(t)$ と $\eta(t)$ を求めよ．

解説　球面振り子は**問題 39** の系と同様に，ϕ が循環座標であり，角運動量の z 成分が保存する系である．ここではその比較的簡単な運動を扱う．

解答

1. おもりのデカルト座標成分を (θ, ϕ) で表すと

$$(x, y, z) = \ell\,(\sin\theta\cos\phi, \sin\theta\sin\phi, 1 - \cos\theta)$$

この時間微分より

$$(\dot{x}, \dot{y}, \dot{z}) = \ell\left(\dot{\theta}\cos\theta\cos\phi - \dot{\phi}\sin\theta\sin\phi, \dot{\theta}\cos\theta\sin\phi + \dot{\phi}\sin\theta\cos\phi, \dot{\theta}\sin\theta\right)$$

$$\Rightarrow \quad \dot{\boldsymbol{x}}^2 = \dot{x}^2 + \dot{y}^2 + \dot{z}^2 = \ell^2\left(\dot{\theta}^2 + \sin^2\theta\,\dot{\phi}^2\right)$$

したがって，求めるラグランジアンは

$$L = \frac{1}{2}m\dot{\boldsymbol{x}}^2 - mgz = \frac{1}{2}m\ell^2\left(\dot{\theta}^2 + \sin^2\theta\,\dot{\phi}^2\right) - mg\ell\,(1 - \cos\theta) \tag{40.2}$$

次に，オイラー・ラグランジュ方程式は

$$\frac{d}{dt}\frac{\partial L}{\partial\dot{\theta}} = \frac{\partial L}{\partial\theta} \quad \Rightarrow \quad m\ell^2\ddot{\theta} = m\ell^2\sin\theta\cos\theta\,\dot{\phi}^2 - mg\ell\sin\theta \tag{40.3}$$

$$\frac{d}{dt}\frac{\partial L}{\partial\dot{\phi}} = \frac{\partial L}{\partial\phi} \quad \Rightarrow \quad \frac{d}{dt}\left(m\ell^2\sin^2\theta\,\dot{\phi}\right) = 0 \tag{40.4}$$

角運動量の z 成分は，z 軸周りの角度 ε の回転が $\phi \to \phi + \varepsilon$ であることから

$$M_z = p_\phi = \frac{\partial L}{\partial \dot{\phi}} = m\ell^2 \sin^2\theta\,\dot{\phi} \tag{40.5}$$

ϕ のオイラー・ラグランジュ方程式 (40.4)は M_z の保存の式に他ならない．

2. θ のオイラー・ラグランジュ方程式 (40.3)において，$\theta = \theta_0(\Rightarrow \ddot{\theta} = 0)$ と置いて

$$0 = m\ell^2 \sin\theta_0 \cos\theta_0 \dot{\phi}_0^2 - mg\ell\sin\theta_0 \quad \Rightarrow \quad \dot{\phi}_0 = \pm\sqrt{\frac{g}{\ell\cos\theta_0}}$$
$$\Rightarrow \quad \phi_0(t) = \pm\sqrt{\frac{g}{\ell\cos\theta_0}}\,t + (\text{定数}) \tag{40.6}$$

この解の M_z は (40.5)より

$$M_z = m\ell^2\sin^2\theta_0\,\dot{\phi}_0 = m\ell^2\sin^2\theta_0\left(\pm\sqrt{\frac{g}{\ell\cos\theta_0}}\right) = \pm\frac{m\sqrt{g}\,\ell^{3/2}\sin^2\theta_0}{\sqrt{\cos\theta_0}} \tag{40.7}$$

3. (40.1)を (40.3)に代入し，$\sin(\theta_0+\xi) = \sin\theta_0 + \cos\theta_0\,\xi + O(\xi^2)$，$\cos(\theta_0+\xi) = \cos\theta_0 - \sin\theta_0\,\xi + O(\xi^2)$ のテイラー展開を用い，(ξ, η) の 1 次までのみを残すと

$$\begin{aligned}
m\ell^2\ddot{\xi} &= \left[m\ell^2\cos(\theta_0+\xi)\left(\dot{\phi}_0+\dot{\eta}\right)^2 - mg\ell\right]\sin(\theta_0+\xi) \\
&= \left[m\ell^2\left(\cos\theta_0 - \sin\theta_0\,\xi\right)\left(\dot{\phi}_0^2 + 2\dot{\phi}_0\dot{\eta}\right) - mg\ell\right]\left(\sin\theta_0 + \cos\theta_0\,\xi\right) \\
&= \underbrace{\left(m\ell^2\cos\theta_0\dot{\phi}_0^2 - mg\ell\right)}_{=0}\left(\sin\theta_0 + \cos\theta_0\,\xi\right) \\
&\qquad + m\ell^2\left(2\cos\theta_0\dot{\phi}_0\dot{\eta} - \sin\theta_0\dot{\phi}_0^2\,\xi\right)\sin\theta_0
\end{aligned}$$
$$\Rightarrow \quad \ddot{\xi} = \sin\theta_0\left(2\cos\theta_0\dot{\phi}_0\dot{\eta} - \sin\theta_0\dot{\phi}_0^2\,\xi\right) \tag{40.8}$$

次に，解 (40.1)の M_z を考え，これが $(\theta_0, \phi_0(t))$ の M_z と等しいことから

$$\begin{aligned}
M_z &= m\ell^2\sin^2(\theta_0+\xi)\left(\dot{\phi}_0+\dot{\eta}\right) = m\ell^2\left(\sin^2\theta_0 + 2\sin\theta_0\cos\theta_0\,\xi\right)\left(\dot{\phi}_0+\dot{\eta}\right) \\
&= \underbrace{m\ell^2\sin^2\theta_0\,\dot{\phi}_0}_{=M_z} + m\ell^2\sin\theta_0\left(\sin\theta_0\,\dot{\eta} + 2\cos\theta_0\,\dot{\phi}_0\,\xi\right)
\end{aligned}$$

$$\Rightarrow \quad \sin\theta_0\,\dot{\eta} + 2\cos\theta_0\,\dot{\phi}_0\,\xi = 0 \quad \Rightarrow \quad \dot{\eta} = -\frac{2\cos\theta_0\,\dot{\phi}_0}{\sin\theta_0}\,\xi \tag{40.9}$$

これを用いて (40.8)右辺の $\dot{\eta}$ を ξ で表すと

$$\ddot{\xi} = -\left(4\cos^2\theta_0 + \sin^2\theta_0\right)\dot{\phi}_0^2\,\xi = -\frac{1+3\cos^2\theta_0}{\cos\theta_0}\frac{g}{\ell}\,\xi$$

この一般解として次の $\xi(t)$ を得る (A は微小定数，α は定数):

$$\xi(t) = A\sin(\omega t + \alpha) \qquad \left(\omega \equiv \sqrt{\frac{1+3\cos^2\theta_0}{\cos\theta_0}\frac{g}{\ell}}\right) \tag{40.10}$$

さらにこれを (40.9)に代入して $\eta(t)$ を得る:

$$\dot{\eta} = -\frac{2\cos\theta_0}{\sin\theta_0}\left(\pm\sqrt{\frac{g}{\ell\cos\theta_0}}\right)A\sin(\omega t + \alpha)$$
$$\Rightarrow \quad \eta(t) = \pm\frac{2A\cos\theta_0}{\sin\theta_0\sqrt{1+3\cos^2\theta_0}}\cos(\omega t + \alpha) + (\text{定数}) \tag{40.11}$$

問題 41　球面振り子 (その 2)　発展

問題 40 の球面振り子の系を引き続き考える.

4. この系のラグランジアンは陽な時間依存性を持たないので，エネルギー E も保存量である．E の $(\theta, \dot{\theta}, \dot{\phi})$ による表式を与えよ．さらに，E を $\dot{\phi}$ の代わりに保存量 M_z を用いて $(\theta, \dot{\theta}, M_z)$ で表せ.
5. この系の 2 つの保存量 (E, M_z) で指定されるオイラー・ラグランジュ方程式の解に対して，θ の関数として時間 t と角度 ϕ，すなわち $t(\theta)$ と $\phi(\theta)$ を θ の不定積分を用いて与えよ.
6. 前設問 5 で得た結果の応用として，**問題 40** の設問 3 でオイラー・ラグランジュ方程式を近似的に解くことにより得た解を再導出してみよ.

解説　解を与える一般公式 (41.3) と (41.5) の導出と**問題 40** の解への応用の問題である．設問 6 の解答は紙面の都合上細部が若干省略されているが，自分で確かめてほしい.

解答

4. **問題 41** で得たラグランジアン (40.2) は $(\dot{\theta}, \dot{\phi})$ の 2 次の形なので，エネルギー E はラグランジアン L のポテンシャル・エネルギー項の符号を逆転させたものであり (**問題 30** 参照)

$$E = \frac{1}{2}m\ell^2\left(\dot{\theta}^2 + \sin^2\theta\,\dot{\phi}^2\right) + mg\ell\,(1 - \cos\theta)$$

これに (40.5)式からの

$$\dot{\phi} = \frac{M_z}{m\ell^2 \sin^2\theta} \tag{41.1}$$

を代入し $(\theta, \dot{\theta}, M_z)$ で表すと

$$E = \frac{1}{2}m\ell^2\dot{\theta}^2 + \frac{M_z^2}{2m\ell^2\sin^2\theta} + mg\ell\,(1 - \cos\theta) \tag{41.2}$$

5. (41.2)式より $t(\theta)$ の不定積分表示を得る:

$$\frac{dt}{d\theta} = \left(\frac{d\theta}{dt}\right)^{-1} = \sqrt{\frac{m\ell^2}{2\,(E - U_{\text{eff}}(\theta))}} \;\Rightarrow\; t(\theta) = \sqrt{\frac{m\ell^2}{2}}\int\frac{d\theta}{\sqrt{E - U_{\text{eff}}(\theta)}} \tag{41.3}$$

ここに，$U_{\text{eff}}(\theta)$(=有効ポテンシャル) を次式で定義した:

$$U_{\text{eff}}(\theta) = \frac{M_z^2}{2m\ell^2\sin^2\theta} + mg\ell\,(1 - \cos\theta) \tag{41.4}$$

次に，(41.1)と (41.3)の左式を用いて

$$\phi(\theta) = \int d\theta\,\frac{d\phi}{d\theta} = \int d\theta\,\frac{d\phi}{dt}\frac{dt}{d\theta} = \frac{M_z}{\sqrt{2m\ell^2}}\int\frac{d\theta}{\sin^2\theta\sqrt{E - U_{\text{eff}}(\theta)}} \tag{41.5}$$

を得る．上の式から分かるように，θ の動く範囲は $E \geq U_{\text{eff}}(\theta)$ に限られる.

6. $\theta(t)$ の運動範囲が $E \geq U_{\text{eff}}(\theta)$ であることから，**問題 40** の設問 2 の $\theta(t) = \theta_0 =$ (一定) の解は，(与えられた M_z に対して) θ_0 を $U'_{\text{eff}}(\theta_0) = 0$ から決まる $U_{\text{eff}}(\theta)$ の極小点に，エネルギーを $E = U_{\text{eff}}(\theta_0)$ に取ったものである．実際，$U'_{\text{eff}}(\theta_0) = 0$ から M_z を θ_0 で表すと

$$U'_{\text{eff}}(\theta_0) = -\frac{M_z^2 \cos\theta_0}{m\ell^2 \sin^3\theta_0} + mg\ell\sin\theta_0 = 0 \ \Rightarrow\ M_z^2 = \frac{m^2 g\ell^3 \sin^4\theta_0}{\cos\theta_0} \tag{41.6}$$

となり (40.7)と一致する．**問題 40** の設問 3 で考えた「設問 2 の解と同じ M_z を持ち，それから微小にずれた解」は $U_{\text{eff}}(\theta_0)$ より微小に高いエネルギー $E = U_{\text{eff}}(\theta_0) + \Delta E$ (ΔE: 正の微小量) を持った解である．その解に対して積分 (41.3) を考えると，θ の範囲は $\Delta E \geq U_{\text{eff}}(\theta) - U_{\text{eff}}(\theta_0)\ (\geq 0)$ を満たす θ_0 近傍の微小領域に限られる．したがって，(41.3) において積分変数を $\theta = \theta_0 + \xi$ と表し，$U_{\text{eff}}(\theta)$ を微小変数 ξ についてテイラー展開して非自明な ξ^2 項までで近似する:

$$U_{\text{eff}}(\theta = \theta_0 + \xi) \simeq U_{\text{eff}}(\theta_0) + \underbrace{U'_{\text{eff}}(\theta_0)}_{=0}\,\xi + \frac{1}{2}U''_{\text{eff}}(\theta_0)\,\xi^2$$

ここに，(41.4)を 2 階微分し (41.6)を用いて

$$U''_{\text{eff}}(\theta_0) = \frac{M_z^2}{m\ell^2}\left(\frac{3\cos^2\theta_0}{\sin^4\theta_0} + \frac{1}{\sin^2\theta_0}\right) + mg\ell\cos\theta_0 = \frac{1 + 3\cos^2\theta_0}{\cos\theta_0}\,mg\ell \tag{41.7}$$

この近似で (41.3)は

$$t(\theta) = \sqrt{\frac{m\ell^2}{2}}\int\frac{d\xi}{\sqrt{\Delta E - \frac{1}{2}U''_{\text{eff}}(\theta_0)\xi^2}} = \sqrt{\frac{m\ell^2}{U''_{\text{eff}}(\theta_0)}}\arcsin\left(\sqrt{\frac{U''_{\text{eff}}(\theta_0)}{2\Delta E}}\,\xi\right) + \beta$$

となり (β は積分定数)，これより ξ を t で表して次式を得る:

$$\xi(t) = \sqrt{\frac{2\Delta E}{U''_{\text{eff}}(\theta_0)}}\sin\left(\sqrt{\frac{U''_{\text{eff}}(\theta_0)}{m\ell^2}}\,t + (\text{定数})\right)$$

これが**問題 40** で得た $\xi(t)$ (40.10)と一致すること，すなわち，$\omega = \sqrt{\dfrac{U''_{\text{eff}}(\theta_0)}{m\ell^2}}$ と $A = \sqrt{\dfrac{2\Delta E}{U''_{\text{eff}}(\theta_0)}}$ は (41.7)と $\Delta E = \frac{1}{2}m\ell^2\dot{\xi}^2 + \frac{1}{2}U''_{\text{eff}}(\theta_0)\,\xi^2$ を用いて容易に確認できる．次に，(41.5) において

$$\frac{1}{\sin^2\theta} = \frac{1}{\sin^2(\theta_0 + \xi)} \simeq \frac{1}{\sin^2\theta_0} - \frac{2\cos\theta_0}{\sin^3\theta_0}\,\xi$$

と近似すると，(41.3) も用いて

$$\begin{aligned}\phi(\theta) &= \frac{M_z}{\sqrt{2m\ell^2}}\left(\frac{1}{\sin^2\theta_0}\int\frac{d\theta}{\sqrt{E - U_{\text{eff}}(\theta)}} - \frac{2\cos\theta_0}{\sin^3\theta_0}\int\frac{\xi\,d\xi}{\sqrt{\Delta E - \frac{1}{2}U''_{\text{eff}}(\theta_0)\xi^2}}\right)\\ &= \frac{M_z}{m\ell^2\sin^2\theta_0}\,t + \frac{M_z}{\sqrt{2m\ell^2}}\frac{2\cos\theta_0}{\sin^3\theta_0}\frac{2\sqrt{\Delta E}}{U''_{\text{eff}}(\theta_0)}\cos u\quad\left(\sin u \equiv \sqrt{\frac{U''_{\text{eff}}(\theta_0)}{2\Delta E}}\,\xi\right)\end{aligned}$$

となるが，これが**問題 40** の $\phi(t) = \phi_0(t) + \eta(t)$ を再現することも確認できる．

問題 *42* 電磁場中の質点 (その 1) 発展

ベクトル・ポテンシャル $\boldsymbol{A}(\boldsymbol{x},t)$ とスカラー・ポテンシャル $\phi(\boldsymbol{x},t)$ により

$$\boldsymbol{E}(\boldsymbol{x},t) = -\boldsymbol{\nabla}\phi(\boldsymbol{x},t) - \frac{\partial}{\partial t}\boldsymbol{A}(\boldsymbol{x},t), \quad \boldsymbol{B}(\boldsymbol{x},t) = \boldsymbol{\nabla}\times\boldsymbol{A}(\boldsymbol{x},t) \tag{42.1}$$

で与えられる**電場** $\boldsymbol{E}(\boldsymbol{x},t)$ と**磁場** (**磁束密度**) $\boldsymbol{B}(\boldsymbol{x},t)$ 中の質点 (質量 m，電荷 q) の運動は次式のラグランジアンで記述される:

$$L(\boldsymbol{x}(t),\dot{\boldsymbol{x}}(t)) = \frac{1}{2}m\,\dot{\boldsymbol{x}}(t)^2 + q\boldsymbol{A}(\boldsymbol{x}(t),t)\cdot\dot{\boldsymbol{x}}(t) - q\phi(\boldsymbol{x}(t),t) \tag{42.2}$$

(42.2)において，$\boldsymbol{A}(\boldsymbol{x},t)$ と $\phi(\boldsymbol{x},t)$ の $\boldsymbol{x}$ は力学変数である質点の位置ベクトル $\boldsymbol{x}(t)$ になっていることに注意.

1. $\boldsymbol{A}(\boldsymbol{x},t)$ と $\phi(\boldsymbol{x},t)$ に対する次の置き換え (**ゲージ変換** (gauge transformation) と呼ばれる) で (42.1)の電場と磁場は不変である (問題ではないが確認せよ):

$$\boldsymbol{A}(\boldsymbol{x},t) \to \boldsymbol{A}(\boldsymbol{x},t) + \boldsymbol{\nabla}\Lambda(\boldsymbol{x},t), \quad \phi(\boldsymbol{x},t) \to \phi(\boldsymbol{x}) - \frac{\partial}{\partial t}\Lambda(\boldsymbol{x},t) \tag{42.3}$$

したがって，ゲージ変換 (42.3)は質点の運動を変えるべきではないが，実際，ゲージ変換によるラグランジアン (42.2)の変化分は時間についての全微分項となること，すなわち，

$$L(\boldsymbol{x}(t),\dot{\boldsymbol{x}}(t)) \to L(\boldsymbol{x}(t),\dot{\boldsymbol{x}}(t)) + \frac{d}{dt}G(\boldsymbol{x}(t),t)$$

を示し，右辺の $G(\boldsymbol{x},t)$ を与えよ．これは，(42.2)のラグランジアンがゲージ変換の下で実質的に不変であることを意味している (**問題 06** 参照).

以下では，$\boldsymbol{A}(\boldsymbol{x},t)$ と $\phi(\boldsymbol{x},t)$ として，2 つの定数ベクトル $\boldsymbol{\mathcal{B}}$ および $\boldsymbol{\mathcal{E}}$ を用いて次式で与えられるものを考える (いずれも時間 t には依らない):

$$\boldsymbol{A}(\boldsymbol{x}) = \frac{1}{2}\boldsymbol{\mathcal{B}}\times\boldsymbol{x}, \qquad \phi(\boldsymbol{x}) = -\boldsymbol{\mathcal{E}}\cdot\boldsymbol{x} \tag{42.4}$$

2. (42.4)の $\boldsymbol{A}(\boldsymbol{x})$ と $\phi(\boldsymbol{x})$ は一定一様な電場と磁場，$\boldsymbol{E}(\boldsymbol{x},t) = \boldsymbol{\mathcal{E}}$ と $\boldsymbol{B}(\boldsymbol{x},t) = \boldsymbol{\mathcal{B}}$ (それぞれ定数ベクトル)，を与えることを示せ.
3. (42.4)の $\boldsymbol{A}(\boldsymbol{x})$ と $\phi(\boldsymbol{x})$ の場合のラグランジアン (42.2)を書き下し，さらに，この系のオイラー・ラグランジュ方程式を具体的に求めよ.

解 説 本問題と次の**問題 43** で電磁場中の質点の系を扱う．電磁気学と関連した問題であるが，必要な電磁気学の公式は問題に与えられているものだけで十分である．なお，設問 1 の「ラグランジアンのゲージ変換の下での (時間全微分項を除く) 不変性」は，質点と電磁場との結合を導入する基本的原理である.

解答

1. ゲージ変換 (42.3)の下でラグランジアン (42.2) の変化は

$$L(\boldsymbol{x}(t),\dot{\boldsymbol{x}}(t)) \to L(\boldsymbol{x}(t),\dot{\boldsymbol{x}}(t)) + \underbrace{q\,\dot{\boldsymbol{x}}(t)\cdot\boldsymbol{\nabla}\Lambda(\boldsymbol{x}(t),t) + q\frac{\partial}{\partial t}\Lambda(\boldsymbol{x}(t),t)}_{=q(d/dt)\Lambda(\boldsymbol{x}(t),t)}$$

すなわち，

$$G(\boldsymbol{x},t) = q\Lambda(\boldsymbol{x},t)$$

ここに，上で用いた $\Lambda(\boldsymbol{x}(t),t)$ の時間全微分 (d/dt) について

$$\frac{d}{dt}\Lambda(\boldsymbol{x}(\underset{\substack{\uparrow\\(\mathrm{a})}}{t}),\underset{\substack{\uparrow\\(\mathrm{b})}}{t}) = \underbrace{\dot{\boldsymbol{x}}(t)\cdot\boldsymbol{\nabla}\Lambda(\boldsymbol{x}(t),t)}_{(\mathrm{a})\text{ の }t\text{ の微分}} + \underbrace{\frac{\partial}{\partial t}\Lambda(\boldsymbol{x}(t),t)}_{(\mathrm{b})\text{ の }t\text{ の微分}}$$

なお，ゲージ変換 (42.3)は力学変数 $\boldsymbol{x}(t)$ の変換ではないので，ネーターの定理による保存量が存在するわけではない．

2. (42.4)を (42.1)式に代入して $\boldsymbol{E}(\boldsymbol{x},t)$ と $\boldsymbol{B}(\boldsymbol{x},t)$ の第 i 成分はそれぞれ

$$E_i(\boldsymbol{x},t) = -\frac{\partial}{\partial x_i}(-\mathcal{E}_j x_j) - \underbrace{\frac{\partial}{\partial t}\boldsymbol{A}(\boldsymbol{x})}_{=0} = \mathcal{E}_j\underbrace{\frac{\partial x_j}{\partial x_i}}_{\delta_{ij}} = \mathcal{E}_i$$

$$B_i(\boldsymbol{x},t) = \frac{1}{2}(\boldsymbol{\nabla}\times(\boldsymbol{\mathcal{B}}\times\boldsymbol{x}))_i = \frac{1}{2}\epsilon_{ijk}\frac{\partial}{\partial x_j}\underbrace{(\boldsymbol{\mathcal{B}}\times\boldsymbol{x})_k}_{\epsilon_{k\ell m}\mathcal{B}_\ell x_m} = \frac{1}{2}\mathcal{B}_\ell\epsilon_{ijk}\epsilon_{k\ell m}\underbrace{\frac{\partial x_m}{\partial x_j}}_{\delta_{mj}}$$

$$= \frac{1}{2}\mathcal{B}_\ell\underbrace{\epsilon_{ijk}\epsilon_{k\ell j}}_{2\delta_{i\ell}\,\leftarrow\,(31.5)\text{式}} = \mathcal{B}_i$$

問題 31 の諸公式を参照のこと．なお，$(\boldsymbol{\nabla}\times\boldsymbol{A})_i = (\mathrm{rot}\,\boldsymbol{A})_i = \epsilon_{ijk}\dfrac{\partial}{\partial x_j}A_k$.

3. (42.2)に (42.4)を代入すると (公式 (31.9)に注意)

$$L = \frac{1}{2}m\dot{\boldsymbol{x}}^2 + \frac{q}{2}\underbrace{(\boldsymbol{\mathcal{B}}\times\boldsymbol{x})\cdot\dot{\boldsymbol{x}}}_{(\dot{\boldsymbol{x}}\times\boldsymbol{\mathcal{B}})\cdot\boldsymbol{x}} + q\boldsymbol{\mathcal{E}}\cdot\boldsymbol{x} \tag{42.5}$$

これより，

$$\frac{\partial L}{\partial\dot{\boldsymbol{x}}} = m\dot{\boldsymbol{x}} + \frac{q}{2}\boldsymbol{\mathcal{B}}\times\boldsymbol{x} \ \Rightarrow\ \frac{d}{dt}\frac{\partial L}{\partial\dot{\boldsymbol{x}}} = m\ddot{\boldsymbol{x}} + \frac{q}{2}\boldsymbol{\mathcal{B}}\times\dot{\boldsymbol{x}} = m\ddot{\boldsymbol{x}} - \frac{q}{2}\dot{\boldsymbol{x}}\times\boldsymbol{\mathcal{B}}$$

$$\frac{\partial L}{\partial\boldsymbol{x}} = \frac{q}{2}\dot{\boldsymbol{x}}\times\boldsymbol{\mathcal{B}} + q\boldsymbol{\mathcal{E}}$$

であり，オイラー・ラグランジュ方程式は

$$\frac{d}{dt}\frac{\partial L}{\partial\dot{\boldsymbol{x}}} = \frac{\partial L}{\partial\boldsymbol{x}} \quad\Rightarrow\quad m\ddot{\boldsymbol{x}} = q\boldsymbol{\mathcal{E}} + q\,\dot{\boldsymbol{x}}\times\boldsymbol{\mathcal{B}} \tag{42.6}$$

右辺の $q\boldsymbol{\mathcal{E}}$ は**クーロン力**，$q\dot{\boldsymbol{x}}\times\boldsymbol{\mathcal{B}}$ は**ローレンツ力**である．なお，一定一様磁場を与える (42.4)に限らない一般の $\boldsymbol{A}(\boldsymbol{x},t)$ と $\phi(\boldsymbol{x},t)$ に対しても，オイラー・ラグランジュ方程式 は (42.1)の $\boldsymbol{E}(\boldsymbol{x},t)$ と $\boldsymbol{B}(\boldsymbol{x},t)$ により $m\ddot{\boldsymbol{x}} = q\boldsymbol{E}(\boldsymbol{x}(t),t) + q\,\dot{\boldsymbol{x}}\times\boldsymbol{B}(\boldsymbol{x}(t),t)$ となることが示される．

問題 43　電磁場中の質点 (その 2)　発展

問題 42 から引き続きの問題である．以下の設問における「(42.2)のラグランジアン」は，すべて「(42.4)の $\boldsymbol{A}(\boldsymbol{x})$ と $\phi(\boldsymbol{x})$ を用いて (42.2)で与えられるラグランジアン」の意味である．

4. (42.2)式のラグランジアンは時間に陽に依存していないので，この系のエネルギーは保存する．このエネルギーを $(\boldsymbol{x}, \dot{\boldsymbol{x}})$ で与えよ．
5. 定数ベクトル $\boldsymbol{a}$ による空間並進

$$\boldsymbol{x}(t) \to \boldsymbol{x}(t) + \boldsymbol{a}, \quad \dot{\boldsymbol{x}}(t) \to \dot{\boldsymbol{x}}(t) \tag{43.1}$$

に対して，(42.2)式のラグランジアンは厳密に不変ではないが，変化分は時間についての全微分項となる:

$$L(\boldsymbol{x}(t) + \boldsymbol{a}, \dot{\boldsymbol{x}}(t)) = L(\boldsymbol{x}(t), \dot{\boldsymbol{x}}(t)) + \frac{d}{dt}\boldsymbol{Y}(\boldsymbol{x}(t), t) \cdot \boldsymbol{a} \tag{43.2}$$

i) (43.2)式の右辺のベクトル関数 $\boldsymbol{Y}(\boldsymbol{x}, t)$ を与えよ．

ii) さらに，この空間並進不変性に対応した保存量 $\boldsymbol{P}$ (ベクトル) を与えよ．なお，保存量 $\boldsymbol{P}$ は，$\boldsymbol{\mathcal{B}} = \boldsymbol{\mathcal{E}} = 0$ の場合，通常の運動量 $\boldsymbol{P} = m\dot{\boldsymbol{x}}$ に帰着するものである．

解説　本問題で考えているのは，空間的に一様な (空間のどの点においても同じ) 電磁場の下での質点の系であり，直観的にも空間並進不変性が存在する．設問 5 では対応する保存量を構成する．

解答

以下では，ラグランジアン L は (42.5)で与えられるものである．

4. エネルギー E は

$$E = \frac{\partial L}{\partial \dot{\boldsymbol{x}}} \cdot \dot{\boldsymbol{x}} - L = \left(m\dot{\boldsymbol{x}} + \frac{q}{2}\boldsymbol{\mathcal{B}} \times \boldsymbol{x}\right) \cdot \dot{\boldsymbol{x}} - L = \frac{1}{2}m\dot{\boldsymbol{x}}^2 - q\boldsymbol{\mathcal{E}} \cdot \boldsymbol{x} \tag{43.3}$$

なお，$\dot{x}_i$ は L に「2 次同次関数」の形では入っていないので，「$L = T - U \Rightarrow E = T + U$」のような関係にはない (**問題 30** 参照)．また，エネルギー E に磁場 $\boldsymbol{\mathcal{B}}$ が入っていないことにも注意．これは「磁場は仕事をしない」ことに対応する．なお，解答には不要であるが，(43.3)の E が保存することを確認すると:

$$\begin{aligned}\frac{d}{dt}E &= \frac{d}{dt}\left(\frac{1}{2}m\dot{\boldsymbol{x}}^2 - q\boldsymbol{\mathcal{E}} \cdot \boldsymbol{x}\right) = m\dot{\boldsymbol{x}} \cdot \ddot{\boldsymbol{x}} - q\boldsymbol{\mathcal{E}} \cdot \dot{\boldsymbol{x}} \\ &= \dot{\boldsymbol{x}} \cdot (m\ddot{\boldsymbol{x}} - q\boldsymbol{\mathcal{E}}) \underset{\uparrow}{=} q\dot{\boldsymbol{x}} \cdot (\dot{\boldsymbol{x}} \times \boldsymbol{\mathcal{B}}) = q\boldsymbol{\mathcal{B}} \cdot (\dot{\boldsymbol{x}} \times \dot{\boldsymbol{x}}) = 0\end{aligned}$$

オイラー・ラグランジュ方程式 (42.6)

5. i) $\boldsymbol{Y}(\boldsymbol{x},t)$ の同定:

空間並進での L (42.5)での変化分は，$\boldsymbol{\mathcal{B}}$ と $\boldsymbol{\mathcal{E}}$ が定数ベクトルであることを用いて「時間全微分項」となる:

$$L(\boldsymbol{x}+\boldsymbol{a},\dot{\boldsymbol{x}})-L(\boldsymbol{x},\dot{\boldsymbol{x}})=\frac{q}{2}\,(\dot{\boldsymbol{x}}\times\boldsymbol{\mathcal{B}})\cdot\boldsymbol{a}+q\,\boldsymbol{\mathcal{E}}\cdot\boldsymbol{a}=\frac{d}{dt}\left(\frac{q}{2}\,\boldsymbol{x}\times\boldsymbol{\mathcal{B}}+q\boldsymbol{\mathcal{E}}t\right)\cdot\boldsymbol{a}$$

すなわち

$$\boldsymbol{Y}(\boldsymbol{x},t)=\frac{q}{2}\boldsymbol{x}\times\boldsymbol{\mathcal{B}}+q\boldsymbol{\mathcal{E}}t$$

ii) 保存量 $\boldsymbol{P}$ の導出:

ネーターの定理の一般公式に頼らない導出

問題の (43.2)式で $\boldsymbol{a}$ が微小な場合を考え，左辺を $\boldsymbol{a}$ についてテイラー展開し，さらにオイラー・ラグランジュ方程式 (E-L eq.) を用いると，

$$\underbrace{\frac{\partial L}{\partial \boldsymbol{x}}\cdot\boldsymbol{a}}_{\text{E-L eq. を用いて }\frac{d}{dt}\frac{\partial L}{\partial \dot{\boldsymbol{x}}}\cdot\boldsymbol{a}}=\frac{d}{dt}\boldsymbol{Y}(\boldsymbol{x},t)\cdot\boldsymbol{a}$$

すなわち

$$\frac{d}{dt}\left(\frac{\partial L}{\partial \dot{\boldsymbol{x}}}-\boldsymbol{Y}(\boldsymbol{x},t)\right)\cdot\boldsymbol{a}=0$$

これが任意の方向の $\boldsymbol{a}$ について成り立つべきことから，求める保存量 $\boldsymbol{P}$ は

$$\begin{aligned}\boldsymbol{P}&=\frac{\partial L}{\partial \dot{\boldsymbol{x}}}-\boldsymbol{Y}(\boldsymbol{x},t)=m\dot{\boldsymbol{x}}+\frac{q}{2}\,\boldsymbol{\mathcal{B}}\times\boldsymbol{x}-\left(\frac{q}{2}\,\boldsymbol{x}\times\boldsymbol{\mathcal{B}}+q\,\boldsymbol{\mathcal{E}}\,t\right)\\&=m\dot{\boldsymbol{x}}-q\boldsymbol{x}\times\boldsymbol{\mathcal{B}}-q\boldsymbol{\mathcal{E}}t\end{aligned}\tag{43.4}$$

ネーターの定理の一般公式 (28.7)を用いる導出

空間並進 (43.1)を一般公式 (28.5)に合わせて

$$x_i\to x_i+a_i=x_i+\sum_{j=1}^{3}a_jF_i^j\quad(F_i^j=\delta_{ij})$$

と表す．(28.5) ⇔ (上式) の対応は，$q_i \Leftrightarrow x_i$, $\varepsilon_A \Leftrightarrow a_j$, $F_i^A \Leftrightarrow F_i^j$ であり，特に F_i^j は一般公式 (28.5)における F_i^A の $A\Rightarrow j$ (x_i の j 方向への並進) としたものである．ネーターの定理の一般公式 (28.7)より，求める保存量 P_j は

$$\begin{aligned}P_j&=\frac{\partial L}{\partial \dot{x}_i}\,F_i^j-Y_j=\frac{\partial L}{\partial \dot{x}_j}-Y_j=\left(m\dot{\boldsymbol{x}}+\frac{q}{2}\,\boldsymbol{\mathcal{B}}\times\boldsymbol{x}\right)_j-\left(\frac{q}{2}\boldsymbol{x}\times\boldsymbol{\mathcal{B}}+q\boldsymbol{\mathcal{E}}t\right)_j\\&=(m\dot{\boldsymbol{x}}-q\boldsymbol{x}\times\boldsymbol{\mathcal{B}}-q\boldsymbol{\mathcal{E}}t)_j\end{aligned}$$

となり，もちろん，(43.4)と一致する．

なお，解答には不要であるが，(43.4)の $\boldsymbol{P}$ が保存することを確認すると:

$$\frac{d}{dt}\boldsymbol{P}=\frac{d}{dt}\,(m\dot{\boldsymbol{x}}-q\boldsymbol{x}\times\boldsymbol{\mathcal{B}}-q\boldsymbol{\mathcal{E}}t)=m\ddot{\boldsymbol{x}}-q\dot{\boldsymbol{x}}\times\boldsymbol{\mathcal{B}}-q\boldsymbol{\mathcal{E}}\underset{\substack{\uparrow\\ \text{E-L eq. (42.6)}}}{=}0$$

問題 44　1 次元調和振動子の断熱不変量　発展

ラグランジアンが次式で与えられる，バネ“定数”が時間とともに非常にゆるやかに変化する 1 次元調和振動子を考える:

$$L\big(q(t),\dot{q}(t),t\big)=\frac{1}{2}m\dot{q}(t)^2-\frac{1}{2}m\omega(t)^2q(t)^2$$

ここに $\omega(t)$ は与えられた t の関数であり，次のような意味で時間とともに非常にゆるやかに変化する．まず，ω が定数の場合，この系のオイラー・ラグランジュ方程式の解は角振動数 ω (周期 $T=2\pi/\omega$) で振動する $q(t)=A\sin(\omega t+\alpha)$ (A, α: 定数) であることに注意．$\omega(t)$ が時間に依る場合，“振動周期” $T=2\pi/\omega(t)$ (時間に依るがほぼ一定) の間の $\omega(t)$ の変化分が $\omega(t)$ 自身に比べて非常に小さいこと:

$$\left|T\frac{d\omega(t)}{dt}\right|\ll|\omega(t)| \quad\Rightarrow\quad \left|\frac{1}{\omega}\frac{\dot{\omega}}{\omega}\right|\ll 1 \tag{44.1}$$

を満たすものを考える．例えば，τ と ω_0 を正定数とした $\omega(t)=\big(1+e^{-t/\tau}\big)\omega_0$ を $0\le t<O(\tau)$ の範囲で考えた場合，条件 (44.1)は $\omega_0\tau\gg 1$ である．

1. この系のオイラー・ラグランジュ方程式の解を，ω が定数の場合の解を参考にして

$$q(t)=A(t)\sin\left(\int_0^t dt'\omega(t')+\alpha\right)\qquad(\alpha:\ 定数) \tag{44.2}$$

と仮定する．右辺に現れる未知関数 $A(t)$ が満たすべき微分方程式を与えよ．なお，次の省略記号を用いよ:

$$S(t)=\sin\left(\int_0^t dt'\omega(t')+\alpha\right),\quad C(t)=\cos\left(\int_0^t dt'\omega(t')+\alpha\right)$$

2. ω が定数の場合は A も一定であることから，(44.1)の条件を満たす「ゆるやかに時間変化する $\omega(t)$」に対しては $A(t)$ も同様にゆるやかに時間変化し，(44.1) に対応して

$$\left|T\frac{dA(t)}{dt}\right|\ll|A(t)| \quad\Rightarrow\quad \left|\frac{1}{\omega}\frac{\dot{A}}{A}\right|\ll 1 \tag{44.3}$$

を満たすと期待される．さらに，(44.1) と (44.3) は $T\dfrac{d}{dt}=\dfrac{2\pi}{\omega}\dfrac{d}{dt}$ が微小ということなので，$\left(\dfrac{1}{\omega}\dfrac{d}{dt}\right)^2$ はさらに微小であり，まとめると

$$\left|\frac{1}{A}\left(\frac{1}{\omega}\frac{d}{dt}\right)^2A\right|\sim\left|\frac{1}{\omega^2}\frac{\ddot{A}}{A}\right|\ll\left|\frac{1}{\omega}\frac{\dot{A}}{A}\right|\sim\left|\frac{1}{\omega}\frac{\dot{\omega}}{\omega}\right|\ll 1 \tag{44.4}$$

この仮定を用いて前設問 1 で求めた $A(t)$ の微分方程式を近似的に解き，解のエネルギー $E(t)$ に対して $\dfrac{E(t)}{\omega(t)}$ が近似的に一定であることを示せ．

解 説　系のパラメータ (今の系では $\omega(t)$) が時間的にゆるやかに変化する場合に一定に留まる量を**断熱不変量**と呼び，今の系では E/ω が断熱不変量となっている．なお，(44.4)の第 1 項と第 2 項は異なるが $\dfrac{1}{A}\left(\dfrac{1}{\omega}\dfrac{d}{dt}\right)^2 A = \dfrac{1}{\omega^2}\dfrac{\ddot{A}}{A} - \left(\dfrac{1}{\omega}\dfrac{\dot{\omega}}{\omega}\right)\left(\dfrac{1}{\omega}\dfrac{\dot{A}}{A}\right)$ に注意．本問題はエネルギーが現れるためこの章に置いたが，「対称性と保存則」とは直接は関係しない．

解 答

1. この系のオイラー・ラグランジュ方程式は

$$\ddot{q}(t) + \omega(t)^2 q(t) = 0$$

これに，(44.2)および

$$\dot{S}(t) = \omega(t)C(t), \quad \dot{C}(t) = -\omega(t)S(t)$$

を用いて得られる

$$q = AS, \quad \dot{q} = \dot{A}S + A\omega C, \quad \ddot{q} = \ddot{A}S + 2\dot{A}\omega C + A\left(\dot{\omega}C - \omega^2 S\right)$$

を代入して，$A(t)$ の微分方程式として次式を得る:

$$\ddot{A}S + \left(2\dot{A}\omega + A\dot{\omega}\right)C = 0 \tag{44.5}$$

2. (44.5)式の両辺を $\omega^2 A$ で割ると

$$\frac{1}{\omega^2}\frac{\ddot{A}}{A}S + 2\frac{1}{\omega}\frac{\dot{A}}{A}C + \frac{\dot{\omega}}{\omega^2}C = 0$$

となるが，(44.4)より左辺第 1 項は第 2，3 項に比べて無視できる．したがって，元の (44.5)において第 1 項を無視して

$$2\dot{A}\omega + A\dot{\omega} \simeq 0 \;\Rightarrow\; 2\frac{\dot{A}}{A} + \frac{\dot{\omega}}{\omega} = \frac{d}{dt}\left(2\ln A + \ln\omega\right) \simeq 0 \;\Rightarrow\; \omega(t)A(t)^2 \simeq \text{一定} \tag{44.6}$$

となる．なお，(44.6)は (44.1)と (44.3)が等価であることを意味する．

他方，ω が時間に依る場合もエネルギー (保存しない) は

$$E(t) = \frac{\partial L}{\partial \dot{q}}\dot{q} - L = \frac{1}{2}m\left(\dot{q}(t)^2 + \omega(t)^2 q(t)^2\right)$$

であるが，(44.3)を用いて

$$\dot{q} = \omega A\left(\frac{1}{\omega}\frac{\dot{A}}{A}S + C\right) \simeq \omega AC$$

と近似することにより

$$E(t) \simeq \frac{1}{2}m\left((\omega AC)^2 + \omega^2(AS)^2\right) = \frac{1}{2}m\omega^2 A^2\left(C^2 + S^2\right) = \frac{1}{2}m\omega(t)^2 A(t)^2$$

となる．これと (44.6)より

$$\frac{E(t)}{\omega(t)} \simeq \frac{1}{2}m\omega(t)A(t)^2 \simeq \text{一定}$$

Tea Time ……………………対称性が決めるラグランジアン

ラグランジアンが連続対称性を持っているとネーターの定理により保存量が存在するが，対称性はそもそも考えるラグランジアンの形を決める指針としても重要な役割を果たす．

本書では扱わなかったが，質点系のラグランジアンの決定には「ガリレイ変換に対する不変性」(ガリレイ不変性) が重要な役割を果たす．ガリレイ変換とは，今乗っている座標系から見て等速直線運動をする別の座標系に移る変換であり，ガリレイ不変性は「2 つの座標系で物理法則が変わらない」ことを要求する．これはニュートン力学において「慣性系に対して等速直線運動する座標系も慣性系である」ことに対応する．

数式を用いて表すと，質点の位置ベクトル $\boldsymbol{x}(t)$ と速度 $\dot{\boldsymbol{x}}(t)$ に対するガリレイ変換は

$$\boldsymbol{x}(t) \to \boldsymbol{x}(t) - \boldsymbol{V}t, \quad \dot{\boldsymbol{x}}(t) \to \frac{d}{dt}(\boldsymbol{x}(t) - \boldsymbol{V}t) = \dot{\boldsymbol{x}}(t) - \boldsymbol{V} \tag{I}$$

である．ここに，$\boldsymbol{V}$ は元の座標系から見た第 2 の座標系の速度 (定数ベクトル) である．1 質点系の場合，任意の $\boldsymbol{V}$ のガリレイ変換 (I) に対して (時間についての全微分項を除き) 不変なラグランジアンは運動エネルギー項のみからなる

$$L = \frac{1}{2}m\dot{\boldsymbol{x}}(t)^2$$

に限られる．実際，ガリレイ変換に対するこのラグランジアンの変換性は

$$L \to \frac{1}{2}m\left(\dot{\boldsymbol{x}}(t) - \boldsymbol{V}\right)^2 = L + \frac{m}{2}\left(-2\dot{\boldsymbol{x}}(t)\cdot\boldsymbol{V} + \boldsymbol{V}^2\right) = L + \frac{d}{dt}\left[\frac{m}{2}\left(-2\boldsymbol{x}(t)\cdot\boldsymbol{V} + \boldsymbol{V}^2 t\right)\right]$$

となる．L にポテンシャル・エネルギー項 $-U(\boldsymbol{x})$ を加えたり，運動エネルギー項の $\dot{\boldsymbol{x}}^2$ の冪を変えて (例えば) $(\dot{\boldsymbol{x}}^2)^2$ にしたりすると，ガリレイ不変性は失われる．

多質点系の場合は，ガリレイ不変なラグランジアンにはポテンシャル・エネルギー項を加える自由度が現れる．例えば，2 質点系の場合は

$$L = \frac{1}{2}m_1\dot{\boldsymbol{x}}_1(t)^2 + \frac{1}{2}m_2\dot{\boldsymbol{x}}_2(t)^2 - U(\boldsymbol{x}_1(t) - \boldsymbol{x}_2(t), t)$$

ただし，ポテンシャル・エネルギー項の 2 質点の位置ベクトル $\boldsymbol{x}_a(t)$ $(a = 1, 2)$ に対する依存性は差 $\boldsymbol{x}_1 - \boldsymbol{x}_2$ (これはガリレイ変換で不変) を通じてのみに限られる．

アインシュタインの特殊相対性理論によると，自然界にはガリレイ不変性ではなく，ローレンツ変換に対する不変性 (ローレンツ不変性) がある．ローレンツ変換で不変な作用 $S = \int dt\, L$ を与える 1 質点系のラグランジアンは光速 c を用いて次式で与えられる (ローレンツ変換では時間 t も変換を受けるため，不変なのは作用):

$$L = -mc^2\sqrt{1 - \frac{\dot{\boldsymbol{x}}(t)^2}{c^2}} = -mc^2 + \frac{1}{2}m\dot{\boldsymbol{x}}(t)^2 - \frac{m}{8c^2}(\dot{\boldsymbol{x}}(t)^2)^2 + \cdots$$

第 2 等号以降はテイラー展開公式 (01.7) $(a = 1/2)$ を用いて $\dot{\boldsymbol{x}}(t)^2/c^2$ について展開したものであり，その第 2 項は上記のガリレイ不変な項であり，第 3 項以降はそれへの補正である．また第 1 項 $-mc^2$ は $-$(定数ポテンシャル・エネルギー) と見なすことで「静止エネルギー mc^2」を表しているとわかる．

Chapter 4

連成振動子

連成振動子は複数の質点がバネによってつながった系であり，調和振動子の多自由度一般化である．連成振動子は，例えば，原子・分子間にポテンシャル力が働いて作られている金属等の結晶において，原子・分子の平衡静止状態からの微小な振動運動を近似的に表すモデルである等，自然界の具体的な系と密接に関係している．
この章では，連成振動子のラグランジアン，オイラー・ラグランジュ方程式とその一般解法から始め，それを用いたさまざまな具体的問題を扱う．

問題 45　行列の基礎事項　基本

1. 次の各正方行列の**行列式**を与えよ:

$$\begin{pmatrix} a & b \\ c & d \end{pmatrix}, \quad \begin{pmatrix} a_1 & b_1 & c_1 \\ a_2 & b_2 & c_2 \\ a_3 & b_3 & c_3 \end{pmatrix}$$

2. 次の各正方行列の行列式を求め，**逆行列**が存在する場合はそれを与えよ:

$$\begin{pmatrix} 1 & 3 \\ 2 & 5 \end{pmatrix}, \quad \begin{pmatrix} 1 & 3 \\ 2 & 6 \end{pmatrix}, \quad \begin{pmatrix} 1 & 1 & 0 \\ 1 & 2 & 2 \\ 0 & 1 & 3 \end{pmatrix}, \quad \begin{pmatrix} 1 & 1 & 0 \\ 1 & 2 & 1 \\ 0 & 1 & 1 \end{pmatrix}, \quad \begin{pmatrix} 1 & 1 & 1 \\ 2 & 2 & 2 \\ 1 & 1 & 1 \end{pmatrix}$$

3. $n \times n$ 正方行列 M に対して $M\boldsymbol{u} = 0$ を満たす非自明な (ゼロでない) n 成分縦ベクトル $\boldsymbol{u} = \begin{pmatrix} u_1 \\ \vdots \\ u_n \end{pmatrix} \neq 0$ (行列 M の固有値 0 の固有ベクトル) が存在するためには $\det M = 0$ でなければならないことを説明せよ.

4. 設問 2 の各正方行列 M に対して $M\boldsymbol{u} = 0$ の非自明な解 $\boldsymbol{u}$ が存在すればその一般形を求めよ.

解 説　次の**問題 46** と**問題 47** で見るように，連成振動子のラグランジアンやオイラー・ラグランジュ方程式は行列を用いて表され，一般解の構成には行列式や固有値方程式が現れる．この問題では，以後の問題で必要とされる行列に関する基礎事項を確認する．なお，ここでは 2×2 と 3×3 行列の場合のみを扱うが，一般論は線形代数の教科書を参照されたい．

解 答

1. 設問の 2×2 および 3×3 行列に対しては，行列式は以下の通り:

$$\det \begin{pmatrix} a & b \\ c & d \end{pmatrix} = ad - bc \tag{45.1}$$

$$\det \begin{pmatrix} a_1 & b_1 & c_1 \\ a_2 & b_2 & c_2 \\ a_3 & b_3 & c_3 \end{pmatrix} = a_1b_2c_3 + a_2b_3c_1 + a_3b_1c_2 - a_3b_2c_1 - a_2b_1c_3 - a_1b_3c_2 \tag{45.2}$$

2. 一般に正方行列 M の逆行列 M^{-1} が存在するためには $\det M \neq 0$ が必要十分であり，そのとき $M^{-1} = (\det M)^{-1}(M$ の余因子行列$)$ で与えられる．特に，前設問 1 の 2×2 および 3×3 行列に対しては

$$\begin{pmatrix} a & b \\ c & d \end{pmatrix}^{-1} = \left[\det \begin{pmatrix} a & b \\ c & d \end{pmatrix}\right]^{-1} \begin{pmatrix} d & -b \\ -c & a \end{pmatrix} = \frac{1}{ad - bc} \begin{pmatrix} d & -b \\ -c & a \end{pmatrix} \tag{45.3}$$

$$\begin{pmatrix} a_1 & b_1 & c_1 \\ a_2 & b_2 & c_2 \\ a_3 & b_3 & c_3 \end{pmatrix}^{-1} = \left[\det\begin{pmatrix} a_1 & b_1 & c_1 \\ a_2 & b_2 & c_2 \\ a_3 & b_3 & c_3 \end{pmatrix}\right]^{-1} \begin{pmatrix} b_2c_3 - b_3c_2 & b_3c_1 - b_1c_3 & b_1c_2 - b_2c_1 \\ c_2a_3 - c_3a_1 & c_3a_1 - c_1a_3 & c_1a_2 - c_2a_1 \\ a_2b_3 - a_3b_2 & a_3b_1 - a_1b_3 & a_1b_2 - a_2b_1 \end{pmatrix} \tag{45.4}$$

公式 (45.1)–(45.4)を用いて

$$\det\begin{pmatrix} 1 & 3 \\ 2 & 5 \end{pmatrix} = -1 \ \Rightarrow\ \begin{pmatrix} 1 & 3 \\ 2 & 5 \end{pmatrix}^{-1} = \frac{1}{(-1)}\begin{pmatrix} 5 & -3 \\ -2 & 1 \end{pmatrix} = \begin{pmatrix} -5 & 3 \\ 2 & -1 \end{pmatrix}$$

$$\det\begin{pmatrix} 1 & 3 \\ 2 & 6 \end{pmatrix} = 0 \ \Rightarrow\ \text{逆行列は存在しない}$$

$$\det\begin{pmatrix} 1 & 1 & 0 \\ 1 & 2 & 2 \\ 0 & 1 & 3 \end{pmatrix} = 1 \ \Rightarrow\ \begin{pmatrix} 1 & 1 & 0 \\ 1 & 2 & 2 \\ 0 & 1 & 3 \end{pmatrix}^{-1} = \begin{pmatrix} 4 & -3 & 2 \\ -3 & 3 & -2 \\ 1 & -1 & 1 \end{pmatrix}$$

$$\det\begin{pmatrix} 1 & 1 & 0 \\ 1 & 2 & 1 \\ 0 & 1 & 1 \end{pmatrix} = 0, \quad \det\begin{pmatrix} 1 & 1 & 1 \\ 2 & 2 & 2 \\ 1 & 1 & 1 \end{pmatrix} = 0 \ \Rightarrow\ \text{いずれも逆行列は存在しない}$$

なお，$n \times n$ 行列の各行 (あるいは各列) を n 成分ベクトルと見なして，それら n 個のベクトルに線形従属関係があれば行列式はゼロである．

3. $\det M \neq 0$ ならば逆行列 M^{-1} が存在し，$M\boldsymbol{u} = 0$ の左から M^{-1} を掛けて $\boldsymbol{u} = M^{-1}M\boldsymbol{u} = 0$ となってしまう．

4. 設問 2 で行列式がゼロとなった各行列 M について，$M\boldsymbol{u} = 0$ の解 $\boldsymbol{u}$ は以下の通り．なお，各 M について，最初の $\Rightarrow$ の次の u_a 間の関係式は $M\boldsymbol{u} = 0$ から得られる独立なものである．

$$\begin{pmatrix} 1 & 3 \\ 2 & 6 \end{pmatrix}\begin{pmatrix} u_1 \\ u_2 \end{pmatrix} = 0 \ \Rightarrow\ u_1 + 3u_2 = 0 \ \Rightarrow\ \boldsymbol{u} = u_2\begin{pmatrix} -3 \\ 1 \end{pmatrix} \quad (u_2\ \text{は任意})$$

$$\begin{pmatrix} 1 & 1 & 0 \\ 1 & 2 & 1 \\ 0 & 1 & 1 \end{pmatrix}\begin{pmatrix} u_1 \\ u_2 \\ u_3 \end{pmatrix} = 0 \ \Rightarrow\ \begin{cases} u_1 + u_2 = 0 \\ u_2 + u_3 = 0 \end{cases} \ \Rightarrow\ \boldsymbol{u} = u_1\begin{pmatrix} 1 \\ -1 \\ 1 \end{pmatrix} \quad (u_1\ \text{は任意})$$

$$\begin{pmatrix} 1 & 1 & 1 \\ 2 & 2 & 2 \\ 1 & 1 & 1 \end{pmatrix}\begin{pmatrix} u_1 \\ u_2 \\ u_3 \end{pmatrix} = 0 \ \Rightarrow\ u_1 + u_2 + u_3 = 0$$
$$\Rightarrow\ \boldsymbol{u} = u_1\begin{pmatrix} 1 \\ 0 \\ -1 \end{pmatrix} + u_2\begin{pmatrix} 0 \\ 1 \\ -1 \end{pmatrix} \quad (u_1\ \text{と}\ u_2\ \text{は任意})$$

なお，最後の解答は例えば次のものでもよい:

$$\boldsymbol{u} = u_2\begin{pmatrix} -1 \\ 1 \\ 0 \end{pmatrix} + u_3\begin{pmatrix} -1 \\ 0 \\ 1 \end{pmatrix} \quad (u_2\ \text{と}\ u_3\ \text{は任意})$$

問題	46	連成振動子のラグランジアンとオイラー・ラグランジュ方程式	基本

力学変数 $q_1(t)$ と $q_2(t)$ で記述される2自由度系のラグランジアンが，定数 a, b, c, f, g, h を用いて次式で与えられるとする:

$$L = \frac{1}{2}a\,\dot{q}_1^2 + b\,\dot{q}_1\dot{q}_2 + \frac{1}{2}c\,\dot{q}_2^2 - \frac{1}{2}f\,q_1^2 - g\,q_1q_2 - \frac{1}{2}h\,q_2^2 \tag{46.1}$$

1. この L は縦2成分ベクトルの力学変数 $\boldsymbol{q}(t) = \begin{pmatrix} q_1(t) \\ q_2(t) \end{pmatrix}$ を用いて

$$\begin{aligned} L &= \frac{1}{2}\,\dot{\boldsymbol{q}}^{\mathrm{T}}M\dot{\boldsymbol{q}} - \frac{1}{2}\,\boldsymbol{q}^{\mathrm{T}}K\boldsymbol{q} \\ &= \frac{1}{2}\big(\dot{q}_1, \dot{q}_2\big)\begin{pmatrix} M_{11} & M_{12} \\ M_{12} & M_{22} \end{pmatrix}\begin{pmatrix} \dot{q}_1 \\ \dot{q}_2 \end{pmatrix} - \frac{1}{2}\big(q_1, q_2\big)\begin{pmatrix} K_{11} & K_{12} \\ K_{12} & K_{22} \end{pmatrix}\begin{pmatrix} q_1 \\ q_2 \end{pmatrix} \end{aligned} \tag{46.2}$$

と表すことができる．ここに $\boldsymbol{q}^{\mathrm{T}} = (q_1, q_2)$ は $\boldsymbol{q}$ の転置である．ここに現れる2つの 2×2 対称行列 M と K (いずれも各成分は定数) を与えよ．

2. この系のオイラー・ラグランジュ方程式が

$$M\ddot{\boldsymbol{q}} + K\boldsymbol{q} = 0 \tag{46.3}$$

で与えられることを示せ．

解 説　一般に，N 成分縦ベクトル $\boldsymbol{q} = \begin{pmatrix} q_1 \\ \vdots \\ q_N \end{pmatrix}$ を力学変数とし，$N\times N$ 定数対称行列 M と K を用いて，ラグランジアンが

$$L = \frac{1}{2}\,\dot{\boldsymbol{q}}^{\mathrm{T}}M\dot{\boldsymbol{q}} - \frac{1}{2}\,\boldsymbol{q}^{\mathrm{T}}K\boldsymbol{q}$$

で与えられる系を**連成振動子**と呼ぶ．これは1次元調和振動子の多自由度一般化であるが，固体を構成する結晶の振動等，さまざまな物理を記述するモデルとなっている．この問題では一番簡単な $N=2$ の場合を扱うが，一般の N の場合も同様である．

なお，M と K が対称行列 ($M^{\mathrm{T}} = M$, $K^{\mathrm{T}} = K$，成分で表すと $M_{ji} = M_{ij}$, $K_{ji} = K_{ij}$ を満たす) であるのは仮定ではなく，L の中ではそれらの対称成分しか寄与しないためである．例えば，行列 K が対称でなくても

$$\boldsymbol{q}^{\mathrm{T}}K\boldsymbol{q} = \sum_{i,j=1}^{N} K_{ij}q_iq_j = \frac{1}{2}\sum_{i,j=1}^{N}\overbrace{(K_{ij}+K_{ji})}^{i\rightleftarrows j\ \text{対称}}q_iq_j + \underbrace{\frac{1}{2}\sum_{i,j=1}^{N}\overbrace{(K_{ij}-K_{ji})}^{i\rightleftarrows j\ \text{反対称}}q_iq_j}_{=0}$$

であり，$i \rightleftarrows j$ 対称な部分しか効かない．ここに最後の項がゼロとなるのは次の恒等式による:

$$\sum_{i,j=1}^{N} K_{ji}q_iq_j \underset{\uparrow}{=} \sum_{j,i=1}^{N} K_{ij}q_jq_i = \sum_{i,j=1}^{N} K_{ij}q_iq_j$$

足し上げ index
i と j の交換

解答

1. (46.1)と (46.2)を比較して

$$M = \begin{pmatrix} a & b \\ b & c \end{pmatrix}, \qquad K = \begin{pmatrix} f & g \\ g & h \end{pmatrix}$$

2. 対称行列 M と K により (46.2)式で表された L を $\dot{q}_i$ で微分すると，$\dot{\boldsymbol{q}}^{\mathrm{T}}M\dot{\boldsymbol{q}}$ の $\dot{\boldsymbol{q}}^{\mathrm{T}}$ の微分と $\dot{\boldsymbol{q}}$ の微分の 2 つの寄与を足し合わせて

$$\frac{\partial L}{\partial \dot{q}_i} = \frac{1}{2}\left[(M\dot{\boldsymbol{q}})_i + (\dot{\boldsymbol{q}}^{\mathrm{T}}M)_i\right] = (M\dot{\boldsymbol{q}})_i \qquad (i = 1, 2) \tag{46.4}$$

を得る．ここに，$(M\dot{\boldsymbol{q}})_i$ と $(\dot{\boldsymbol{q}}^{\mathrm{T}}M)_i$ はそれぞれ縦ベクトル $M\dot{\boldsymbol{q}}$ と横ベクトル $\dot{\boldsymbol{q}}^{\mathrm{T}}M$ の第 i 成分である．また，最後の表式を得る際は次式を用いた:

$$(\dot{\boldsymbol{q}}^{\mathrm{T}}M)_i = \sum_{j=1,2} \dot{q}_j M_{ji} \overset{M_{ji}=M_{ij}}{\underset{\downarrow}{=}} \sum_{j=1,2} M_{ij}\dot{q}_j = (M\dot{\boldsymbol{q}})_i$$

(46.4)をさらに時間微分すると，M が定数行列であることから

$$\frac{d}{dt}\frac{\partial L}{\partial \dot{q}_i} = (M\ddot{\boldsymbol{q}})_i$$

全く同様に

$$\frac{\partial L}{\partial q_i} = -\frac{1}{2}\left[(K\boldsymbol{q})_i + (\boldsymbol{q}^{\mathrm{T}}K)_i\right] = -\bigl(K\boldsymbol{q}\bigr)_i$$

であり，オイラー・ラグランジュ方程式は

$$\frac{d}{dt}\frac{\partial L}{\partial \dot{q}_i} = \frac{\partial L}{\partial q_i} \quad \Rightarrow \quad (M\ddot{\boldsymbol{q}})_i = -\bigl(K\boldsymbol{q}\bigr)_i$$

すなわち，(46.3)を得る．

あるいは，(46.1)式の L をあらわに微分すると

$$\frac{\partial L}{\partial \dot{q}_1} = a\dot{q}_1 + b\dot{q}_2, \quad \frac{\partial L}{\partial \dot{q}_2} = b\dot{q}_1 + c\dot{q}_2, \quad \frac{\partial L}{\partial q_1} = -fq_1 - gq_2, \quad \frac{\partial L}{\partial q_2} = -gq_1 - hq_2$$

であり，これより q_1 と q_2 のオイラー・ラグランジュ方程式として

$$a\ddot{q}_1 + b\ddot{q}_2 + fq_1 + gq_2 = 0, \qquad b\ddot{q}_1 + c\ddot{q}_2 + gq_1 + hq_2 = 0$$

を得る．これらは，(46.3)のそれぞれ第 1 成分および第 2 成分である．

問題 47　2 自由度連成振動子問題の一般解法　基本

問題 46 の 2 自由度連成振動子のオイラー・ラグランジュ方程式 (46.3)は 2 成分未知関数 $\boldsymbol{q}(t)$ に対する線形微分方程式であるが，この解は次のように構成することができる．

まず，(46.3)の解として

$$\boldsymbol{q}(t) = \boldsymbol{A}\cos\Bigl(\omega t + \alpha\Bigr) \qquad \left[\boldsymbol{A} = \begin{pmatrix} A_1 \\ A_2 \end{pmatrix}\text{: 定数ベクトル，}\ \alpha\text{: 定数}\right]$$

の形を仮定し (46.3)に代入すると，ω と $\boldsymbol{A}$ は次式を満たすべきことが分かる:

$$\Bigl(K - \omega^2 M\Bigr)\,\boldsymbol{A} = 0 \tag{47.1}$$

「線形代数」によれば，(47.1)を満たす非自明な $\boldsymbol{A}(\neq 0)$ が存在するためには，ω は

$$\det\Bigl(K - \omega^2 M\Bigr) = 0 \tag{47.2}$$

の解でなければならない．

以下では，(46.1)式の定数 a, b, c, f, g, h が 2 つの定数 m と k により

$$a = 9m, \quad b = c = m, \quad f = 9k, \quad g = 0, \quad h = k \tag{47.3}$$

で与えられる場合を考える．

1. (47.2)式を満たす 2 つの $\omega\,(>0)$，ω_+ と ω_-(ただし，$\omega_+ > \omega_- > 0$ とする) を求めよ．さらに，$\omega = \omega_+$ および ω_- に対応した (47.1)の解 $\boldsymbol{A}\,(\neq 0)$ をそれぞれ $\boldsymbol{A}_+$ および $\boldsymbol{A}_-$ として，$\boldsymbol{A}_+$ と $\boldsymbol{A}_-$ を求めよ．なお，線形方程式 (47.1)の解 $\boldsymbol{A}$ には，それに掛かる定数倍の不定性があるが，$\boldsymbol{A}_\pm$ 共に上成分を 1 とした $\begin{pmatrix} 1 \\ * \end{pmatrix}$ の形で与えよ．
2. (46.3) の一般解は，上で求めた $\omega_\pm$，$\boldsymbol{A}_\pm$，および，任意実定数 $C_\pm$ と $\alpha_\pm$ により

$$\boldsymbol{q}(t) = \begin{pmatrix} q_1(t) \\ q_2(t) \end{pmatrix} = C_+\boldsymbol{A}_+\cos\Bigl(\omega_+ t + \alpha_+\Bigr) + C_-\boldsymbol{A}_-\cos\Bigl(\omega_- t + \alpha_-\Bigr) \tag{47.4}$$

で与えられる．今，$t = 0$ における初期条件として，

$$q_1(0) = 0, \quad q_2(0) = \beta\,(\neq 0), \quad \dot{q}_1(0) = \dot{q}_2(0) = 0$$

を取った場合，$C_\pm$ と $\alpha_\pm$ を定め，$q_1(t)$ と $q_2(t)$ を β と $\omega_\pm$ を用いて与えよ．

解説　(47.4)の右辺の 2 項を**基準振動**と呼ぶ．$\boldsymbol{q}$ が N 成分ベクトルの場合 (N 自由度連成振動子) は，基準振動が N 個存在する．この問題では行列 M と K が (47.3)式で指定される具体例を扱っているが，解の構成法は一般の M と K に対して用いることができる (正確には，実対称行列 M と K の固有値が全て正であることが必要).

解答

1. (47.3)の場合

$$M = m\begin{pmatrix} 9 & 1 \\ 1 & 1 \end{pmatrix},\ K = k\begin{pmatrix} 9 & 0 \\ 0 & 1 \end{pmatrix} \Rightarrow K - \omega^2 M = m\begin{pmatrix} 9\left(\dfrac{k}{m} - \omega^2\right) & -\omega^2 \\ -\omega^2 & \dfrac{k}{m} - \omega^2 \end{pmatrix}$$

(47.2)式より，ω_+ と ω_- $(\omega_+ > \omega_- > 0)$ は次のように定まる:

$$0 = \det\left(K - \omega^2 M\right) = m^2\left[9\left(\frac{k}{m} - \omega^2\right)^2 - \omega^4\right] \Rightarrow 3\left(\frac{k}{m} - \omega^2\right) = \pm\omega^2$$

$$\Rightarrow \quad \omega^2 = \frac{3k}{2m},\ \frac{3k}{4m} \quad \Rightarrow \quad \omega_+ = \sqrt{\frac{3k}{2m}}, \quad \omega_- = \sqrt{\frac{3k}{4m}} = \frac{1}{2}\sqrt{\frac{3k}{m}}$$

次に，$\boldsymbol{A}_\pm$ は

$$K - \omega_+^2 M = -\frac{k}{2}\begin{pmatrix} 9 & 3 \\ 3 & 1 \end{pmatrix} \Rightarrow \begin{pmatrix} 9 & 3 \\ 3 & 1 \end{pmatrix}\boldsymbol{A}_+ = 0 \Rightarrow \boldsymbol{A}_+ = \begin{pmatrix} 1 \\ -3 \end{pmatrix}$$

$$K - \omega_-^2 M = \frac{k}{4}\begin{pmatrix} 9 & -3 \\ -3 & 1 \end{pmatrix} \Rightarrow \begin{pmatrix} 9 & -3 \\ -3 & 1 \end{pmatrix}\boldsymbol{A}_- = 0 \Rightarrow \boldsymbol{A}_- = \begin{pmatrix} 1 \\ 3 \end{pmatrix}$$

と求まる．ここで，問題の指定にしたがって，$\boldsymbol{A}_\pm$ 共に上成分を 1 とした．

2. $C_\pm$ と $\alpha_\pm$ に対する条件式は

$$0 = q_1(0) = C_+\cos\alpha_+ + C_-\cos\alpha_- \qquad \cdots\cdots \text{(i)}$$

$$0 = \dot{q}_1(0) = -C_+\omega_+\sin\alpha_+ - C_-\omega_-\sin\alpha_- \qquad \cdots\cdots \text{(ii)}$$

$$\beta = q_2(0) = -3\,C_+\cos\alpha_+ + 3\,C_-\cos\alpha_- \qquad \cdots\cdots \text{(iii)}$$

$$0 = \dot{q}_2(0) = 3\,C_+\omega_+\sin\alpha_+ - 3\,C_-\omega_-\sin\alpha_- \qquad \cdots\cdots \text{(iv)}$$

まず，

$$\text{(i) と (iii)} \Rightarrow C_+\cos\alpha_+ = -C_-\cos\alpha_- = -\frac{\beta}{6}\ (\neq 0) \qquad \cdots\cdots \text{(v)}$$

次に

$$\text{(ii) と (iv)} \Rightarrow C_+\omega_+\sin\alpha_+ = C_-\omega_-\sin\alpha_- = 0$$

$$\Rightarrow \sin\alpha_+ = \sin\alpha_- = 0 \ \left(C_\pm = 0 \text{ は (v) 式から不可}\right)$$

$$\Rightarrow \alpha_+ = \alpha_- = 0 \quad (\text{一般性を失わず})$$

これを (v) 式に用いて

$$C_+ = -\frac{\beta}{6}, \qquad C_- = \frac{\beta}{6}$$

したがって，

$$q_1(t) = \frac{\beta}{6}\left(-\cos\omega_+ t + \cos\omega_- t\right), \qquad q_2(t) = \frac{\beta}{2}\left(\cos\omega_+ t + \cos\omega_- t\right)$$

なお，$\sin\alpha_\pm = 0$ を満たす $\alpha_\pm$ として，上とは異なる (例えば) $\alpha_\pm = \pi$ を取ると $C_\pm = \pm\beta/6$ となるが，$q_1(t)$ と $q_2(t)$ は上と同一であることに注意．

問題 48　2 質点が 2 つのバネでつながれた系　基本

図のように，水平な台の上に置かれた 2 つの質点 (質量 m_1 と m_2) が 2 つのバネ (バネ定数 k_1 と k_2) でつながれた系を考える．バネ定数 k_1 のバネの左端は壁に固定されている．質点の運動とバネの伸縮は紙面の水平左右方向に限られるとする．

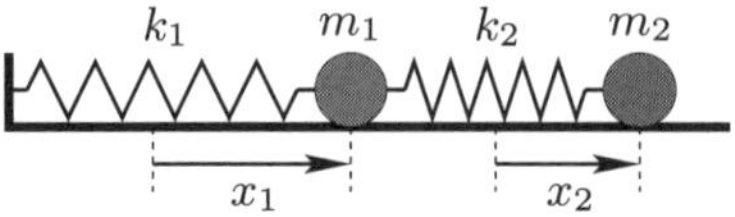

1. 2 つのバネの静止位置からの変位 $x_1(t)$ と $x_2(t)$ (右方向への変位を正とする) を力学変数にとり，この系のラグランジアンを与えよ．
2. $\boldsymbol{q}(t) = \begin{pmatrix} x_1(t) \\ x_2(t) \end{pmatrix}$ により，この系のラグランジアンとオイラー・ラグランジュ方程式をそれぞれ**問題 46** の (46.2)および (46.3)で表したときの 2 つの 2×2 実対称行列 M と K を与えよ．
3. m_1, m_2, k_1, k_2 が m と k により

$$m_1 = m_2 = m, \qquad k_1 = 3k, \qquad k_2 = 2k$$

で与えられる場合を考える．質量 m_1 の質点には触らず，質量 m_2 の質点を静止位置から右方向に距離 a の位置で固定した状態で時刻 $t = 0$ に離した．その後の $x_1(t)$ と $x_2(t)$ を求めよ．

解説

問題 46 と**問題 47** の方法を応用すればよい．$x_1(t)$ の初期条件には若干の考察が必要である．

解答

1. バネ定数が k_2 のバネの自然長からの伸びが $x_2 - x_1$ であることに注意して

$$L = \frac{1}{2}m_1\dot{x}_1^2 + \frac{1}{2}m_2\dot{x}_2^2 - \frac{1}{2}k_1x_1^2 - \frac{1}{2}k_2\left(x_2 - x_1\right)^2$$

2. 上の L より

$$M = \begin{pmatrix} m_1 & 0 \\ 0 & m_2 \end{pmatrix}, \qquad K = \begin{pmatrix} k_1 + k_2 & -k_2 \\ -k_2 & k_2 \end{pmatrix}$$

3. 設問の場合

$$M = m\begin{pmatrix} 1 & 0 \\ 0 & 1 \end{pmatrix}, \quad K = k\begin{pmatrix} 5 & -2 \\ -2 & 2 \end{pmatrix}, \quad K - \omega^2 M = m\begin{pmatrix} \dfrac{5k}{m} - \omega^2 & -\dfrac{2k}{m} \\ -\dfrac{2k}{m} & \dfrac{2k}{m} - \omega^2 \end{pmatrix}$$

であって

$$0 = \det\bigl(K - \omega^2 M\bigr) = m^2\left[\omega^4 - \frac{7k}{m}\omega^2 + 6\left(\frac{k}{m}\right)^2\right]$$

より 2 つの振動数 ω_+ と ω_- は次式で与えられる:

$$\omega_+ = \sqrt{\frac{6k}{m}}, \qquad \omega_- = \sqrt{\frac{k}{m}}$$

対応した定数ベクトル $\boldsymbol{A}_\pm$ は

$$\bigl(K - \omega_+^2 M\bigr)\boldsymbol{A}_+ = -k\begin{pmatrix}1 & 2\\ 2 & 4\end{pmatrix}\boldsymbol{A}_+ = 0 \qquad \Rightarrow \qquad \boldsymbol{A}_+ = \begin{pmatrix}2\\ -1\end{pmatrix}$$

$$\bigl(K - \omega_-^2 M\bigr)\boldsymbol{A}_- = k\begin{pmatrix}4 & -2\\ -2 & 1\end{pmatrix}\boldsymbol{A}_+ = 0 \qquad \Rightarrow \qquad \boldsymbol{A}_- = \begin{pmatrix}1\\ 2\end{pmatrix}$$

と (全体の定数倍を除いて) 定まり，結局，オイラー・ラグランジュ方程式の一般解 (47.4)は，今の場合，定数 $C_\pm$ と $\alpha_\pm$ を用いて

$$\begin{pmatrix}x_1(t)\\ x_2(t)\end{pmatrix} = C_+\begin{pmatrix}2\\ -1\end{pmatrix}\cos\bigl(\omega_+ t + \alpha_+\bigr) + C_-\begin{pmatrix}1\\ 2\end{pmatrix}\cos\bigl(\omega_- t + \alpha_-\bigr)$$

と与えられる．また $\dot{x}_1(t)$ と $\dot{x}_2(t)$ は

$$\begin{pmatrix}\dot{x}_1(t)\\ \dot{x}_2(t)\end{pmatrix} = -C_+\omega_+\begin{pmatrix}2\\ -1\end{pmatrix}\sin\bigl(\omega_+ t + \alpha_+\bigr) - C_-\omega_-\begin{pmatrix}1\\ 2\end{pmatrix}\sin\bigl(\omega_- t + \alpha_-\bigr)$$

次に，問題の初期条件である $x_2 = a$ に固定した際の x_1 のラグランジアンは

$$L\Big|_{x_2=a} = \frac{1}{2}m_1\dot{x}_1^2 - \frac{1}{2}k_1 x_1^2 - \frac{1}{2}k_2\,(a - x_1)^2$$

であり，このオイラー・ラグランジュ方程式の解で $x_1 =$ 定数 のものは

$$m_1\ddot{x}_1 = -k_1 x_1 - k_2\,(x_1 - a) = 0 \quad (2\text{ つのバネの力のつり合い})$$

$$\Rightarrow \quad x_1 = \frac{k_2 a}{k_1 + k_2} = \frac{2}{5}a$$

したがって，今の初期条件は

$$x_1(0) = 2C_+\cos\alpha_+ + C_-\cos\alpha_- = \frac{2}{5}a$$

$$x_2(0) = -C_+\cos\alpha_+ + 2C_-\cos\alpha_- = a$$

$$\dot{x}_1(0) = -2C_+\omega_+\sin\alpha_+ - C_-\omega_-\sin\alpha_- = 0$$

$$\dot{x}_2(0) = C_+\omega_+\sin\alpha_+ - 2C_-\omega_-\sin\alpha_- = 0$$

これより，**問題 47** と同様にして，$C_\pm$ と $\alpha_\pm$ は

$$C_+ = -\frac{a}{25}, \qquad C_- = \frac{12a}{25}, \qquad \alpha_+ = \alpha_- = 0,$$

と定まる．結局，求める解は

$$\begin{pmatrix}x_1(t)\\ x_2(t)\end{pmatrix} = -\frac{a}{25}\begin{pmatrix}2\\ -1\end{pmatrix}\cos\left(\sqrt{\frac{6k}{m}}\,t\right) + \frac{12a}{25}\begin{pmatrix}1\\ 2\end{pmatrix}\cos\left(\sqrt{\frac{k}{m}}\,t\right)$$

問題 49　2 質点が 3 つのバネでつながれた系　標準

両端に鉛直な壁がある水平台の上に，質量が m_1 と m_2 の 2 つの質点が 3 つのバネ (バネ定数が k_1, k_2, k_3) でつながれた系を考える．バネ定数が k_1 と k_3 のバネの片方の端は壁に固定されている．それぞれの質点の静止平衡位置からのずれを x_1 および x_2 とする (右方向へのずれを正とする).

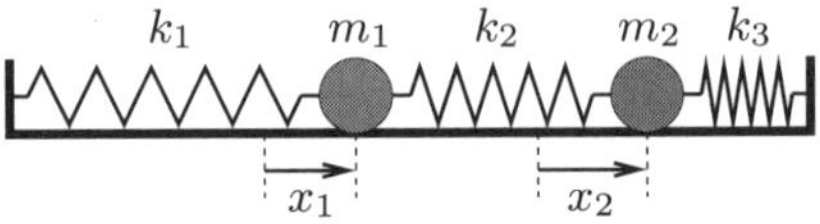

1. x_1 と x_2 を力学変数として，この系のラグランジアンを与えよ．
2. 2 つの質量が等しく，両脇のバネ定数同士が等しい

$$m_1 = m_2 = m, \qquad k_1 = k_3 = k, \qquad k_2 = ck$$

　　の場合を考える．ここに c は数定数である．オイラー・ラグランジュ方程式の一般解を m, k, c を用いて与えよ．

3. 左の質点を平衡位置から距離 b だけ左に，右の質点を平衡位置から距離 b だけ右にずらして固定し，時刻 $t = 0$ に両質点を離した．以後の時刻における $x_1(t)$ と $x_2(t)$ を求めよ．

解説　これも，**問題 46** と**問題 47** の方法を応用すればよい．設問 1 のラグランジアンの導出は，基礎から考えると若干めんどうである．

解答

1. 静止平衡状態でのバネ定数 k_i $(i = 1, 2, 3)$ のバネの自然長からの伸びを a_i(定数) とすると，この系のラグランジアンは

$$L = \frac{1}{2}m_1\dot{x}_1^2 + \frac{1}{2}m_2\dot{x}_2^2 - U(x_1, x_2)$$

　　であり，3 つのバネのポテンシャル・エネルギーの和 $U(x_1, x_2)$ は

$$\begin{aligned} U(x_1, x_2) &= \frac{1}{2}k_1\left(a_1 + x_1\right)^2 + \frac{1}{2}k_2\left(a_2 + x_2 - x_1\right)^2 + \frac{1}{2}k_3\left(a_3 - x_2\right)^2 \\ &= \frac{1}{2}k_1 x_1^2 + \frac{1}{2}k_2\left(x_2 - x_1\right)^2 + \frac{1}{2}k_3 x_2^2 \\ &\quad + \left(k_1 a_1 - k_2 a_2\right)x_1 + \left(k_2 a_2 - k_3 a_3\right)x_2 + (\text{定数}) \end{aligned}$$

　　で与えられる．a_i は $x_1(t) = x_2(t) = 0$ がこのオイラー・ラグランジュ方程式の解であるべきことから

$$\left.\frac{\partial U}{\partial x_1}\right|_{x_1 = x_2 = 0} = k_1 a_1 - k_2 a_2 = 0, \qquad \left.\frac{\partial U}{\partial x_2}\right|_{x_1 = x_2 = 0} = k_2 a_2 - k_3 a_3 = 0$$

を満たさねばならない (これら 2 式は，2 つの質点に働くバネの力のつり合い条件である)．したがって，上記 $U(x_1, x_2)$ の (x_1, x_2) についての 1 次項は消え，結局，この系のラグランジアンは

$$L = \frac{1}{2}m_1\dot{x}_1^2 + \frac{1}{2}m_2\dot{x}_2^2 - \frac{1}{2}k_1 x_1^2 - \frac{1}{2}k_2\left(x_2 - x_1\right)^2 - \frac{1}{2}k_3 x_2^2$$

で与えられる．

2. (46.2)式の 2 つの対称行列 M と K は

$$M = \begin{pmatrix} m_1 & 0 \\ 0 & m_2 \end{pmatrix} = m\begin{pmatrix} 1 & 0 \\ 0 & 1 \end{pmatrix}, \quad K = \begin{pmatrix} k_1 + k_2 & -k_2 \\ -k_2 & k_2 + k_3 \end{pmatrix} = k\begin{pmatrix} 1+c & -c \\ -c & 1+c \end{pmatrix}$$

したがって

$$K - \omega^2 M = \begin{pmatrix} (1+c)k - m\omega^2 & -ck \\ -ck & (1+c)k - m\omega^2 \end{pmatrix}$$

であって

$$0 = \det\left(K - \omega^2 M\right) = \left((1+2c)k - m\omega^2\right)\left(k - m\omega^2\right)$$

より，2 つの振動数 ω_+ と ω_- は

$$\omega_+ = \sqrt{\frac{(1+2c)k}{m}}, \qquad \omega_- = \sqrt{\frac{k}{m}}$$

対応した定数ベクトル $\boldsymbol{A}_\pm$ は

$$\left(K - \omega_+^2 M\right)\boldsymbol{A}_+ = -ck\begin{pmatrix} 1 & 1 \\ 1 & 1 \end{pmatrix}\boldsymbol{A}_+ = 0 \qquad \Rightarrow \quad \boldsymbol{A}_+ = \begin{pmatrix} 1 \\ -1 \end{pmatrix}$$

$$\left(K - \omega_-^2 M\right)\boldsymbol{A}_- = ck\begin{pmatrix} 1 & -1 \\ -1 & 1 \end{pmatrix}\boldsymbol{A}_- = 0 \quad \Rightarrow \quad \boldsymbol{A}_- = \begin{pmatrix} 1 \\ 1 \end{pmatrix}$$

と (全体の定数倍を除いて) 定まる．したがって，オイラー・ラグランジュ方程式の一般解は，上の $\omega_\pm$ と任意定数 $C_\pm$，$\alpha_\pm$ により次式で与えられる ((47.4)参照):

$$\begin{pmatrix} x_1(t) \\ x_2(t) \end{pmatrix} = C_+\begin{pmatrix} 1 \\ -1 \end{pmatrix}\cos\left(\omega_+ t + \alpha_+\right) + C_-\begin{pmatrix} 1 \\ 1 \end{pmatrix}\cos\left(\omega_- t + \alpha_-\right)$$

3. 設問の初期条件は

$$x_1(0) = -b, \quad x_2(0) = b, \quad \dot{x}_1(0) = \dot{x}_2(0) = 0$$

である．これらを $C_\pm$ と $\alpha_\pm$ について解くまでもなく，$x_1(0)$ と $x_2(0)$ が同じ大きさで逆符号であることから，$C_+ = -b$, $C_- = 0$, $\alpha_+ = 0$ とただちにわかる ($C_- = 0$ なので α_- は不要)．すなわち，

$$\begin{pmatrix} x_1(t) \\ x_2(t) \end{pmatrix} = \begin{pmatrix} -b \\ b \end{pmatrix}\cos\omega_+ t$$

問題 50　二重振り子の微小振動　標準

問題 12 の二重振り子において，2 つの振れ角 θ_1 と θ_2 の大きさが微小な場合 $(|\theta_1|, |\theta_2| \ll 1)$ を考える．

1. **問題 12** の設問 2 で得たラグランジアンをテイラー展開公式 (01.6)を用いて (θ_1, θ_2) について展開し，4 つの量 $(\theta_1, \theta_2, \dot{\theta}_1, \dot{\theta}_2)$ の 2 次の項のみを残すことにより得られる近似ラグランジアン $L_{2\text{次}}$ を与えよ．なお，$L_{2\text{次}}$ に加わる定数項は無視してよい．
2. 以下では，おもりの質量と棒の長さが 2 つの定数 m と ℓ により次式で表される場合を考える:
$$m_1 = 3m, \qquad m_2 = m, \qquad \ell_1 = \ell_2 = \ell$$
$L_{2\text{次}}$ から得られるオイラー・ラグランジュ方程式の一般解を与えよ．
3. 鉛直に垂れた静止状態にある二重振り子に対して，時刻 $t = 0$ に質量 m_2 のおもりに x 軸の正方向に初速度 v_0 を与えた (質量 m_1 のおもりは初速度ゼロ)．その後の $\theta_1(t)$ と $\theta_2(t)$ を求めよ．

解説　二重振り子のオイラー・ラグランジュ方程式は一般に数値的に解くしかなく，その運動は一般に非常に複雑であるが，微小な振れの場合は**問題 46** と**問題 47** で扱った 2 自由度連成振動子に近似され，一般解を求めることができる．

解答

1. **問題 12** の設問 2 の解答 (12.2)式
$$L = \frac{1}{2}m_1\ell_1^2\dot{\theta}_1^2 + \frac{1}{2}m_2\left[\ell_1^2\dot{\theta}_1^2 + \ell_2^2\dot{\theta}_2^2 + 2\ell_1\ell_2\cos(\theta_1 - \theta_2)\,\dot{\theta}_1\dot{\theta}_2\right]$$
$$+ (m_1 + m_2)\,g\ell_1\cos\theta_1 + m_2 g\ell_2\cos\theta_2$$
において
   - 1 行目最後の項の $\cos(\theta_1 - \theta_2)$ には既に $\dot{\theta}_1\dot{\theta}_2$ が掛かっているので，$\cos(\theta_1 - \theta_2) \simeq 1$ と近似．
   - 2 行目の $\cos\theta_1$ と $\cos\theta_2$ については，$\cos\theta_a \simeq 1 - \frac{1}{2}\theta_a^2$ $(a = 1, 2)$ と近似．

   により，次の $L_{2\text{次}}$ を得る:
$$L_{2\text{次}} = \frac{1}{2}(m_1 + m_2)\,\ell_1^2\dot{\theta}_1^2 + \frac{1}{2}m_2\ell_2^2\dot{\theta}_2^2 + m_2\ell_1\ell_2\dot{\theta}_1\dot{\theta}_2$$
$$- \frac{1}{2}(m_1 + m_2)\,g\ell_1\theta_1^2 - \frac{1}{2}m_2 g\ell_2\theta_2^2 \qquad (50.1)$$
なお，$L_{2\text{次}}$ に加わる定数項 $(m_1 + m_2)\,g\ell_1 + m_2 g\ell_2$ は落とした．

2. 前設問 1 で得た $L_{2\,\text{次}}$ を表す (46.2)式の対称行列 M と K は

$$M=\begin{pmatrix}(m_1+m_2)\,\ell_1^2 & m_2\ell_1\ell_2\\ m_2\ell_1\ell_2 & m_2\ell_2^2\end{pmatrix},\quad K=\begin{pmatrix}(m_1+m_2)\,g\ell_1 & 0\\ 0 & m_2g\ell_2\end{pmatrix}$$

であり，今の $m_1=3m$, $m_2=m$, $\ell_1=\ell_2=\ell$ の場合は

$$K-\omega^2M=m\ell^2\begin{pmatrix}4\left(\dfrac{g}{\ell}-\omega^2\right) & -\omega^2\\ -\omega^2 & \dfrac{g}{\ell}-\omega^2\end{pmatrix}$$

であって，$\det\left(K-\omega^2M\right)=0$ より，2 つの振動数 $\omega_\pm$ は

$$\omega_+=\sqrt{\frac{2g}{\ell}},\qquad \omega_-=\sqrt{\frac{2g}{3\ell}}$$

$\omega_\pm$ に対応した定数ベクトル $\boldsymbol{A}_\pm$ は

$$\left(K-\omega_+^2M\right)\boldsymbol{A}_+=-mg\ell\begin{pmatrix}4&2\\2&1\end{pmatrix}\boldsymbol{A}_+=0\qquad\Rightarrow\qquad \boldsymbol{A}_+=\begin{pmatrix}1\\-2\end{pmatrix}$$

$$\left(K-\omega_-^2M\right)\boldsymbol{A}_-=\frac{mg\ell}{3}\begin{pmatrix}4&-2\\-2&1\end{pmatrix}\boldsymbol{A}_-=0\qquad\Rightarrow\qquad \boldsymbol{A}_-=\begin{pmatrix}1\\2\end{pmatrix}$$

$L_{2\,\text{次}}$ のオイラー・ラグランジュ方程式の一般解は，上の $\omega_\pm$ と任意定数 $C_\pm$，$\alpha_\pm$ により次式で与えられる ((47.4)参照):

$$\begin{pmatrix}\theta_1(t)\\ \theta_2(t)\end{pmatrix}=C_+\begin{pmatrix}1\\-2\end{pmatrix}\cos\left(\omega_+t+\alpha_+\right)+C_-\begin{pmatrix}1\\2\end{pmatrix}\cos\left(\omega_-t+\alpha_-\right)$$

3. 設問の初期条件は (2 つのおもりの速度と $\dot\theta_{1,2}$ の関係は (12.1) 参照)

$$\theta_1(0)=\theta_2(0)=0,\qquad \dot\theta_1(0)=0,\qquad \dot\theta_2(0)=\frac{v_0}{\ell_2}=\frac{v_0}{\ell}$$

前設問 2 の解答とそれを t 微分した

$$\begin{pmatrix}\dot\theta_1(t)\\ \dot\theta_2(t)\end{pmatrix}=-C_+\omega_+\begin{pmatrix}1\\-2\end{pmatrix}\sin\left(\omega_+t+\alpha_+\right)-C_-\omega_-\begin{pmatrix}1\\2\end{pmatrix}\sin\left(\omega_-t+\alpha_-\right)$$

より，この初期条件は

$$\begin{pmatrix}0\\0\end{pmatrix}=C_+\begin{pmatrix}1\\-2\end{pmatrix}\cos\alpha_++C_-\begin{pmatrix}1\\2\end{pmatrix}\cos\alpha_-$$

$$\begin{pmatrix}0\\v_0/\ell\end{pmatrix}=-C_+\omega_+\begin{pmatrix}1\\-2\end{pmatrix}\sin\alpha_+-C_-\omega_-\begin{pmatrix}1\\2\end{pmatrix}\sin\alpha_-$$

であり，これらから 4 つの定数 $C_\pm$ と $\alpha_\pm$ は

$$C_+=\frac{v_0}{4\ell\omega_+},\qquad C_-=-\frac{v_0}{4\ell\omega_-},\qquad \alpha_+=\alpha_-=\frac{\pi}{2}$$

と定まる．すなわち，求める解は上で与えた $\omega_\pm$ を用いて

$$\begin{pmatrix}\theta_1(t)\\ \theta_2(t)\end{pmatrix}=\frac{v_0}{4\ell}\left[-\begin{pmatrix}1\\-2\end{pmatrix}\frac{\sin\omega_+t}{\omega_+}+\begin{pmatrix}1\\2\end{pmatrix}\frac{\sin\omega_-t}{\omega_-}\right]$$

問題 51　3 つの単振り子のおもりがバネでつながった系　標準

x 軸が水平方向，y 軸の正方向が鉛直上向きとし，その支点が x 軸上に間隔 a で並んでいる長さ ℓ でおもりの質量 m の 3 つの単振り子があり，隣り合う振り子のおもりは自然長 a でバネ定数 k のバネでつながっている．各振り子は (x, y) 面内のみを振れ，また，各バネはその質量を無視でき，たわむことはないとする．重力加速度の大きさを g とする．

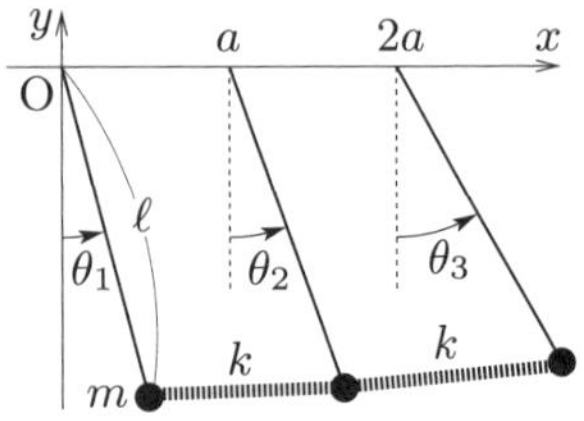

1. 3 つの振り子の振れ角 $(\theta_1, \theta_2, \theta_3)$ を力学変数として，この系のラグランジアンを与えよ．
2. 3 つの振り子の振れ角がどれも微小な場合 $(|\theta_a| \ll 1,\ a = 1, 2, 3)$ を考える．前設問 2 で得たラグランジアンをテイラー展開公式 (01.5)と (01.6)を用いて $(\theta_1, \theta_2, \theta_3)$ について展開し，6 つの量 $(\theta_1, \theta_2, \theta_3, \dot{\theta}_1, \dot{\theta}_2, \dot{\theta}_3)$ の 2 次の項のみを残すことにより得られる近似ラグランジアン $L_{2\text{次}}$ を与えよ．なお，$L_{2\text{次}}$ に加わる定数項は無視してよい．
3. **問題 46** と**問題 47** では 2 自由度の連成振動子を扱ったが，そこで用いた手法は今の 3 自由度連成振動子にも自明に応用できる．$L_{2\text{次}}$ のオイラー・ラグランジュ方程式の一般解を求めよ．

解 説　**問題 46** と**問題 47** の手法を 3 自由度系へ応用する問題である．

解 答

1. 各おもりの位置ベクトル (x, y) は $\boldsymbol{x}_1 = (\ell \sin\theta_1, -\ell\cos\theta_1)$，$\boldsymbol{x}_2 = (a + \ell\sin\theta_2, -\ell\cos\theta_2)$，$\boldsymbol{x}_3 = (2a + \ell\sin\theta_3, -\ell\cos\theta_3)$ であり，各おもりの (速度)^2 はいずれも $\dot{\boldsymbol{x}}_a^2 = \ell^2\dot{\theta}_a^2$ $(a = 1, 2, 3)$ である．これらを用いて，系のラグランジアンは

$$
\begin{aligned}
L &= \frac{1}{2}m\left(\dot{\boldsymbol{x}}_1^2 + \dot{\boldsymbol{x}}_2^2 + \dot{\boldsymbol{x}}_3^2\right) - mg\left(y_1 + y_2 + y_3\right) \\
&\quad - \frac{1}{2}k\left(\left(|\boldsymbol{x}_2 - \boldsymbol{x}_1| - a\right)^2 + \left(|\boldsymbol{x}_3 - \boldsymbol{x}_2| - a\right)^2\right) \\
&= \frac{1}{2}m\ell^2\left(\dot{\theta}_1^2 + \dot{\theta}_2^2 + \dot{\theta}_3^2\right) + mg\ell\left(\cos\theta_1 + \cos\theta_2 + \cos\theta_3\right) \\
&\quad - \frac{1}{2}k\Bigg[\left(\sqrt{(a + \ell(\sin\theta_2 - \sin\theta_1))^2 + \ell^2\left(\cos\theta_2 - \cos\theta_1\right)^2} - a\right)^2 \\
&\qquad + \left(\sqrt{(a + \ell(\sin\theta_3 - \sin\theta_2))^2 + \ell^2\left(\cos\theta_3 - \cos\theta_2\right)^2} - a\right)^2\Bigg]
\end{aligned}
$$

2. $L_{2次}$ のためには，L の最初の表式において $|\boldsymbol{x}_2-\boldsymbol{x}_1|\simeq a+\ell(\theta_2-\theta_1)$, $|\boldsymbol{x}_3-\boldsymbol{x}_2|\simeq a+\ell(\theta_3-\theta_2)$，$y_a=-\ell\cos\theta_a\simeq-\ell\left(1-\frac{1}{2}\theta_a^2\right)$ $(a=1,2,3)$ と近似すればよく

$$L_{2次}=\frac{1}{2}m\ell^2\left(\dot{\theta}_1^2+\dot{\theta}_2^2+\dot{\theta}_3^2\right)-\frac{1}{2}mg\ell\left(\theta_1^2+\theta_2^2+\theta_3^2\right)$$
$$-\frac{1}{2}k\ell^2\left((\theta_2-\theta_1)^2+(\theta_3-\theta_2)^2\right)$$

3. $\boldsymbol{q}=\begin{pmatrix}\theta_1\\\theta_2\\\theta_3\end{pmatrix}$ に対する (46.2)の行列 K と M は

$$M=m\ell^2\begin{pmatrix}1&0&0\\0&1&0\\0&0&1\end{pmatrix},\quad K=\begin{pmatrix}mg\ell+k\ell^2&-k\ell^2&0\\-k\ell^2&mg\ell+2k\ell^2&-k\ell^2\\0&-k\ell^2&mg\ell+k\ell^2\end{pmatrix}$$

であり

$$K-\omega^2M=\ell^2\begin{pmatrix}\frac{mg}{\ell}+k-m\omega^2&-k&0\\-k&\frac{mg}{\ell}+2k-m\omega^2&-k\\0&-k&\frac{mg}{\ell}+k-m\omega^2\end{pmatrix}$$

角振動数 ω は

$$\frac{1}{\ell^6}\det\left(K-\omega^2M\right)=\left(\frac{mg}{\ell}+k-m\omega^2\right)^2\left(\frac{mg}{\ell}+2k-m\omega^2\right)$$
$$-2k^2\left(\frac{mg}{\ell}+k-m\omega^2\right)$$
$$=\left(\frac{mg}{\ell}+k-m\omega^2\right)\left(\frac{mg}{\ell}-m\omega^2\right)\left(\frac{mg}{\ell}+3k-m\omega^2\right)=0$$

より次の 3 つ:

$$\omega_{(1)}=\sqrt{\frac{g}{\ell}},\qquad\omega_{(2)}=\sqrt{\frac{g}{\ell}+\frac{k}{m}},\qquad\omega_{(3)}=\sqrt{\frac{g}{\ell}+\frac{3k}{m}}$$

各 $\omega_{(p)}$ $(p=1,2,3)$ に対応した (47.1)の定数ベクトル $\boldsymbol{A}_{(p)}$ は

$$\left(K-\omega_{(1)}^2M\right)\boldsymbol{A}_{(1)}=k\ell^2\begin{pmatrix}1&-1&0\\-1&2&-1\\0&-1&1\end{pmatrix}\boldsymbol{A}_{(1)}=0\ \Rightarrow\ \boldsymbol{A}_{(1)}=\begin{pmatrix}1\\1\\1\end{pmatrix}$$

$$\left(K-\omega_{(2)}^2M\right)\boldsymbol{A}_{(2)}=k\ell^2\begin{pmatrix}0&-1&0\\-1&1&-1\\0&-1&0\end{pmatrix}\boldsymbol{A}_{(2)}=0\ \Rightarrow\ \boldsymbol{A}_{(2)}=\begin{pmatrix}1\\0\\-1\end{pmatrix}$$

$$\left(K-\omega_{(3)}^2M\right)\boldsymbol{A}_{(3)}=k\ell^2\begin{pmatrix}-2&-1&0\\-1&-1&-1\\0&-1&-2\end{pmatrix}\boldsymbol{A}_{(3)}=0\ \Rightarrow\ \boldsymbol{A}_{(3)}=\begin{pmatrix}1\\-2\\1\end{pmatrix}$$

以上の $(\omega_{(p)},\boldsymbol{A}_{(p)})$ と任意定数 $(C_{(p)},\alpha_{(p)})$ により，$L_{2次}$ のオイラー・ラグランジュ方程式の一般解は次式で与えられる:

$$\begin{pmatrix}\theta_1(t)\\\theta_2(t)\\\theta_3(t)\end{pmatrix}=\sum_{p=1}^{3}C_{(p)}\boldsymbol{A}_{(p)}\cos\bigl(\omega_{(p)}t+\alpha_{(p)}\bigr)$$

問題 52　両端をバネで吊り下げられた棒の微小運動 (その 1)　発展

x 軸が水平方向，y 軸の正方向が鉛直上向きとし，長さ $2a$，質量 m の一様な直線棒が，その両端をバネ定数 k の同じ 2 本のバネで x 軸上の 2 点 $(-a, 0)$ と $(a, 0)$ から吊り下げられている．静止状態 (上図) において，棒は x 軸より距離 b だけ低い位置にある．

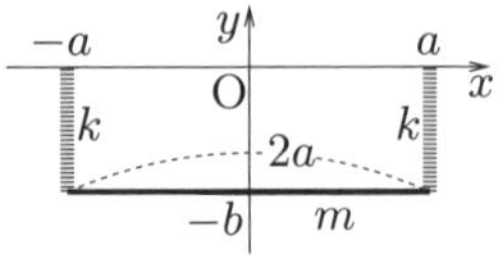

この棒と 2 本のバネの系の運動が (x, y) 面内に限られ，バネはたわむことがないとして，系の力学変数を下図の $(r(t), \theta(t), \phi(t))$ に取る．r は原点 O から棒の中心 C までの距離，θ は線分 OC が y 軸となす角度，ϕ は棒が水平方向となす角度である．

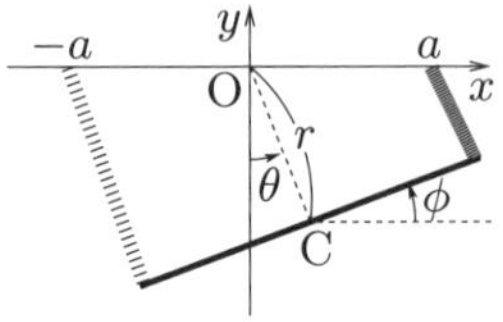

1.　この系のラグランジアン $L(r, \theta, \phi, \dot{r}, \dot{\theta}, \dot{\phi})$ を与えよ．

解説　この問題には，9 章で扱う剛体系の解析力学の知識，特に，**問題 101** の (101.4) 式が必要となる．これは今の系の場合，棒の運動エネルギーが「棒の重心 (=中心) にある質量 m の質点の運動エネルギー」+「重心周りの棒の回転運動エネルギー」となること，および，後者が棒の中心周りの慣性モーメント I_{zz} を用いて $\frac{1}{2}I_{zz}\dot{\phi}^2$ で与えられることである．ここに，z 軸は (x, y) 面に垂直な方向であり，I_{zz} は棒の線密度 $\rho = m/(2a)$ により次式で与えられる:

$$I_{zz} = \rho \int_{-a}^{a} dx\, x^2 = \frac{2}{3}\rho a^3 = \frac{1}{3}ma^2$$

解答

1.　まず，棒の運動エネルギー T は [解説] の通り 2 項の和であり

$$T = \frac{1}{2}m\left(\dot{r}^2 + r^2\dot{\theta}^2\right) + \frac{1}{2}\frac{ma^2}{3}\dot{\phi}^2 \tag{52.1}$$

右辺第 1 項の「棒の重心の運動エネルギー」の極座標 (r, θ) による表式については，棒の重心の座標 (x, y) について

$$(x, y) = (r\sin\theta, -r\cos\theta) \;\Rightarrow\; (\dot{x}, \dot{y}) = (\dot{r}\sin\theta + r\dot{\theta}\cos\theta, -\dot{r}\cos\theta + r\dot{\theta}\sin\theta)$$
$$\Rightarrow\; (\text{棒の重心の速度})^2 = \dot{x}^2 + \dot{y}^2 = \dot{r}^2 + r^2\dot{\theta}^2$$

であることを用いた (**問題 39** の設問 1 の解答と同様)．

次に，系のポテンシャル・エネルギー U は棒の重力ポテンシャル・エネルギー $U_{\text{重力}}$ とバネのポテンシャル・エネルギー $U_{\text{バネ}}$ の和である．$U_{\text{重力}}$ は「棒の重心 C にある質量 m の質点の重力ポテンシャル・エネルギー」に等しいことから

$$U_{\text{重力}} = mg\left(-r\cos\theta\right) \tag{52.2}$$

$U_{バネ}$ については，まず，問題の下図における 2 つのバネの長さを考える．棒の左端および右端の座標がそれぞれ

$$(r\sin\theta - a\cos\phi, -r\cos\theta - a\sin\phi), \quad (r\sin\theta + a\cos\phi, -r\cos\theta + a\sin\phi)$$

であることから

$$\begin{aligned}(\text{左のバネの長さ})^2 &= (r\sin\theta - a\cos\phi + a)^2 + (-r\cos\theta - a\sin\phi)^2 \\ &= r^2 + 2ar\left[\sin\theta(1-\cos\phi) + \cos\theta\sin\phi\right] + 2a^2(1-\cos\phi)\end{aligned} \tag{52.3}$$

$$\begin{aligned}(\text{右のバネの長さ})^2 &= (r\sin\theta + a\cos\phi - a)^2 + (-r\cos\theta + a\sin\phi)^2 \\ &= r^2 - 2ar\left[\sin\theta(1-\cos\phi) + \cos\theta\sin\phi\right] + 2a^2(1-\cos\phi)\end{aligned} \tag{52.4}$$

したがって，ℓ をバネの自然長として

$$\begin{aligned}U_{バネ} &= \frac{1}{2}k\Big((\text{左のバネの長さ}) - \ell\Big)^2 + \frac{1}{2}k\Big((\text{右のバネの長さ}) - \ell\Big)^2 \\ &= \frac{1}{2}k\left(\sqrt{r^2 + 2ar\left[\sin\theta(1-\cos\phi) + \cos\theta\sin\phi\right] + 2a^2(1-\cos\phi)} - \ell\right)^2 \\ &\quad + \frac{1}{2}k\left(\sqrt{r^2 - 2ar\left[\sin\theta(1-\cos\phi) + \cos\theta\sin\phi\right] + 2a^2(1-\cos\phi)} - \ell\right)^2\end{aligned} \tag{52.5}$$

となる．ℓ は「問題の上図の静止状態では，長さ b のバネ 2 本の力と棒の重力 mg が釣り合っている」ことから

$$2k(b-\ell) = mg \quad \Rightarrow \quad \ell = b - \frac{mg}{2k} \tag{52.6}$$

で与えられる．

結局，求めるラグランジアン L は T (52.1) と $U_{重力}$ (52.2)，$U_{バネ}$ (52.5) により

$$L = T - U_{重力} - U_{バネ} \tag{52.7}$$

で与えられる．

問題	*53*	両端をバネで吊り下げられた棒の微小運動 (その 2)	発展

問題 52 からの続きの問題である．

2. 静止状態から微小にずれた系の運動を考える．r を静止状態での値 b からのずれ u により $r = b + u$ と表し，**問題 52** で得た L を微小量 (u, θ, ϕ) についてテイラー展開し，$(u, \theta, \phi, \dot{u}, \dot{\theta}, \dot{\phi})$ の 2 次の項のみを残すことにより得られる近似ラグランジアン $L_{2\,次}(u, \theta, \phi, \dot{u}, \dot{\theta}, \dot{\phi})$ を与えよ．
3. $L_{2\,次}$ のオイラー・ラグランジュ方程式の一般解 $(u(t), \theta(t), \phi(t))$ を求めよ．

解 説　**問題 52** で得たラグランジアンを微小量 (u, θ, ϕ) について慎重にテイラー展開を行う．あるいは，直観的な考察により $L_{2\,次}$ を得ることもできる．

解 答

2. **問題 52** で得たラグランジアン (52.7) の各項を微小量 $(u, \theta, \phi, \dot{u}, \dot{\theta}, \dot{\phi})$ について展開し，3 次以上の項を無視する．以下において $\simeq$ は (微小量)^3 以上を無視する近似である．

運動エネルギー T (52.1)は，$r^2\dot{\theta}^2 = (b+u)^2\dot{\theta}^2 \simeq b^2\dot{\theta}^2$ と近似し，$\dot{r} = \dot{u}$ を用いて

$$T \simeq \frac{1}{2}m\left(\dot{u}^2 + b^2\dot{\theta}^2\right) + \frac{1}{6}ma^2\dot{\phi}^2 \tag{53.1}$$

ポテンシャル・エネルギー項はテイラー展開公式 (01.5) と (01.6)，すなわち，

$$\sin\theta = \theta + O(\theta^3), \quad \cos\theta = 1 - \frac{1}{2}\theta^2 + O(\theta^4)$$

および，θ を ϕ に替えた式を用いて近似する．$U_{重力}$ (52.2)は

$$\begin{aligned} U_{重力} &= -mgr\cos\theta = -mg(b+u)\left(1 - \frac{1}{2}\theta^2 + O(\theta^4)\right) \\ &\simeq -mg\left(b + u - \frac{1}{2}b\,\theta^2\right) \end{aligned} \tag{53.2}$$

$U_{バネ}$ (52.2)については，まず，(52.3)を近似して

$$\begin{aligned} (\text{左のバネの長さ})^2 &= r^2 + 2ar\Big[\underbrace{\sin\theta(1-\cos\phi)}_{=O(\theta\phi^2)\simeq 0} + \underbrace{\cos\theta\sin\phi}_{\simeq\phi}\Big] + 2a^2\underbrace{(1-\cos\phi)}_{\simeq(1/2)\phi^2} \\ &\simeq r^2 + 2ar\phi + a^2\phi^2 = (r + a\phi)^2 = (b + u + a\phi)^2 \end{aligned}$$

(52.3)についても (上式で $a \to -a$ と置き換えて)

$$(\text{右のバネの長さ})^2 \simeq (b + u - a\phi)^2$$

これらより

$$(\text{左/右のバネの長さ}) \simeq |b + u \pm a\phi| = b + u \pm a\phi \tag{53.3}$$

ここに，絶対値記号が外れるのは，b は正の有限量，$u \pm a\phi$ は微小量であることから $b + u \pm a\phi > 0$ のためである．したがって，$U_{バネ}$ (52.5)の第 1 行目の表式より

$$\begin{aligned} U_{バネ} &\simeq \frac{1}{2}k\left((b+u+a\phi)-\ell\right)^2 + \frac{1}{2}k\left((b+u-a\phi)-\ell\right)^2 \\ &= \frac{1}{2}k\left[(b-\ell+u+a\phi)^2 + (b-\ell+u-a\phi)^2\right] \\ &= k(b-\ell)^2 + 2k(b-\ell)u + ku^2 + ka^2\phi^2 \end{aligned} \tag{53.4}$$

なお，バネの長さの近似表式 (53.3)は正確な表式のテイラー展開で得られたが，結局，静止状態でのバネの長さ b からのずれ $u \pm a\phi$ は，$r = b \to b + u$ の効果と棒の傾き ϕ による端点の高さの変化の効果だけであり，直観的に導くこともできる (θ だけの効果は，x 軸上のバネの固定点から棒の端点を見ても単に回転であり，バネの長さは変化しないことに注意).

以上の近似表式 (53.1)，(53.2)，(53.4)より次の $L_{2次}$ を得る ($L_{2次}$ に加わる定数項は無視した):

$$\begin{aligned} L_{2次} &= \frac{1}{2}m\left(\dot{u}^2 + b^2\dot{\theta}^2\right) + \frac{1}{6}ma^2\dot{\phi}^2 - ku^2 - \frac{1}{2}mgb\theta^2 - ka^2\phi^2 \\ &\quad + \left(mg - 2k(b-\ell)\right)u \\ &= \frac{1}{2}m\left(\dot{u}^2 - \frac{2k}{m}u^2\right) + \frac{1}{2}mb^2\left(\dot{\theta}^2 - \frac{g}{b}\theta^2\right) + \frac{1}{6}ma^2\left(\dot{\phi}^2 - \frac{6k}{m}\phi^2\right) \end{aligned} \tag{53.5}$$

$L_{2次}$ に現れる u の 1 次項は b と ℓ の関係式 (52.6) より落ちる．あるいは逆に，「静止状態 $u(t) = 0$ が $L_{2次}$ のオイラー・ラグランジュ方程式の解であるべきこと」から「$L_{2次}$ に u の 1 次項がないこと」，すなわち (52.6)が導かれる．

3. 結局，(53.5)の $L_{2次}$ は (u, θ, ϕ) を力学変数とする 3 つの独立な調和振動子ラグランジアンの和であり，オイラー・ラグランジュ方程式の一般解は次式で与えられる:

$$u(t) = u_0 \cos\left(\sqrt{\frac{2k}{m}}\,t + \alpha_u\right)$$

$$\theta(t) = \theta_0 \cos\left(\sqrt{\frac{g}{b}}\,t + \alpha_\theta\right)$$

$$\phi(t) = \phi_0 \cos\left(\sqrt{\frac{6k}{m}}\,t + \alpha_\theta\right)$$

ここに，(u_0, α_u)，$(\theta_0, \alpha_\theta)$，$(\phi_0, \alpha_\phi)$ は任意定数である．

問題 54　円環上のバネでつながった質点系　発展

図のように，円環上に質量 m_1，m_2，m_3 の 3 つの質点がばね定数 k_{12}，k_{23}，k_{31} の 3 つのバネでつながった系を考える．質量 m_a の質点 $(a=1,2,3)$ の平衡位置からのずれを x_a とする．

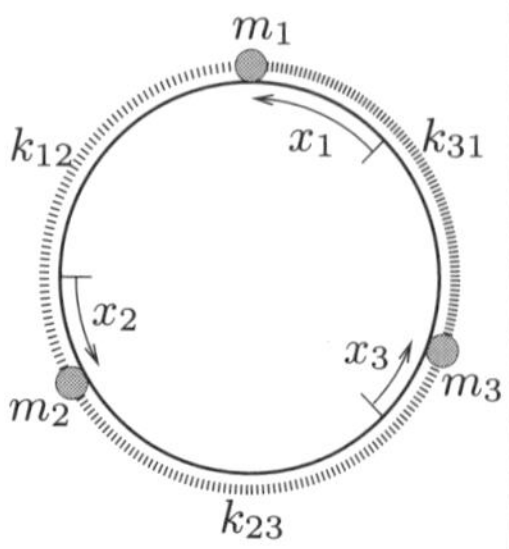

1. $(x_1(t), x_2(t), x_3(t))$ を力学変数として，この系のラグランジアンを与えよ．さらに，$\boldsymbol{q} = \begin{pmatrix} x_1 \\ x_2 \\ x_3 \end{pmatrix}$ としてこのラグランジアンを $L = \frac{1}{2}\dot{\boldsymbol{q}}^{\mathrm{T}} M \dot{\boldsymbol{q}} - \frac{1}{2}\boldsymbol{q}^{\mathrm{T}} K \boldsymbol{q}$ の形に表した際の 3×3 対称行列 M と K を与えよ．
2. 特に，3 つの質量と 3 つのバネ定数が別の正定数 m, k, c により

$$m_1 = m_2 = m_3 = m, \quad k_{12} = k_{23} = k, \quad k_{31} = ck$$

と与えられる場合のオイラー・ラグランジュ方程式の一般解を与えよ．

解説　問題 **46** と問題 **47** で行った連成振動子系のオイラー・ラグランジュ方程式の解の構成では，(47.2)式の解 ω^2 は全て正であるとしたが，この問題では $\omega^2 = 0$ なる解が含まれている．この場合，$\omega^2 = 0$ に対応する (47.1)の解 $\boldsymbol{A}_{(0)}$ は $K\boldsymbol{A}_{(0)} = 0$ を満たす．そこで，オイラー・ラグランジュ方程式 (46.3)の解 $\boldsymbol{q}(t)$ で $\boldsymbol{A}_{(0)}$ に比例するものを改めて $\boldsymbol{q}(t) = \boldsymbol{A}_{(0)} f(t)$ とおくと，

$$M\boldsymbol{A}_{(0)}\ddot{f}(t) = 0 \;\Rightarrow\; \ddot{f}(t) = 0 \;\Rightarrow\; f(t) = vt + b \quad (v,\, b\text{: 任意定数})$$

したがって，この場合，オイラー・ラグランジュ方程式の一般解 $\boldsymbol{q}(t)$ には $\boldsymbol{A}_{(0)}\cos(0\times t+\alpha)$ ではなく $\boldsymbol{A}_{(0)}(vt+b)$ が加わる．

解答

1. この系のラグランジアンは

$$L = \frac{1}{2}m_1\dot{x}_1^2 + \frac{1}{2}m_2\dot{x}_2^2 + \frac{1}{2}m_3\dot{x}_3^2 - \frac{1}{2}k_{12}(x_2 - x_1)^2 - \frac{1}{2}k_{23}(x_3 - x_2)^2 - \frac{1}{2}k_{31}(x_1 - x_3)^2$$

これより，3×3 対称行列 M と K は

$$M = \begin{pmatrix} m_1 & 0 & 0 \\ 0 & m_2 & 0 \\ 0 & 0 & m_3 \end{pmatrix}, \quad K = \begin{pmatrix} k_{31} + k_{12} & -k_{12} & -k_{31} \\ -k_{12} & k_{12} + k_{23} & -k_{23} \\ -k_{31} & -k_{23} & k_{23} + k_{31} \end{pmatrix}$$

2. 設問で与えられた質量とバネ定数の場合は

$$M = m\begin{pmatrix}1&0&0\\0&1&0\\0&0&1\end{pmatrix},\quad K = k\begin{pmatrix}1+c&-1&-c\\-1&2&-1\\-c&-1&1+c\end{pmatrix}$$

$$\Rightarrow\ K-\omega^2 M = \begin{pmatrix}(1+c)k-m\omega^2&-k&-ck\\-k&2k-m\omega^2&-k\\-ck&-k&(1+c)k-m\omega^2\end{pmatrix}$$

$$\begin{aligned}\Rightarrow\ \det(K-\omega^2M) &= \left((1+c)k-m\omega^2\right)^2(2k-m\omega^2)-2ck^3\\ &\quad -(ck)^2(2k-m\omega^2)-2k^2\left((1+c)k-m\omega^2\right)\\ &= -m^3\omega^2\left(\omega^2-\frac{3k}{m}\right)\left(\omega^2-\frac{(1+2c)k}{m}\right)\end{aligned}$$

これより解の角振動数 ω は次の 3 つ:

$$\omega_{(0)}=0,\qquad \omega_{(1)}=\sqrt{\frac{3k}{m}},\qquad \omega_{(2)}=\sqrt{\frac{(1+2c)k}{m}}$$

各 $\omega_{(p)}$ $(p=0,1,2)$ に対応した (47.1)の定数ベクトル $\boldsymbol{A}_{(p)}$ は ($c\neq 1$ の場合)

$$\left(K-\omega_{(0)}^2M\right)\boldsymbol{A}_{(0)} = k\begin{pmatrix}1+c&-1&-c\\-1&2&-1\\-c&-1&1+c\end{pmatrix}\boldsymbol{A}_{(0)}=0\ \Rightarrow\ \boldsymbol{A}_{(0)}=\begin{pmatrix}1\\1\\1\end{pmatrix}$$

$$\left(K-\omega_{(1)}^2M\right)\boldsymbol{A}_{(1)} = k\begin{pmatrix}c-2&-1&-c\\-1&-1&-1\\-c&-1&c-2\end{pmatrix}\boldsymbol{A}_{(1)}=0\ \Rightarrow\ \boldsymbol{A}_{(1)}=\begin{pmatrix}1\\-2\\1\end{pmatrix}$$

$$\left(K-\omega_{(2)}^2M\right)\boldsymbol{A}_{(2)} = k\begin{pmatrix}-c&-1&-c\\-1&1-2c&-1\\-c&-1&-c\end{pmatrix}\boldsymbol{A}_{(2)}=0\ \Rightarrow\ \boldsymbol{A}_{(2)}=\begin{pmatrix}1\\0\\-1\end{pmatrix}$$

$\omega_{(0)}=0$ に対応した解については [解説] の説明を考慮すると，オイラー・ラグランジュ方程式の一般解は上で求めた $(\omega_{(p)},\boldsymbol{A}_{(p)})$ および任意定数 (v,b) と $(C_{(p)},\alpha_{(p)})$ $(p=1,2)$ により次式で与えられる:

$$\begin{pmatrix}x_1(t)\\x_2(t)\\x_3(t)\end{pmatrix} = \boldsymbol{A}_{(0)}(vt+b)+\sum_{p=1}^{2}C_{(p)}\boldsymbol{A}_{(p)}\cos\left(\omega_{(p)}t+\alpha_{(p)}\right) \tag{54.1}$$

$c=1$ の場合は $\omega_{(1)}=\omega_{(2)}$ であり，$\boldsymbol{A}_{(1)}$ と $\boldsymbol{A}_{(2)}$ を決定する方程式が一致するが，$c\neq 1$ の場合の $\boldsymbol{A}_{(1)}$ と $\boldsymbol{A}_{(2)}$ が独立な 2 つの解となる:

$$\left(K-\omega_{(1)}^2M\right)\Big|_{c=1}\boldsymbol{A} = -k\begin{pmatrix}1&1&1\\1&1&1\\1&1&1\end{pmatrix}\boldsymbol{A}=0\ \Rightarrow\ \boldsymbol{A}=C_{(1)}\boldsymbol{A}_{(1)}+C_{(2)}\boldsymbol{A}_{(2)}$$

したがって，オイラー・ラグランジュ方程式の一般解は $c=1$ の場合も (54.1)式のままでよい．なお，$\omega_{(0)}=0$ に対応した解は，3 つの質点がそろって同じ速さ v で円環上を回転する状態を表す．

Tea Time ………………………………… ゲージ不変性

自然界の基本的な力として，電磁気力，弱い力，強い力，重力，の4種類が知られている．これらのうち，電磁気力と重力は日常生活でも馴染みのものであり，特に重力は本書にもたびたび現れる (電磁気力についても**問題 42** と**問題 43**，および，第1章の **Tea Time** 参照)．弱い力と強い力は素粒子の微視的な世界に働くものであるが，宇宙や物質の成り立ちに重要な役割を持っている．

これらの4種類の力は，いずれも，第1章の **Tea Time** で紹介した「場の理論」，すなわち，「空間の各点 $\boldsymbol{x}$ に力学変数が存在する系」として記述されるが，それらのラグランジアンは「ゲージ変換」と呼ばれる変換の下での不変性 (ゲージ不変性) を主導原理として構成される．電磁気力を記述する電磁場の理論は，ベクトルポテンシャル $\boldsymbol{A}(\boldsymbol{x},t)$ とスカラーポテンシャル $\phi(\boldsymbol{x},t)$ を力学変数とし，それらにより第1章の **Tea Time** の (I) 式で表された電場 $\boldsymbol{E}$ と磁場 $\boldsymbol{B}$ を用いて同 (II) 式のラグランジアン L で記述される．この場合のゲージ変換は，任意の $\Lambda(\boldsymbol{x},t)$ を用いた $(\boldsymbol{A},\phi)$ の変換

$$\boldsymbol{A}(\boldsymbol{x},t) \to \boldsymbol{A}(\boldsymbol{x},t) + \boldsymbol{\nabla}\Lambda(\boldsymbol{x},t), \quad \phi(\boldsymbol{x},t) \to \phi(\boldsymbol{x}) - \frac{\partial}{\partial t}\Lambda(\boldsymbol{x},t)$$

である．$\boldsymbol{E}$ と $\boldsymbol{B}$ はこのゲージ変換で不変であり，したがって (II) 式の L も不変である．$(\boldsymbol{A},\phi)$ と質点との結合は**問題 42** の (42.2) 式で与えられるが，これも上記ゲージ変換で (時間についての全微分項を除いて) 不変であるように構成されている．なお，(II) 式の L 中の組み合わせ $\epsilon_0\boldsymbol{E}^2 - (1/\mu_0)\boldsymbol{B}^2$ は，ゲージ不変性だけでなく「ローレンツ不変性」の要求も考慮したものである．弱い力 (+電磁気力) と強い力を記述する理論も複数種類の場 $(\boldsymbol{A},\phi)$ を力学変数とし，より複雑なゲージ変換に対して不変なラグランジアンを用いて記述される．

重力を記述するのはアインシュタインの一般相対性理論である．これは計量テンソル場 $g_{\mu\nu}(x)$ を力学変数とする系であり (説明は一切省略する)，時間空間座標 $x = (t,\boldsymbol{x})$ をその勝手な関数 $\widetilde{x}(x)$ に置き換えること (一般座標変換と呼ばれる)，$x \to \widetilde{x}(x)$，に対して作用が不変であることを第1原理として構成されている．難しい一般相対性理論の代わりに，一般座標変換不変性の最も簡単な例として「平面上の与えられた2点を結ぶ曲線の長さ」をあげておく．この曲線をパラメータ s $(0 \le s \le a)$ を用いて $(x(s),y(s))$ と表すと，その長さは

$$\ell[x(s),y(s)] = \int_0^a ds\,\sqrt{\dot{x}(s)^2 + \dot{y}(s)^2} \qquad \text{(ドットは } s \text{ 微分)}$$

で与えられる (**問題 21** 参照．(21.1)は上式で特に $s = x$ と取ったもの)．$u(s)$ を s の勝手な関数 (ただし，$u(0) = 0$，$u(a) = a$) として，曲線の長さ ℓ はパラメータの変数変換 (=1次元一般座標変換) $\big(x(s),y(s)\big) \to \big(x(u(s)),y(u(s)\big)$ で不変，すなわち，$\ell[x(u(s)),y(u(s))] = \ell[x(s),y(s)]$ である．これは微分のチェインルール

$$\frac{d}{ds}x(u(s)) = \frac{du(s)}{ds}\frac{d}{du}x(u), \qquad ds\,\frac{du(s)}{ds} = du$$

より導かれるが，「曲線の長さ」が曲線の表し方 (パラメータの取り方) に依らないのは当然でもある．

Chapter 5

ラグランジュの未定乗数法

ラグランジュの未定乗数法は，ラグランジアンを表している力学変数の間に関係式 (拘束条件) があり互いに独立ではない場合に，拘束条件を解いて独立な力学変数だけで系を表すのではなく，代わりに未定乗数と呼ばれる拘束条件と同数の新しい変数を導入して運動方程式を表現する便利で見通しのよい手法である．また，新たに導入される未定乗数は，拘束に起因する力 (例えば，ひもの張力や斜面からの摩擦力や垂直抗力) という物理的な意味を持っている．この章では，ラグランジュの未定乗数法自体の導出問題から始め，それを用いたさまざまな応用問題を扱う．

問題 55　ラグランジュの未定乗数法の導出　基本

2つの力学変数 $x(t)$ と $y(t)$ で記述される系を考える．この系のラグランジアンは $L(x,y,\dot{x},\dot{y})$ で与えられるが，$x(t)$ と $y(t)$ にはある関数 $C(x,y)$ を用いた

$$C\bigl(x(t),y(t)\bigr)=0 \tag{55.1}$$

なる**拘束条件**が課せられている．この系に対して以下のことを示せ．

時刻 $t=t_I$ および $t=t_F$ における $x(t)$ と $y(t)$ の値を固定したとき，拘束条件(55.1)の下で作用 $S=\int_{t_I}^{t_F}dt\,L(x,y,\dot{x},\dot{y})$ を停留させる $(x(t),y(t))$ は，新たな時間の未知関数 (**未定乗数**と呼ぶ) $\lambda(t)$ を導入した次の運動方程式，

$$\frac{d}{dt}\frac{\partial L}{\partial\dot{x}}=\frac{\partial L}{\partial x}+\lambda\frac{\partial C}{\partial x} \tag{55.2}$$

$$\frac{d}{dt}\frac{\partial L}{\partial\dot{y}}=\frac{\partial L}{\partial y}+\lambda\frac{\partial C}{\partial y} \tag{55.3}$$

および拘束条件 (55.1)を解くことにより得られる．

これを**ラグランジュの未定乗数法** (Lagrange's method of undetermined multipliers) と呼ぶ．なお，(55.2)と (55.3)を通常のオイラー・ラグランジュ方程式と比べると，右辺にはポテンシャル力を与える $\partial L/\partial x$，$\partial L/\partial y$ に加えて $\lambda(\partial C/\partial x)$，$\lambda(\partial C/\partial y)$ が存在する．後者の項は拘束から来る余分の力を表し，**拘束力**と呼ばれる．

解説　ラグランジュの未定乗数法は力学変数の間に拘束条件が付いた系を扱うための便利で見通しのよい方法である．これは任意個数の力学変数と任意個数の拘束条件がある系に適用できるが，この問題は，最も簡単な「2個の力学変数と1個の拘束条件」の場合にラグランジュの未定乗数法の導出を問うものである．

解答

作用の停留条件は拘束条件 (55.1)の有無に関係なく

$$\begin{aligned}\delta S&=\int_{t_I}^{t_F}dt\left(\frac{\partial L}{\partial x}\delta x+\frac{\partial L}{\partial\dot{x}}\delta\dot{x}+\frac{\partial L}{\partial y}\delta y+\frac{\partial L}{\partial\dot{y}}\delta\dot{y}\right)\\&=\int dt\left\{\left(\frac{\partial L}{\partial x}-\frac{d}{dt}\frac{\partial L}{\partial\dot{x}}\right)\delta x+\left(\frac{\partial L}{\partial y}-\frac{d}{dt}\frac{\partial L}{\partial\dot{y}}\right)\delta y\right\}=0\end{aligned} \tag{55.4}$$

第2等号において，両端の時刻 $t=t_I,t_F$ で $\delta x=\delta y=0$ であることを用いて部分積分を行った．

しかし，拘束条件 (55.1)がある場合，$\delta x(t)$ と $\delta y(t)$ は独立ではなく，

$$\frac{\partial C(x,y)}{\partial x}\delta x+\frac{\partial C(x,y)}{\partial y}\delta y=0 \tag{55.5}$$

の関係があり，したがって，(55.4)からは $x(t)$ と $y(t)$ についての通常のオイラー・ラグランジュ方程式が従わない．実際，停留条件 (55.4)を満たす $(x(t), y(t))$ だけでなく，それから微小にずれた $(x(t)+\delta x(t), y(t)+\delta y(t))$ も (55.1)を満たさねばならないので

$$\text{$(\delta x, \delta y)$ について 1 次までテイラー展開}$$

$$0 = C(x+\delta x, y+\delta y) \overset{\downarrow}{\doteq} \underbrace{C(x,y)}_{=0} + \frac{\partial C(x,y)}{\partial x}\delta x + \frac{\partial C(x,y)}{\partial y}\delta y$$

これより，(55.5)が導かれる．

さて，(55.4)と (55.5)からラグランジュの未定乗数法を導く方法はいくつかあるが，以下では 2 つの導出法を記す．

<u>方法 1:</u>

(55.5)より，δy を δx により $\delta y = -\dfrac{\partial C}{\partial x}\left(\dfrac{\partial C}{\partial y}\right)^{-1}\delta x$ と表して (55.4)に代入すると

$$\delta S = \int_{t_1}^{t_2} dt \left[\frac{\partial L}{\partial x} - \frac{d}{dt}\frac{\partial L}{\partial \dot{x}} + \frac{\partial C}{\partial x}\underbrace{\left(-\frac{\partial C}{\partial y}\right)^{-1}\left(\frac{\partial L}{\partial y} - \frac{d}{dt}\frac{\partial L}{\partial \dot{y}}\right)}_{\equiv \lambda(t)\ \text{と定義}}\right]\delta x = 0$$

これが任意の $\delta x(t)$ に対して成り立つべきことから

$$\frac{\partial L}{\partial x} - \frac{d}{dt}\frac{\partial L}{\partial \dot{x}} + \lambda\frac{\partial C}{\partial x} = 0$$

が導かれる．また，$\lambda(t)$ の定義より

$$\frac{\partial L}{\partial y} - \frac{d}{dt}\frac{\partial L}{\partial \dot{y}} + \lambda\frac{\partial C}{\partial y} = 0$$

<u>方法 2:</u>

(55.4)と (55.5) が共に成り立つべきことから，$\lambda(t)$ を時間の任意関数として，

$$(55.4) + \int_{t_1}^{t_2} dt\, \lambda(t) \times (55.5)$$

すなわち

$$\int dt \left\{\left(\frac{\partial L}{\partial x} - \frac{d}{dt}\frac{\partial L}{\partial \dot{x}} + \lambda\frac{\partial C}{\partial x}\right)\delta x + \left(\frac{\partial L}{\partial y} - \frac{d}{dt}\frac{\partial L}{\partial \dot{y}} + \lambda\frac{\partial C}{\partial y}\right)\delta y\right\} = 0 \qquad (55.6)$$

も成り立つ必要がある．$\lambda(t)$ は任意なので，δx に掛かった量がゼロ，つまり，

$$\frac{\partial L}{\partial x} - \frac{d}{dt}\frac{\partial L}{\partial \dot{x}} + \lambda\frac{\partial C}{\partial x} = 0$$

を満たすように選ぶ．すると，停留条件 (55.6)には $\delta y(t)$ のみが現れ，$\delta y(t)$ は任意なので

$$\frac{\partial L}{\partial y} - \frac{d}{dt}\frac{\partial L}{\partial \dot{y}} + \lambda\frac{\partial C}{\partial y} = 0$$

が要求される．

問題 56　滑車に架かったひもの両端にある2質点の系　基本

中心の位置が固定された半径 a の滑車に架かった長さ ℓ のひもの両端にそれぞれ質量 m と M の2質点が付いた系を考える．ひもと滑車の質量は無視でき，いかなる摩擦も存在しないとし，重力加速度の大きさを g とする．

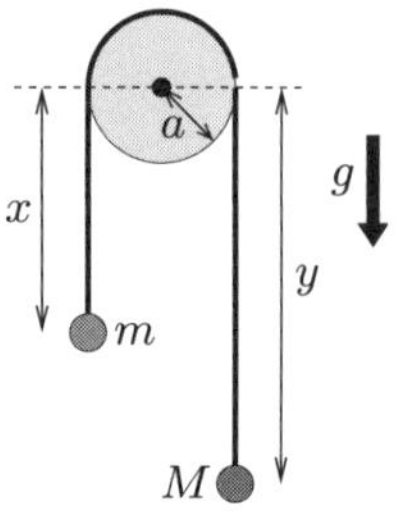

1. 図のように，2質点が滑車の中心からそれぞれ距離 $x(t)$ と $y(t)$ だけ低い位置にあるとする．2つの質点がひもでつながっておらず，$x(t)$ と $y(t)$ が独立であるとした場合のラグランジアン $L(x, y, \dot{x}, \dot{y})$，および，ひもの存在を表す拘束条件 $C(x, y) = 0$ の関数 $C(x, y)$ を与えよ．
2. ラグランジュの未定乗数法におけるこの系の運動方程式，すなわち，**問題 55** の(55.2)と(55.3)を書き下せ．
3. 質量 m の質点を $x = b$ の位置に固定し，時刻 $t = 0$ に静かに放した．その後の $x(t)$ を前設問2で得た運動方程式と拘束条件から求めよ．また，未定乗数 $\lambda(t)$ も求め，その物理的意味を述べよ．

解 説　ラグランジュの未定乗数法の最初の応用例として，高校物理でも扱える簡単な問題を取り上げる．ラグランジュの未定乗数法を用いるのでなければ，独立な力学変数として $x(t)$ をとり

$$L(x, \dot{x}) = \frac{1}{2}(m + M)\dot{x}^2 + mgx + Mg(\ell - \pi a - x) \tag{56.1}$$

のラグランジアンから得られるオイラー・ラグランジュ方程式を考えることになる．これとラグランジュの未定乗数法による解法との等価性を理解してほしい．

解 答

1. まず，$x(t)$ と $y(t)$ が独立だとした場合のラグランジアンは

$$L(x, y, \dot{x}, \dot{y}) = \frac{1}{2}m\dot{x}^2 + \frac{1}{2}M\dot{y}^2 + mgx + Mgy \tag{56.2}$$

ここで，x と y が2質点の「高さ」ではなく「低さ」であるため，mgx と Mgy が共に (引き算ではなく) 足し算で L に現れることに注意．

次に，2質点が長さ ℓ のひもでつながれていると，滑車のひもが架かった部分の長さが πa であることを考慮して

$$x + y + \pi a = \ell$$

すなわち，

$$C(x, y) = x + y + \pi a - \ell$$

2. (55.2)と (55.3)は，今の L と C に対しては以下の通り:

$$\frac{d}{dt}\frac{\partial L}{\partial \dot{x}} = \frac{\partial L}{\partial x} + \lambda\frac{\partial C}{\partial x} \quad \Rightarrow \quad m\ddot{x} = mg + \lambda \tag{56.3}$$

$$\frac{d}{dt}\frac{\partial L}{\partial \dot{y}} = \frac{\partial L}{\partial y} + \lambda\frac{\partial C}{\partial y} \quad \Rightarrow \quad M\ddot{y} = Mg + \lambda \tag{56.4}$$

3. $x(t), y(t), \lambda(t)$ の 3 つの未知関数に対する 3 つの方程式 (55.2), (55.3), $C(x, y) = 0$ を，初期条件

$$x(0) = b, \qquad \dot{x}(0) = 0$$

の下で解けばよい．解き方は色々あるが，要領よくやると以下の通り．
まず，(56.3)から (56.4) を辺々引いて λ を消去することで

$$m\ddot{x} - M\ddot{y} = (m - M)\, g \quad \underset{\ddot{y} = -\ddot{x}}{\overset{\Rightarrow}{\uparrow}} \quad \ddot{x} = \frac{m - M}{m + M}\, g \tag{56.5}$$

を得る．ここで，

$$C(x(t), y(t)) = 0 \quad \Rightarrow \quad \frac{d^2}{dt^2}C(x(t), y(t)) = 0 \quad \Rightarrow \quad \ddot{x} + \ddot{y} = 0 \tag{56.6}$$

を用いた．(56.5)の上記初期条件での解は

$$x(t) = \frac{1}{2}\frac{m - M}{m + M}\, gt^2 + b,$$

次に，$\lambda(t)$ を求めるために，$M \times (56.3) + m \times (56.4)$ を考えると

$$mM\underbrace{(\ddot{x} + \ddot{y})}_{=0} = 2mMg + (m + M)\,\lambda \quad \Rightarrow \quad \lambda(t) = -\frac{2mMg}{m + M}$$

ここでも (56.6)を用いた．もちろん，(56.3)と上で得た $\ddot{x}$ より

$$\lambda = m\ddot{x} - mg = m\frac{m - M}{m + M}\, g - mg = -\frac{2mMg}{m + M}$$

と求めてもよい．
(56.3)と (56.4) からわかるように，$\lambda(t)$ の物理的意味は「**ひもの張力** (ただし，鉛直下向きが正)」である．

補足
(56.1)のラグランジアン，すなわち，(56.2)において拘束条件を用いて $y(t) = \ell - \pi a - x(t)$ と表したラグランジアンから出発するなら，オイラー・ラグランジュ方程式は

$$(m + M)\,\ddot{x} = (m - M)\, g$$

となり，(56.5)を得る．

問題 57　バネとひもでつながった 2 質点系再考　基本

問題 09 の系をラグランジュの未定乗数法を用いて再考する．図のように，水平で滑らかな台の上で，左端を固定されたバネ (バネ定数 k) の右端に質量 m の質点 (質点 m) がつながれており，この質点はさらに，長さ一定のひもで，滑車を介して，質量 M の質点 (質点 M) とつながっている．ひもがたるむことはなく，質点 M は鉛直方向にのみ運動するとする．また，あらゆる摩擦，ひもと滑車の質量は無視できるものとし，重力加速度の大きさを g とする．

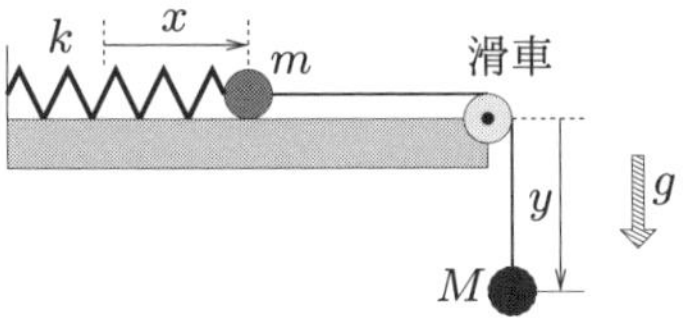

1. バネの自然長からの伸びを $x(t)$，質点 M の滑車からの距離を $y(t)$ とする．2 つの質点がひもでつながっておらず，$x(t)$ と $y(t)$ が独立であるとした場合のラグランジアン $L(x, y, \dot{x}, \dot{y})$，および，ひもの存在を表す拘束条件 $C(x, y) = 0$ の関数 $C(x, y)$ を与えよ．
2. ラグランジュの未定乗数法におけるこの系の運動方程式，すなわち，**問題 55** の (55.2)と (55.3)を書き下せ．
3. 質点 m を $x = a$ の位置に固定し，時刻 $t = 0$ に静かに放した．その後の $x(t)$ を前設問 2 で得た運動方程式と拘束条件から求めよ．また，未定乗数 $\lambda(t)$ も求め，その物理的意味を述べよ．

解 説　ラグランジュの未定乗数法の第 2 の応用例として，**問題 09** の系を考える．未定乗数を用いない**問題 09** の解法の方が簡単と思うかもしれないが，ここはラグランジュの未定乗数法の練習と思ってほしい．

解 答

1. まず，L は質点 m が付いたバネの系のラグランジアンと一様な重力場中の質点 M (質点の「低さ」が y) のラグランジアンの和であって
$$L = \frac{1}{2}m\dot{x}^2 + \frac{1}{2}M\dot{y}^2 - \frac{1}{2}kx^2 + Mgy$$
次に，2 質点が長さ一定のひもでつながっていると，x と y の差が一定であって
$$C(x, y) = x - y - b \qquad (b\text{: 定数})$$
2. (55.2)と (55.3)は以下の通り:

$$\frac{d}{dt}\frac{\partial L}{\partial \dot{x}} = \frac{\partial L}{\partial x} + \lambda\frac{\partial C}{\partial x} \quad \Rightarrow \quad m\ddot{x} = -kx + \lambda \tag{57.1}$$

$$\frac{d}{dt}\frac{\partial L}{\partial \dot{y}} = \frac{\partial L}{\partial y} + \lambda\frac{\partial C}{\partial y} \quad \Rightarrow \quad M\ddot{y} = Mg - \lambda \tag{57.2}$$

3. まず，(57.1) + (57.2) を考えて λ を消去し，

$$C(x(t), y(t)) = 0 \quad \Rightarrow \quad \frac{d^2}{dt^2}C(x(t), y(t)) = 0 \quad \Rightarrow \quad \ddot{x} - \ddot{y} = 0$$

を用いると，

$$m\ddot{x} + M\ddot{y} = -kx + Mg \underset{\substack{\uparrow \\ \ddot{y} = \ddot{x}}}{\Rightarrow} (m + M)\,\ddot{x} = -kx + Mg \tag{57.3}$$

これは**問題 09** のオイラー・ラグランジュ方程式 (09.1) と同じであり，初期条件

$$x(0) = a, \qquad \dot{x}(0) = 0$$

での解は**問題 09** の解答 (09.2) にある通り

$$x(t) = \frac{Mg}{k} + \left(a - \frac{Mg}{k}\right)\cos\left(\sqrt{\frac{k}{m + M}}\,t\right) \tag{57.4}$$

次に，$\lambda(t)$ は $M \times (57.1) - m \times (57.2)$ より

$$mM\underbrace{(\ddot{x} - \ddot{y})}_{=0} = -Mkx - mMg + (M + m)\lambda \;\Rightarrow\; \lambda = \frac{M}{m + M}\,kx + \frac{mMg}{m + M}$$

あるいは，(57.1)より

$$\lambda = m\ddot{x} + kx \underset{\substack{\uparrow \\ (57.3)}}{=} \frac{m}{m + M}\,(-kx + Mg) + kx = \frac{M}{m + M}\,kx + \frac{mMg}{m + M}$$

と $x(t)$ で表される．これに (57.4)を用いて

$$\lambda(t) = Mg + \frac{M}{m + M}\,(ka - Mg)\cos\left(\sqrt{\frac{k}{m + M}}\,t\right)$$

を得る．(57.1)と (57.2)より，$\lambda(t)$ は「ひもの張力」である．

問題 58　斜面を滑り落ちる質点　基本

図のように，傾斜角が β の斜面を質点 (質量 m) が摩擦なく滑り落ちる過程を，質点のデカルト座標 $(x(t), y(t))$ を用い，ラグランジュの未定乗数法により考察する．

斜面は原点 O $(0,0)$ を通り，y 方向が鉛直上方であり，重力加速度の大きさを g とする．また，時刻 $t=0$ における初期条件を，$x(0)=a$ および $\dot{x}(0)=0$ ($y(0)$ および $\dot{y}(0)$ は拘束条件から決まるもの) とする．なお，以下では解答は角度 β ではなく，$b=\tan\beta$ で与えられる傾き b を用いて表せ．

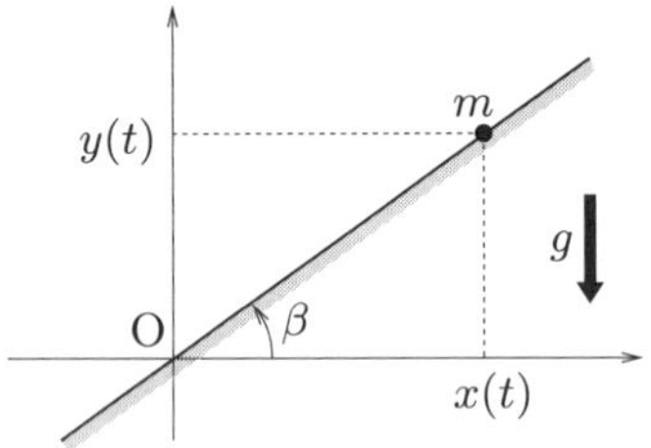

1. 質点が斜面上に拘束されていない場合のラグランジアン $L(x, y, \dot{x}, \dot{y})$，および，質点が斜面上にあることを表す拘束条件 $C(x,y)=0$ の関数 $C(x,y)$ を与えよ．
2. 拘束条件 $C(x,y)=0$，および，ラグランジュの未定乗数法における運動方程式 (55.2)と (55.3)を解き，$x(t)$ と $y(t)$ を求めよ．さらに，斜面から質点に働く力 (抗力) の x 成分および y 成分を，未定乗数 $\lambda(t)$ と関連させて求めよ．

解 説　これも高校物理程度の問題であるが，ラグランジュの未定乗数法における運動方程式の拘束力項から斜面の抗力を読み取ることができる例である．

解 答

1. 質点のラグランジアン および拘束条件の関数 $C(x,y)$ は

$$L = \frac{1}{2}m\left(\dot{x}^2+\dot{y}^2\right) - mgy$$

$$C = y - bx$$

なお，C については，$C = bx - y$, $C = (y/x) - b$ 等の (x,y) に同じ関係式を与えるものも基本的に可であるが，以下の設問 2 の解答は $C = y - bx$ を取った場合のものである．なお，$C = (y/x) - b$ の場合については最後の補足で説明を与えている．

2. (55.1), (55.2), (55.3) はそれぞれ

$$(55.1) \Rightarrow \ y = bx \tag{58.1}$$

$$(55.2) \Rightarrow \ m\ddot{x} = -b\lambda \tag{58.2}$$

$$(55.3) \Rightarrow \ m\ddot{y} = -mg + \lambda \tag{58.3}$$

$(58.2) + b \times (58.3)$ を考えて λ を消去し，$(d/dt)^2 C(x,y) = 0$ からの $\ddot{y} = b\ddot{x}$ を用いて

$$m(\ddot{x} + b\ddot{y}) = -bmg \ \underset{\ddot{y} = b\ddot{x}}{\Longrightarrow} \ \ddot{x} = -\frac{b}{1+b^2}g$$

問題の初期条件を満たす解は

$$x(t) = a - \frac{1}{2}\frac{b}{1+b^2}\,gt^2$$

であって，$y(t)$ は

$$y(t) = b\,x(t) = ab - \frac{1}{2}\frac{b^2}{1+b^2}\,gt^2$$

次に，$\lambda(t)$ を求めるために，$\ddot{y} = b\ddot{x}$ を考慮して $b \times (58.2) - (58.3)$ を考え，

$$m\,\underbrace{(b\ddot{x} - \ddot{y})}_{=0} = mg - (b^2+1)\lambda \quad \Rightarrow \quad \lambda(t) = \frac{1}{1+b^2}\,mg$$

抗力 (F_x, F_y) は (58.2)と (58.3) のそれぞれ右辺の拘束力項より

$$F_x = -b\lambda = -\frac{b}{1+b^2}\,mg, \quad F_y = \lambda = \frac{1}{1+b^2}\,mg$$

補足：$C = (y/x) - b$ と取った場合

拘束条件の関数 $C(x,y)$ を

$$C = \frac{y}{x} - b$$

と取ると，(55.1), (55.2), (55.3) はそれぞれ

$$(55.1) \Rightarrow \ \frac{y}{x} = b \ \Rightarrow \ y = bx \tag{58.4}$$

$$(55.2) \Rightarrow \ m\ddot{x} = \lambda\left(-\frac{y}{x^2}\right) \underset{\substack{\uparrow \\ (58.4)}}{=} -b\frac{\lambda}{x} \tag{58.5}$$

$$(55.3) \Rightarrow \ m\ddot{y} = -mg + \frac{\lambda}{x} \tag{58.6}$$

となる．(58.5)と (58.6) はそれぞれ (58.2)と (58.3)において $\lambda \to \lambda/x$ の置き換えをしたものであり，上の設問 2 の解答においても同じ置き換えをすれば今の $C(x,y)$ の場合の解答となる．したがって，$x(t)$, $y(t)$, F_x, F_y はすべて上の解答と同一である．

問題 59　ひもで重りがつるされた単振り子　標準

鉛直平面内を運動する単振り子 (ひもの長さ ℓ, おもりの質量 m) をラグランジュの未定乗数法で考える. 図のように, この鉛直平面上の (x, y) 座標を, 原点Oがおもりの最下点, 鉛直上向きに y 軸, 水平方向に x 軸, となるように取る. したがって, ひもは y 軸上の点 $(0, \ell)$ からつるされている. なお, ひもの質量は無視できるとし, 重力加速度の大きさを g とする.

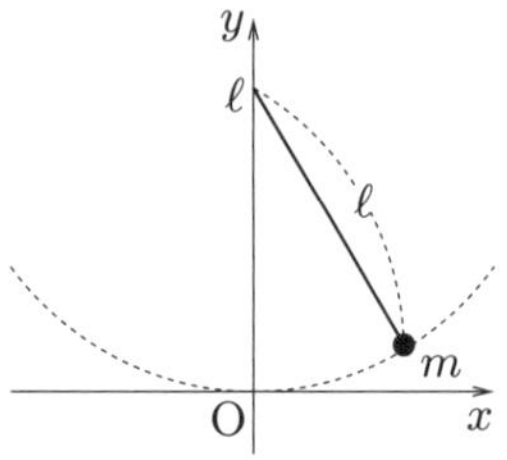

1. おもり (質点) の座標 $(x(t), y(t))$ を力学変数として取り, ひもがない場合のラグランジアン $L(x, y, \dot{x}, \dot{y})$, および, ひも (たるんでいないとする) の存在を表す拘束条件の関数 $C(x, y)$ を与えよ.
2. 今, 原点に静止していたおもりに初速度 $(\dot{x}, \dot{y}) = (v_0, 0)$ を与えたとする $(v_0 > 0)$. その後の時刻における, ひもの張力の大きさを, おもりの y 座標を用いて表せ (ここでも, ひもはたるまないとせよ). ただし, 前設問1で求めた $L(x, y, \dot{x}, \dot{y})$ および $C(x, y)$ に対して (55.1), (55.2), (55.3)式を考えることにより求めよ. [**ヒント:** $(55.2) \times \dot{x} + (55.3) \times \dot{y}$ や $(55.2) \times x + (55.3) \times (y - \ell)$ 等を考えることにより, λ を y で表せ.]
3. 与えられた初速 v_0 に対して, その後の振り子の運動において, ひもがたるむことがあるかを考察せよ. もしもあるならば, たるみ始める時のおもりの y 座標を与えよ. [**ヒント:** 前設問2の結果, および, エネルギー保存則等を用いよ.]

解説　ひもで質点をつるした単振り子系をラグランジュの未定乗数法で扱う. ひもがたるむ瞬間, ひもの張力がゼロになることに注意.

解答

1. L は一様な重力場中の質点のもの, 拘束条件は「2点 $(0, \ell)$ と (x, y) の間の距離がひもの長さ ℓ に等しい」を表すものであり,

$$L(x, y, \dot{x}, \dot{y}) = \frac{1}{2}m\left(\dot{x}^2 + \dot{y}^2\right) - mgy, \qquad C(x, y) = x^2 + (y - \ell)^2 - \ell^2$$

なお, $C = \sqrt{x^2 + (y - \ell)^2} - \ell$ でもよいが, 以下の解答は上記 C を取った場合.

2. (55.2)と (55.3) はそれぞれ

$$m\ddot{x} = 2\lambda x \tag{59.1}$$

$$m\ddot{y} = -mg + 2\lambda(y - \ell) \tag{59.2}$$

(59.1) $\times \dot{x}$ + (59.2) $\times \dot{y}$ より

$$\frac{d}{dt}\frac{m}{2}\left(\dot{x}^2+\dot{y}^2\right) = -mg\dot{y} + \lambda\frac{d}{dt}\underbrace{\left(x^2+(y-\ell)^2\right)}_{=\ell^2} = \frac{d}{dt}(-mgy)$$

から

$$\frac{m}{2}\left(\dot{x}^2+\dot{y}^2\right) + mgy = (\text{一定}) = \frac{m}{2}v_0^2 \quad (\text{エネルギー保存}) \tag{59.3}$$

次に，(59.1) $\times x$ + (59.2) $\times (y-\ell)$ より

$$m\left(\ddot{x}x + \ddot{y}(y-\ell)\right) = 2\lambda\left(x^2+(y-\ell)^2\right) - mg(y-\ell) = 2\lambda\ell^2 - mg(y-\ell) \tag{59.4}$$

そこで，$(d/dt)^2C(x,y)=0$ からの $\ddot{x}x+\ddot{y}(y-\ell)+\dot{x}^2+\dot{y}^2=0$ に (59.3)を用いて得られる $\ddot{x}x+\ddot{y}(y-\ell)=2gy-v_0^2$ を (59.4)に代入して

$$m(2gy-v_0^2) = 2\lambda\ell^2 - mg(y-\ell) \ \Rightarrow\ \lambda = \frac{3mg}{2\ell^2}\left(y - \frac{v_0^2}{3g} - \frac{\ell}{3}\right)$$

(59.1)と (59.2)の右辺の λ 項より，ひもの張力の (x,y) 成分は $(2\lambda x, 2\lambda(y-\ell))$ であって，

$$(\text{張力の大きさ}) = \sqrt{(2\lambda x)^2 + (2\lambda(y-\ell))^2} = 2\ell\,|\lambda| = \frac{3mg}{\ell}\left(\frac{\ell}{3} + \frac{v_0^2}{3g} - y\right)$$

3. (a) ひもがたるむのは，ひもの張力がゼロになる点．この y 座標 $(=y_1)$ は

$$y_1 = \frac{\ell}{3} + \frac{v_0^2}{3g}$$

(b) 他方，与えられた v_0 に対して，ひもが張ったまま到達できる (エネルギー保存からの) 最高点の y 座標 $(=y_{\max})$ は，(59.3)式と最高点ではおもりが静止することから

$$\frac{m}{2}\underbrace{\left(\dot{x}^2+\dot{y}^2\right)}_{=0} + mgy_{\max} = \frac{m}{2}v_0^2 \quad\Rightarrow\quad y_{\max} = \frac{v_0^2}{2g}$$

であり，

$$y_1 < y_{\max}\ (\text{ひもがたるむ点まで到達可能}) \quad\Leftrightarrow\quad v_0 > \sqrt{2g\ell}$$

なお，$v_0=\sqrt{2g\ell}$ の場合は，ひもが丁度水平位置，おもりは $(\pm\ell,\ell)$ の点にまで達する．

(c) ただし，おもりの y 座標は最高点の値 2ℓ を超えることはできない: $y \leq 2\ell$

$$y_1 < 2\ell\ (\text{ひもがたるむ点の } y_1 \text{ に意味がある}) \quad\Leftrightarrow\quad v_0 < \sqrt{5g\ell}$$

なお，$v_0=\sqrt{5g\ell}$ の場合は，ひもが鉛直上方位置，おもりは点 $(0,2\ell)$ でひもの張力はゼロとなるが，おもりはこの最高点を速度 $(-\sqrt{g\ell},0)$ で通過する．

以上より，

- $\sqrt{2g\ell} < v_0 < \sqrt{5g\ell}$ の場合，$y = y_1 = \dfrac{\ell}{3} + \dfrac{v_0^2}{3g}$ でひもがたるみ始める．
- $v_0 \leq \sqrt{2g\ell}$ の場合，ひもはたるまない．振り子は，(非回転) 周期運動をする．
- $v_0 \geq \sqrt{5g\ell}$ の場合も，ひもはたるまない．振り子は回転運動をする．

問題 60　複数の拘束条件がある場合のラグランジュの未定乗数法　標準

問題 55 では,「2 つの力学変数と 1 つの拘束条件」の場合のラグランジュの未定乗数法の導出を考えたが,この問題では一般の「N 個の力学変数と A 個の拘束条件 $(N > A)$」の場合を考える.

N 個の力学変数 $q = (q_1, \cdots, q_N)$ に A 個の拘束条件

$$C_a(q(t)) = 0 \qquad (a = 1, \cdots, A) \tag{60.1}$$

が付いており,ラグランジアンが $(q, \dot{q})$ を用いて $L(q, \dot{q}, t)$ で与えられる系に対して以下のことを示せ.

時刻 $t = t_I$ および $t = t_F$ における $q(t)$ の値を固定したとき,拘束条件 (60.1)の下で作用 $S = \int_{t_I}^{t_F} dt\, L(q, \dot{q}, t)$ を停留させる $q(t)$ は,新たな時間の未知関数 (**未定乗数**) $\lambda_a(t)$ $(a = 1, \cdots, A)$ を導入した運動方程式

$$\frac{d}{dt}\frac{\partial L}{\partial \dot{q}_i} = \frac{\partial L}{\partial q_i} + \lambda_a \frac{\partial C_a(q)}{\partial q_i} \qquad (i = 1, \cdots, N) \tag{60.2}$$

および拘束条件 (60.1)を解くことにより得られる.

なお,(60.2)の右辺第 2 項では a についての和 $\sum_{a=1}^{A}$ が省略されている.また,未知関数 $(q_i(t), \lambda_a(t))$ の個数 $(N + A)$ は,それらを決定するための方程式 (60.2)と (60.1)の個数に等しいことに注意.

解 説　力学変数の数と拘束条件の数が一般の場合にラグランジュの未定乗数法を導出する問題である.(60.2)式の導出法はいくつかあるが,[解答] では,ベクトル記号を用いた直観的導出を行っている.

なお,N 個の運動方程式 (60.2)と A 個の拘束条件 (60.1)は,形式上,$(N + A)$ 個の力学変数 $(q, \lambda) = (q_1, \cdots, q_N, \lambda_1, \cdots, \lambda_A)$ に対するラグランジアン ($\dot{\lambda}$ は含まない)

$$L_C(q, \dot{q}, \lambda, t) = L(q, \dot{q}, t) + \lambda_a C_a(q) \tag{60.3}$$

の通常のオイラー・ラグランジュ方程式として得られることに注意 ((60.2)よりも覚えやすい).実際,

$$\frac{d}{dt}\frac{\partial L_C}{\partial \dot{q}_i} = \frac{\partial L_C}{\partial q_i} \ \Rightarrow\ (60.2), \qquad \frac{d}{dt}\underbrace{\frac{\partial L_C}{\partial \dot{\lambda}_a}}_{=0} = \frac{\partial L_C}{\partial \lambda_a} \ \Rightarrow\ (60.1)$$

解 答

作用の停留条件は拘束条件の有無に関係なく次式で与えられる:

$$\delta S = \int_{t_I}^{t_F} dt \left(\frac{\partial L}{\partial q_i}\delta q_i + \frac{\partial L}{\partial \dot{q}_i}\delta \dot{q}_i \right) = \int_{t_I}^{t_F} dt \left(\frac{\partial L}{\partial q_i} - \frac{d}{dt}\frac{\partial L}{\partial \dot{q}_i} \right) \delta q_i = 0 \tag{60.4}$$

ここに，第 2 等号において $\delta q_i(t=t_I, t_F)=0$ を用いて部分積分を行った．しかし，拘束条件 (60.1)がある場合は，N 個の微小変形 δq_i が全て独立というわけではなく，次の A 個の条件を満たすものに限られる:

$$\frac{\partial C_a(q)}{\partial q_i}\delta q_i(t)=0 \qquad (a=1,\cdots,A) \tag{60.5}$$

これは，停留条件を満たす $q(t)$ だけでなく，それから微小にずれた $q(t)+\delta q(t)$ も拘束条件 (60.1)を満たさねばならないことから (δq の 2 次以上は無視し)

$$0=C_a(q+\delta q)=\underbrace{C_a(q)}_{=0}+\frac{\partial C_a(q)}{\partial q_i}\delta q_i$$

として導かれる．したがって，今の場合，(60.4)からは通常のオイラー・ラグランジュ方程式 (04.2)は導かれない．

今，A 個の N 次元ベクトル

$$\boldsymbol{D}_a(t)=\left(\frac{\partial C_a(q)}{\partial q_i}\right)=\left(\frac{\partial C_a(q)}{\partial q_1},\cdots,\frac{\partial C_a(q)}{\partial q_N}\right) \quad (a=1,\cdots,A) \tag{60.6}$$

が各時刻 t において線形独立であると仮定する．また，N 次元ベクトル $\delta\boldsymbol{q}(t)$ と $\boldsymbol{E}(t)$ を

$$\delta\boldsymbol{q}(t)=(\delta q_i)=(\delta q_1,\cdots,\delta q_N)$$
$$\boldsymbol{E}(t)=\left(\frac{\partial L}{\partial q_i}-\frac{d}{dt}\frac{\partial L}{\partial \dot{q}_i}\right)=\left(\frac{\partial L}{\partial q_1}-\frac{d}{dt}\frac{\partial L}{\partial \dot{q}_1},\cdots,\frac{\partial L}{\partial q_N}-\frac{d}{dt}\frac{\partial L}{\partial \dot{q}_N}\right)$$

で定義する．すると，今の $\delta q(t)$ に対する条件 (60.5)の下での作用の停留条件 (60.4)は

> A 個の $\boldsymbol{D}_a(t)$ (60.6)と直交する任意の $\delta\boldsymbol{q}(t)$，すなわち，
>
> $$\boldsymbol{D}_a(t)\cdot\delta\boldsymbol{q}(t)=0 \quad (a=1,\cdots,A)$$
>
> を満たす任意の $\delta\boldsymbol{q}(t)$ に対して
>
> $$\int_{t_I}^{t_F} dt\,\boldsymbol{E}(t)\cdot\delta\boldsymbol{q}(t)=0$$
>
> が成り立つべし．

と表現されるが，これは $\boldsymbol{E}(t)$ が (各時刻 t において) A 個のベクトル $\boldsymbol{D}_a(t)$ で張られる A 次元部分空間の元であること，すなわち，

$$\boldsymbol{E}(t)=-\sum_{a=1}^{A}\lambda_a(t)\boldsymbol{D}_a(t)$$

を満たす各時刻における係数 $\lambda_a(t)$ が存在することを意味する (念のために，$\sum_{a=1}^{A}$ を明記した)．これは (60.2)に他ならない．

なお，A 個の $\boldsymbol{D}_a(t)$ (60.6)が線形独立ではなかった場合は $\lambda_a(t)$ が一意的ではなくなるが，実際の例においては (拘束条件に重複や矛盾のない限り) そのようなことは生じない．

問題 61　斜面を転がり落ちる車輪　標準

図のように水平からの傾き角 β の斜面を，半径 a で質量 m の車輪 (太さ無視) が滑ることなく転がり落ちる過程を，力学変数として図の距離 $x(t)$ と角度 $\theta(t)$ を用い，ラグランジュの未定乗数法により考える．ここに，θ は車輪が距離 x だけ転がる間の回転角度である．

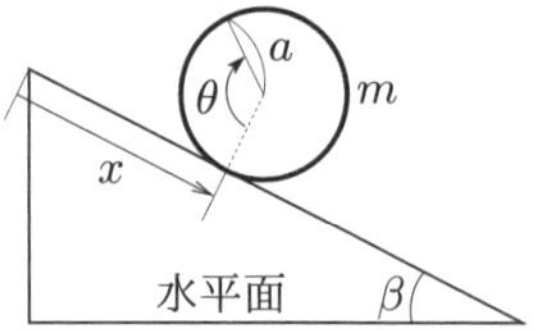

$t = 0$ における初期条件を $x(0) = \dot{x}(0) = 0$ (したがって，$\theta(0) = \dot{\theta}(0) = 0$) とする．また，重力加速度の大きさを g とする．

1. この系のラグランジアン $L(x, \theta, \dot{x}, \dot{\theta})$ と拘束条件 $C(x, \theta) = 0$ を与えよ．
2. ラグランジュの未定乗数法の運動方程式を解き，$x(t)$ と $\theta(t)$ を求めよ．さらに，車輪が斜面から受ける**摩擦力**を未定乗数に関連させて求めよ．

次に，同じ系を斜面に沿った方向の座標 $x(t)$ に加えて，図の斜面に垂直な方向の座標 $y(t)$ も導入して考える．すなわち，車輪の中心の座標が $(x(t), y(t))$ であり，θ は車輪が距離 x だけ転がる間の回転角度である．

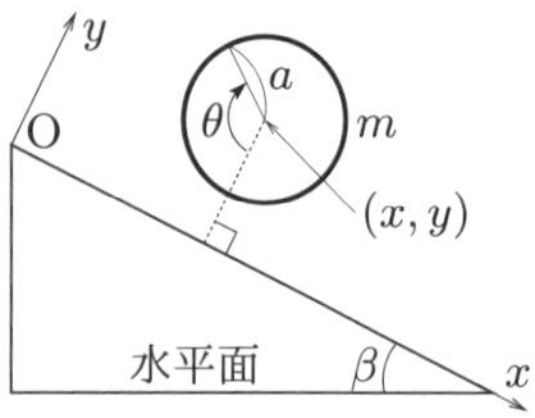

3. この系のラグランジアン $L(x, y, \theta, \dot{x}, \dot{y}, \dot{\theta})$ と 2 つの拘束条件 $C_1(x, y, \theta) = 0$ と $C_2(x, y, \theta) = 0$ を与えよ．
4. ラグランジュの未定乗数法の運動方程式を解き，$x(t)$ と $\theta(t)$ を求めよ．さらに，「車輪が斜面から受ける摩擦力」と「斜面から車輪に働く**垂直抗力**」を未定乗数に関連させて求めよ．

解説　車輪が斜面を転がり落ちる過程をラグランジュの未定乗数法で解く問題であるが，(N, A) が $(2, 1)$ と $(3, 2)$ の 2 通りを考える．

なお，ラグランジアンを得るためには車輪 (=剛体) の運動エネルギーが必要となるが，剛体の運動エネルギーは一般に「重心運動」と「重心周りの回転運動」の寄与の和となることを用いる (**問題 101** の設問 1，および，[解答] の (101.4)式参照)．車輪の重心 (=中心) 周りの回転の運動エネルギーは，慣性モーメントを知らなくても，「車輪上の各点 (総質量 m) が速さ $a\dot{\theta}$ で運動する」と考えれば $\frac{1}{2}m(a\dot{\theta})^2$ とわかる．

解答

1. [解説] の通り，車輪の運動エネルギー は $\frac{1}{2}m\dot{x}^2 + \frac{1}{2}ma^2\dot{\theta}^2$ であり，また，車輪の重力ポテンシャルは車輪の中心に質量 m の質点があるとしたものに等しい．し

たがって，

$$L(x,\theta,\dot{x},\dot{\theta}) = \frac{1}{2}m\dot{x}^2 + \frac{1}{2}ma^2\dot{\theta}^2 + mgx\sin\beta$$

また，拘束条件は車輪が滑らないことを表す

$$C(x,\theta) \equiv x - a\theta = 0$$

2. ラグランジュの未定乗数法の運動方程式は

$$\frac{d}{dt}\frac{\partial L}{\partial \dot{x}} = \frac{\partial L}{\partial x} + \lambda\frac{\partial C}{\partial x} \;\Rightarrow\; m\ddot{x} = mg\sin\beta + \lambda \tag{61.1}$$

$$\frac{d}{dt}\frac{\partial L}{\partial \dot{\theta}} = \frac{\partial L}{\partial \theta} + \lambda\frac{\partial C}{\partial \theta} \;\Rightarrow\; ma^2\ddot{\theta} = -a\lambda \tag{61.2}$$

(61.1) + $(1/a)\times$ (61.2) により λ を消去し，$(d/dt)^2C = 0$ からの $a\ddot{\theta} = \ddot{x}$ を用いて

$$m\underbrace{\left(\ddot{x} + a\ddot{\theta}\right)}_{2\ddot{x}} = mg\sin\beta \underset{\substack{\uparrow \\ x(0)=\dot{x}(0)=0}}{\Rightarrow} x(t) = \frac{g\sin\beta}{4}t^2 \;\Rightarrow\; \theta(t) = \frac{1}{a}x(t) = \frac{g\sin\beta}{4a}t^2$$

(61.1)からわかるように「車輪が斜面から受ける摩擦力」は $-\lambda$ であり，(61.1) − $(1/a)\times$ (61.2) より

$$m\underbrace{\left(\ddot{x} - a\ddot{\theta}\right)}_{=0} = mg\sin\beta + 2\lambda \;\Rightarrow\; (\text{摩擦力}) = -\lambda = \frac{1}{2}mg\sin\beta$$

3. ラグランジアンは設問 1 のものに $y(t)$ の重心運動エネルギーと重力ポテンシャル・エネルギーへの寄与を加えて

$$L(x,y,\theta,\dot{x},\dot{y},\dot{\theta}) = \frac{1}{2}m\left(\dot{x}^2 + \dot{y}^2\right) + \frac{1}{2}ma^2\dot{\theta}^2 - mg\left(-x\sin\beta + y\cos\beta\right)$$

拘束条件は次の 2 つ:

$$C_1(x,y,\theta) \equiv y - a = 0 \quad (\text{車輪が斜面に接している})$$

$$C_2(x,y,\theta) \equiv x - a\theta = 0 \quad (\text{車輪が滑らない})$$

4. 拘束条件が複数ある場合のラグランジュの未定乗数法の運動方程式 (60.2)は

$$\frac{d}{dt}\frac{\partial L}{\partial \dot{x}} = \frac{\partial L}{\partial x} + \lambda_1\frac{\partial C_1}{\partial x} + \lambda_2\frac{\partial C_2}{\partial x} \;\Rightarrow\; m\ddot{x} = mg\sin\beta + \lambda_2 \tag{61.3}$$

$$\frac{d}{dt}\frac{\partial L}{\partial \dot{y}} = \frac{\partial L}{\partial y} + \lambda_1\frac{\partial C_1}{\partial y} + \lambda_2\frac{\partial C_2}{\partial y} \;\Rightarrow\; m\ddot{y} = -mg\cos\beta + \lambda_1 \tag{61.4}$$

$$\frac{d}{dt}\frac{\partial L}{\partial \dot{\theta}} = \frac{\partial L}{\partial \theta} + \lambda_1\frac{\partial C_1}{\partial \theta} + \lambda_2\frac{\partial C_2}{\partial \theta} \;\Rightarrow\; ma^2\ddot{\theta} = -a\lambda_2 \tag{61.5}$$

(61.3)，(61.5) は設問 2 の (61.1)，(61.2)と全く同じ (ただし，$\lambda_2 = \lambda$，$C_2 = C$) であり，$(x(t),\theta(t))$ と摩擦力については同じ結果となる．(61.4)からわかるように，λ_1 が「斜面から車輪に働く垂直抗力」であり，(61.4)に $(d/dt)^2C_1 = 0$ からの $\ddot{y}(t) = 0$ を用いて

$$(\text{垂直抗力}) = \lambda_1 = mg\cos\beta$$

問題 62　**円環を転がり落ちる車輪**　発展

上図のように，水平台に鉛直に固定された半径 b の円環(の一部) の頂上に最初静止した車輪 (半径 a, 質量 m, 太さ無視) が，円環上を滑ることなく転がり落ちる過程をラグランジュの未定乗数法を用いて考える (正確には，頂上に静止した車輪を微小に右に押す)．転がり始めた車輪は，その後，ある位置で円環を離れるが，以下では，車輪が円環を離れる直前までの過程を考える．

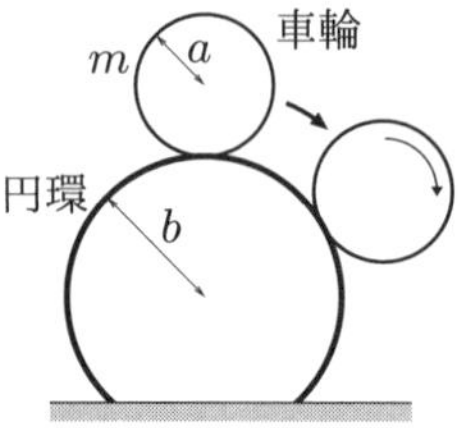

ここでは力学変数として，下図の $r(t)$, $\theta(t)$, $\phi(t)$ の 3 つを取る．ここに，r は円環と車輪の中心間の距離，θ は車輪が円環頂上から転がり始めてからの回転角 (点 P は最初円環頂上に接していた)，ϕ は円環と車輪の中心同士を結ぶ線分が y 軸 (鉛直上方) と成す角度である．重力加速度の大きさを g とする．

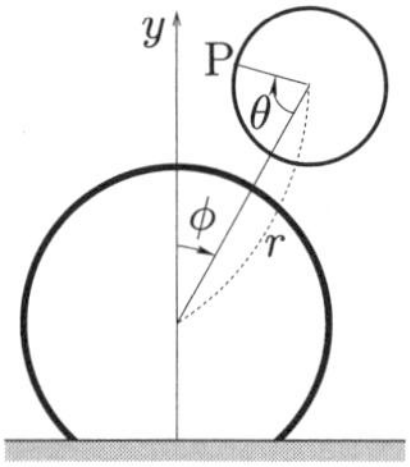

1. この系を表すラグランジアン $L(r,\theta,\phi,\dot r,\dot\theta,\dot\phi)$ および 2 つの拘束条件 $C_1(r,\theta,\phi)=0$ と $C_2(r,\theta,\phi)=0$ を与えよ．
2. 前設問 1 で与えた L, C_1, C_2 に対して，ラグランジュの未定乗数法の運動方程式を書き下せ．さらに，それらに 2 つの拘束条件を用いて得られる，$\phi(t)$ およびその時間微分らに対する方程式を与えよ．
3. 車輪が円環を離れる瞬間の角度 ϕ を ϕ_0 とする．前設問 2 で得た方程式に基づいて ϕ_0 を与えよ．車輪が円環から受ける垂直抗力と未定乗数の関係に注意．必要なら，$\dot\phi\ddot\phi=\dfrac{1}{2}\dfrac{d}{dt}\dot\phi^2$ および $\dot\phi\sin\phi=-\dfrac{d}{dt}\cos\phi$ の関係式を用いよ．
4. 車輪が円環から受ける摩擦力を ϕ の関数として与えよ．

解 説　**問題 61** の後半と同様に，力学変数が 3 つで拘束条件が 2 つ ($(N,A)=(3,2)$) の場合のラグランジュの未定乗数法の応用問題である．

解 答

1. **問題 61** の場合と同じく

$$
\begin{aligned}
L = &\ (\text{車輪の重心の運動エネルギー}) + (\text{車輪の重心周りの回転運動エネルギー}) \\
&- (\text{車輪の中心に置いた質量 } m \text{ の質点の重力ポテンシャル・エネルギー})
\end{aligned}
$$

であるが，これに，(i) 車輪の重心 (=中心) の (速度)^2 は $\dot r^2 + r^2\dot\phi^2$，および，(ii) 車輪の重心周りの回転角速度は $\dot\theta+\dot\phi$ (車輪の中心から見た点 P の鉛直下方からの角度は $\theta+\phi$ であることに注意)，を用いて

$$L=\frac{1}{2}m\left(\dot{r}^2+r^2\dot{\phi}^2\right)+\frac{1}{2}ma^2\left(\dot{\theta}+\dot{\phi}\right)^2-mgr\cos\phi$$

拘束条件は「車輪が円環に接していること」と「車輪が滑らないこと」を表す

$$C_1\equiv r-a-b=0,\qquad C_2\equiv a\theta-b\phi=0$$

なお，C_1 と C_2 の組は上記のものと数学的に等価であればよい．例えば，C_1 はそのままで，C_2 を $C_2\equiv(r-b)\,\theta-b\phi=0$ としてもよいが，この場合，設問 2 以降の λ_1 が $\lambda_1+\lambda_2\theta$ に取り代わり，これが垂直抗力を表す．

2. ラグランジュの未定乗数法の運動方程式 (60.2)は

$$\frac{d}{dt}\frac{\partial L}{\partial\dot{r}}=\frac{\partial L}{\partial r}+\lambda_1\frac{\partial C_1}{\partial r}+\lambda_2\frac{\partial C_2}{\partial r}\ \Rightarrow\ m\ddot{r}=mr\dot{\phi}^2-mg\cos\phi+\lambda_1$$

$$\frac{d}{dt}\frac{\partial L}{\partial\dot{\theta}}=\frac{\partial L}{\partial\theta}+\lambda_1\frac{\partial C_1}{\partial\theta}+\lambda_2\frac{\partial C_2}{\partial\theta}\ \Rightarrow\ ma^2\left(\ddot{\theta}+\ddot{\phi}\right)=a\lambda_2$$

$$\frac{d}{dt}\frac{\partial L}{\partial\dot{\phi}}=\frac{\partial L}{\partial\phi}+\sum_{a=1}^{2}\lambda_a\frac{\partial C_a}{\partial\phi}\ \Rightarrow\ m\frac{d}{dt}\left(r^2\dot{\phi}\right)+ma^2\left(\ddot{\theta}+\ddot{\phi}\right)=mgr\sin\phi-b\lambda_2$$

次に，これらの 3 式に 2 つの拘束条件からの $r=a+b$，$\theta=(b/a)\phi$，$\dot{r}=\ddot{r}=0$，$\ddot{\theta}=(b/a)\ddot{\phi}$ を代入して $(\phi,\dot{\phi},\ddot{\phi})$ のみで表すと，それぞれ

$$0=m(a+b)\dot{\phi}^2-mg\cos\phi+\lambda_1 \tag{62.1}$$

$$ma(a+b)\ddot{\phi}=a\lambda_2 \tag{62.2}$$

$$m(a+b)(2a+b)\ddot{\phi}=mg(a+b)\sin\phi-b\lambda_2 \tag{62.3}$$

3. 車輪が円環を離れるのは，円環から車輪に働く垂直抗力 λ_1 がゼロになる瞬間である．(62.1)—(62.3) から，λ_1 を $\cos\phi$ で表す．まず，(62.2)と (62.3)から λ_2 を消去して得られる $2(a+b)\ddot{\phi}-g\sin\phi=0$ の両辺に $\dot{\phi}$ を掛け，問題文に与えられた 2 式を用いると $\frac{d}{dt}\left[(a+b)\dot{\phi}^2+g\cos\phi\right]=0$ を得る．これより

$$(a+b)\dot{\phi}^2+g\cos\phi=\text{保存量}=\text{円環頂上}\ (\phi=\dot{\phi}=0)\ \text{での値}=g \tag{62.4}$$

(62.4)式からの $(a+b)\dot{\phi}^2=g\,(1-\cos\phi)$ を (62.1)式に用いて

$$\lambda_1=mg\,(2\cos\phi-1)\ \Rightarrow\ \cos\phi_0=\frac{1}{2}\ \Rightarrow\ \phi_0=\frac{\pi}{3}$$

を得る．なお，(62.4)式は車輪のエネルギー

$$E=\underbrace{\frac{1}{2}m(a+b)^2\dot{\phi}^2}_{\text{重心の並進}}+\underbrace{\frac{1}{2}m\overbrace{a^2(\dot{\theta}+\dot{\phi})^2}^{(a+b)^2\dot{\phi}^2}}_{\text{重心周りの回転}}+\underbrace{mg(a+b)\cos\phi}_{\text{重力ポテンシャル}}$$

の保存から直ちに導かれる関係式である．また，車輪が円環の頂上から転がり始めて円環を離れるまでには無限の時間を要する．

4. 車輪が円環から受ける摩擦力は λ_2 である．(62.2)と (62.3)から $\ddot{\phi}$ を消去して

$$(\text{摩擦力})=\lambda_2=\frac{1}{2}mg\sin\phi$$

Tea Time ………… 数学におけるラグランジュの未定乗数法

多くの微分積分学の教科書に記述があるように，ラグランジュの未定乗数法は元来は数学における「条件付き極値問題」の解法である．例えば，2 変数 (x, y) の間に条件式 $C(x, y) = 0$ が存在するときの関数 $f(x, y)$ の極大/極小値を求めるには，3 変数 (x, y, λ) についての次の 3 つの方程式を解けばよい:

$$\partial_x f(x,y) + \lambda \partial_x C(x,y) = 0, \quad \partial_y f(x,y) + \lambda \partial_y C(x,y) = 0, \quad C(x,y) = 0 \qquad \text{(I)}$$

ここに，$\partial_x = \partial/\partial x$，$\partial_y = \partial/\partial y$ の簡略記号を用いた．すなわち，3 変数 (x, y, λ) の関数

$$f_C(x,y,\lambda) = f(x,y) + \lambda C(x,y)$$

に対する通常の停留条件，$\partial_x f_C = \partial_y f_C = \partial_\lambda f_C = 0$ を考えればよい (**問題 60** の [解説] 参照).

この導出は解析力学における (55.2)と (55.3)の導出と本質的に同じであるが，例えば以下のとおりである．まず，$C(x, y) = 0$ より $y = g(x)$ と表される，すなわち，$C(x, g(x)) \equiv 0$ として，これを x について微分すると

$$\begin{aligned} 0 &= \frac{d}{dx} C(x, g(x)) = \left(\partial_x C(x,y) + g'(x) \partial_y C(x,y) \right)\Big|_{y=g(x)} \\ \Rightarrow \quad & g'(x) = -\left(\partial_y C(x,y)\right)^{-1} \partial_x C(x,y)\Big|_{y=g(x)} \end{aligned} \qquad \text{(II)}$$

求める条件付き極小/極大点は $F(x) = f(x, g(x))$ の停留点であり，(II) の $g'(x)$ の表式を用いて

$$\begin{aligned} 0 = \frac{dF(x)}{dx} &= \left(\partial_x f(x,y) + g'(x) \partial_y f(x,y) \right)\Big|_{y=g(x)} \\ &= (\partial_y C)^{-1} \left((\partial_y C)(\partial_x f) - (\partial_x C)(\partial_y f) \right)\Big|_{y=g(x)} \end{aligned}$$

これより，求める停留点は $y = g(x)$，すなわち，$C(x, y) = 0$ の下で

$$(\partial_y C)(\partial_x f) - (\partial_x C)(\partial_y f) = 0 \quad \Rightarrow \quad \frac{\partial_x f}{\partial_x C} = \frac{\partial_y f}{\partial_y C} = -\lambda \ (\text{と置く})$$

となり，(I) の第 1 および第 2 式を得る．

応用として，$C(x, y) = x^2 + y^2 - 1 = 0$ の条件の下での $f(x, y) = x + y$ の極値を求めよう．この場合の (I) の 3 つの式は

$$1 + 2\lambda x = 0, \quad 1 + 2\lambda y = 0, \quad x^2 + y^2 = 1$$

この解は $x = y = -1/(2\lambda) = \pm 1/\sqrt{2}$ であり，したがって，今の $f(x, y)$ の最大値は $\sqrt{2}$ $(x = y = 1/\sqrt{2})$，最小値は $-\sqrt{2}$ $(x = y = -1/\sqrt{2})$ である．

この結果は，$C(x, y) = 0$ より $(x, y) = (\cos\theta, \sin\theta)$ と表した $f(x, y) = \cos\theta + \sin\theta = \sqrt{2}\sin(\theta + \pi/4)$ から得られる最大/最小値ともちろん一致する．

Chapter 6

ハミルトニアンとハミルトンの運動方程式

前章までのラグランジアン $L(q, \dot{q}, t)$ と最小作用の原理を基礎とする解析力学の形式を**ラグランジュ形式**と呼ぶのに対して，これからの 3 つの章で扱う**ハミルトン形式**は力学変数 q とそれに対応した一般化運動量 p の組 (q, p) を基本変数とする形式であり，そこではさまざまな有用な概念が導入され，美しい結果が得られる．この章では，まず，ハミルトニアン，ハミルトンの運動方程式，位相空間軌跡，ポアソン括弧等のハミルトン形式における基本概念についての問題を扱う．

問題 63　ハミルトンの運動方程式　基本

ラグランジアン $L(q,\dot{q},t)$ で記述される N 自由度系において力学変数 q_i に対応した **(一般化) 運動量** p_i を

$$p_i = \frac{\partial L(q,\dot{q},t)}{\partial \dot{q}_i} \qquad (i=1,\cdots,N) \tag{63.1}$$

で定義する．今，(63.1)式 (全部で N 個) を N 個の $\dot{q}_i$ について解き，(q,p,t) の関数として

$$\dot{q}_i = \dot{q}_i(q,p,t) \qquad (i=1,\cdots,N) \tag{63.2}$$

と表せたとし，この系の**ハミルトニアン** (Hamiltonian) を

$$H(q,p,t) = \sum_{i=1}^{N} p_i\dot{q}_i - L(q,\dot{q},t) \tag{63.3}$$

で定義する．ここに，右辺の $\dot{q}_i$ は (q,p,t) で表された (63.2)のものである．

この系のオイラー・ラグランジュ方程式 (04.2)から，次の**ハミルトンの運動方程式** (Hamilton's equation of motion) を導け:

$$\dot{q}_i = \frac{\partial H(q,p,t)}{\partial p_i}, \qquad \dot{p}_i = -\frac{\partial H(q,p,t)}{\partial q_i} \qquad (i=1,\cdots,N) \tag{63.4}$$

解説　ハミルトン形式の出発点である「一般化運動量」と「ハミルトニアン」を導入し，オイラー・ラグランジュ方程式に代わる運動方程式である「ハミルトンの運動方程式」を導く基本問題である．偏微分におけるチェインルールを正しく用いる必要がある．

なお，力学変数 $q=(q_1,\cdots,q_N)$ と (一般化) 運動量 $p=(p_1,\cdots,p_N)$ を合わせた (q,p) を**正準変数**と呼ぶ．ハミルトニアン (63.3)はエネルギー E (29.4)を正準変数で表したものである．

解答

まず，(63.4)の第 1 式右辺の偏微分 $\partial H(q,p,t)/\partial p_i$ を計算する．以下では諸量の「陽な時間依存性」は計算に関係ないので省略する (「陽な時間依存性」については**問題 04** の問題文を参照．ハミルトニアン $H(q,p,t)$ については第 3 の変数 t が陽な時間依存性であり，$q(t)$ と $p(t)$ を通じた以外の，手で与えた t の関数による時間依存性を表す)．(63.3)式で定義した H は q と p (および，省略する「陽な時間依存」) の関数であるが，まず，p 依存性は次の $(a),(b),(c)$ の 3 箇所

$$H(q,p) = \sum_{j=1}^{N} \underset{\substack{\uparrow\\(a)}}{p_j}\,\dot{q}_j(q,\underset{\substack{\uparrow\\(b)}}{p}) - L\bigl(q,\dot{q}(q,\underset{\substack{\uparrow\\(c)}}{p})\bigr) \tag{63.5}$$

である (右辺第 1 項の和記号では，偏微分変数 p_i のインデックス i との競合を避けるために j についての和とした)．それぞれの p 依存箇所を p_i について偏微分し，特に (c) に対しては偏微分のチェインルールを用いて

$$\frac{\partial H(q,p)}{\partial p_i} = \sum_{j=1}^{N}\left(\underbrace{\frac{\partial p_j}{\partial p_i}}_{(a)}\dot{q}_j + p_j\underbrace{\frac{\partial \dot{q}_j(q,p)}{\partial p_i}}_{(b)}\right) - \underbrace{\sum_{j=1}^{N}\frac{\partial L(q,\dot{q})}{\partial \dot{q}_j}\frac{\partial \dot{q}_j(q,p)}{\partial p_i}}_{(c)}$$

$$= \sum_{j=1}^{N}\left[\underbrace{\frac{\partial p_j}{\partial p_i}}_{=\delta_{ij}}\dot{q}_j + \underbrace{\left(p_j - \frac{\partial L(q,\dot{q})}{\partial \dot{q}_j}\right)}_{=0\ \because\ (63.1)}\frac{\partial \dot{q}_j(q,p)}{\partial p_i}\right] = \dot{q}_i \qquad (63.6)$$

を得る．ここに，1 行目右辺の $(a), (b), (c)$ 部分は (63.5)式の対応箇所の p_i 偏微分である．

次に，(63.4)の第 2 式右辺の偏微分 $\partial H(q,p,t)/\partial q_i$ を考える．(63.3)式の H の q 依存性は次の $(d), (e), (f)$ の 3 箇所

$$H(q,p) = \sum_{j=1}^{N} p_j \dot{q}_j(\underset{\substack{\uparrow\\(d)}}{q},p) - L\Big(\underset{\substack{\uparrow\\(e)}}{q},\dot{q}(\underset{\substack{\uparrow\\(f)}}{q},p)\Big)$$

であり，それぞれを q_i 偏微分して

$$\frac{\partial H(q,p)}{\partial q_i} = \sum_{j=1}^{N} p_j\underbrace{\frac{\partial \dot{q}_j(q,p)}{\partial q_i}}_{(d)} - \left(\underbrace{\frac{\partial L(q,\dot{q})}{\partial q_i}}_{(e)} + \underbrace{\sum_{j=1}^{N}\frac{\partial L(q,\dot{q})}{\partial \dot{q}_j}\frac{\partial \dot{q}_j(q,p)}{\partial q_i}}_{(f)}\right)$$

$$= \sum_{j=1}^{N}\underbrace{\left(p_j - \frac{\partial L(q,\dot{q})}{\partial \dot{q}_j}\right)}_{=0\ \because\ (63.1)}\frac{\partial \dot{q}_j(q,p)}{\partial q_i} - \frac{\partial L(q,\dot{q})}{\partial q_i}$$

$$= -\frac{\partial L(q,\dot{q})}{\partial q_i} = -\dot{p}_i \qquad (63.7)$$

を得る．ここに，最後の等号では，オイラー・ラグランジュ方程式 (04.2)と p_i の定義式 (63.1)からの関係式

$$\frac{\partial L(q,\dot{q},t)}{\partial q_i} \underset{\substack{\uparrow\\(04.2)}}{=} \frac{d}{dt}\underbrace{\frac{\partial L(q,\dot{q},t)}{\partial \dot{q}_i}}_{=p_i} = \dot{p}_i$$

を用いた．

なお，ここではオイラー・ラグランジュ方程式を用いてハミルトンの運動方程式を導出したが，(63.6)と (63.7)を振り返れば，逆にハミルトンの運動方程式からオイラー・ラグランジュ方程式が導かれることも分かる．

問題 64　ハミルトニアンとハミルトンの運動方程式の例　基本

次の2つの系において，ハミルトニアンを与え，ハミルトンの運動方程式を書き下せ．さらに，ハミルトンの運動方程式からオイラー・ラグランジュ方程式が導かれることを確認せよ．

1. 3次元空間におけるポテンシャル・エネルギー $U(\boldsymbol{x})$ の下の質量 m の質点の系．質点の位置ベクトル $\boldsymbol{x}(t)=(x_1(t),x_2(t),x_3(t))$ のデカルト座標成分 $x_i(t)$ $(i=1,2,3)$ を力学変数に取る．
2. 力学変数 $q(t)$ を持ち，ラグランジアンが

$$L(q,\dot{q})=\frac{1}{2}f(q)\dot{q}^2-U(q)$$

で与えられる1自由度系．ここに，$f(q)$ と $U(q)$ は与えられた q の関数である．

解説　**問題 63** に与えたハミルトニアンとハミルトンの運動方程式の一般公式を，それぞれの具体的な系の場合に考える．特に，設問1のポテンシャル下の1質点系の場合，[解答] に与えたハミルトンの運動方程式 (64.1)と (64.2)は，それぞれ，$\boldsymbol{p}=m\dot{\boldsymbol{x}}$ および $\dfrac{d}{dt}\boldsymbol{p}=-\boldsymbol{\nabla}U(\boldsymbol{x})=$ (ポテンシャル力) という，「力学」でおなじみの式であることに注意．

なお，問題の2つの系ともに，ハミルトニアンはラグランジアンにおけるポテンシャル・エネルギーの符号をプラスに変え，力学変数の時間微分 ($\dot{x}_i$ あるいは $\dot{q}$) を運動量で表したものとなっている．これはラグランジアンに力学変数の時間微分が「2次同次関数」の形で入っている場合の一般的性質である (**問題 30** 参照).

解答

1. この系のラグランジアンは

$$L(\boldsymbol{x},\dot{\boldsymbol{x}})=\frac{1}{2}m\dot{\boldsymbol{x}}^2-U(\boldsymbol{x})$$

であり，力学変数 x_i $(i=1,2,3)$ に対応した運動量 p_i は

$$p_i=\frac{\partial L}{\partial \dot{x}_i}=m\dot{x}_i$$

これからの $\dot{x}_i=p_i/m$ を用いて，ハミルトニアンは

$$\begin{aligned}H(\boldsymbol{x},\boldsymbol{p})&=\sum_{i=1}^{3}p_i\dot{x}_i-L(\boldsymbol{x},\dot{\boldsymbol{x}})=\frac{1}{m}\boldsymbol{p}^2-\left(\frac{1}{2m}\boldsymbol{p}^2-U(\boldsymbol{x})\right)\\&=\frac{1}{2m}\boldsymbol{p}^2+U(\boldsymbol{x})\end{aligned}$$

ハミルトンの運動方程式は

$$\dot{x}_i = \frac{\partial H(\boldsymbol{x},\boldsymbol{p})}{\partial p_i} = \frac{1}{m}p_i \tag{64.1}$$

$$\dot{p}_i = -\frac{\partial H(\boldsymbol{x},\boldsymbol{p})}{\partial x_i} = -\frac{\partial U(\boldsymbol{x})}{\partial x_i} \tag{64.2}$$

この第 1 式 (64.1)の両辺を時間微分し，現れる $\dot{p}_i$ に第 2 式 (64.2)を用いることで

$$\ddot{x}_i = \frac{1}{m}\dot{p}_i = -\frac{1}{m}\frac{\partial U(\boldsymbol{x})}{\partial x_i}$$

を得るが，これはこの系のオイラー・ラグランジュ方程式である．

2. まず，q に対応した運動量 p は

$$p = \frac{\partial L(q,\dot{q})}{\partial \dot{q}} = f(q)\dot{q} \quad \Rightarrow \quad \dot{q} = \frac{1}{f(q)}\,p$$

であり，ハミルトニアンは

$$\begin{aligned} H(q,p) &= p\dot{q} - L(q,\dot{q}) = \frac{1}{f(q)}\,p^2 - \left(\frac{1}{2f(q)}\,p^2 - U(q)\right) \\ &= \frac{1}{2f(q)}\,p^2 + U(q) \end{aligned}$$

ハミルトンの運動方程式は

$$\dot{q} = \frac{\partial H(q,p)}{\partial p} = \frac{1}{f(q)}\,p \tag{64.3}$$

$$\dot{p} = -\frac{\partial H(q,p)}{\partial q} = \frac{f'(q)}{2f(q)^2}\,p^2 - U'(q) \tag{64.4}$$

次に，ハミルトンの運動方程式からオイラー・ラグランジュ方程式が導かれることを確認する．まず，

$$\frac{\partial L(q,\dot{q})}{\partial \dot{q}} = f(q)\dot{q}, \qquad \frac{\partial L(q,\dot{q})}{\partial q} = \frac{1}{2}f'(q)\dot{q}^2 - U'(q)$$

より，この系のオイラー・ラグランジュ方程式は

$$\frac{d}{dt}\frac{\partial L(q,\dot{q})}{\partial \dot{q}} = \frac{\partial L(q,\dot{q})}{\partial q} \quad \Rightarrow \quad \frac{d}{dt}\left(f(q)\dot{q}\right) = \frac{1}{2}f'(q)\dot{q}^2 - U'(q)$$

他方，ハミルトンの運動方程式の第 1 式 (64.3)からの p の表式

$$p = f(q)\dot{q}$$

を第 2 式 (64.4)の両辺に代入すると

$$\underbrace{\dot{p}}_{\frac{d}{dt}\left(f(q)\dot{q}\right)} = \frac{f'(q)}{2f(q)^2}\underbrace{p^2}_{\left(f(q)\dot{q}\right)^2} - U'(q) \quad \Rightarrow \quad \frac{d}{dt}\left(f(q)\dot{q}\right) = \frac{1}{2}f'(q)\dot{q}^2 - U'(q)$$

となり，オイラー・ラグランジュ方程式を再現する．

問題 65　3 次元空間内の中心力ポテンシャル下の質点　標準

3 次元空間内を中心力ポテンシャル $U(r)$ の下で運動する質量 m の質点の系を，**3 次元極座標** (r, θ, φ) を力学変数にとって考える (右図参照)．質点の位置ベクトル $\boldsymbol{x}$ のデカルト座標成分は (r, θ, φ) により次式で与えられる:

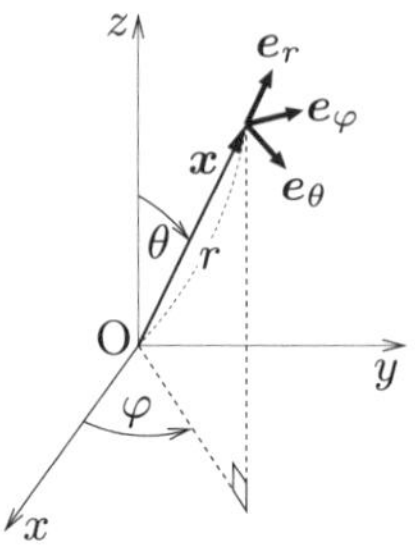

$$\boldsymbol{x} = \begin{pmatrix} x \\ y \\ z \end{pmatrix} = r \begin{pmatrix} \sin\theta\cos\varphi \\ \sin\theta\sin\varphi \\ \cos\theta \end{pmatrix}$$

なお，図中の $\boldsymbol{e}_r$, $\boldsymbol{e}_\theta$, $\boldsymbol{e}_\varphi$ は，点 $\boldsymbol{x}$ におけるそれぞれ r, θ, φ 方向の**単位ベクトル** (長さ 1) であり，**正規直交性** (長さ 1 で互いに直交)

$$\boldsymbol{e}_a \cdot \boldsymbol{e}_b = \delta_{a,b} \quad (a, b = r, \theta, \varphi) \tag{65.1}$$

を満たし，具体的なデカルト座標成分は次のとおりである (確認せよ):

$$\boldsymbol{e}_r(\boldsymbol{x}) = \begin{pmatrix} \sin\theta\cos\varphi \\ \sin\theta\sin\varphi \\ \cos\theta \end{pmatrix}, \quad \boldsymbol{e}_\theta(\boldsymbol{x}) = \begin{pmatrix} \cos\theta\cos\varphi \\ \cos\theta\sin\varphi \\ -\sin\theta \end{pmatrix}, \quad \boldsymbol{e}_\varphi(\boldsymbol{x}) = \begin{pmatrix} -\sin\varphi \\ \cos\varphi \\ 0 \end{pmatrix}$$

1. 質点の速度ベクトル $\dot{\boldsymbol{x}}$ を $\boldsymbol{e}_a$ $(a = r, \theta, \varphi)$ を用いて表せ．
2. (r, θ, φ) を力学変数としたこの質点系のラグランジアンを与えよ．
3. (r, θ, φ) および対応した運動量 $(p_r, p_\theta, p_\varphi)$ を正準変数としたこの系のハミルトニアンを与えよ．
4. この系のラグランジアンは原点周りの任意の空間回転で不変であり，ネーターの定理によって角運動量 $\boldsymbol{M} = \boldsymbol{x} \times \boldsymbol{p}$ は保存量である (**問題 33** の設問 1 参照)．この角運動量ベクトル $\boldsymbol{M}$ を $\boldsymbol{e}_a$ $(a = r, \theta, \varphi)$ を用い，係数として極座標正準変数 $(r, \theta, \varphi, p_r, p_\theta, p_\varphi)$ を用いて表せ．さらに $\boldsymbol{M}^2$ を極座標正準変数により表せ．
5. 設問 3 で求めたハミルトニアンは (r, p_r) と角運動量 $\boldsymbol{M}$ だけで表すことができる．このハミルトニアンの表式を与えよ．

解 説　**問題 39** では，中心力ポテンシャルの下で平面上を運動する質点の系を扱ったが，そこの [解説] にあるとおり，3 次元空間を運動する質点の場合も，結局，1 つの平面上の運動となる．本問では 3 次元空間を運動する場合を，3 次元極座標を用い，ハミルトン形式で扱う．設問 5 で得るハミルトニアンは**問題 39** でのエネルギーと同一であることがわかる．

解答

1. $\boldsymbol{x}$ の各成分の (r, θ, φ) を時間微分して

$$\dot{\boldsymbol{x}} = \begin{pmatrix} \dot{x} \\ \dot{y} \\ \dot{z} \end{pmatrix} = \dot{r} \begin{pmatrix} \sin\theta\cos\varphi \\ \sin\theta\sin\varphi \\ \cos\theta \end{pmatrix} + r\dot{\theta} \begin{pmatrix} \cos\theta\cos\varphi \\ \cos\theta\sin\varphi \\ -\sin\theta \end{pmatrix} + r\dot{\varphi} \begin{pmatrix} -\sin\theta\sin\varphi \\ \sin\theta\cos\varphi \\ 0 \end{pmatrix}$$
$$= \dot{r}\,\boldsymbol{e}_r + r\dot{\theta}\,\boldsymbol{e}_\theta + r\dot{\varphi}\sin\theta\,\boldsymbol{e}_\varphi \tag{65.2}$$

2. 正規直交性 (65.1)より，$\dot{\boldsymbol{x}}^2$ は (65.2) の $\boldsymbol{e}_a$ $(a = r, \theta, \varphi)$ の各係数の 2 乗の和

$$\dot{\boldsymbol{x}}^2 = \dot{r}^2 + (r\dot{\theta})^2 + (r\dot{\varphi}\sin\theta)^2 = \dot{r}^2 + r^2\left(\dot{\theta}^2 + \sin^2\theta\,\dot{\varphi}^2\right)$$

であり，これを用いてラグランジアンは

$$L = \frac{1}{2}m\dot{\boldsymbol{x}}^2 - U(r) = \frac{1}{2}m\left(\dot{r}^2 + r^2\left(\dot{\theta}^2 + \sin^2\theta\,\dot{\varphi}^2\right)\right) - U(r)$$

3. 各運動量は

$$p_r = \frac{\partial L}{\partial \dot{r}} = m\dot{r}, \quad p_\theta = \frac{\partial L}{\partial \dot{\theta}} = mr^2\dot{\theta}, \quad p_\varphi = \frac{\partial L}{\partial \dot{\varphi}} = mr^2\sin^2\theta\,\dot{\varphi}$$

これを用いて，ハミルトニアンは

$$H = p_r\dot{r} + p_\theta\dot{\theta} + p_\varphi\dot{\varphi} - L = \frac{1}{2m}\left(p_r^2 + \frac{1}{r^2}\left(p_\theta^2 + \frac{p_\varphi^2}{\sin^2\theta}\right)\right) + U(r) \tag{65.3}$$

4. $\boldsymbol{x} = r\boldsymbol{e}_r$ と (65.2) を用いて

$$\boldsymbol{M} = \boldsymbol{x} \times \boldsymbol{p} = \boldsymbol{x} \times m\dot{\boldsymbol{x}} = mr\,\boldsymbol{e}_r \times \left(\dot{r}\,\boldsymbol{e}_r + r\dot{\theta}\,\boldsymbol{e}_\theta + r\dot{\varphi}\sin\theta\,\boldsymbol{e}_\varphi\right)$$
$$= mr^2\left(\dot{\theta}\,\boldsymbol{e}_\varphi - \dot{\varphi}\sin\theta\,\boldsymbol{e}_\theta\right) = p_\theta\,\boldsymbol{e}_\varphi - \frac{p_\varphi}{\sin\theta}\,\boldsymbol{e}_\theta \tag{65.4}$$

ここに，$\boldsymbol{e}_a$ $(a = r, \theta, \varphi)$ の間のベクトル積の関係式 ($(\boldsymbol{e}_r, \boldsymbol{e}_\theta, \boldsymbol{e}_\varphi)$ が右手系)

$$\boldsymbol{e}_r \times \boldsymbol{e}_\theta = \boldsymbol{e}_\varphi, \quad \boldsymbol{e}_\theta \times \boldsymbol{e}_\varphi = \boldsymbol{e}_r, \quad \boldsymbol{e}_\varphi \times \boldsymbol{e}_r = \boldsymbol{e}_\theta$$

を用いた．さらに，(65.1)を用いて

$$\boldsymbol{M}^2 = p_\theta^2 + \frac{p_\varphi^2}{\sin^2\theta} \tag{65.5}$$

5. ハミルトニアン (65.3)と (65.5)より

$$H = \frac{1}{2m}\left(p_r^2 + \frac{\boldsymbol{M}^2}{r^2}\right) + U(r) \tag{65.6}$$

なお，この H は**問題 39** で得た「中心力ポテンシャル $U(r)$ の下で平面上を運動する質点」のエネルギー (39.6)と ($p_r = m\dot{r}$ を用いて) 同一であることに注意．**問題 39** での「(x, y) 平面上を運動する場合」は，$\theta = \pi/2$, $p_\theta = 0$, $\boldsymbol{M} = \begin{pmatrix} 0 \\ 0 \\ p_\varphi \end{pmatrix}$ ((65.4)参照) と取った場合に対応する．

問題 66　位相空間軌跡　基本

次の各系における位相空間軌跡を描け.

1. 一端を固定したバネ (バネ定数 k) の他端に質点 (質量 m) が付いた 1 次元調和振動子系. バネの自然長からの伸び $q(t)$ を力学変数に取る.
2. 一様な重力場 (重力加速度の大きさ g) の下で鉛直方向にのみ運動する質点 (質量 m) の系. 質点の鉛直上向きの座標 $y(t)$ を力学変数に取る.

解 説　一般の N 自由度系において力学変数 $q=(q_1,\cdots,q_N)$ と運動量 $p=(p_1,\cdots,p_N)$ から成る $2N$ 次元空間 $(q,p)=(q_1,\cdots,q_N,p_1,\cdots,p_N)$ を**位相空間** (phase space) と呼ぶ. 時刻 t において系は位相空間上の一点 $(q(t),p(t))$ にあり, ハミルトンの運動方程式にしたがった時間発展で位相空間を移動していき軌跡 (曲線) を描く. この軌跡を**位相空間軌跡** (phase space orbit) と呼ぶ. この問題のような時間並進不変性を持った 1 自由度系の場合, 位相空間軌跡は「ハミルトニアン (= エネルギー) が一定値である」ことだけで決定される.

解 答

1. 調和振動子系のハミルトニアンとハミルトンの運動方程式は

$$H(q,p)=\frac{1}{2m}p^2+\frac{1}{2}kq^2 \;\Rightarrow\; \dot q=\frac{\partial H}{\partial p}=\frac{1}{m}p, \quad \dot p=-\frac{\partial H}{\partial q}=-kq \qquad (66.1)$$

このハミルトンの運動方程式は未知関数 $q(t)$ と $p(t)$ に関する 2 元連立 1 階線形微分方程式であり, 標準的な解法として $Q(t)=q(t)+iap(t)$ (a は後で定める定数) で定義される複素関数 $Q(t)$ を考える. $Q(t)$ を時間微分し, (66.1)を用いると

$$\dot Q=\dot q+ia\dot p=\frac{1}{m}p+ia(-kq)=-iak\left(q+i\frac{1}{akm}p\right)$$

となるが, 最後の量が $-iakQ(t)$ となることを要求すると $a=1/(akm)$. これを満たす a として $a=1/\sqrt{km}$ を取ると, $Q(t)$ は 1 階微分方程式 $\dot Q=-i\sqrt{k/m}\,Q$ に従う. この一般解は

$$Q(t)=\underbrace{(\text{任意複素定数})}_{A\,e^{-i\alpha}}\times e^{-i\omega t}=A\,e^{-i(\omega t+\alpha)} \quad \left(A,\ \alpha: \text{任意実定数},\ \omega\equiv\sqrt{\frac{k}{m}}\right)$$

この実部と虚部よりハミルトンの運動方程式 (66.1)の一般解として

$$q(t)=A\cos(\omega t+\alpha)\,, \quad p(t)=-\frac{1}{a}A\sin(\omega t+\alpha)=-A\sqrt{km}\sin(\omega t+\alpha) \qquad (66.2)$$

を得る (もちろん, オイラー・ラグランジュ方程式 $m\ddot q=-kq$ からも同じ結果を得る).

今の系の位相空間軌跡は (66.2)の $(q(t), p(t))$ が時間発展で描く曲線であるが，恒等式 $\cos^2(\omega t+\alpha)+\sin^2(\omega t+\alpha)=1$ により t を消去して得られる関係式

$$\frac{q^2}{A^2}+\frac{p^2}{kmA^2}=1 \qquad (66.3)$$

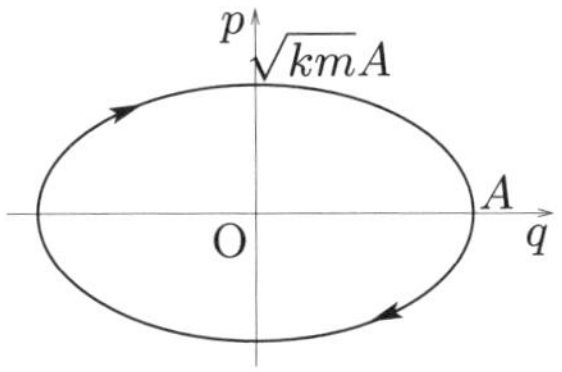

から分かるように，位相空間軌跡は楕円である (右上図)．楕円の矢印は時間発展の方向を表すが，これは $\dot{q}=p/m$ ($\Rightarrow p$ が正/負なら q は時間と共に増大/減少) から理解される．なお，(66.3)式はハミルトニアンの値 (エネルギー) が保存して一定値であること

$$H(q,p)=\frac{1}{2m}p^2+\frac{1}{2}kq^2=E=\frac{1}{2}kA^2$$

に他ならない．

2. この系のラグランジアンは

$$L(y,\dot{y})=\frac{1}{2}m\dot{y}^2-mgy$$

であり，y に対応した運動量を p としてハミルトニアンは

$$p=\frac{\partial L}{\partial \dot{y}}=m\dot{y} \quad \Rightarrow \quad H(y,p)=p\dot{y}-L=\frac{1}{2m}p^2+mgy$$

ハミルトンの運動方程式は

$$\dot{y}=\frac{\partial H}{\partial p}=\frac{1}{m}p, \qquad \dot{p}=-\frac{\partial H}{\partial y}=-mg$$

であり，この第 2 式の一般解は

$$p(t)=p_0-mgt \qquad (p_0\text{: 任意定数}) \qquad (66.4)$$

これを第 1 式に代入して

$$\dot{y}(t)=\frac{1}{m}p(t)=\frac{p_0}{m}-gt \;\Rightarrow\; y(t)=y_0+\frac{p_0}{m}t-\frac{1}{2}gt^2 \quad (y_0\text{: 任意定数}) \quad (66.5)$$

この系の位相空間軌跡は (66.4)と (66.4) の $(y(t), p(t))$ が時間発展で描く曲線であるが，これは

$$y=\frac{E}{mg}-\frac{1}{2m^2g}p^2 \quad \left(E\equiv\frac{p_0^2}{2m}+mgy_0\right) \qquad (66.6)$$

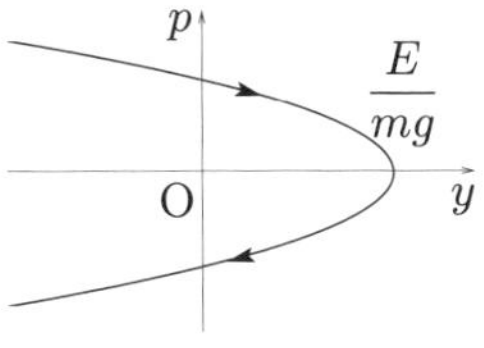

すなわち「放物線」である (右上図)．実際，(66.4)からの $t=(p_0-p(t))/(mg)$ を (66.5)に代入することで (66.6) を得る．図の放物線の矢印は時間発展の方向を示すが，これは $\dot{y}=p/m$ から理解できる．なお，設問 1 の場合と同様に，(66.6) 式はエネルギーが一定値 E であること

$$H(y,p)=\frac{1}{2m}p^2+mgy=E$$

に他ならない．

問題 67　くぼみを持ったポテンシャル系の位相空間軌跡　標準

力学変数 $q(t)$ を持ち，ラグランジアンが次式で与えられる 1 自由度系の位相空間軌跡を描け:

$$L(q, \dot{q}) = \frac{1}{2} m \dot{q}^2 - U(q)$$

ここにポテンシャル・エネルギー $U(q)$ は正定数 k と a により次式で与えられる:

$$U(q) = \frac{1}{2} k \times \begin{cases} q^2 & (-a \leq q \leq a) \\ a^2 & (q < -a,\ q > a) \end{cases}$$

解説　自然長からの伸び/縮みが a より大きくなると力が働かなくなるような“特殊なバネ”の系である．系のエネルギーの値が $U(q)$ の最大値以下か以上かで，位相空間軌跡の形状が大きく異なる．

解答

1 自由度系なので，位相空間軌跡は「ハミルトニアン $= E$ (一定)」を表す (q, p) 平面における曲線

$$\frac{p^2}{2m} + U(q) = E \tag{67.1}$$

であるが，$U(q)$ の関数形が $|q| \leq a$ か $|q| > a$ かで異なるので注意が必要．すなわち，

$$(67.1) \quad \Rightarrow \quad p^2 = 2m\,(E - U(q)) \geq 0 \quad \Rightarrow \quad U(q) \leq E$$

であり，$U(q)$ と E の大小関係から下図の 3 つの場合に分けられる:

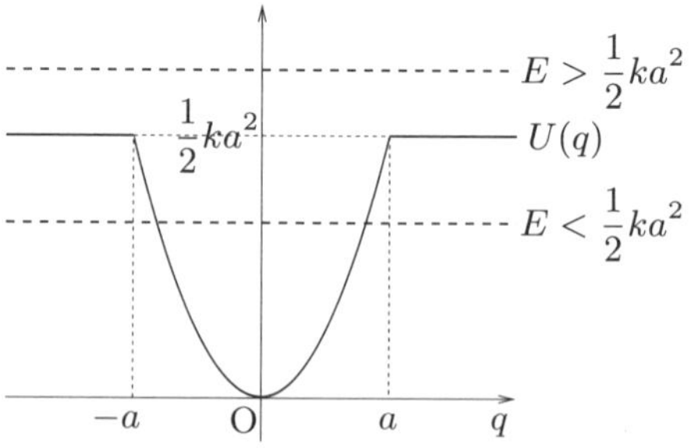

(1)　$E < \dfrac{1}{2} ka^2$ の場合: $U(q) \leq E$ を満たす q の範囲では $U(q) = \frac{1}{2} kq^2$ に限られるので位相空間軌跡は調和振動子と同じ楕円

$$\frac{p^2}{2mE} + \frac{q^2}{2E/k} = 1$$

である (次の (2) の解答の最後の図中の (1) の曲線).

(2)　$E > \dfrac{1}{2}ka^2$ の場合: $-\infty < q < \infty$ の全ての q が $U(q) \leq E$ を満たし，位相空間軌跡の関数形は (67.1)より

$$p = \begin{cases} \pm\sqrt{m\left(2E - kq^2\right)} & (-a < q < a) \Leftarrow \text{楕円の一部} \\ \pm\sqrt{m\left(2E - ka^2\right)} & (a < -a,\ q > a) \Leftarrow \text{定数} \end{cases}$$

である (下図の (2_+) と (2_-))．図の矢印は時間発展の方向を表すが，これは $\dot{q} = p/m$ より $p > 0$ $(p < 0)$ なら q は時間発展と共に増大 (減少) することから理解される (他の図においても同様)．

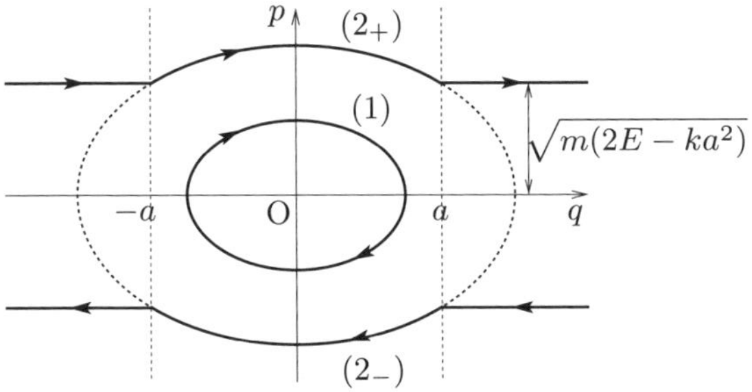

(3)　$E = \dfrac{1}{2}ka^2$ の場合: まず，$|q| < a$ に位置してエネルギー $E = \frac{1}{2}ka^2$ を持った質点は，(67.1)より $q = 0$ を中心とした振幅 a の単振動を行う．すなわち，位相空間軌跡は楕円

$$\frac{p^2}{mka^2} + \frac{q^2}{a^2} = 1$$

である (下図の (3))．なお，質点が $q = \pm a$ に到達すると $p = m\dot{q} = 0$ となり静止するが，その点では $\displaystyle\lim_{q \to \pm(a-0)} (-U'(q)) = \mp ka$，すなわち，$q = 0$ の方向の力が働いており，運動は $q = \pm a$ で折り返す．

次に，$|q| > a$ に位置してエネルギー $E = \frac{1}{2}ka^2$ を持った質点は (67.1)より任意の時刻で $p = m\dot{q} = 0$，すなわち，静止したままである．これらの位相空間軌跡は曲線ではなく点である (例えば，下図の $(3')$ や $(3'')$ の黒点 ●)．

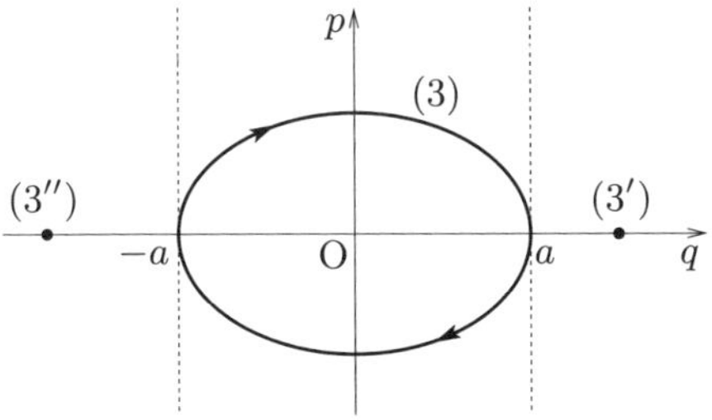

問題 68　単振り子の位相空間軌跡　発展

問題 10 の「たわまない棒でつるされた質点」からなる単振り子の系において，角度 $\theta(t)$ を力学変数に取り位相空間軌跡を説明せよ．

解 説　次の 2 点に注意:

- 単振り子系は 1 自由度系なので位相空間軌跡は「ハミルトニアン $=$ 一定値」で指定される．
- 角度変数 θ は 2π の整数倍だけの任意性がある．したがって，位相空間上の点 $(\theta+2\pi n, p_\theta)$ $(n=0,\pm1,\pm2,\cdots)$ はすべて同じ点と見なされるべきであり，位相空間は「p_θ 方向には無限に拡がっている $(-\infty < p_\theta < \infty)$ が，θ 方向は周長 2π の円周 $(\theta \sim \theta + 2\pi)$」である円筒表面となっている．

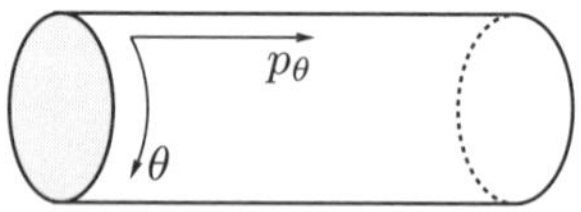

解 答

単振り子のラグランジアン (10.1)よりハミルトニアンは

$$p_\theta = \frac{\partial L}{\partial \dot{\theta}} = m\ell^2\dot{\theta} \;\Rightarrow\; H(\theta, p_\theta) = p_\theta\dot{\theta} - L = \frac{1}{2m\ell^2}p_\theta^2 + mg\ell\underbrace{(1-\cos\theta)}_{2\sin^2(\theta/2)} \tag{68.1}$$

したがって，位相空間軌跡は位相空間 (θ, p_θ) における

$$\frac{1}{2m\ell^2}p_\theta^2 + 2mg\ell\sin^2\frac{\theta}{2} = E \tag{68.2}$$

で指定される曲線である．その概形を理解するために，まず，与えられた E の値に対して θ には次の制限があることに注意:

$$p_\theta^2 = 4m^2g\ell^3\left(\frac{E}{2mg\ell} - \sin^2\frac{\theta}{2}\right) \geq 0 \quad\Rightarrow\quad \sin^2\frac{\theta}{2} \leq \frac{E}{2mg\ell} \tag{68.3}$$

他方，$\sin^2\dfrac{\theta}{2} \leq 1$ なので，位相空間軌跡は E の値に依存して次の 3 種類であることが分かる ([解説] の通り，θ と $\theta+2\pi$ は同一視される):

(A)　$\dfrac{E}{2mg\ell} < 1$ の場合: 不等式 (68.3)より，振り子は

$$\sin\frac{\theta_{\max}}{2} = \sqrt{\frac{E}{2mg\ell}} \quad (0 \leq \theta_{\max} < \pi) \tag{68.4}$$

で決まる最大振れ角 $\theta_{\max}$ で $-\theta_{\max} \leq \theta \leq \theta_{\max}$ の間を往復運動する．位相空間軌跡は原点 $(\theta, p_\theta) = (2\pi n, 0)$ $(n = 0, \pm 1, \pm 2, \cdots)$ の周りの閉じた曲線である (下図の **A**)．この閉曲線の p_θ の範囲は (68.2)より

$$-\sqrt{2m\ell^2 E} \leq p_\theta \leq \sqrt{2m\ell^2 E}$$

である．

なお，E が微小 $\left(\dfrac{E}{2mg\ell} \ll 1\right)$ で最大振れ角 $\theta_{\max}$ も微小の場合は，(68.2)式において $\sin\dfrac{\theta}{2} \simeq \dfrac{\theta}{2}$ と近似して，位相空間軌跡は近似的に楕円

$$\frac{p_\theta^2}{2m\ell^2 E} + \frac{\theta^2}{2E/mg\ell} = 1$$

となる．

(B)　$\dfrac{E}{2mg\ell} > 1$ の場合: この場合，不等式 (68.3)の θ への制限はなく，振り子は回転運動をする．したがって，位相空間軌跡は θ 方向に無限に伸びた曲線であり，振り子の回転方向 (角運動量 p_θ あるいは角速度 $\dot{\theta}$ の正/負) に対応して 2 種類ある (下図の $\mathbf{B}_+$ と $\mathbf{B}_-$)．p_θ の範囲は (68.2)より

$$\sqrt{2m\ell^2 (E - 2mg\ell)} \leq |p_\theta| \leq \sqrt{2m\ell^2 E}$$

(C)　$\dfrac{E}{2mg\ell} = 1$ の場合: (68.2)より $\theta = \pm\pi$ で $p_\theta = 0$ となることから，振り子は $\theta = -\pi$ の静止状態から振れ始め $\theta = \pi$ に至って再び静止する (あるいはその逆の運動)．位相空間曲線は 2 つの振れ方向に対応して下図の $\mathbf{C}_+$ と $\mathbf{C}_-$ $(-\pi \leq \theta \leq \pi)$ である．

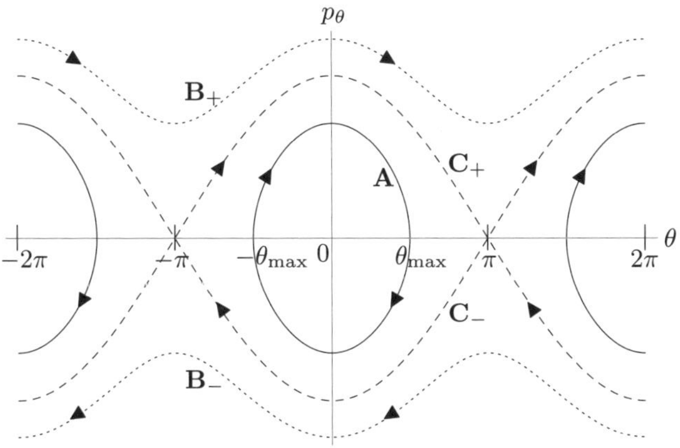

どの位相空間軌跡も矢印で示された時間発展の方向は，$p_\theta > 0$ $(p_\theta < 0)$ では θ が増加 (減少) する方向である．

問題 69　ポアソン括弧　標準

1. 一般の N 自由度系において，$f = f(q,p,t)$ を (q,p,t) の任意関数としてポアソン括弧に関する次の等式を示せ:

$$\{q_i, f\} = \frac{\partial f}{\partial p_i}, \qquad \{p_i, f\} = -\frac{\partial f}{\partial q_i} \tag{69.1}$$

さらに，正準変数間の次のポアソン括弧 (**基本ポアソン括弧**) を示せ:

$$\{q_i, p_j\} = -\{p_i, q_j\} = \delta_{ij}, \quad \{q_i, q_j\} = \{p_i, p_j\} = 0 \tag{69.2}$$

2. 1自由度系において，a, b, c, d, e, f を任意定数として，次のポアソン括弧および2重ポアソン括弧を計算せよ:

$$\left\{q^a p^b, q^c p^d\right\}, \qquad \left\{\left\{q^a p^b, q^c p^d\right\}, q^e p^f\right\}$$

さらに，次の和を与えよ:

$$\left\{\left\{q^a p^b, q^c p^d\right\}, q^e p^f\right\} + \left\{\left\{q^c p^d, q^e p^f\right\}, q^a p^b\right\} + \left\{\left\{q^e p^f, q^a p^b\right\}, q^c p^d\right\}$$

解 説　一般の N 自由度系において，力学変数 q，運動量 p，時間 t の任意関数 $f = f(q,p,t)$ と $g = g(q,p,t)$ に対して，**ポアソン括弧** (Poisson bracket) $\{f,g\}$ を

$$\{f,g\} = \sum_{i=1}^{N} \left(\frac{\partial f}{\partial q_i}\frac{\partial g}{\partial p_i} - \frac{\partial f}{\partial p_i}\frac{\partial g}{\partial q_i} \right) \tag{69.3}$$

で定義する．$\{f,g\}$ はまた (q,p,t) の関数である．

(q,p,t) の任意関数 f, g, h，および，(q,p) に依らない任意量 α, β に対して次の諸公式が成り立つ:

$$\{f,g\} = -\{g,f\}, \quad \text{特に } \{f,f\} = 0 \tag{69.4}$$

$$\{f,\alpha\} = \{\alpha,f\} = 0 \tag{69.5}$$

$$\{f+g,h\} = \{f,h\} + \{g,h\}, \quad \{f,g+h\} = \{f,g\} + \{f,h\} \tag{69.6}$$

$$\{\alpha f, \beta g\} = \alpha\beta\,\{f,g\} \tag{69.7}$$

$$\{fg,h\} = \{f,h\}\,g + f\,\{g,h\}, \quad \{f,gh\} = \{f,g\}\,h + g\,\{fg,h\} \tag{69.8}$$

$$\{\{f,g\},h\} + \{\{g,h\},f\} + \{\{h,f\},g\} = 0 \tag{69.9}$$

特に (69.9)は (ポアソン括弧の) **ヤコビ恒等式** (Jacobi identity) と呼ばれるもので，設問2の最後の問題はこれを特別な f, g, h の場合に確認するものである．

なお，反対称性 (69.4)より，ヤコビ恒等式 (69.9)は

$$\{f,\{g,h\}\} + \{g,\{h,f\}\} + \{h,\{f,g\}\} = 0 \tag{69.10}$$

とも表される．

解答

1. まず，(69.1)は，(69.3)式の右辺の足し算 $\sum_{i=1}^{N}$ のインデックス i を ($\{q_i, f\}$ のインデックス i との混乱が生じないように) k に取り替えて

$$\{q_i, f\} = \sum_{k=1}^{N} \Big(\underbrace{\frac{\partial q_i}{\partial q_k}}_{\delta_{ik}} \frac{\partial f}{\partial p_k} - \underbrace{\frac{\partial q_i}{\partial p_k}}_{0} \frac{\partial f}{\partial q_k} \Big) = \sum_{k=1}^{N} \delta_{ik} \frac{\partial f}{\partial p_k} = \frac{\partial f}{\partial p_i}$$

$$\{p_i, f\} = \sum_{k=1}^{N} \Big(\underbrace{\frac{\partial p_i}{\partial q_k}}_{0} \frac{\partial f}{\partial p_k} - \underbrace{\frac{\partial p_i}{\partial p_k}}_{\delta_{ik}} \frac{\partial f}{\partial q_k} \Big) = -\sum_{k=1}^{N} \delta_{ik} \frac{\partial f}{\partial q_k} = -\frac{\partial f}{\partial q_i}$$

この結果で特に $f = p_j, q_j$ とすることで，基本ポアソン括弧 (69.2) が得られる．

2. ポアソン括弧の定義式 (69.3)に代入して ($N = 1$ なので $\sum_{i=1}^{N}$ は不要)

$$\left\{q^a p^b, q^c p^d\right\} = \underbrace{\frac{\partial(q^a p^b)}{\partial q}}_{aq^{a-1}p^b} \underbrace{\frac{\partial(q^c p^d)}{\partial p}}_{dq^c p^{d-1}} - \underbrace{\frac{\partial(q^a p^b)}{\partial p}}_{bq^a p^{b-1}} \underbrace{\frac{\partial(q^c p^d)}{\partial q}}_{cq^{c-1}p^d} = (ad - bc)\, q^{a+c-1} p^{b+d-1}$$

この結果を 2 回用いて (公式 (69.7)も用い)

$$\begin{aligned}\left\{\left\{q^a p^b, q^c p^d\right\}, q^e p^f\right\} &= (ad - bc) \left\{q^{a+c-1} p^{b+d-1}, q^e p^f\right\} \\ &= (ad - bc) \left[(a + c - 1)f - (b + d - 1)e\right] q^{a+c+e-2} p^{b+d+f-2}\end{aligned}$$

最後の 3 つの 2 重ポアソン括弧の和の第 2，第 3 項は，この結果に $(a, b) \rightleftarrows (c, d) \rightleftarrows (e, f) \rightleftarrows (a, b)$ の置き換えを行って得られるが，いずれの項も $q^{a+c+e-2} p^{b+d+f-2}$ に比例する．したがって，3 項の和を $A\, q^{a+c+e-2} p^{b+d+f-2}$ と表すと，比例定数 A は

$$\begin{aligned}A &= (ad - bc) \left[(a + c - 1)f - (b + d - 1)e\right] \\ &\quad + (cf - de) \left[(c + e - 1)b - (d + f - 1)a\right] \\ &\quad + (eb - fa) \left[(e + a - 1)d - (f + b - 1)c\right] \\ &= 0\end{aligned}$$

となる ($A = 0$ の導出は単純計算でもよいが，工夫をすれば簡単になる)．すなわち，

$$\left\{\left\{q^a p^b, q^c p^d\right\}, q^e p^f\right\} + \left\{\left\{q^c p^d, q^e p^f\right\}, q^a p^b\right\} + \left\{\left\{q^e p^f, q^a p^b\right\}, q^c p^d\right\} = 0$$

であって，ヤコビ恒等式 (69.9)が成り立っている．

問題 70　角運動量とルンゲ・レンツベクトルのポアソン括弧　発展

中心力ポテンシャル $U(r) = -k/r$ の下の質量 m，位置ベクトル $\boldsymbol{x}$ の質点の系を考える．この系には保存量として，角運動量 $\boldsymbol{M}$ (問題 **33** 参照)

$$\boldsymbol{M} = \boldsymbol{x} \times \boldsymbol{p} \qquad \bigl(M_i = \epsilon_{ijk} x_j p_k\bigr)$$

および，ルンゲ・レンツベクトル $\boldsymbol{A}$ (問題 **36** 参照)

$$\boldsymbol{A} = \boldsymbol{p} \times \boldsymbol{M} + mU(r)\boldsymbol{x} \qquad \bigl(A_i = \epsilon_{ijk} p_j M_k + mU(r) x_i\bigr)$$

があった．

1. 一般に，2 つのベクトル量 $\boldsymbol{F}^{(1)}$ と $\boldsymbol{F}^{(2)}$ がともにポアソン括弧の関係式 $\{F_i^{(a)}, M_j\} = \epsilon_{ijk} F_k^{(a)}$ $(a = 1, 2)$ を満たすなら，$\boldsymbol{F}^{(3)} = \boldsymbol{F}^{(1)} \times \boldsymbol{F}^{(2)}$ も $\{F_i^{(3)}, M_j\} = \epsilon_{ijk} F_k^{(3)}$ を満たすことを示せ．
2. 次のポアソン括弧の等式を示せ:

$$\{x_i, M_j\} = \epsilon_{ijk} x_k, \quad \{p_i, M_j\} = \epsilon_{ijk} p_k, \quad \{M_i, M_j\} = \epsilon_{ijk} M_k \tag{70.1}$$

$$\{f(r), M_i\} = 0 \qquad \bigl(f(r) : r \text{ の任意関数}\bigr) \tag{70.2}$$

3. 次のポアソン括弧の等式を示せ:

$$\{A_i, M_j\} = \epsilon_{ijk} A_k, \qquad \{A_i, A_j\} = -2mH\epsilon_{ijk} M_k \tag{70.3}$$

ここに $H = \dfrac{\boldsymbol{p}^2}{2m} + U(r)$ は系のハミルトニアンである．

解説　今の場合，正準変数は (x_i, p_i) なので，ポアソン括弧は

$$\{f, g\} = \sum_{k=1}^{3} \left(\frac{\partial f}{\partial x_k} \frac{\partial g}{\partial p_k} - \frac{\partial f}{\partial p_k} \frac{\partial g}{\partial x_k} \right) \tag{70.4}$$

なお，ここに現れる $\boldsymbol{M}$ と $\boldsymbol{A}$ の間のポアソン括弧は，系が $SO(4)$ のリー代数構造を持つことを意味し，これを用いて水素原子の量子力学が代数的に解かれる．

解答

1. $F_i^{(3)} = \epsilon_{ik\ell} F_k^{(1)} F_\ell^{(2)}$ より

$$\{F_i^{(3)}, M_j\} = \epsilon_{ik\ell}\{F_k^{(1)} F_\ell^{(2)}, M_j\} \underset{\substack{\uparrow \\ (69.8)}}{=} \epsilon_{ik\ell}\Bigl(\underbrace{\{F_k^{(1)}, M_j\}}_{\epsilon_{kjs} F_s^{(1)}} F_\ell^{(2)} + F_k^{(1)} \underbrace{\{F_\ell^{(2)}, M_j\}}_{\epsilon_{\ell js} F_s^{(2)}}\Bigr)$$

$$= \underbrace{\epsilon_{ik\ell}}_{-\epsilon_{i\ell k}} \overbrace{\epsilon_{kjs}}^{-\epsilon_{ksj}} F_s^{(1)} F_\ell^{(2)} + \epsilon_{\underset{\substack{\downarrow\downarrow\\ sk}}{ik}\underset{\substack{\downarrow\\ \ell}}{\ell}}\epsilon_{\underset{\substack{\downarrow\\ k}}{\ell}\underset{\substack{\downarrow\\ \ell}}{j}s} F_{\underset{\substack{\downarrow\\ s}}{k}}^{(1)} F_{\underset{\substack{\downarrow\\ \ell}}{s}}^{(2)} \quad \Leftarrow$$

第 1 項に合わせ，第 2 項に $k \to s \to \ell \to k$ の置換え

$$= \underbrace{\left(\epsilon_{i\ell k}\epsilon_{ksj} + \epsilon_{isk}\epsilon_{kj\ell}\right)}_{-\epsilon_{ijk}\epsilon_{k\ell s} = \epsilon_{ijk}\epsilon_{ks\ell}} F_s^{(1)} F_\ell^{(2)} \quad \Leftarrow \boxed{\epsilon_{ijk}\ \text{のヤコビ恒等式}\ (31.6)}$$

$$= \epsilon_{ijk}\epsilon_{ks\ell} F_s^{(1)} F_\ell^{(2)} = \epsilon_{ijk} F_k^{(3)}$$

2. 公式 (69.1)を用いて

$$\{x_i, M_j\} = \frac{\partial M_j}{\partial p_i} = \frac{\partial}{\partial p_i}\left(\epsilon_{jk\ell} x_k p_\ell\right) = \epsilon_{jk\ell} x_k \underbrace{\frac{\partial p_\ell}{\partial p_i}}_{\delta_{i\ell}} = \epsilon_{jki} x_k = \epsilon_{ijk} x_k$$

$$\{p_i, M_j\} = -\frac{\partial M_j}{\partial x_i} = -\epsilon_{jk\ell} \overbrace{\frac{\partial x_k}{\partial x_i}}^{\delta_{ik}} p_\ell = -\epsilon_{ji\ell} p_\ell = \epsilon_{ijk} p_k$$

$\{M_i, M_j\} = \epsilon_{ijk} M_k$ は，設問 1 の一般論において $\boldsymbol{F}^{(1)} = \boldsymbol{x}$, $\boldsymbol{F}^{(2)} = \boldsymbol{p}$, $\boldsymbol{F}^{(3)} = \boldsymbol{x} \times \boldsymbol{p} = \boldsymbol{M}$ とした場合であって，自動的に成り立つ．最後に

$$\{f(r), M_i\} = \epsilon_{ijk}\{f(r), x_j p_k\} = \epsilon_{ijk}\left(\{f, x_j\} p_k + x_j \{f, p_k\}\right)$$

$$= \epsilon_{ijk}\left(-\underbrace{\frac{\partial f(r)}{\partial p_j}}_{0} p_k + x_j \underbrace{\frac{\partial f(r)}{\partial x_k}}_{f'(r)(\partial r/\partial x_k) = f'(r) x_k / r}\right) = \epsilon_{ijk} x_j x_k \frac{f'(r)}{r} = 0$$

最後の等号では，ϵ_{ijk} の完全反対称性からの $\epsilon_{ijk} x_j x_k = 0$ を用いた．

3. ルンゲ・レンツベクトル $\boldsymbol{A}$ を

$$\boldsymbol{A} = \boldsymbol{A}^{(M)} + \boldsymbol{A}^{(U)}, \quad \boldsymbol{A}^{(M)} = \boldsymbol{p} \times \boldsymbol{M}, \quad \boldsymbol{A}^{(U)} = mU(r)\boldsymbol{x}$$

と表す．まず，(70.1)と設問 1 の一般論で $\boldsymbol{F}^{(1)} = \boldsymbol{p}$, $\boldsymbol{F}^{(2)} = \boldsymbol{M}$ とした場合から $\{A_i^{(M)}, M_j\} = \epsilon_{ijk} A_k^{(M)}$ が成り立つことが分かる．次に，$\boldsymbol{A}^{(U)}$ について

$$\{A_i^{(U)}, M_j\} = \{mU(r) x_i, M_j\} = m \underbrace{\{U(r), M_j\}}_{=0\ \because\ (70.2)} x_i + mU(r) \underbrace{\{x_i, M_j\}}_{\epsilon_{ijk} x_k} = \epsilon_{ijk} A_k^{(U)}$$

が成り立つ．したがって，$\boldsymbol{A}$ 全体も $\{A_i, M_j\} = \epsilon_{ijk} A_k$ を満たす．

$\{A_i, A_j\}$ については，まず，$A_i^{(M)} = \boldsymbol{p}^2 x_i - (\boldsymbol{x} \cdot \boldsymbol{p}) p_i$ と $A_i^{(U)} = mU(r) x_i$ をポアソン括弧 (70.4)に代入して

$$\{A_i^{(M)}, A_j^{(M)}\} = \left(\boldsymbol{p}^2 \delta_{ki} - p_k p_i\right)\left(2p_k x_j - x_k p_j - (\boldsymbol{x} \cdot \boldsymbol{p})\delta_{kj}\right) - \left(\text{前項で}\ i \rightleftarrows j\right)$$
$$= -\boldsymbol{p}^2 \left(x_i p_j - x_j p_i\right)$$

$$\{A_i^{(M)}, A_j^{(U)}\} + \{A_i^{(U)}, A_j^{(M)}\} = -\left(2p_k x_i - x_k p_i - (\boldsymbol{x} \cdot \boldsymbol{p})\delta_{ki}\right) m \frac{\partial (U(r) x_j)}{\partial x_k}$$
$$+ \left(\text{前項で}\ i \rightleftarrows j\right) = -m\left(3U(r) + rU'(r)\right)\left(x_i p_j - x_j p_i\right)$$

これらと，$\{A_i^{(U)}, A_j^{(U)}\} = 0$, $x_i p_j - x_j p_i = \epsilon_{ijk} M_k$，および，今の場合 $U(r) \propto 1/r \ \Rightarrow\ rU'(r) = -U(r)$ より

$$\{A_i, A_j\} = -\left(\boldsymbol{p}^2 + 2mU(r)\right)\epsilon_{ijk} M_k = -2mH\epsilon_{ijk} M_k$$

を得る．なお，この問題のポアソン括弧のうち，$U(r) \propto 1/r$ が必要なのは最後の $\{A_i, A_j\} = -2mH\epsilon_{ijk} M_k$ のみである．

問題 71　ポアソン括弧の時間全微分　基本

一般の N 自由度系において (q,p,t) の任意関数 $f(q(t),p(t),t)$ を考える．f の時間依存性は，

- $q(t)$ と $p(t)$ がハミルトンの運動方程式 (63.4) にしたがって時間発展する t 依存性．
- $f(q(t),p(t),t)$ の最後の「陽な t 依存性」．

の 2 種類である．

1. 次式が成り立つことを示せ:

$$\frac{d}{dt}f\bigl(q(t),p(t),t\bigr)=\{f,H\}+\frac{\partial f(q,p,t)}{\partial t} \tag{71.1}$$

ここに，左辺の時間全微分 d/dt は全ての時間依存性の微分であり，右辺第 2 項の時間偏微分 $\partial/\partial t$ は陽な時間依存性のみの微分である．

2. (q,p,t) の任意関数 $f(q,p,t)$ と $g(q,p,t)$ に対して次式，すなわち，ポアソン括弧に対する時間全微分のライプニッツ則が成り立つことを示せ:

$$\frac{d}{dt}\{f,g\}=\left\{\frac{df}{dt},g\right\}+\left\{f,\frac{dg}{dt}\right\} \tag{71.2}$$

3. (71.2)式の例として，1 次元調和振動子系 $(H=p^2/(2m)+(k/2)q^2)$ において $f=q\sin\Omega t$, $g=p\cos\Omega t$ を考える．(71.2)式の両辺の 3 項をそれぞれ計算し，(71.2)が成り立っていることを確認せよ．

解説

(71.1)式において特に $f=q_i$ と $f=p_i$ の場合は，陽な t 依存性がないので

$$\dot{q}_i=\{q_i,H\}\,,\qquad \dot{p}_i=\{p_i,H\} \tag{71.3}$$

となるが，これはハミルトンの運動方程式 (63.4)をポアソン括弧で表したものである．また，(71.2)は「f と g が保存量なら $\{f,g\}$ も保存量である」ことを意味する．**問題 70** における (70.1)の第 3 式や (70.3)式はその例である (M_i, A_i, H は保存量)．

解答

1. 微分のチェインルールとハミルトンの運動方程式 (63.4)を用いて

$$\begin{aligned}\frac{d}{dt}f\bigl(q(t),p(t),t\bigr)&=\frac{\partial f(q,p,t)}{\partial q_i}\dot{q}_i+\frac{\partial f(q,p,t)}{\partial p_i}\dot{p}_i+\frac{\partial f(q,p,t)}{\partial t}\\&=\frac{\partial f}{\partial q_i}\frac{\partial H}{\partial p_i}+\frac{\partial f}{\partial p_i}\left(-\frac{\partial H}{\partial q_i}\right)+\frac{\partial f(q,p,t)}{\partial t}=\{f,H\}+\frac{\partial f(q,p,t)}{\partial t}\end{aligned}$$

2. $\{f,g\}$ も (q,p,t) の関数であり，(71.1)式の f を $\{f,g\}$ とした式が成り立つ:

$$\frac{d}{dt}\{f,g\}=\{\{f,g\},H\}+\frac{\partial}{\partial t}\{f,g\} \tag{71.4}$$

この右辺第 1 項と第 2 項をそれぞれ以下のように変形する．まず，右辺第 1 項はポアソン括弧のヤコビ恒等式 (69.9)と反対称性 (69.4) を用いて

$$\{\{f,g\},H\} = -\underbrace{\{\{g,H\},f\}}_{-\{f,\{g,H\}\}} - \{\underbrace{\{H,f\}}_{-\{f,H\}},g\} = \{\{f,H\},g\} + \{f,\{g,H\}\} \tag{71.5}$$

と変形される．次に，時間偏微分 $\partial/\partial t$ のライプニッツ則，および，$\partial/\partial t$ と $\partial/\partial q_i$ (および $\partial/\partial p_i$) が互いに交換可能であることより

$$\frac{\partial}{\partial t}\left(\frac{\partial f}{\partial q_i}\frac{\partial g}{\partial p_i}\right) = \left(\frac{\partial}{\partial t}\frac{\partial f}{\partial q_i}\right)\frac{\partial g}{\partial p_i} + \frac{\partial f}{\partial q_i}\left(\frac{\partial}{\partial t}\frac{\partial g}{\partial p_i}\right) = \left(\frac{\partial}{\partial q_i}\frac{\partial f}{\partial t}\right)\frac{\partial g}{\partial p_i} + \frac{\partial f}{\partial q_i}\left(\frac{\partial}{\partial p_i}\frac{\partial g}{\partial t}\right)$$

が成り立ち，これを用いて (71.4)式の右辺第 2 項について

$$\begin{aligned}
\frac{\partial}{\partial t}\{f,g\} &= \frac{\partial}{\partial t}\left(\frac{\partial f}{\partial q_i}\frac{\partial g}{\partial p_i} - \frac{\partial f}{\partial p_i}\frac{\partial g}{\partial q_i}\right) \\
&= \left(\left(\frac{\partial}{\partial q_i}\frac{\partial f}{\partial t}\right)\frac{\partial g}{\partial p_i} - \left(\frac{\partial}{\partial p_i}\frac{\partial f}{\partial t}\right)\frac{\partial g}{\partial q_i}\right) + \left(\frac{\partial f}{\partial q_i}\left(\frac{\partial}{\partial p_i}\frac{\partial g}{\partial t}\right) - \frac{\partial f}{\partial p_i}\left(\frac{\partial}{\partial q_i}\frac{\partial g}{\partial t}\right)\right) \\
&= \left\{\frac{\partial f}{\partial t}, g\right\} + \left\{f, \frac{\partial g}{\partial t}\right\}
\end{aligned} \tag{71.6}$$

を得る．結局，(71.4)式の右辺に (71.5)と (71.6)，さらに，公式 (69.6)を用いて

$$\begin{aligned}
\frac{d}{dt}\{f,g\} &= \{\{f,H\},g\} + \left\{\frac{\partial f}{\partial t}, g\right\} + \{f,\{g,H\}\} + \left\{f, \frac{\partial f}{\partial t}\right\} \\
&= \left\{\{f,H\} + \frac{\partial f}{\partial t}, g\right\} + \left\{f, \{g,H\} + \frac{\partial g}{\partial t}\right\} = \left\{\frac{df}{dt}, g\right\} + \left\{f, \frac{dg}{dt}\right\}
\end{aligned}$$

を得る．なお，最後に (71.1)を用いた．

3. まず，$f = q\sin\Omega t$ と $g = p\cos\Omega t$ に対して (71.2)式の左辺は

$$\begin{aligned}
&\{f,g\} = \{q\sin\Omega t, p\cos\Omega t\} \underset{\substack{\uparrow \\ (69.7)}}{=} \sin\Omega t\cos\Omega t\underbrace{\{q,p\}}_{=1} = \sin\Omega t\cos\Omega t \\
&\Rightarrow\ \frac{d}{dt}\{f,g\} = \Omega\left(\cos^2\Omega t - \sin^2\Omega t\right)
\end{aligned}$$

次に，ハミルトンの運動方程式 $\dot{q} = \partial H/\partial p = p/m$ と $\dot{p} = -\partial H/\partial q = -kq$ を用いて (あるいは，(71.1)式より)

$$\begin{aligned}
\frac{df}{dt} &= \dot{q}\sin\Omega t + q\Omega\cos\Omega t = \frac{1}{m}p\sin\Omega t + q\Omega\cos\Omega t \\
\Rightarrow\ \left\{\frac{df}{dt}, g\right\} &= \left\{\frac{1}{m}p\sin\Omega t + q\Omega\cos\Omega t, p\cos\Omega t\right\} \\
&= \frac{1}{m}\sin\Omega t\cos\Omega t\underbrace{\{p,p\}}_{=0} + \Omega\cos^2\Omega t\underbrace{\{q,p\}}_{=1} = \Omega\cos^2\Omega t
\end{aligned}$$

同様に

$$\left\{f, \frac{dg}{dt}\right\} = \{q\sin\Omega t, -kq\cos\Omega t - p\Omega\sin\Omega t\} = -\Omega\sin^2\Omega t$$

であって，(71.2)式が確かに成り立っている．

問題 72　ハミルトン形式における保存量　標準

問題 71 の (71.1)式より，一般に陽な時間依存性を持たない量 $Q(q,p)$ が保存量 $\left(\frac{d}{dt}Q(q(t),p(t))=0\right)$ であるための必要十分条件は，Q とハミルトニアンのポアソン括弧がゼロとなることである:

$$Q(q,p) \text{ が保存量} \quad \Leftrightarrow \quad \{Q(q,p), H(q,p)\}=0 \tag{72.1}$$

これを質点系において，さまざまな量 Q について確認しよう．なお，以下では H (特に U) は陽な時間依存性を持っていてもよいが，本質的ではないので省略する．

1. 2 質点系のラグランジアン (29.2)に対応したハミルトニアン

$$H=\frac{1}{2m_1}\boldsymbol{p}_1^2+\frac{1}{2m_2}\boldsymbol{p}_2^2+U(\boldsymbol{x}_1-\boldsymbol{x}_2)$$

を考える．U は 2 質点の位置ベクトルの差 $\boldsymbol{x}_1-\boldsymbol{x}_2$ のみに依存している．この系の全運動量 $\boldsymbol{P}=\boldsymbol{p}_1+\boldsymbol{p}_2$ が保存すること (**問題 29** の設問 2 参照) を (72.1) により示せ．

2. 中心力ポテンシャル下の 1 質点系のハミルトニアンを考える:

$$H=\frac{1}{2m}\boldsymbol{p}^2+U(r)$$

この系の原点周りの角運動量 $\boldsymbol{M}=\boldsymbol{x}\times\boldsymbol{p}$ が保存すること (**問題 33** の設問 1 参照) を (72.1)により示せ．必要なら，**問題 70** の公式 (70.1)と (70.2)を用いよ．

3. **問題 65** の (65.6)で得た前設問 2 のハミルトニアンの別表式

$$H=\frac{1}{2m}\left(p_r^2+\frac{\boldsymbol{M}^2}{r^2}\right)+U(r)$$

に対して角運動量の保存 $\{\boldsymbol{M},H\}=0$ を示せ．

解 説　運動量と角運動量の保存をハミルトン形式において示す問題であるが，ポアソン括弧の計算演習である．

解 答

1. この 2 質点系におけるポアソン括弧は

$$\{f,g\}=\sum_{a=1,2}\sum_{i=1}^{3}\left(\frac{\partial f}{\partial(\boldsymbol{x}_a)_i}\frac{\partial g}{\partial(\boldsymbol{p}_a)_i}-\frac{\partial f}{\partial(\boldsymbol{p}_a)_i}\frac{\partial g}{\partial(\boldsymbol{x}_a)_i}\right)$$

これより (あるいは，(69.1)の第 2 式より)

$$\{(\boldsymbol{p}_a)_i,H\}=\{(\boldsymbol{p}_a)_i,U(\boldsymbol{x}_1-\boldsymbol{x}_2)\}=-\frac{\partial}{\partial(\boldsymbol{x}_a)_i}U(\boldsymbol{x}_1-\boldsymbol{x}_2)$$

であり

$$\{\boldsymbol{P}, H\} = \{\boldsymbol{p}_1 + \boldsymbol{p}_2, H\} = -\left(\frac{\partial}{\partial \boldsymbol{x}_1} + \frac{\partial}{\partial \boldsymbol{x}_2}\right) U(\boldsymbol{x}_1 - \boldsymbol{x}_2) = 0$$

ここに，$\boldsymbol{r} \equiv \boldsymbol{x}_1 - \boldsymbol{x}_2$ として

$$\frac{\partial}{\partial \boldsymbol{x}_1} U(\boldsymbol{x}_1 - \boldsymbol{x}_2) = \frac{\partial}{\partial \boldsymbol{r}} U(\boldsymbol{r}), \quad \frac{\partial}{\partial \boldsymbol{x}_2} U(\boldsymbol{x}_1 - \boldsymbol{x}_2) = -\frac{\partial}{\partial \boldsymbol{r}} U(\boldsymbol{r})$$

を用いた．

2. ポアソン括弧 $\{M_i, H\} = \dfrac{1}{2m}\left\{M_i, \boldsymbol{p}^2\right\} + \{M_i, U(r)\}$ の 2 項のうち，最後の項は (70.2)より $\{M_i, U(r)\} = 0$ である．右辺第 1 項も (アインシュタインの縮約ルールを用いて)

$$\left\{M_i, \boldsymbol{p}^2\right\} = \{M_i, p_j p_j\} \underset{\substack{\uparrow \\ (69.8)}}{=} 2\underbrace{\{M_i, p_j\}}_{\epsilon_{ijk} p_k} p_j = 2\epsilon_{ijk} p_j p_k = 2(\boldsymbol{p} \times \boldsymbol{p})_i = 0$$

となる．なお，(70.1)の第 2 式と今の $\{M_i, p_j\} = \epsilon_{ijk} p_k$ の関係は

$$\{M_i, p_j\} \underset{\substack{\uparrow \\ (69.4)}}{=} -\{p_j, M_i\} \underset{\substack{\uparrow \\ (70.1)}}{=} -\epsilon_{jik} p_k \underset{\substack{\uparrow \\ \epsilon_{jik} = -\epsilon_{ijk}}}{=} \epsilon_{ijk} p_k$$

3. (69.6)と (69.8)を用いて

$$\{M_i, H\} = \frac{1}{2m}\left(2\{M_i, p_r\} p_r + \left\{M_i, \boldsymbol{M}^2\right\} \frac{1}{r^2} + \left\{M_i, \frac{1}{r^2}\right\} \boldsymbol{M}^2\right) + \{M_i, U(r)\}$$

であり，(70.2)より $\left\{M_i, 1/r^2\right\} = \{M_i, U(r)\} = 0$．$\{M_i, p_r\}$ については，$r = \sqrt{\boldsymbol{x}^2}$ からの $p_r = m\dot{r} = m\boldsymbol{x} \cdot \dot{\boldsymbol{x}}/r = \boldsymbol{x} \cdot \boldsymbol{p}/r$ を用いて

$$\{M_i, p_r\} = \left\{M_i, \frac{\boldsymbol{x} \cdot \boldsymbol{p}}{r}\right\} = \left\{M_i, \frac{1}{r}\right\} \boldsymbol{x} \cdot \boldsymbol{p} + \{M_i, \boldsymbol{x} \cdot \boldsymbol{p}\} \frac{1}{r} = 0$$

ここに，次式を用いた:

$$\begin{aligned}\{M_i, \boldsymbol{x} \cdot \boldsymbol{p}\} = \{M_i, x_j p_j\} &= \underbrace{\{M_i, x_j\}}_{\epsilon_{ijk} x_k} p_j + x_j \underbrace{\{M_i, p_j\}}_{\epsilon_{ijk} p_k} \\ &= \epsilon_{ijk}(x_k p_j + x_j p_k) = (\boldsymbol{p} \times \boldsymbol{x} + \boldsymbol{x} \times \boldsymbol{p})_i = 0\end{aligned}$$

残る $\left\{M_i, \boldsymbol{M}^2\right\}$ もゼロとなる:

$$\left\{M_i, \boldsymbol{M}^2\right\} = \{M_i, M_j M_j\} = 2\underbrace{\{M_i, M_j\}}_{\epsilon_{ijk} M_k} M_j = 2\epsilon_{ijk} M_j M_k \tag{72.2}$$

$$= 2(\boldsymbol{M} \times \boldsymbol{M})_i = 0 \tag{72.3}$$

よって，$\{M_i, H\} = 0$ が示された．

なお，上で見たように $\{M_i, (\text{空間回転不変量})\} = 0$ であるが，これについては**問題 84** と**問題 85** を参照のこと．

Tea Time ……………………… 解析力学と量子力学

19世紀の終わり頃から，古典力学 (=ニュートン力学，解析力学) や古典電磁気学 (=マクスウェルの電磁気学) の枠組みでは理解できない現象がいくつも発見されてきた．説明は省略するが，代表的なものは

- 低温における金属や多原子分子ガスの比熱
- 黒体放射のスペクトル
- 光の粒子性・粒子の波動性

である．アインシュタイン，プランク，ボーアを始めとする多くの物理学者の努力の後，これらの困難/矛盾を統一的に解消/理解する新しい力学として，ハイゼンベルグ，ディラック，シュレーディンガー達により「量子力学」(quantum mechanics) が構築された (1925年〜)．今や量子力学は，分子・原子以下の微視的な世界，そして，宇宙の始まりと成り立ちを記述するために不可欠なものである．もちろん，日常生活に関する多くの現象は古典力学で十分記述されるが，例えば，電子機器 (半導体) の動作の理解には量子力学が必要である．

このように書くと，本書のテーマである「解析力学」を学ぶ意義を疑問に思う読者がいるかも知れないが，決してそのようなことはない．量子力学の構成は解析力学，特に，そのハミルトン形式を基礎にしている．以下，両者の対応を簡単に説明しよう．

1. 解析力学の正準変数 (q, p) は，量子力学では「エルミート演算子」$(\widehat{q}, \widehat{p})$ となる．「エルミート行列」になると思ってもよい (ただし，∞ 行 ∞ 列)．
2. 解析力学におけるポアソン括弧 $\{f, g\}$ は，量子力学では $\dfrac{1}{i\hbar}[\widehat{f}, \widehat{g}]$ になる．ここに，
   - $f = f(q, p)$ に対して $\widehat{f} = f(\widehat{q}, \widehat{p})$ は行列である．
   - $[\widehat{f}, \widehat{g}]$ は「交換子」と呼ばれ，その定義は $[\widehat{f}, \widehat{g}] \equiv \widehat{f}\,\widehat{g} - \widehat{g}\,\widehat{f}$ である．2つの行列の積 $\widehat{f}\,\widehat{g}$ と $\widehat{g}\,\widehat{f}$ は一般に等しくないので，$[\widehat{f}, \widehat{g}]$ は非自明である．
   - $\hbar$ はプランク定数 $h = 6.626 \times 10^{-34}\,\mathrm{J \cdot s}$ を 2π で割ったもの，$\hbar = h/(2\pi)$，であり，換算プランク定数，あるいは，ディラック定数と呼ばれる．$\hbar \to 0$ の極限で量子力学は古典力学に帰着する．
3. 解析力学での基本ポアソン括弧 (69.2)に対応するのは
$$[\widehat{q}_i, \widehat{p}_j] = i\hbar\,\mathbb{I}\,\delta_{ij}, \qquad [\widehat{q}_i, \widehat{q}_j] = [\widehat{p}_i, \widehat{p}_j] = 0$$
であり「正準交換関係」と呼ばれる．基本ポアソン括弧 (69.2)はポアソン括弧の定義から導かれるものであるが，正準交換関係は量子力学の基本原理の1つである．
4. 解析力学におけるハミルトニアン $H(q, p)$ は，量子力学ではエルミート行列 $\widehat{H} = H(\widehat{q}, \widehat{p})$ となり，ハミルトンの運動方程式 (71.3) の量子力学版は
$$i\hbar\frac{d}{dt}\widehat{q}_i = [\widehat{q}_i, \widehat{H}\,], \qquad i\hbar\frac{d}{dt}\widehat{p}_i = [\widehat{p}_i, \widehat{H}\,]$$

上記の対応以外に，量子力学には「観測値としての固有値」,「状態ベクトル」,「確率解釈」,「不確定性関係」等の解析力学にはない概念が含まれる．

Chapter 7

正準変換

正準変換はハミルトン形式における力学変数 q と運動量 p の組である正準変数 (q, p) をそれと対等な別の正準変数 (Q, P) に写す変換である．元の正準変数 (q, p) と同様に新正準変数 (Q, P) も (新ハミルトニアンを用いた) ハミルトンの運動方程式を満たす．この章では，正準変換の基本的諸性質と具体例，ポアソン括弧等の正準変換不変量，微小正準変換，等の正準変換の基礎に関する問題を扱うとともに，正準変換を利用して元の (q, p) のハミルトンの運動方程式を解く例も体験する．正準変換を用いた運動方程式の解法は次の章 (ハミルトン・ヤコビ理論) でさらに詳しく扱う．

問題　73　母関数 $F(q,Q,t)$ による正準変換　標準

正準変数 (q,p)，ハミルトニアン $H(q,p,t)$ で記述される一般の N 自由度系において，関数 $F(q,Q,t)$ を用いた $2N$ 個の関係式

$$p_i = \frac{\partial F(q,Q,t)}{\partial q_i}, \qquad P_i = -\frac{\partial F(q,Q,t)}{\partial Q_i} \qquad (i=1,\cdots,N) \tag{73.1}$$

で定まる新しい $2N$ 個の変数 $(Q,P)=(Q(q,p,t),P(q,p,t))$ を考える．この新変数 (Q,P) は

$$K(Q,P,t) = H(q,p,t) + \frac{\partial F(q,Q,t)}{\partial t} \tag{73.2}$$

を新しいハミルトニアンとするハミルトンの運動方程式

$$\dot{Q}_i = \frac{\partial K(Q,P,t)}{\partial P_i}, \qquad \dot{P}_i = -\frac{\partial K(Q,P,t)}{\partial Q_i} \qquad (i=1,\cdots,N) \tag{73.3}$$

を満たすことを示せ．

解説　(73.1)式で定義される旧変数 (q,p) から新変数 (Q,P) への変換 $(q,p)\to(Q,P)$ を**正準変換** (canonical transformation) と，また，関数 $F(q,Q,t)$ を正準変換の**母関数** (generating function) と呼ぶ．この問題は，元の正準変数 (q,p) に対するハミルトンの運動方程式 (63.4)が (Q,P) に対するハミルトンの運動方程式 (73.3)と等価であることを示すものである．なお，この意味で (Q,P) は新しい正準変数と見なすことができる．

解答

正準変換を考える前に，まず，

ハミルトンの運動方程式 (63.4)は，$(q(t),p(t))$ を $2N$ 個の独立な関数とし，両端の時刻における $q(t_I)$ と $q(t_F)$ を固定した条件の下での「作用」

$$S[q,p] = \int_{t_I}^{t_F} dt \left(\sum_{i=1}^{N} p_i(t)\dot{q}_i(t) - H\big(q(t),p(t),t\big) \right) \tag{73.4}$$

の停留条件から導かれる．なお，(73.4)の被積分関数は (63.3)式により (独立変数のとり方を除いて) ラグランジアンに等しいことに注意．

を示す．実際，(73.4)の変分は

$$\begin{aligned}\delta S[q,p] &= S[q+\delta q, p+\delta p] - S[q,p] \\ &= \int_{t_I}^{t_F} dt \left\{ \delta p_i \dot{q}_i + p_i \underbrace{\delta\dot{q}_i}_{(d/dt)\delta q_i} - \left(\frac{\partial H(q,p,t)}{\partial q_i}\delta q_i + \frac{\partial H(q,p,t)}{\partial p_i}\delta p_i \right) \right\}\end{aligned}$$

$$= \underbrace{\Big[p_i(t)\delta q_i(t)\Big]_{t=t_I}^{t=t_F}}_{=0} + \int_{t_I}^{t_F} dt \left\{\left(\dot{q}_i - \frac{\partial H(q,p,t)}{\partial p_i}\right)\delta p_i - \left(\dot{p}_i + \frac{\partial H(q,p,t)}{\partial q_i}\right)\delta q_i\right\}$$

最終行の第 1 項 (部分積分の端点項) がゼロとなるのは，$q(t_I)$ と $q(t_F)$ を固定しており，$\delta q_i(t = t_I, t_F) = 0$ のためである．任意の $(\delta q, \delta p)$ に対して $\delta S[q,p] = 0$ となるべきことから，上式よりハミルトンの運動方程式 (63.4)が要求される．

以上の準備の後，この問題本来の，「(q,p) に対するハミルトンの運動方程式 (63.4)」から「(Q,P) に対するハミルトンの運動方程式 (73.3)」を導くことを考える．まず，(73.1)と (73.2)より次の関係式が導かれる:

$$\sum_{i=1}^{N} p_i\dot{q}_i - H(q,p,t) = \sum_{i=1}^{N} P_i\dot{Q}_i - K(Q,P,t) + \frac{d}{dt}F(q,Q,t) \tag{73.5}$$

実際，

$$\frac{d}{dt}F(q,Q,t) = \frac{\partial F(q,Q,t)}{\partial q_i}\dot{q}_i + \frac{\partial F(q,Q,t)}{\partial Q_i}\dot{Q}_i + \frac{\partial F(q,Q,t)}{\partial t}$$

より (73.5)式は

$$\left(p_i - \frac{\partial F}{\partial q_i}\right)\dot{q}_i - \left(P_i + \frac{\partial F}{\partial Q_i}\right)\dot{Q}_i + K - H - \frac{\partial F}{\partial t} = 0$$

と変形されるが，これは (73.1)と (73.2) により成り立っている．

恒等式 (73.5)を用いると，作用 (73.4)の変分 $\delta S[q,p]$ は

$$\delta S[q,p] = \int_{t=t_I}^{t=t_F} dt \left\{\left(\dot{Q}_i - \frac{\partial K}{\partial P_i}\right)\delta P_i - \left(\dot{P}_i + \frac{\partial K}{\partial Q_i}\right)\delta Q_i\right\}$$
$$+ \Bigg[\underbrace{\left(P_i + \frac{\partial F}{\partial Q_i}\right)}_{=0\ \because\ (73.1)}\delta Q_i + \frac{\partial F}{\partial q_i}\ \underset{\substack{\uparrow \\ =0\,(t=t_I,t_F)}}{\delta q_i}\Bigg]_{t=t_I}^{t=t_F}$$

とも表される．ここに，第 2 行目の端点項は $\Big[P_i(t)\delta Q_i(t) + \delta F(q(t),Q(t),t)\Big]_{t=t_I}^{t=t_F}$ からであるが，(73.1)および $\delta q_i(t = t_I, t_F) = 0$ のためにゼロとなる (今，$Q_i(t_I)$ と $Q_i(t_F)$ は固定されているわけではないことに注意)．したがって，

$$\dot{q}_i = \frac{\partial H}{\partial p_i},\ \dot{p}_i = -\frac{\partial H}{\partial q_i} \quad\Leftrightarrow\quad \delta S[q,p] = 0 \quad\Leftrightarrow\quad \dot{Q}_i = \frac{\partial K}{\partial P_i},\ \dot{P}_i = -\frac{\partial K}{\partial Q_i}$$

であり，「元の正準変数 (q,p) に対するハミルトンの運動方程式 (63.4)」と「新正準変数 (Q,P) に対するハミルトンの運動方程式 (73.3)」が互いに等価であることが導かれる．

問題 74　母関数 $F(q,Q,t)$ による正準変換の例　基本

1. 正準変数 (q,p) を持ち，ハミルトニアンが $H(q,p)=\dfrac{1}{2}\left(p^2+q^2\right)$ の 1 自由度系において母関数

$$F(q,Q,t)=\lambda(t)\,qQ \qquad \big(\lambda(t) : \text{与えられた時間の関数}\big)$$

で生成される正準変換 $(q,p)\mapsto(Q,P)$ を考える．

- 新正準変数 (Q,P) を旧正準変数 (q,p) で表せ．また，(Q,P) のハミルトニアン $K(Q,P,t)$ を与えよ．
- (q,p) のハミルトンの運動方程式と (Q,P) のハミルトンの運動方程式が等価であることを陽に示せ．

2. 2 自由度系において，母関数

$$F(q,Q)=q_1\,(Q_1+2Q_2)+q_2\,(3Q_1+4Q_2)$$

で生成される正準変換 $(q_1,q_2,p_1,p_2)\mapsto(Q_1,Q_2,P_1,P_2)$ を考える．新正準変数 (Q,P) を旧正準変数 (q,p) で表せ．

3. 1 自由度系において，実定数 ϕ で指定される母関数

$$F_\phi(q,Q)=\frac{1}{\sinh\phi}\left[qQ-\frac{1}{2}\cosh\phi\left(q^2+Q^2\right)\right] \tag{74.1}$$

で生成される正準変換 $(q,p)\mapsto(Q,P)$ を考える．新正準変数 (Q,P) を旧正準変数 (q,p) で表せ．

解 説　いずれの設問も母関数 $F(q,Q,t)$ による正準変換の公式 (73.1)および (73.2) を用いればよい．なお，設問 1 において $\lambda=\pm1$ とした場合からわかるように，「q と p の単なる入れ替え $(Q,P)=(p,q)$」は正準変換ではなく，「q と p を入れ替えて，どちらかにマイナス符号をつけたもの」，すなわち，$(Q,P)=(p,-q)$ あるいは $(-p,q)$ が正準変換となる．

解 答

1. 母関数 $F(q,Q,t)$ による正準変換の公式 (73.1)より

$$p=\frac{\partial F}{\partial q}=\lambda Q,\quad P=-\frac{\partial F}{\partial Q}=-\lambda q \quad\Rightarrow\quad Q=\frac{1}{\lambda}p,\quad P=-\lambda q$$

また，(Q,P) のハミルトニアン $K(Q,P,t)$ は

$$\frac{\partial F}{\partial t}=\dot{\lambda}qQ=-\frac{\dot{\lambda}}{\lambda}QP$$

と公式 (73.2)より

$$K(Q,P,t) = H(q,p) + \frac{\partial F}{\partial t} = \frac{1}{2}\left(\lambda^2 Q^2 + \frac{1}{\lambda^2}P^2\right) - \frac{\dot{\lambda}}{\lambda}QP$$

次に，(q,p) のハミルトンの運動方程式は

$$\dot{q} = \frac{\partial H}{\partial p} = p, \qquad \dot{p} = -\frac{\partial H}{\partial q} = -q$$

(Q,P) のハミルトンの運動方程式と (q,p) のハミルトンの運動方程式との等価性はそれぞれ

$$\dot{Q} = \frac{\partial K}{\partial P} = \frac{1}{\lambda^2}P - \frac{\dot{\lambda}}{\lambda}Q \;\Leftrightarrow\; \underbrace{\lambda\dot{Q} + \dot{\lambda}Q}_{(d/dt)(\lambda Q)} = \frac{1}{\lambda}P \;\Leftrightarrow\; \dot{p} = -q = -\frac{\partial H}{\partial q}$$

$$\dot{P} = -\frac{\partial K}{\partial Q} = -\lambda^2 Q + \frac{\dot{\lambda}}{\lambda}P \;\Leftrightarrow\; \underbrace{-\frac{1}{\lambda}\dot{P} + \frac{\dot{\lambda}}{\lambda^2}P}_{(d/dt)(-P/\lambda)} = \lambda Q \;\Leftrightarrow\; \dot{q} = p = \frac{\partial H}{\partial p}$$

2. 公式 (73.1)より

$$\begin{pmatrix} p_1 \\ p_2 \end{pmatrix} = \begin{pmatrix} \partial F/\partial q_1 \\ \partial F/\partial q_2 \end{pmatrix} = \begin{pmatrix} Q_1 + 2Q_2 \\ 3Q_1 + 4Q_2 \end{pmatrix} = \begin{pmatrix} 1 & 2 \\ 3 & 4 \end{pmatrix}\begin{pmatrix} Q_1 \\ Q_2 \end{pmatrix}$$

$$\Rightarrow \quad \begin{pmatrix} Q_1 \\ Q_2 \end{pmatrix} = \begin{pmatrix} 1 & 2 \\ 3 & 4 \end{pmatrix}^{-1}\begin{pmatrix} p_1 \\ p_2 \end{pmatrix} = \begin{pmatrix} -2 & 1 \\ 3/2 & -1/2 \end{pmatrix}\begin{pmatrix} p_1 \\ p_2 \end{pmatrix} = \begin{pmatrix} -2p_1 + p_2 \\ (3/2)p_1 - (1/2)p_2 \end{pmatrix}$$

また

$$\begin{pmatrix} P_1 \\ P_2 \end{pmatrix} = -\begin{pmatrix} \partial F/\partial Q_1 \\ \partial F/\partial Q_2 \end{pmatrix} = -\begin{pmatrix} q_1 + 3q_2 \\ 2q_1 + 4q_2 \end{pmatrix}$$

3. 公式 (73.1)より

$$p = \frac{\partial F_\phi}{\partial q} = \frac{1}{\sinh\phi}(Q - \cosh\phi\, q) \quad \Rightarrow \quad Q = \cosh\phi\, q + \sinh\phi\, p$$

$$P = -\frac{\partial F_\phi}{\partial Q} = -\frac{1}{\sinh\phi}\Big(q - \cosh\phi\, \underbrace{Q}_{\cosh\phi\, q + \sinh\phi\, p}\Big) = \sinh\phi\, q + \cosh\phi\, p$$

ここに，第 2 行目の第 3 等号において $\cosh^2\phi - \sinh^2\phi = 1$ を用いた．すなわち，

$$\begin{pmatrix} Q \\ P \end{pmatrix} = \begin{pmatrix} \cosh\phi & \sinh\phi \\ \sinh\phi & \cosh\phi \end{pmatrix}\begin{pmatrix} q \\ p \end{pmatrix} \tag{74.2}$$

問題 75　正準変換を生成する母関数 $F(q,Q)$ の構成　基本

1 自由度系において次の各変換 $(q,p)\mapsto(Q,P)$ は正準変換であるが，それぞれに対応した母関数 $F(q,Q)$ を求めよ (ここでは，正準変換が t に依存しないので，母関数 F には陽な t 依存性がなく，$F=F(q,Q)$ としてよい).

1. $$\begin{pmatrix} Q \\ P \end{pmatrix} = \begin{pmatrix} \cos\theta & \sin\theta \\ -\sin\theta & \cos\theta \end{pmatrix} \begin{pmatrix} q \\ p \end{pmatrix} \qquad (\theta\text{: 定数})$$

2. $$Q=\ln\frac{p}{\sin q}, \quad P=p\cot q$$

解説　与えられた正準変換の表式より新旧の運動量を新旧の力学変数 (q,Q) の関数として $p=p(q,Q)$ および $P=P(q,Q)$ と表し，母関数 $F(q,Q)$ による正準変換公式 (73.1)

$$\frac{\partial F(q,Q)}{\partial q}=p(q,Q), \qquad \frac{\partial F(q,Q)}{\partial Q}=-P(q,Q) \tag{75.1}$$

を 2 変数関数 $F(q,Q)$ に対する 1 階偏微分方程式と見なして解けばよい.

なお，**問題 76** で考察するように，(75.1) に解 $F(q,Q)$ が存在するためには，右辺の $p(q,Q)$ と $P(q,Q)$ は可積分条件 (76.1)を満足する必要があるが，この問題においては成り立っている.

解答

1. p と P を (q,Q) で表すと

$$Q=\cos\theta\, q+\sin\theta\, p \quad \Rightarrow \quad p=\frac{1}{\sin\theta}(Q-\cos\theta\, q)$$

$$P=-\sin\theta\, q+\cos\theta\, p=-\sin\theta\, q+\frac{\cos\theta}{\sin\theta}(Q-\cos\theta\, q)=\frac{1}{\sin\theta}(\cos\theta\, Q-q)$$

したがって，(75.1)式は今の場合

$$\frac{\partial F(q,Q)}{\partial q}=p=\frac{1}{\sin\theta}(Q-\cos\theta\, q), \quad \frac{\partial F(q,Q)}{\partial Q}=-P=\frac{1}{\sin\theta}(q-\cos\theta\, Q) \tag{75.2}$$

この第 1 式より (Q は定数とみなして，変数 q について右辺を積分する)

$$F(q,Q)=\frac{1}{\sin\theta}\left(qQ-\frac{1}{2}\cos\theta\, q^2\right)+f(Q) \qquad (f(Q)\text{: }Q\text{ の任意関数})$$

これを (75.2)の第 2 式に代入すると

$$\frac{\partial F(q,Q)}{\partial Q}=\frac{1}{\sin\theta}q+\frac{df(Q)}{dQ}=\frac{1}{\sin\theta}(q-\cos\theta\, Q) \ \Rightarrow\ \frac{df(Q)}{dQ}=-\frac{\cos\theta}{\sin\theta}Q$$

により $f(Q)$ に対する 1 階微分方程式が得られ，

$$f(Q)=-\frac{\cos\theta}{2\sin\theta}Q^2+(\text{任意定数})$$

と $f(Q)$ が定まる．したがって，求める母関数 $F(q,Q)$ は

$$F(q,Q) = \frac{1}{\sin\theta}\left[qQ - \frac{1}{2}\cos\theta\left(q^2 + Q^2\right)\right] + (\text{任意定数})$$

なお，$F(q,Q)$ は正準変換の公式 (73.1)と (73.2)に微分された形でのみ現れるので，最後の (任意定数) 項は意味がない．

2. p と P を (q,Q) で表すと

$$Q = \ln\frac{p}{\sin q} \quad \Rightarrow \quad p = e^Q \sin q$$
$$P = p\cot q = e^Q \sin q \cot q = e^Q \cos q$$

これより (75.1)式は

$$\frac{\partial F(q,Q)}{\partial q} = p = e^Q \sin q, \qquad \frac{\partial F(q,Q)}{\partial Q} = -P = -e^Q \cos q$$

この第 1 式の一般解は

$$F(q,Q) = -e^Q \cos q + f(Q) \qquad (f(Q)\text{: } Q \text{ の任意関数})$$

これを第 2 式に代入して

$$-e^Q \cos q + \frac{df(Q)}{dQ} = -e^Q \cos q \ \Rightarrow\ \frac{df(Q)}{dQ} = 0 \ \Rightarrow\ f(Q) = (\text{任意定数})$$

この $F(q,Q)$ に加わる任意定数は無視して構わないので，結局，

$$F(q,Q) = -e^Q \cos q$$

問題 76　母関数 $F(q,Q)$ の存在条件　標準

1. 1 自由度系における次の写像 $(q,p) \mapsto (Q,P)$ が母関数 $F(q,Q)$ による正準変換であるための定数 a, b, c, d に対する条件を求めよ:

$$\begin{pmatrix} Q \\ P \end{pmatrix} = \begin{pmatrix} a & b \\ c & d \end{pmatrix} \begin{pmatrix} q \\ p \end{pmatrix}$$

さらに，この条件が満たされているときの母関数 $F(q,Q)$ を具体的に求めよ．

2. 同じく，次の写像 $(q,p) \mapsto (Q,P)$ が母関数 $F(q,Q)$ による正準変換であるための定数 a と b に対する条件を求めよ:

$$Q = q^a \cos bp, \qquad P = q^a \sin bp$$

解説　正準変換は写像 $(q,p) \mapsto (Q,P)$ のうちの特別なものである．与えられた写像 $(q,p) \mapsto (Q,P)$ が母関数 $F(q,Q)$ で生成される正準変換であるためには，**問題 75** の [解説] の (75.1)式の解 $F(q,Q)$ が存在しないといけないが，このためには右辺の $p(q,Q)$ と $P(q,Q)$ が条件

$$\frac{\partial p(q,Q)}{\partial Q} = -\frac{\partial P(q,Q)}{\partial q} \tag{76.1}$$

を満たす必要がある．これは，偏微分 $\partial/\partial q$ と $\partial/\partial Q$ が交換可能であり

$$\frac{\partial}{\partial Q}\frac{\partial F(q,Q)}{\partial q} = \frac{\partial}{\partial q}\frac{\partial F(q,Q)}{\partial Q}$$

が成り立つべきことと (75.1)からの要求である．条件 (76.1)は**可積分条件**と呼ばれ，偏微分方程式 (75.1)の解 $F(q,Q)$ が存在するための十分条件でもある (したがって，必要十分条件)．

解答

1. まず，p と P を (q,Q) で表すと

$$Q = aq + bp \quad \Rightarrow \quad p(q,Q) = \frac{1}{b}(Q - aq)$$

$$P(q,Q) = cq + dp = cq + \frac{d}{b}(Q - aq) = \left(c - \frac{ad}{b}\right) q + \frac{d}{b} Q$$

なお，$b \neq 0$ とした．これらを可積分条件 (76.1)に代入すると

$$\frac{\partial p(q,Q)}{\partial Q} = -\frac{\partial P(q,Q)}{\partial q} \ \Rightarrow \ \frac{1}{b} = -\left(c - \frac{ad}{b}\right) \ \Rightarrow \ ad - bc = 1$$

すなわち，母関数 $F(q,Q)$ が存在するためには

$$ad - bc = 1 \ \left[\Leftrightarrow \ \det\begin{pmatrix} a & b \\ c & d \end{pmatrix} = 1\right] \quad \text{かつ} \quad b \neq 0$$

が必要十分である．

次に，$F(q,Q)$ を具体的に求めるために (75.1)を書き下すと

$$\frac{\partial F(q,Q)}{\partial q}=p(q,Q)=\frac{1}{b}\,(Q-aq) \tag{76.2}$$

$$\frac{\partial F(q,Q)}{\partial Q}=-P(q,Q)=\frac{ad-bc}{b}\,q-\frac{d}{b}Q\underset{\substack{\uparrow\\ ad-bc=1}}{=}\frac{1}{b}\,(q-dQ) \tag{76.3}$$

まず，(76.2)の一般解は

$$F(q,Q)=\frac{1}{b}\left(qQ-\frac{1}{2}aq^2\right)+f(Q)\qquad (f(Q)\text{: }Q\text{ の任意関数})$$

これを (76.3)に代入して

$$\frac{1}{b}q+\frac{df(Q)}{dQ}=\frac{1}{b}\,(q-dQ)\ \Rightarrow\ \frac{df(Q)}{dQ}=-\frac{d}{b}Q\ \Rightarrow\ f(Q)=-\frac{d}{2b}Q^2+(\text{任意定数})$$

と $f(Q)$ が定まる．正準変換に寄与しない (任意定数) 項を無視して，求める母関数は

$$F(q,Q)=\frac{1}{b}\left[qQ-\frac{1}{2}\left(aq^2+dQ^2\right)\right]\qquad (ad-bc=1,\ b\neq 0) \tag{76.4}$$

なお，**問題 74** の設問 3 と**問題 75** の設問 1 は今の正準変換の特別な場合である．また，$b=0$ の場合は別の母関数 $\Phi(q,P)$ で扱える (**問題 79** の設問 3 参照).

2. この問題では $F(q,Q)$ を求める必要はないので，$p(q,Q)$ と $P(q,Q)$ を求めてそれらを可積分条件 (76.1)に代入するのではなく，

$$Q=q^a\cos bp(q,Q),\qquad P(q,Q)=q^a\sin bp(q,Q) \tag{76.5}$$

の各式を偏微分することで $\partial p(q,Q)/\partial Q$ と $\partial P(q,Q)/\partial q$ を直接求め，可積分条件 (76.1)を考えることにする．

まず，(76.5)の第 1 式を Q で偏微分して

$$1=-bq^a\sin bp\,\frac{\partial p(q,Q)}{\partial Q}\ \Rightarrow\ \frac{\partial p(q,Q)}{\partial Q}=-\frac{1}{bq^a\sin bp}$$

次に，(76.5)の両式の平方の和を取って

$$Q^2+P(q,Q)^2=q^{2a}$$

この両辺を q で偏微分して

$$2P(q,Q)\frac{\partial P(q,Q)}{\partial q}=2aq^{2a-1}\ \Rightarrow\ \frac{\partial P(q,Q)}{\partial q}=\frac{aq^{2a-1}}{P(q,Q)}=\frac{aq^{a-1}}{\sin bp}$$

得られた結果より可積分条件 (76.1)は今の場合

$$\frac{\partial p(q,Q)}{\partial Q}=-\frac{\partial P(q,Q)}{\partial q}\ \Rightarrow\ -\frac{1}{bq^a\sin bp}=-\frac{aq^{a-1}}{\sin bp}\ \Rightarrow\ ab\,q^{2a-1}=1$$

これが恒等的に成り立つべきことから

$$ab=1,\quad 2a-1=0\quad\Rightarrow\quad a=\frac{1}{2},\quad b=2$$

と a と b が定まる．

問題 77　正準変換を利用して調和振動子問題を解く　標準

ハミルトニアンが

$$H(q,p)=\frac{1}{2m}p^2+\frac{1}{2}kq^2$$

で与えられる 1 次元調和振動子のハミルトンの運動方程式の解を正準変換を用いて求めることを考える．

1. 次の母関数による正準変換 (**ポアンカレ変換**) を考える:

$$F(q,Q)=\frac{1}{2}\sqrt{mk}\,q^2\cot Q \tag{77.1}$$

新変数 (Q,P) に対するハミルトニアン $K(Q,P)$ を求め，(Q,P) のハミルトンの運動方程式の解から元の q のハミルトンの運動方程式の一般解を求めよ．

2. 母関数が次式 (q と Q の 2 次式) で与えられる正準変換を考える:

$$F(q,Q,t)=\frac{1}{2}\left(a(t)q^2+b(t)Q^2\right)-c(t)qQ$$

ここに現れる 3 つの時間の関数 $a(t)$, $b(t)$, $c(t)$ を，新変数 (Q,P) のハミルトニアン $K(Q,P,t)$ が恒等的にゼロ $(K=0)$ となるように定めよ．さらに，これを利用して元の q の運動方程式の一般解を求めよ．

解説　正準変換を利用してハミルトンの運動方程式の解を求める手法は第 8 章で系統的に扱うが，とりあえずこの問題では調和振動子を 2 種類の母関数による正準変換により考える．簡単な問題をわざわざ難しく扱っていると感じるかもしれないが，より難しい問題にも適用可能な手法の体験と考えてほしい．なお，母関数 (77.1)の導出は**問題 91** で行う．

解答

1. まず，新旧正準変数の関係は

$$p=\frac{\partial F}{\partial q}=\sqrt{mk}\,q\cot Q,\qquad P=-\frac{\partial F}{\partial Q}=\frac{1}{2}\sqrt{mk}\,q^2\frac{1}{\sin^2 Q}$$

これより

$$q^2=\frac{2}{\sqrt{mk}}P\sin^2 Q,\qquad p^2=mkq^2\cot^2 Q=2\sqrt{mk}\,P\cos^2 Q$$

であって，今の場合 $\partial F/\partial t=0$ なので

$$K(Q,P)=H(q,p)=\frac{1}{2m}2\sqrt{mk}\,P\cos^2 Q+\frac{1}{2}k\frac{2}{\sqrt{mk}}P\sin^2 Q=\sqrt{\frac{k}{m}}P$$

(Q,P) のハミルトンの運動方程式とその一般解は

$$\dot{Q}=\frac{\partial K}{\partial P}=\sqrt{\frac{k}{m}}\quad\Rightarrow\quad Q(t)=\sqrt{\frac{k}{m}}t+\alpha\qquad(\alpha\text{: 任意定数})$$

$$\dot{P} = -\frac{\partial K}{\partial Q} = 0 \quad \Rightarrow \quad P(t) = (\text{一定}) \underset{\substack{\uparrow \\ H = \sqrt{k/m}\,P}}{=} \sqrt{\frac{m}{k}}\,E \quad (E\text{: 系のエネルギー})$$

したがって，元の $q(t)$ の一般解は

$$q(t) = \sqrt{\frac{2P(t)}{\sqrt{mk}}}\,\sin Q(t) = \sqrt{\frac{2E}{k}}\,\sin\left(\sqrt{\frac{k}{m}}\,t + \alpha\right)$$

2. 新旧正準変数の関係は

$$p = \frac{\partial F}{\partial q} = aq - cQ, \qquad P = -\frac{\partial F}{\partial Q} = -bQ + cq \tag{77.2}$$

そこで，(Q, P) のハミルトニアン

$$K(Q, P, t) = H(q, p) + \frac{\partial F(q, Q, t)}{\partial t}$$

を独立変数として (q, Q) を取り，それらで表す (他の 2 変数の組でも構わない). $H(q, p)$ に対しては (77.2) の第 1 式を用いて $p = aq - cQ$ と表すと，K の 2 項は

$$H(q, p) = \frac{1}{2m}(aq - cQ)^2 + \frac{1}{2}kq^2, \qquad \frac{\partial F}{\partial t} = \frac{1}{2}\left(\dot{a}q^2 + \dot{b}Q^2\right) - \dot{c}qQ$$

であって

$$K = \frac{1}{2}\left(\frac{a^2}{m} + k + \dot{a}\right)q^2 + \frac{1}{2}\left(\frac{c^2}{m} + \dot{b}\right)Q^2 - \left(\frac{ac}{m} + \dot{c}\right)qQ$$

$K = 0$ のためには q^2, Q^2, qQ のそれぞれの係数がゼロでなければならないが，それらを順に解いていくと (以下では $\omega \equiv \sqrt{k/m}$ として)

$$\dot{a} = -\frac{1}{m}\left(a^2 + mk\right) \;\Rightarrow\; a(t) = -\sqrt{mk}\,\tan(\omega t + \alpha)$$

$$\dot{c} = -\frac{1}{m}ac \;\Rightarrow\; \frac{d}{dt}\ln c(t) = -\frac{a(t)}{m} = \omega\tan(\omega t + \alpha)$$

$$\Rightarrow\; \ln c(t) = -\ln\cos(\omega t + \alpha) + (\text{定数}) \;\Rightarrow\; c(t) = \beta\left[\cos(\omega t + \alpha)\right]^{-1}$$

$$\dot{b} = -\frac{c(t)^2}{m} = -\frac{\beta^2}{m}\left[\cos(\omega t + \alpha)\right]^{-2} \;\Rightarrow\; b(t) = -\frac{\beta^2}{\sqrt{mk}}\tan(\omega t + \alpha) + \gamma$$

ここに，α, β, γ は任意定数である.

$K = 0$ なのでハミルトンの運動方程式より $\dot{Q} = \dot{P} = 0$，すなわち，$Q(t)$ と $P(t)$ は定数である．$q(t)$ は (77.2) の第 2 式より

$$q(t) = \frac{1}{c(t)}\left(P + b(t)Q\right) = \frac{P + \gamma Q}{\beta}\cos(\omega t + \alpha) - \frac{\beta Q}{\sqrt{km}}\sin(\omega t + \alpha)$$

$K = 0$ のためには $\alpha = 0$ と取れば十分であり，任意定数を取り直して，一般解 $q(t)$ は結局

$$q(t) = A\cos\omega t + B\sin\omega t \qquad (A,\ B\text{: 任意定数})$$

という既知のものを再現する.

問題 78　母関数 $\Phi(q,P,t)$ による正準変換　標準

正準変数 (q,p)，ハミルトニアン $H(q,p,t)$ で記述される一般の N 自由度系において，(q,P,t) を変数とする母関数 $\Phi(q,P,t)$ により

$$p_i = \frac{\partial\Phi(q,P,t)}{\partial q_i}, \qquad Q_i = \frac{\partial\Phi(q,P,t)}{\partial P_i}, \tag{78.1}$$

で定義される新正準変数 $(Q,P) = (Q(q,p,t), P(q,p,t))$ は

$$K(Q,P,t) = H(q,p,t) + \frac{\partial\Phi(q,P,t)}{\partial t} \tag{78.2}$$

を新ハミルトニアンとするハミルトンの運動方程式 (73.3)を満たすことを示せ．

さらに，母関数 $F(q,P,t)$ により (73.1)式で与えられる正準変換 $(q,p)\to(Q,P)$ が，母関数 $\Phi(q,P,t)$ を用いた (78.1) 式でも表すことができる場合，2 つの母関数は次式で関係していることを示せ:

$$\Phi(q,P,t) = F(q,Q,t) + \sum_{i=1}^{N} P_i Q_i \tag{78.3}$$

ここに，右辺の Q_i は (73.1)の第 2 式 $P_i = -\partial F(q,Q,t)/\partial Q_i$ $(i=1,\cdots,N)$ を各 Q_i について解いて $Q_i = Q_i(q,P,t)$ と表したものである．

解 説　正準変換の母関数は，旧正準変数 q と p，新正準変数 Q と P，のそれぞれから 1 つの変数を選ぶ自由度に対応して，**問題 73** の $F(q,Q,t)$ の他にこの問題で扱う $\Phi(q,P,t)$，さらには $\Psi(p,Q,t)$ と $\Xi(p,P,t)$ の全部で 4 種類ある．

解 答

ハミルトンの運動方程式 (73.3)の導出

問題 73 の解答と同様に，「作用 $S[q,p]$ (73.4)の停留 ⇔ ハミルトンの運動方程式 (63.4)」を用いた議論を行う．まず，(78.1)と (78.2)より

$$\sum_{i=1}^{N} p_i\dot{q}_i - H(q,p,t) = -\sum_{i=1}^{N} \dot{P}_i Q_i - K(Q,P,t) + \frac{d}{dt}\Phi(q,P,t) \tag{78.4}$$

が成り立つ．実際，

$$\frac{d}{dt}\Phi(q,P,t) = \frac{\partial\Phi(q,P,t)}{\partial q_i}\dot{q}_i + \frac{\partial\Phi(q,P,t)}{\partial P_i}\dot{P}_i + \frac{\partial\Phi(q,P,t)}{\partial t}$$

を用いて (78.4)は

$$\left(p_i - \frac{\partial\Phi}{\partial q_i}\right)\dot{q}_i + \left(Q_i - \frac{\partial\Phi}{\partial P_i}\right)\dot{P}_i + K - H - \frac{\partial\Phi}{\partial t} = 0$$

と変形され，これは (78.1)と (78.2) により成り立っている．

(78.4)を用いると，作用 $S[q,p]$ (73.4)の変分は

$$\delta S[q,p]=\int_{t=t_I}^{t=t_F}dt\Biggl\{-\underbrace{\delta\dot{P}_i}_{(d/dt)\delta P_i}Q_i-\dot{P}_i\delta Q_i-\left(\frac{\partial K}{\partial Q_i}\delta Q_i+\frac{\partial K}{\partial P_i}\delta P_i\right)\Biggr\}+\Bigl[\underbrace{\delta\Phi(q,P,t)}_{\frac{\partial\Phi}{\partial q_i}\delta q_i+\frac{\partial\Phi}{\partial P_i}\delta P_i}\Bigr]_{t=t_I}^{t=t_F}$$

$$=\int_{t=t_I}^{t=t_F}dt\left\{\left(\dot{Q}_i-\frac{\partial K}{\partial P_i}\right)\delta P_i-\left(\dot{P}_i+\frac{\partial K}{\partial Q_i}\right)\delta Q_i\right\}$$

$$+\Biggl[\underbrace{\left(-Q_i+\frac{\partial\Phi}{\partial P_i}\right)}_{=0\ \because\ (78.1)}\delta P_i+\frac{\partial\Phi}{\partial q_i}\underset{=0\,(t=t_I,t_F)}{\underset{\uparrow}{\delta q_i}}\Biggr]_{t=t_I}^{t=t_F}$$

とも表される．ここに，最終行の端点項は $\Bigl[-\delta P_i(t)\,Q_i(t)+\delta\Phi(q(t),P(t),t)\Bigr]_{t=t_I}^{t=t_F}$ からであるが，(78.1)および $\delta q_i(t=t_I,t_F)=0$ のためにゼロとなる．したがって，

$$\dot{q}_i=\frac{\partial H}{\partial p_i},\ \dot{p}_i=-\frac{\partial H}{\partial q_i}\quad\Leftrightarrow\quad\delta S[q,p]=0\quad\Leftrightarrow\quad\dot{Q}_i=\frac{\partial K}{\partial P_i},\ \dot{P}_i=-\frac{\partial K}{\partial Q_i}$$

であり，「元の正準変数 (q,p) に対するハミルトンの運動方程式 (63.4)」と「新正準変数 (Q,P) に対するハミルトンの運動方程式 (73.3)」が互いに等価であることが導かれる．

関係式 (78.3)

(73.5)の右辺を変形して

$$\sum_{i=1}^{N}p_i\dot{q}_i-H(q,p,t)=\sum_{i=1}^{N}\underbrace{P_i\dot{Q}_i}_{(d/dt)(P_iQ_i)-\dot{P}_iQ_i}-K(Q,P,t)+\frac{d}{dt}F(q,Q,t)$$

$$=-\sum_{i=1}^{N}\dot{P}_iQ_i-K(Q,P,t)+\frac{d}{dt}\left(F(q,Q,t)+\sum_{i=1}^{N}P_iQ_i\right)$$

これを (78.4)と比べて (78.3)の関係がわかる．

補足

(78.3)の両辺の $(q,P,t)\to(q+\delta q,P+\delta P,t+\delta t)$ の微小変形に対する変化分は

$$\delta\Phi(q,P,t)=\frac{\partial\Phi}{\partial q_i}\delta q_i+\frac{\partial\Phi}{\partial P_i}\delta P_i+\frac{\partial\Phi}{\partial t}\delta t$$

および

$$\delta\left(F(q,Q,t)+P_iQ_i\right)=\frac{\partial F}{\partial q_i}\delta q_i+\frac{\partial F}{\partial Q_i}\delta Q_i+\frac{\partial F}{\partial t}\delta t+\delta P_i\,Q_i+P_i\delta Q_i$$

$$=\underbrace{\frac{\partial F}{\partial q_i}}_{p_i}\delta q_i+\underbrace{\left(P_i+\frac{\partial F}{\partial Q_i}\right)}_{=0\ \because\ (73.1)}\delta Q_i+Q_i\delta P_i+\frac{\partial F}{\partial t}\delta t$$

これらの比較からも

$$p_i=\frac{\partial\Phi}{\partial q_i},\qquad Q_i=\frac{\partial\Phi}{\partial P_i},\qquad\frac{\partial F}{\partial t}=\frac{\partial\Phi}{\partial t}$$

を得る．

問題 79　母関数 $\Phi(q,P,t)$ による正準変換の例　基本

1. 一般の N 自由度系において，母関数

$$\Phi_{\rm id}(q,P)=\sum_{i=1}^{N} q_i P_i \tag{79.1}$$

が生成する正準変換 $(q,p)\mapsto(Q,P)$ はいかなるものか．

2. 一般の N 自由度系において，N 個の $f_i(q,t)$ $(i=1,\cdots,N)$ により与えられる母関数

$$\Phi_{\rm point}(q,P,t)=\sum_{i=1}^{N} f_i(q,t)P_i \tag{79.2}$$

が生成する正準変換 $(q,p)\mapsto(Q,P)$ を考える．新正準変数 (Q,P) を旧変数 (q,p) で表せ．

3. **問題 76** の設問 1 で考察した正準変換 $(q,p)\mapsto(Q,P)$:

$$\begin{pmatrix} Q \\ P \end{pmatrix}=\begin{pmatrix} a & b \\ c & d \end{pmatrix}\begin{pmatrix} q \\ p \end{pmatrix} \qquad \bigl(a,b,c,d:\text{定数},\ ad-bc=1\bigr)$$

を生成する母関数 $\Phi(q,P)$ を求めよ．なお，ここでは $d\neq 0$ とする．

解説　設問 2 の母関数 (79.2)による正準変換で新座標は $Q_i=f_i(q,t)$ と，(p を用いずに) q のみで表される．この正準変換を**点変換** (point transformation) と呼ぶ．設問 1 の母関数 (79.1)は (79.2)において特に $f_i(q,t)=q_i$ としたものであるが，**恒等変換** (identity transformaiton)，すなわち，新旧変数が同一の正準変換 $(Q,P)=(q,p)$ を生成する．点変換や恒等変換を母関数 $F(q,Q,t)$ で生成することはできない．

解答

1. 公式 (78.1)より

$$p_i=\frac{\partial\Phi_{\rm id}(q,P,t)}{\partial q_i}=\frac{\partial}{\partial q_i}\sum_{j=1}^{N} q_jP_j=\sum_j \underbrace{\frac{\partial q_j}{\partial q_i}}_{\delta_{ij}} P_j=P_i,$$
$$Q_i=\frac{\partial\Phi_{\rm id}(q,P,t)}{\partial P_i}=q_i$$

すなわち，新旧の正準変数が全く変わらない「恒等変換」$(Q,P)=(q,p)$ である．

2. まず，

$$Q_i=\frac{\partial\Phi_{\rm point}(q,P,t)}{\partial P_i}=\frac{\partial}{\partial P_i}\sum_{j=1}^{N} f_j(q,t)P_j=\sum_j f_j(q,t)\underbrace{\frac{\partial P_j}{\partial P_i}}_{\delta_{ij}}=f_i(q,t)$$

すなわち，新座標 Q が旧座標 q のみ (旧運動量 p が不要) で表される「点変換」である．次に，

$$p_i = \frac{\partial \Phi(q,P,t)}{\partial q_i} = \frac{\partial}{\partial q_i}\sum_{j=1}^{N} f_j(q,t)P_j = \sum_j \frac{\partial f_j(q,t)}{\partial q_i}P_j$$

新運動量 P を旧変数 (q,p) で表すために $N\times N$ 行列関数 $\mathcal{F}(q,t)$

$$\mathcal{F}(q,t)_{ij} = \frac{\partial f_j(q,t)}{\partial q_i} \qquad (i,j=1,\cdots,N)$$

を定義すると $p_i = \sum_j \mathcal{F}_{ij}P_j$ であり，逆行列 $\mathcal{F}(q,t)^{-1}$ を用いて

$$P_i = \sum_j \left(\mathcal{F}(q,t)^{-1}\right)_{ij} p_j$$

と与えられる．

3. 正準変換の公式 (78.1)から $\Phi(q,P)$ を求める．このために，p と Q を母関数 Φ の変数である (q,P) で表すと:

$$P = cq + dp \quad \Rightarrow \quad p = \frac{1}{d}(P - cq)$$
$$Q = aq + bp = aq + \frac{b}{d}(P - cq) = \frac{1}{d}\left[bP + (ad - bc)\,q\right]$$

これらと (78.1)より $\Phi(q,P)$ は次の偏微分方程式に従う:

$$\frac{\partial \Phi(q,P)}{\partial q} = p = \frac{1}{d}(P - cq), \qquad \frac{\partial \Phi(q,P)}{\partial P} = Q = \frac{1}{d}\left[bP + (ad-bc)\,q\right] \tag{79.3}$$

ここで可積分条件を確認すると，$ad - bc = 1$ なら OK と分かる:

$$\frac{\partial}{\partial P}\frac{\partial \Phi(q,P)}{\partial q} = \frac{\partial}{\partial q}\frac{\partial \Phi(q,P)}{\partial P} \;\Rightarrow\; \frac{1}{d} = \frac{1}{d}(ad - bc) \;\Rightarrow\; ad - bc = 1$$

(79.3)に戻って，この第 1 式の一般解は

$$\Phi(q,P) = \frac{1}{d}\left(qP - \frac{1}{2}cq^2\right) + f(P) \qquad (f(P)\text{: } P \text{ の任意関数})$$

これを (79.3)の第 2 式 (ただし，$ad - bc = 1$) に代入して

$$\frac{1}{d}q + \frac{df(P)}{dP} = \frac{1}{d}(bP + q) \;\Rightarrow\; \frac{df(P)}{dP} = \frac{b}{d}P \;\Rightarrow\; f(P) = \frac{b}{2d}P^2 + (\text{任意定数})$$

(任意定数) 項は無視して，結局，$\Phi(q,P)$ は次式で与えられる:

$$\Phi(q,P) = \frac{1}{d}\left[qP - \frac{1}{2}\left(cq^2 - bP^2\right)\right]$$

なお，同じ結果は，$\Phi(q,Q)$ と $F(q,Q)$ の関係式 (78.3)に今の正準変換に対する $F(q,Q)$ の表式 (76.4) (**問題 76** の設問 1) を用いた

$$\Phi(q,P) = F(q,Q) + PQ = \frac{1}{b}\left[qQ - \frac{1}{2}\left(aq^2 + dQ^2\right)\right] + PQ$$

において Q を (q,P) により $Q = (1/d)\,(bP + q)$ と表すことでも得られる．

問題 80　回転座標系への点変換　標準

問題 15 で扱った「自由質点の回転座標系での運動」を正準変換，特に点変換を用いて考えてみよう．位置ベクトル $\boldsymbol{x}=\begin{pmatrix}x_1\\x_2\\x_3\end{pmatrix}$，運動量 $\boldsymbol{p}=\begin{pmatrix}p_1\\p_2\\p_3\end{pmatrix}$，ハミルトニアン $H(\boldsymbol{x},\boldsymbol{p})=\boldsymbol{p}^2/(2m)$ の自由質点の運動を，x_3 軸周りに一定の角速度 Ω で回転する座標系で考察する (**問題 15** の図参照．ただし，ここでは各ベクトルの成分に対して**問題 15** とは異なる記号を用いている)．この回転座標系での質点の位置ベクトルと運動量を $\boldsymbol{X}=\begin{pmatrix}X_1\\X_2\\X_3\end{pmatrix}$，$\boldsymbol{P}=\begin{pmatrix}P_1\\P_2\\P_3\end{pmatrix}$ とすると，$\boldsymbol{X}$ と $\boldsymbol{x}$ の関係は回転行列 (直交行列) $R(t)$ により次式で与えられる (R^{T} は R の転置行列):

$$\boldsymbol{X}=R(t)^{\mathrm{T}}\boldsymbol{x},\qquad \boldsymbol{x}=R(t)\boldsymbol{X},\qquad R(t)=\begin{pmatrix}\cos\Omega t & -\sin\Omega t & 0\\ \sin\Omega t & \cos\Omega t & 0\\ 0 & 0 & 1\end{pmatrix}$$

1. $(\boldsymbol{x},\boldsymbol{p})$ と $(\boldsymbol{X},\boldsymbol{P})$ の関係を正準変換とみなし，この母関数 $\Phi(\boldsymbol{x},\boldsymbol{P},t)$ を与えよ．
2. $(\boldsymbol{X},\boldsymbol{P})$ に対するハミルトニアン $K(\boldsymbol{X},\boldsymbol{P},t)$，すなわち，回転座標系でのハミルトニアンを求めよ．
3. $(\boldsymbol{X},\boldsymbol{P})$ のハミルトンの運動方程式を求め，それより $\boldsymbol{P}$ と $\dot{\boldsymbol{P}}$ を消去して $\boldsymbol{X}$ が満たす運動方程式を求めよ．

解説　**問題 15** では「自由質点の回転座標系での運動」をラグランジアンに基づいて考えたが，ここでは同じ問題を正準変換 (点変換) により回転座標系に移ることにより扱う．もちろん，**問題 15** で得たのと同じ，遠心力やコリオリ力を含む運動方程式を再現する．

解答

1. 新座標 $\boldsymbol{X}=R(t)^{\mathrm{T}}\boldsymbol{x}$ が旧変数 $(\boldsymbol{x},\boldsymbol{p})$ のうちの座標 $\boldsymbol{x}$ のみで表される点変換であり，母関数 Φ は公式 (79.2)において $f_i(q,t)\to(R(t)^{\mathrm{T}}\boldsymbol{x})_i=R(t)_{ji}x_j$ として

$$\Phi(\boldsymbol{x},\boldsymbol{P},t)=\sum_{i=1}^{3}(R(t)^{\mathrm{T}}\boldsymbol{x})_iP_i=x_iR(t)_{ij}P_j=\boldsymbol{x}^{\mathrm{T}}R(t)\boldsymbol{P}$$

各成分を用いて陽に表すと

$$\Phi(\boldsymbol{x},\boldsymbol{P},t)=\boldsymbol{x}^{\mathrm{T}}R(t)\boldsymbol{P}=(x_1,x_2,x_3)\begin{pmatrix}\cos\Omega t & -\sin\Omega t & 0\\ \sin\Omega t & \cos\Omega t & 0\\ 0 & 0 & 1\end{pmatrix}\begin{pmatrix}P_1\\P_2\\P_3\end{pmatrix}$$
$$=(\cos\Omega t\,x_1+\sin\Omega t\,x_2)\,P_1+(-\sin\Omega t\,x_1+\cos\Omega t\,x_2)\,P_2+x_3P_3$$

2. (78.2)より

$$K(\boldsymbol{X},\boldsymbol{P},t)=H(\boldsymbol{x},\boldsymbol{p})+\frac{\partial\Phi(\boldsymbol{x},\boldsymbol{P},t)}{\partial t}$$

であるが，右辺を新変数 $(\boldsymbol{X},\boldsymbol{P})$ で表す必要がある．まず，公式 (78.1)より

$$p_i=\frac{\partial\Phi}{\partial x_i}=\frac{\partial}{\partial x_i}\big(x_jR(t)_{jk}P_k\big)=\underbrace{\frac{\partial x_j}{\partial x_i}}_{\delta_{ij}}R(t)_{jk}P_k=R(t)_{ik}P_k\ \Rightarrow\ \boldsymbol{p}=R(t)\boldsymbol{P}$$

回転 $R(t)$ でベクトルの長さは変わらないので $\boldsymbol{p}^2=\boldsymbol{P}^2$，あるいは，

$$\boldsymbol{p}^2=\boldsymbol{p}^{\mathrm{T}}\boldsymbol{p}=(R(t)\boldsymbol{P})^{\mathrm{T}}R(t)\boldsymbol{P}=\boldsymbol{P}^{\mathrm{T}}R(t)^{\mathrm{T}}R(t)\boldsymbol{P}=\boldsymbol{P}^{\mathrm{T}}\boldsymbol{P}=\boldsymbol{P}^2$$

ここに，$R^{\mathrm{T}}R=\mathbb{I}_3$ を用いた．これより，$H(\boldsymbol{x},\boldsymbol{p})=\dfrac{1}{2m}\boldsymbol{p}^2=\dfrac{1}{2m}\boldsymbol{P}^2$．次に，

$$\frac{\partial\Phi(\boldsymbol{x},\boldsymbol{P},t)}{\partial t}=\frac{\partial}{\partial t}\big(\boldsymbol{x}^{\mathrm{T}}R(t)\boldsymbol{P}\big)=\boldsymbol{x}^{\mathrm{T}}\dot{R}(t)\boldsymbol{P}=\big(R(t)\boldsymbol{X}\big)^{\mathrm{T}}\dot{R}(t)\boldsymbol{P}$$

$$=\boldsymbol{X}^{\mathrm{T}}R(t)^{\mathrm{T}}\dot{R}(t)\boldsymbol{P}=\boldsymbol{X}^{\mathrm{T}}\begin{pmatrix}0&-\Omega&0\\\Omega&0&0\\0&0&0\end{pmatrix}\boldsymbol{P}=\Omega\,(P_1X_2-P_2X_1)=\boldsymbol{\Omega}\cdot(\boldsymbol{P}\times\boldsymbol{X})$$

ここに

$$R(t)^{\mathrm{T}}\dot{R}(t)=\begin{pmatrix}\cos\Omega t&\sin\Omega t&0\\-\sin\Omega t&\cos\Omega t&0\\0&0&1\end{pmatrix}\Omega\begin{pmatrix}-\sin\Omega t&-\cos\Omega t&0\\\cos\Omega t&-\sin\Omega t&0\\0&0&1\end{pmatrix}=\begin{pmatrix}0&-\Omega&0\\\Omega&0&0\\0&0&0\end{pmatrix}$$

を用い，ベクトル $\boldsymbol{\Omega}=\begin{pmatrix}0\\0\\\Omega\end{pmatrix}$ を導入した．以上より

$$K(\boldsymbol{X},\boldsymbol{P},t)=\frac{1}{2m}\boldsymbol{P}^2+\boldsymbol{\Omega}\cdot(\boldsymbol{P}\times\boldsymbol{X})$$

3. $(\boldsymbol{X},\boldsymbol{P})$ のハミルトンの運動方程式は

$$\dot{\boldsymbol{X}}=\frac{\partial K}{\partial\boldsymbol{P}}=\frac{\boldsymbol{P}}{m}+\boldsymbol{X}\times\boldsymbol{\Omega},\qquad\dot{\boldsymbol{P}}=-\frac{\partial K}{\partial\boldsymbol{X}}=\boldsymbol{P}\times\boldsymbol{\Omega}$$

なお，$\boldsymbol{\Omega}\cdot(\boldsymbol{P}\times\boldsymbol{X})=\boldsymbol{P}\cdot(\boldsymbol{X}\times\boldsymbol{\Omega})=-\boldsymbol{X}\cdot(\boldsymbol{P}\times\boldsymbol{\Omega})$ に注意．ハミルトンの運動方程式の第 1 式からの $\boldsymbol{P}=m\big(\dot{\boldsymbol{X}}-\boldsymbol{X}\times\boldsymbol{\Omega}\big)$ を第 2 式に代入して

$$\ddot{\boldsymbol{X}}-\dot{\boldsymbol{X}}\times\boldsymbol{\Omega}=\big(\dot{\boldsymbol{X}}-\boldsymbol{X}\times\boldsymbol{\Omega}\big)\times\boldsymbol{\Omega}$$

すなわち，$\boldsymbol{X}$ の従う運動方程式は

$$\ddot{\boldsymbol{X}}=2\dot{\boldsymbol{X}}\times\boldsymbol{\Omega}-(\boldsymbol{X}\times\boldsymbol{\Omega})\times\boldsymbol{\Omega}$$

この各成分は**問題 15** の設問 3 の解答と一致する．

問題 81　正準変換とポアソン括弧　発展

ポアソン括弧 (69.3)を，それを定義する正準変数 (q,p) を右下に明記して

$$\{f,g\}_{q,p} = \sum_{i=1}^{N}\left(\frac{\partial f}{\partial q_i}\frac{\partial g}{\partial p_i} - \frac{\partial f}{\partial p_i}\frac{\partial g}{\partial q_i}\right) \tag{81.1}$$

と表すと，実はポアソン括弧は正準変数の取り方に依らない，すなわち，$(q,p)\mapsto(Q,P)$ が正準変換ならば，

$$\{f,g\}_{q,p} = \{f,g\}_{Q,P} \qquad (\text{任意の } f \text{ と } g \text{ に対して}) \tag{81.2}$$

が成り立つことが知られている (よって結局，ポアソン括弧を定義する正準変数を明記する必要はない)．さらに，(81.2)は $(q,p)\mapsto(Q,P)$ が正準変換であるための必要十分条件であることも示される (1 自由度系に対しては**問題 82** 参照)．

1. 与えられた (Q,P) に対して，(81.2)が成り立つことと
$$\{Q_i,P_j\}_{q,p} = \delta_{ij}, \quad \{Q_i,Q_j\}_{q,p} = \{P_i,P_j\}_{q,p} = 0 \tag{81.3}$$
が成り立つことが等価であることを示せ．この際，(q,p) と (Q,P) が正準変換で関係していることを用いる必要はない．
2. したがって，(81.2)とともに (81.3)も $(q,p)\mapsto(Q,P)$ が正準変換であるための必要十分条件であるが，**問題 76** の設問 1 と設問 2 の各写像 $(q,p)\mapsto(Q,P)$ に対する (81.3)の条件を求め，それらが**問題 76** で得た条件と一致することを確認せよ．

解説　$(q,p)\mapsto(Q,P)$ が母関数で表される正準変換であるための必要十分条件が (81.2)あるいは (81.3)であることが知られているが，この問題は両者の等価性と以前の問題の (81.3)を用いた再確認である．

解答

1. まず，(81.2)→(81.3) は，(81.2)において $f=Q_i$，$g=P_j$ と置くと

$$\{Q_i,P_j\}_{q,p} = \{Q_i,P_j\}_{Q,P} = \sum_{k=1}^{N}\Bigg(\underbrace{\frac{\partial Q_i}{\partial Q_k}}_{\delta_{ik}}\underbrace{\frac{\partial P_j}{\partial P_k}}_{\delta_{jk}} - \underbrace{\frac{\partial Q_i}{\partial P_k}}_{0}\underbrace{\frac{\partial P_j}{\partial Q_k}}_{0}\Bigg) = \delta_{ij}$$

$\{Q_i,P_j\}_{Q,P} = \delta_{ij}$ は基本ポアソン括弧 (69.2)の (Q,P) 版である．$\{Q_i,Q_j\}_{q,p} = \{P_i,P_j\}_{q,p} = 0$ も同様に示される．

次に，(81.3)→(81.2)を示す．まず，(q,p) を独立変数とした偏微分と，(Q,P) を独立変数とした偏微分の関係は:

$$\left.\frac{\partial f}{\partial q_i}\right|_p = \sum_{k=1}^{N}\left(\left.\frac{\partial Q_k}{\partial q_i}\right|_p \left.\frac{\partial f}{\partial Q_k}\right|_P + \left.\frac{\partial P_k}{\partial q_i}\right|_p \left.\frac{\partial f}{\partial P_k}\right|_Q\right)$$

$$\left.\frac{\partial f}{\partial p_i}\right|_q = \sum_{k=1}^{N}\left(\left.\frac{\partial Q_k}{\partial p_i}\right|_q \left.\frac{\partial f}{\partial Q_k}\right|_P + \left.\frac{\partial P_k}{\partial p_i}\right|_q \left.\frac{\partial f}{\partial P_k}\right|_Q\right)$$

ここに，例えば $\partial f/\partial q_i|_p$ は「(q,p) を独立変数とした q_i による偏微分 (p は固定)」の意味．これを $\{f,g\}_{q,p}$ の定義式 (81.1) に代入してうまくまとめ，(81.3) を用いると

$$\begin{aligned}
\{f,g\}_{q,p} &= \sum_{i=1}^{N}\left(\left.\frac{\partial f}{\partial q_i}\right|_p \left.\frac{\partial g}{\partial p_i}\right|_q - \left.\frac{\partial f}{\partial p_i}\right|_q \left.\frac{\partial g}{\partial q_i}\right|_p\right) \\
&= \sum_{i,k,\ell=1}^{N}\left(\left.\frac{\partial Q_k}{\partial q_i}\right|_p \left.\frac{\partial f}{\partial Q_k}\right|_P + \left.\frac{\partial P_k}{\partial q_i}\right|_p \left.\frac{\partial f}{\partial P_k}\right|_Q\right) \\
&\qquad \times \left(\left.\frac{\partial Q_\ell}{\partial p_i}\right|_q \left.\frac{\partial g}{\partial Q_\ell}\right|_P + \left.\frac{\partial P_\ell}{\partial p_i}\right|_q \left.\frac{\partial g}{\partial P_\ell}\right|_Q\right) - \left(\text{前項で } p \rightleftarrows q\right) \\
&= \sum_{k,\ell}\Biggl\{\underbrace{\{Q_k,Q_\ell\}_{q,p}}_{=0}\left.\frac{\partial f}{\partial Q_k}\right|_P \left.\frac{\partial g}{\partial Q_\ell}\right|_P + \underbrace{\{P_k,P_\ell\}_{q,p}}_{=0}\left.\frac{\partial f}{\partial P_k}\right|_Q \left.\frac{\partial g}{\partial P_\ell}\right|_Q \\
&\qquad + \underbrace{\{Q_k,P_\ell\}_{q,p}}_{=\delta_{k\ell}}\left(\left.\frac{\partial f}{\partial Q_k}\right|_P \left.\frac{\partial g}{\partial P_\ell}\right|_Q - \left.\frac{\partial f}{\partial P_\ell}\right|_Q \left.\frac{\partial g}{\partial Q_k}\right|_P\right)\Biggr\} \\
&= \sum_{k}\left(\left.\frac{\partial f}{\partial Q_k}\right|_P \left.\frac{\partial g}{\partial P_k}\right|_Q - \left.\frac{\partial f}{\partial P_k}\right|_Q \left.\frac{\partial g}{\partial Q_k}\right|_P\right) = \{f,g\}_{Q,P}
\end{aligned}$$

を得る．なお，第 3 等号の前後で，足し上げインデックス k と ℓ を適宜交換した．

2. 以下のポアソン括弧 $\{f,g\}$ は $\{f,g\}_{q,p}$ とする．**問題 76** はいずれも 1 自由度系であり，$\{Q,Q\}=\{P,P\}=0$ は自明に成り立つので，$\{Q,P\}=1$ の条件のみを見る．

問題 76 の設問 1 での条件は

$$\begin{aligned}
1 = \{Q,P\} &= \{aq+bp, cq+dp\} = ac\underbrace{\{q,q\}}_{=0} + ad\underbrace{\{q,p\}}_{=1} + bc\underbrace{\{p,q\}}_{=-1} + bd\underbrace{\{p,p\}}_{=0} \\
&= ad - bc
\end{aligned}$$

すなわち $ad-bc=1$ が条件であり，**問題 76** で得た条件と一致する．

次に設問 2 での条件は

$$\begin{aligned}
1 = \{Q,P\} &= \{q^a\cos bp, q^a\sin bp\} \\
&= \frac{\partial(q^a\cos bp)}{\partial q}\frac{\partial(q^a\sin bp)}{\partial p} - \frac{\partial(q^a\cos bp)}{\partial p}\frac{\partial(q^a\sin bp)}{\partial q} \\
&= aq^{a-1}\cos bp \times q^a b\cos bp - q^a(-b\sin bp)\times aq^{a-1}\sin bp = ab\,q^{2a-1}
\end{aligned}$$

これが任意の q に対して成り立つべきことから，$ab=1$, $2a-1=0 \Rightarrow a=1/2$, $b=2$ という**問題 76** で得たのと同じ条件となる．

問題 82　**1自由度系における「条件 (81.3)⇔ 母関数の存在」**　発展

問題 81 のとおり，(81.2)あるいはそれと等価な (81.3)は $(q,p)\mapsto(Q,P)$ が正準変換であるための必要十分条件であることが知られている．このことを特に1自由度系において示せ．具体的には，(81.3)が可積分条件 (76.1)と等価であることを示せ．

解説　(81.2)あるいはそれと等価な (81.3)が $(q,p)\mapsto(Q,P)$ が正準変換であるための必要十分条件であることの証明は，**ラグランジュ括弧** (Lagrange bracket) と呼ばれるものを導入して行うのが一般的である．しかし，1自由度系の場合は，この問題のようにかなり初等的に証明を与えることができる．

解答

1自由度系においては，(81.3)のうち，$\{Q,Q\}_{q,p}=0$ と $\{P,P\}_{q,p}=0$ は (69.4) より自明に成り立つので，考慮すべきは

$$\{Q,P\}_{q,p}=\left.\frac{\partial Q}{\partial q}\right|_p\left.\frac{\partial P}{\partial p}\right|_q-\left.\frac{\partial Q}{\partial p}\right|_q\left.\frac{\partial P}{\partial q}\right|_p=1 \tag{82.1}$$

の条件のみ．この中の P に対する偏微分 $\partial P/\partial p|_q$ と $\partial P/\partial q|_p$ は「(q,p) を独立変数とした偏微分」であるが，これらを可積分条件 (76.1)が表されている「(q,Q) を独立変数とした偏微分」で表現し直す．まず，任意関数 f に対して2種類の偏微分の関係は

$$\left.\frac{\partial f}{\partial q}\right|_p=\underbrace{\left.\frac{\partial q}{\partial q}\right|_p}_{=1}\left.\frac{\partial f}{\partial q}\right|_Q+\left.\frac{\partial Q}{\partial q}\right|_p\left.\frac{\partial f}{\partial Q}\right|_q=\left.\frac{\partial f}{\partial q}\right|_Q+\left.\frac{\partial Q}{\partial q}\right|_p\left.\frac{\partial f}{\partial Q}\right|_q \tag{82.2}$$

$$\left.\frac{\partial f}{\partial p}\right|_q=\underbrace{\left.\frac{\partial q}{\partial p}\right|_q}_{=0}\left.\frac{\partial f}{\partial q}\right|_Q+\left.\frac{\partial Q}{\partial p}\right|_q\left.\frac{\partial f}{\partial Q}\right|_q=\left.\frac{\partial Q}{\partial p}\right|_q\left.\frac{\partial f}{\partial Q}\right|_q \tag{82.3}$$

ここに，例えば $\partial f/\partial q|_Q$ は「(q,Q) を独立変数とした q による偏微分 (Q は固定)」である．この公式において特に $f=P$ と置くと

$$\left.\frac{\partial P}{\partial q}\right|_p=\left.\frac{\partial P}{\partial q}\right|_Q+\left.\frac{\partial Q}{\partial q}\right|_p\left.\frac{\partial P}{\partial Q}\right|_q \qquad \left.\frac{\partial P}{\partial p}\right|_q=\left.\frac{\partial Q}{\partial p}\right|_q\left.\frac{\partial P}{\partial Q}\right|_q$$

これらを (82.1)に代入すると

$$\left.\frac{\partial Q}{\partial q}\right|_p\left(\left.\frac{\partial Q}{\partial p}\right|_q\left.\frac{\partial P}{\partial Q}\right|_q\right)-\left.\frac{\partial Q}{\partial p}\right|_q\left(\left.\frac{\partial P}{\partial q}\right|_Q+\left.\frac{\partial Q}{\partial q}\right|_p\left.\frac{\partial P}{\partial Q}\right|_q\right)=1$$

$$\Leftrightarrow\quad -\left.\frac{\partial Q}{\partial p}\right|_q\left.\frac{\partial P}{\partial q}\right|_Q=1 \tag{82.4}$$

を得る．他方，公式 (82.3)において $f = p$ とすると

$$1 = \left.\frac{\partial Q}{\partial p}\right|_q \left.\frac{\partial p}{\partial Q}\right|_q \tag{82.5}$$

が成り立つ．この恒等式 (82.5)を用いると，(82.4)は次式，すなわち，可積分条件 (76.1)と等価となる:

$$\left.\frac{\partial p}{\partial Q}\right|_q = -\left.\frac{\partial P}{\partial q}\right|_Q \left[= \left(\left.\frac{\partial Q}{\partial p}\right|_q\right)^{-1}\right] \tag{82.6}$$

結局，

$$\{Q, P\}_{q,p} = 1 \ \Leftrightarrow\ -\left.\frac{\partial Q}{\partial p}\right|_q \left.\frac{\partial P}{\partial q}\right|_Q = 1 \ (82.4) \ \Leftrightarrow\ \left.\frac{\partial p}{\partial Q}\right|_q = -\left.\frac{\partial P}{\partial q}\right|_Q \ (82.6)$$

を得る．よって，1 自由度系においては，条件 (81.3)は可積分条件 (76.1)(= 母関数 $F(q, Q, t)$ の存在のための必要十分条件) と等価であることが示された．

ただし，上の証明，特に (82.6) から分かるように，この 2 条件の等価性のためには $\left((\partial Q/\partial p)|_q\right)^{-1}$ がちゃんと存在することが必要である．しかし，新座標 Q が (旧運動量 p は用いず) 旧座標 q のみで表される点変換 $Q = Q(q)$ の場合は $(\partial Q(q)/\partial p)|_q = 0$ であって，$\left((\partial Q/\partial p)|_q\right)^{-1}$ は存在しない．そもそも，Q が q のみで表される点変換の場合は (q, Q) を独立変数として取ることができないので，上の証明に用いた公式 (82.2)と(82.3)に意味がない．

この点変換の場合は，正準変換は母関数 $F(q, Q, t)$ では表現できないわけであり，代わりに母関数 $\Phi(q, P, t)$ が用いられる (**問題 79** 参照)．よって，証明すべきは (81.3)と母関数 $\Phi(q, P, t)$ の存在条件との等価性である．後者の条件は，1 自由度系における (78.1)式，

$$p = \frac{\partial \Phi(q, P, t)}{\partial q}, \qquad Q = \frac{\partial \Phi(q, P, t)}{\partial P}$$

より

$$\left.\frac{\partial p}{\partial P}\right|_q = \left.\frac{\partial Q}{\partial q}\right|_P$$

で与えられる．この等価性の証明は公式 (82.2)と (82.3) の右辺を「(q, P) を独立変数とした偏微分」で表し直すことにより同様に行うことができる．

問題 83　正準変換の合成　標準

1. 一般の N 自由度系において
   母関数 $F_1(q,Q,t)$ による正準変換 $1\colon (q,p)\mapsto(Q,P)$
   母関数 $F_2(Q,Q',t)$ による正準変換 $2\colon (Q,P)\mapsto(Q',P')$
   を引き続き行って (合成して) 得られる変換 $12\colon (q,p)\mapsto(Q',P')$ も正準変換であることを示せ (母関数 $F_{12}(q,Q',t)$ を与えよ).
2. 例として，**問題 74** の設問 3 の母関数 $F_\phi(q,Q)$ (74.1)を用いて
   母関数 $F_{\phi_1}(q,Q)$ による正準変換 $1\colon (q,p)\mapsto(Q,P)$
   母関数 $F_{\phi_2}(Q,Q')$ による正準変換 $2\colon (Q,P)\mapsto(Q',P')$
   を合成して得られる正準変換 $12\colon (q,p)\mapsto(Q',P')$ の母関数を求めよ.

解 説　設問 1 は正準変換の恒等式 (73.5) を用いて $F_{12}(q,Q',t)$ を導くのが簡潔であるが，以下の [解答] では正準変換公式 (73.1)と (73.2) からの導出を行っている.

解 答

1. 3 組の正準変数 (q,p)，(Q,P)，(Q',P') に対するハミルトニアンをそれぞれ $H(q,p,t)$，$K(Q,P,t)$，$K'(Q',P',t)$ とすると，正準変換公式 (73.1)と (73.2) は正準変換 1 と正準変換 2 に対してそれぞれ

$$p_i=\frac{\partial F_1(q,Q,t)}{\partial q_i},\quad P_i=-\frac{\partial F_1(q,Q,t)}{\partial Q_i},\quad K=H+\frac{\partial F_1(q,Q,t)}{\partial t} \tag{83.1}$$

$$P_i=\frac{\partial F_2(Q,Q',t)}{\partial Q_i},\quad P'_i=-\frac{\partial F_2(Q,Q',t)}{\partial Q'_i},\quad K'=K+\frac{\partial F_2(Q,Q',t)}{\partial t} \tag{83.2}$$

2 つの正準変換を合成した変換 $12\colon (q,p)\mapsto(Q',P')$ の (q,p) と (Q',P') の関係は上の公式から中間変数 (Q,P) およびそれらのハミルトニアン $K(Q,P,t)$ を消去して得られる．まず，Q は (83.1)の第 2 式と (83.2)の第 1 式より P を消去した

$$(-P_i+P_i=)\ \frac{\partial F_1(q,Q,t)}{\partial Q_i}+\frac{\partial F_2(Q,Q',t)}{\partial Q_i}=0 \tag{83.3}$$

を Q について解くことで (q,Q',t) の関数として表される:

$$Q_i=Q_i(q,Q',t) \tag{83.4}$$

次に，(83.1)と (83.2)のそれぞれ第 3 式より K を消去し，(83.4)を用いて

$$\begin{aligned}K'&=H+\left[\frac{\partial}{\partial t}\bigl(F_1(q,Q,t)+F_2(Q,Q',t)\bigr)\right]_{Q=Q(q,Q',t)}\\&=H+\frac{\partial}{\partial t}\bigl(F_1(q,Q(q,Q',t),t)+F_2(Q(q,Q',t),Q',t)\bigr)\end{aligned}$$

この第 1 行右辺と第 2 行の表式 (違いは $(\partial/\partial t)$ と「$Q = Q(q, Q', t)$ の置換え」の順序) は，後者では $(\partial/\partial t)$ が $Q(q, Q', t)$ の陽な t 依存性も微分することから

$$\left(\frac{\partial F_1(q,Q,t)}{\partial Q_i} + \frac{\partial F_2(Q,Q',t)}{\partial Q_i}\right)\Bigg|_{Q=Q(q,Q',t)} \frac{\partial Q_i(q,Q',t)}{\partial t} = 0 \tag{83.5}$$

だけ異なるが，この差は (83.3)によりゼロとなる．したがって，求める母関数 $F_{12}(q, Q', t)$ は

$$F_{12}(q,Q',t) = F_1(q, Q(q,Q',t), t) + F_2(Q(q,Q',t), Q', t) \tag{83.6}$$

と推測されるが，これが他の関係式も生成する．実際，変換 12 に対して (83.1) の第 1 式と (83.2)の第 2 式は以下のように F_{12} (83.6)で表される:

$$p_i = \frac{\partial F_1(q,Q,t)}{\partial q_i}\Bigg|_{Q=Q(q,Q',t)} = \frac{\partial F_{12}(q,Q',t)}{\partial q_i},$$

$$P'_i = -\frac{\partial F_2(Q,Q',t)}{\partial Q'_i}\Bigg|_{Q=Q(q,Q',t)} = -\frac{\partial F_{12}(q,Q',t)}{\partial Q'_i}$$

ここに，それぞれの第 2 等号では「$Q(q, Q', t)$ を q あるいは Q' で偏微分する項」が (83.5)と同様に (83.3)のために消えることを用いている．したがって，$F_{12}(q, Q', t)$ (83.6)が正準変換 12 の母関数である．

2. $c_a = \cosh\phi_a$, $s_a = \sinh\phi_a$ $(a = 1, 2)$ の省略記号を用いて，正準変換 1 と 2 の母関数はそれぞれ

$$F_{\phi_1}(q,Q) = \frac{1}{s_1}\left[qQ - \frac{1}{2}c_1\left(q^2 + Q^2\right)\right],$$

$$F_{\phi_2}(Q,Q') = \frac{1}{s_2}\left[QQ' - \frac{1}{2}c_2\left(Q^2 + Q'^2\right)\right]$$

(83.3)式より $Q(q, Q')$ を求めると

$$0 = \frac{\partial F_{\phi_1}(q,Q)}{\partial Q} + \frac{\partial F_{\phi_2}(Q,Q')}{\partial Q} = \frac{1}{s_1}(q - c_1 Q) + \frac{1}{s_2}\left(Q' - c_2 Q\right)$$

$$\Rightarrow \quad Q(q,Q') = \left(\frac{c_1}{s_1} + \frac{c_2}{s_2}\right)^{-1}\left(\frac{q}{s_1} + \frac{Q'}{s_2}\right) = \frac{s_2 q + s_1 Q'}{c_1 s_2 + s_1 c_2}$$

合成正準変換 12 の母関数 $F_{12}(q, Q')$ は (83.6)より

$$\begin{aligned}
F_{12}(q,Q') &= F_{\phi_1}(q, Q(q,Q')) + F_{\phi_2}(Q(q,Q'), Q') \\
&= \frac{1}{c_1 s_2 + s_1 c_2}\left[qQ' - \frac{1}{2}(c_1 c_2 + s_1 s_2)\left(q^2 + Q'^2\right)\right] \\
&= \frac{1}{\sinh(\phi_1 + \phi_2)}\left[qQ' - \frac{1}{2}\cosh(\phi_1 + \phi_2)\left(q^2 + Q'^2\right)\right] \\
&= F_{\phi_1+\phi_2}(q,Q')
\end{aligned}$$

なお，母関数が $F_{\phi_1+\phi_2}(q, Q')$ となることは，$F_\phi(q, Q)$ が生成する正準変換が (74.2)式であることからも直ちに導かれる．

問題 84　微小正準変換　基本

一般の N 自由度系において**微小正準変換**，すなわち，恒等変換 $(Q,P)=(q,p)$ から微小にずれた正準変換を考える．これを生成する母関数として恒等変換を生成する $\Phi_{\rm id}(q,P)=\sum_{i=1}^{N} q_i P_i$ (79.1) から微小にずれた

$$\Phi(q,P,t)=\sum_{i=1}^{N} q_i P_i+\varepsilon G(q,P,t)\quad (\varepsilon\text{: 微小定数}) \tag{84.1}$$

をとる．

1. この微小正準変換による (q,p) の微小変化分 $(\delta q,\delta p)$,

$$Q_i=q_i+\delta q_i(q,p,t),\quad P_i=p_i+\delta p_i(q,p,t)$$

が $G(q,p,t)$ により（ε の 2 次以上を無視して）

$$\delta q_i=\varepsilon\frac{\partial G(q,p,t)}{\partial p_i}=\varepsilon\left\{q_i,G(q,p,t)\right\},$$
$$\delta p_i=-\varepsilon\frac{\partial G(q,p,t)}{\partial q_i}=\varepsilon\left\{p_i,G(q,p,t)\right\} \tag{84.2}$$

と表されることを示せ．なお，$G(q,p,t)$ は**微小正準変換の母関数**と呼ばれる．

2. 母関数 $G(q,p,t)$ として次のものを取った場合の微小正準変換を求めよ．なお，前設問 1 における εG は，G を多成分 $G_a(q,p,t)$ とし，それに対応した微小定数 ε_a を用いて $\varepsilon G\Rightarrow\sum_a \varepsilon_a G_a(q,p,t)$ と自明に一般化できる．以下の ii) と iii) では，そのような多成分 G を考える．

i) 一般の N 自由度系において $G=H(q,p,t)=$ ハミルトニアン
ii) 3 次元空間における 1 質点系において，運動量 $\boldsymbol{p}$ により $\varepsilon G\Rightarrow\boldsymbol{\varepsilon}\cdot\boldsymbol{p}$
iii) 3 次元空間における 1 質点系において，角運動量 $\boldsymbol{M}=\boldsymbol{x}\times\boldsymbol{p}$ により $\varepsilon G\Rightarrow\delta\boldsymbol{\varphi}\cdot\boldsymbol{M}$

それぞれの場合において，力学変数の微小正準変換が，母関数 G をネーターの定理の保存量として構成する際の微小変換を再現することを確認せよ．

解 説　設問 1 は微小正準変換の基礎に関する問題，設問 2 は具体的な母関数に対する微小正準変換の計算問題である．設問 2 は次の**問題 85** で一般証明を行う「微小正準変換とネーターの定理の関係」の具体例でもある．

解 答

1. 正準変換公式 (78.1)を用いて，(84.1)の母関数 $\Phi(q,P,t)$ による変換は

$$p_i = \frac{\partial \Phi(q,P,t)}{\partial q_i} = P_i + \varepsilon \frac{\partial G(q,P,t)}{\partial q_i}$$
$$Q_i = \frac{\partial \Phi(q,P,t)}{\partial P_i} = q_i + \varepsilon \frac{\partial G(q,P,t)}{\partial P_i}$$

これより

$$\delta q_i = Q_i - q_i = \varepsilon \frac{\partial G(q,P,t)}{\partial P_i} = \varepsilon \frac{\partial G(q,p,t)}{\partial p_i} + O(\varepsilon^2)$$
$$\delta p_i = P_i - p_i = -\varepsilon \frac{\partial G(q,P,t)}{\partial q_i} = -\varepsilon \frac{\partial G(q,p,t)}{\partial q_i} + O(\varepsilon^2)$$

ここに，$P_i = p_i + \delta p_i = p_i + O(\varepsilon)$ を用いた．$O(\varepsilon^2)$ 項を無視して，(84.2) の 2 式の最初の表式を得る．ポアソン括弧による表式は公式 (69.1)より．

2. それぞれ以下の通り:

i) G がハミルトニアンの場合は

$$\delta q_i = \varepsilon \frac{\partial H(q,p,t)}{\partial p_i} = \varepsilon \dot{q}_i, \qquad \delta p_i = -\varepsilon \frac{\partial H(q,p,t)}{\partial q_i} = \varepsilon \dot{p}_i$$

ここにハミルトンの運動方程式 (63.4)を用いた．$\delta q_i(t) = \varepsilon \dot{q}_i(t) = q_i(t+\varepsilon) - q_i(t)$ (ε の 2 次以上を無視) はネーターの定理から保存量としてのエネルギーを導く際の微小時間並進による変化分を再現する (**問題 29** の設問 1 参照).

ii) $G \Rightarrow \boldsymbol{\varepsilon} \cdot \boldsymbol{p} = \varepsilon_i p_i$ の場合は

$$\delta x_i = \{x_i, \boldsymbol{\varepsilon} \cdot \boldsymbol{p}\} = \{x_i, \varepsilon_j p_j\} = \varepsilon_j \underbrace{\{x_i, p_j\}}_{\delta_{ij}} = \varepsilon_i$$
$$\delta p_i = \{p_i, \boldsymbol{\varepsilon} \cdot \boldsymbol{p}\} = \{p_i, \varepsilon_j p_j\} = \varepsilon_j \underbrace{\{p_i, p_j\}}_{0} = 0$$

ここに基本ポアソン括弧 (69.2)を用いた．$\delta x_i = \varepsilon_i$ はネーターの定理から保存量としての運動量を導く際の微小空間並進を再現している (**問題 29** の設問 2 参照).

iii) $G \Rightarrow \ \delta \boldsymbol{\varphi} \cdot \boldsymbol{M}$ の場合は

$$\delta x_i = \{x_i, \delta \boldsymbol{\varphi} \cdot \boldsymbol{M}\} = \delta \varphi_j \underbrace{\{x_i, M_j\}}_{\epsilon_{ijk} x_k} = \epsilon_{ijk} \delta \varphi_j x_k = (\delta \boldsymbol{\varphi} \times \boldsymbol{x})_i$$
$$\delta p_i = \{p_i, \delta \boldsymbol{\varphi} \cdot \boldsymbol{M}\} = \delta \varphi_j \underbrace{\{p_i, M_j\}}_{\epsilon_{ijk} p_k} = \epsilon_{ijk} \delta \varphi_j p_k = (\delta \boldsymbol{\varphi} \times \boldsymbol{p})_i$$

ここに，**問題 70** で導いた (70.1)を用いた．$\delta \boldsymbol{x} = \delta \boldsymbol{\varphi} \times \boldsymbol{x}$ はネーターの定理から保存量としての角運動量を導く際の微小空間回転を再現している (**問題 32** および**問題 33** 参照).

問題 85　続微小正準変換　発展

1. **問題 36** では，万有引力型ポテンシャル $U(r) = -k/r$ 下の1質点系において微小変換 (36.1)を考えることにより，ネーターの定理から保存量としてルンゲ・レンツベクトル $\boldsymbol{A}$

$$\boldsymbol{A} = \boldsymbol{p} \times \boldsymbol{M} + mU(r)\boldsymbol{x} \qquad (\boldsymbol{M} = \boldsymbol{x} \times \boldsymbol{p})$$

を導いた．ルンゲ・レンツベクトルの各成分 $G = A_a$ $(a = 1, 2, 3)$ を母関数とする微小正準変換を考え，x_i の微小変換が (36.1)式を再現することを示せ．

2. **問題 84** の設問2とこの**問題 85** の設問1で見た限りでは

ネーターの定理から得た保存量を母関数とする微小正準変換は，保存量を導く際のラグランジアンの対称性である微小変換を引き起こす．

が一般に成り立っていると期待される．これを**問題 28** において微小変換 (28.1)から得た保存量 Q (28.3)をハミルトン形式で (すなわち，(63.1)式により $Q(q, \dot{q})$ の中の $\dot{q}$ を $\dot{q}_i = \dot{q}_i(q, p)$ と表して) 考えることにより示せ．

解説　設問1では**問題 84** の設問2に引き続き，具体的な微小正準変換母関数として**問題 36** と**問題 70** で扱ったルンゲ・レンツベクトルを取る．設問2では「微小正準変換とネーターの定理の関係」の一般証明を行う．

解答

1. ルンゲ・レンツベクトルの第 a 成分 $(a = 1, 2, 3)$

$$A_a = \epsilon_{ajk} p_j M_k + mU(r)x_a$$

を母関数とする微小正準変換での x_i の微小変化分 $\delta_a x_i$ は

$$\frac{1}{\varepsilon}\delta_a x_i = \{x_i, A_a\} = \epsilon_{ajk}\{x_i, p_j M_k\} + m\underbrace{\{x_i, U(r)x_a\}}_{=0}$$

$$\underset{\substack{\uparrow \\ (69.8)}}{=} \epsilon_{ajk}\Big(\underbrace{\{x_i, p_j\}}_{\delta_{ij}} M_k + p_j \underbrace{\{x_i, M_k\}}_{\epsilon_{ik\ell}x_\ell}\Big) = \epsilon_{aik}\underbrace{M_k}_{\epsilon_{kj\ell}x_j p_\ell} + \epsilon_{ajk}\epsilon_{ik\ell}x_\ell p_j$$

$$= \underbrace{\epsilon_{aik}\epsilon_{kj\ell}}_{\delta_{aj}\delta_{i\ell} - \delta_{a\ell}\delta_{ij}} x_j p_\ell + \underbrace{\epsilon_{ajk}\epsilon_{ik\ell}}_{\delta_{a\ell}\delta_{ji} - \delta_{ai}\delta_{j\ell}} x_\ell p_j = (x_a p_i - x_i p_a) + (x_a p_i - \delta_{ai} x_j p_j)$$

$$= 2p_i x_a - x_i p_a - \delta_{ia}(\boldsymbol{x} \cdot \boldsymbol{p}) = m\left(2\dot{x}_i x_a - x_i \dot{x}_a - \delta_{ia}(\boldsymbol{x} \cdot \dot{\boldsymbol{x}})\right) = mF_i^a$$

となり，微小変換 (36.1)の F_i^a を再現する (ここでの $m\varepsilon$ が (36.1)式での ε に対応)．なお，この導出において以下の事柄を用いた:

- x_i と ($\boldsymbol{p}$ を含まない) $U(r)x_a$ とのポアソン括弧はゼロ

- ポアソン括弧の基本公式 (69.8)
- 基本ポアソン括弧 (69.2)および**問題 70** で導いた (70.1)
- レビ・チビタ記号 ε_{ijk} の完全反対称性 (31.2) と公式 (31.4)

2. 保存量 (28.3)

$$Q = \frac{\partial L}{\partial \dot{q}_i} F_i(q, \dot{q}, t) - Y(q, \dot{q}, t)$$

をハミルトン形式で表すと，$p_i = \partial L / \partial \dot{q}_i$ および $\dot{q}_i = \dot{q}_i(q, p, t)$ により

$$Q = p_j F_j(q, \dot{q}(q, p, t), t) - Y(q, \dot{q}(q, p, t), t)$$

この Q に対して

$$\begin{aligned}
\{q_i, Q\} &\underset{\substack{\uparrow \\ (69.1)}}{=} \frac{\partial Q}{\partial p_i} \\
&= F_i(q, \dot{q}(q, p, t), t) + p_j \frac{\partial F_j(q, \dot{q}(q, p, t), t)}{\partial p_i} - \frac{\partial Y(q, \dot{q}(q, p, t), t)}{\partial p_i} \\
&= F_i(q, \dot{q}(q, p, t), t) + \underbrace{\left(p_j \frac{\partial F_j(q, \dot{q}, t)}{\partial \dot{q}_k} - \frac{\partial Y(q, \dot{q}, t)}{\partial \dot{q}_k} \right)}_{(\star)} \frac{\partial \dot{q}_k(q, p, t)}{\partial p_i}
\end{aligned} \tag{85.1}$$

を得る．そこで，微小変換 (28.1)に対するラグランジアンの性質 (28.2)が意味する恒等式

$$\frac{\partial L(q, \dot{q}, t)}{\partial q_i} F_i(q, \dot{q}, t) + \frac{\partial L(q, \dot{q}, t)}{\partial \dot{q}_i} \frac{d}{dt} F_i(q, \dot{q}, t) \equiv \frac{d}{dt} Y(q, \dot{q}, t)$$

において $A = F_i, Y$ に対する

$$\frac{d}{dt} A(q, \dot{q}, t) = \frac{\partial A(q, \dot{q}, t)}{\partial q_k} \dot{q}_k + \frac{\partial A(q, \dot{q}, t)}{\partial \dot{q}_k} \ddot{q}_k + \frac{\partial A(q, \dot{q}, t)}{\partial t}$$

を用い，両辺の $\ddot{q}_k$ の係数を比較することで

$$\frac{\partial L(q, \dot{q}, t)}{\partial \dot{q}_i} \frac{\partial F_i(q, \dot{q}, t)}{\partial \dot{q}_k} = \frac{\partial Y(q, \dot{q}, t)}{\partial \dot{q}_k}$$

が成り立つことが分かる．これは (85.1)式の $(\star)$ 部分が恒等的にゼロであることを意味し，したがって期待する関係式

$$\{q_i, Q\} = F_i(q, \dot{q}(q, p, t))$$

が成り立つ．

問題 86　微小正準変換に対する諸量の不変性　標準

一般の N 自由度系に関する次の各設問に答えよ．

1. $(q,p)\mapsto(Q,P)$ が正準変換ならば基本ポアソン括弧に対する (81.3)式が成り立つことが知られている．このことを微小正準変換の場合に示せ．
2. S を $2N$ 次元位相空間 (q,p) 内の 2 次元曲面として，積分

$$J_1=\sum_{i=1}^{N}\iint_S dq_i dp_i=\iint dudv\sum_{i=1}^{N}\frac{\partial(q_i(u,v),p_i(u,v))}{\partial(u,v)} \tag{86.1}$$

が微小正準変換に対して不変であることを示せ．ここに，第 2 表式においては 2 次元曲面 S をパラメータ (u,v) を用いて $q_i=q_i(u,v)$, $p_i=p_i(u,v)$ と表している．

解説　一般に，n 個の変数 $(x_1,\cdots,x_n)$ の変数変換 $x_i\mapsto y_i=y_i(x_1,\cdots,x_n)$ の下での n 重積分要素の関係は，**ヤコビアン** (Jacobian)

$$\frac{\partial(y_1,\cdots,y_n)}{\partial(x_1,\cdots,x_n)}=\left|\frac{\partial y_i}{\partial x_j}\right|=(i,j)\text{ 成分が }\frac{\partial y_i}{\partial x_j}\text{ の }n\times n\text{ 行列の行列式}$$

を用いて次式で与えられる:

$$dy_1\cdots dy_n=\frac{\partial(y_1,\cdots,y_n)}{\partial(x_1,\cdots,x_n)}dx_1\cdots dx_n$$

(86.1)の 2 つの積分表式はこの公式による $(n=2)$．なお，J_1 は微小正準変換に限らず，一般の有限な正準変換に対して不変であることが示される．

解答

以下ではすべて，(Q,P) と (q,p) が微小正準変換 (84.2) で関係しているとし，また，微小定数 ε の 2 次以上は無視する．

1. (81.3)の 3 つのポアソン括弧はそれぞれ次の通りとなり，(81.3)が成り立っていることが確認される ($\{f,g\}_{q,p}$ を単に $\{f,g\}$ と表す):

$$\{Q_i,P_j\}=\left\{q_i+\varepsilon\frac{\partial G}{\partial p_i},p_j-\varepsilon\frac{\partial G}{\partial q_j}\right\}=\{q_i,p_j\}-\varepsilon\left(\left\{q_i,\frac{\partial G}{\partial q_j}\right\}+\left\{p_j,\frac{\partial G}{\partial p_i}\right\}\right)$$

$$=\delta_{ij}-\varepsilon\underbrace{\left(\frac{\partial^2 G}{\partial p_i\partial q_j}-\frac{\partial^2 G}{\partial q_j\partial p_i}\right)}_{=0}=\delta_{ij}$$

ここに，ここに，ポアソン括弧の反対称性 (69.4)と公式 (69.1)，および，偏微分の交換可能性 $(\partial/\partial p_i)(\partial/\partial q_j)=(\partial/\partial q_j)(\partial/\partial p_i)$ を用いた．

$\{Q_i,Q_j\}$ に対しては微小正準変換のポアソン括弧による表式を用いると，

$$\{Q_i,Q_j\}=\{q_i+\varepsilon\{q_i,G\},q_j+\varepsilon\{q_j,G\}\}$$

$$= \{q_i, q_j\} + \varepsilon\Big(\{q_i, \{q_j, G\}\} + \underbrace{\{\{q_i, G\}, q_j\}}_{\{q_j, \{G, q_i\}\}}\Big)$$

$$= \overbrace{\{q_i, q_j\}}^{=0} - \varepsilon\,\{G, \{q_i, q_j\}\} = 0$$

ここに，ポアソン括弧の反対称性 (69.4) とヤコビ恒等式 (69.10) を用いた．$\{P_i, P_j\}$ もまったく同様なので省略する．

2. ここではアインシュタインの縮約ルールを採用し，すべての式において $\sum_{i=1}^{N}$ が省略されているものとする．J_1 (86.1) に現れるヤコビアン

$$\frac{\partial(q_i, p_i)}{\partial(u, v)} = \begin{vmatrix} \dfrac{\partial q_i(u,v)}{\partial u} & \dfrac{\partial q_i(u,v)}{\partial v} \\ \dfrac{\partial p_i(u,v)}{\partial u} & \dfrac{\partial p_i(u,v)}{\partial v} \end{vmatrix} = \frac{\partial q_i}{\partial u}\frac{\partial p_i}{\partial v} - \frac{\partial q_i}{\partial v}\frac{\partial p_i}{\partial u}$$

に対して

$$\frac{\partial(Q_i, P_i)}{\partial(u, v)} = \frac{\partial(q_i, p_i)}{\partial(u, v)} \tag{86.2}$$

を示せばよい．微小正準変換の表式 (84.2) を用いて

$$\frac{\partial(Q_i, P_i)}{\partial(u, v)} = \frac{\partial}{\partial u}\left(q_i + \varepsilon\frac{\partial G(q,p)}{\partial p_i}\right)\frac{\partial}{\partial v}\left(p_i - \varepsilon\frac{\partial G(q,p)}{\partial q_i}\right) - \frac{\partial}{\partial v}\left(q_i + \varepsilon\frac{\partial G(q,p)}{\partial p_i}\right)\frac{\partial}{\partial u}\left(p_i - \varepsilon\frac{\partial G(q,p)}{\partial q_i}\right)$$

$$= \frac{\partial(q_i, p_i)}{\partial(u, v)} + \varepsilon\Delta$$

ここで $O(\varepsilon)$ 項を表す Δ は

$$\Delta = -\frac{\partial q_i}{\partial u}\frac{\partial}{\partial v}\frac{\partial G(q,p)}{\partial q_i} + \frac{\partial p_i}{\partial v}\frac{\partial}{\partial u}\frac{\partial G(q,p)}{\partial p_i} + \frac{\partial q_i}{\partial v}\frac{\partial}{\partial u}\frac{\partial G(q,p)}{\partial q_i} - \frac{\partial p_i}{\partial u}\frac{\partial}{\partial v}\frac{\partial G(q,p)}{\partial p_i}$$

であるが，例えばこの右辺第 1 項に対して

$$\frac{\partial q_i}{\partial u}\frac{\partial}{\partial v}\frac{\partial G(q,p)}{\partial q_i} = \frac{\partial}{\partial v}\left(\frac{\partial q_i}{\partial u}\frac{\partial G(q,p)}{\partial q_i}\right) - \frac{\partial^2 q_i}{\partial v\partial u}\frac{\partial G(q,p)}{\partial q_i}$$

の書き換え (他の 3 項も同様) を行うと，

$$\Delta = \frac{\partial}{\partial u}\underbrace{\left(\frac{\partial q_i}{\partial v}\frac{\partial G(q,p)}{\partial q_i} + \frac{\partial p_i}{\partial v}\frac{\partial G(q,p)}{\partial p_i}\right)}_{=\frac{\partial G(q,p)}{\partial v}} - \frac{\partial}{\partial v}\underbrace{\left(\frac{\partial q_i}{\partial u}\frac{\partial G(q,p)}{\partial q_i} + \frac{\partial p_i}{\partial u}\frac{\partial G(q,p)}{\partial p_i}\right)}_{=\frac{\partial G(q,p)}{\partial u}}$$

$$+ \underbrace{\left(\frac{\partial^2 q_i}{\partial v\partial u} - \frac{\partial^2 q_i}{\partial u\partial v}\right)}_{=0}\frac{\partial G(q,p)}{\partial q_i} + \underbrace{\left(\frac{\partial^2 p_i}{\partial v\partial u} - \frac{\partial^2 p_i}{\partial u\partial v}\right)}_{=0}\frac{\partial G(q,p)}{\partial p_i}$$

$$= \frac{\partial^2 G(q,p)}{\partial u\partial v} - \frac{\partial^2 G(q,p)}{\partial v\partial u} = 0$$

となり，(86.2) が示された．

問題 87　位相空間内の領域の体積　標準

一般の N 自由度系において位相空間 (q,p) 内の領域 γ の体積

$$J_N = \int\cdots\int_\gamma dq_1\cdots dq_N dp_1\cdots dp_N$$

は正準変換に対して不変であることが知られている．このことを微小正準変換に対して示せ．

解 説　**問題 84** の設問 2 の [解答] のとおり，ハミルトニアンを母関数とする微小正準変換は微小時間発展を引き起こす．この問題の結果は，位相空間内のある領域の体積は系の微小時間発展 (一般に，有限の時間発展でも) で変わらないことを意味する．これは**リウヴィルの定理** (Liouville's theorem) として知られており，統計力学等で重要な役割を果たす．

[解答] では微小定数 ε と任意正方行列 A に対して成り立つ公式

$$\det(\mathbb{I}+\varepsilon A) = 1+\varepsilon\,\mathrm{tr}\,A + O(\varepsilon^2) \qquad (\varepsilon\text{: 微小定数}) \tag{87.1}$$

を用いる．ここに $\mathrm{tr}\,A$ は「行列 A の対角成分の和」(**トレース** (trace)) であり，A を $n\times n$ 行列とすると

$$\mathrm{tr}\,A = \sum_{i=1}^{n} A_{ii}$$

公式 (87.1)は $n\times n$ 行列 M の**行列式**の定義式

$$\det M = \sum_\sigma \mathrm{sgn}(\sigma) M_{1\sigma(1)}M_{2\sigma(2)}\cdots M_{n\sigma(n)}$$

$$\sigma\text{: }(1,\cdots,n)\text{ の置換}, \qquad \mathrm{sgn}(\sigma) = \begin{cases} 1 & (\sigma\text{ : 偶置換}) \\ -1 & (\sigma\text{ : 奇置換}) \end{cases} \tag{87.2}$$

に $M_{ij} = \delta_{ij}+\varepsilon A_{ij}$ を代入し ε の 1 次までを残すことで

$$\begin{aligned}\det(\mathbb{I}+\varepsilon A) &= \sum_\sigma \mathrm{sgn}(\sigma)\Bigl(\delta_{1\sigma(1)}\delta_{2\sigma(2)}\cdots\delta_{n\sigma(n)} \\ &\qquad + \varepsilon\sum_{k=1}^{n}\bigl(\text{第 1 項で }\delta_{k\sigma(k)}\to A_{k\sigma(k)}\text{ の置換え}\bigr)\Bigr) + O(\varepsilon^2) \\ &= 1+\varepsilon\sum_{k=1}^{n} A_{kk} + O(\varepsilon^2)\end{aligned}$$

として得られる．ここに，ε の 0 次と 1 次の項の $\sum_\sigma$ では恒等置換 ($\sigma(i) = i$, ($i = 1,\cdots,n$)) のみが寄与することを用いた．

解答

新旧の位相空間体積要素の関係は

$$dQ_1 \cdots dQ_N dP_1 \cdots dP_N = J\, dq_1 \cdots dq_N dp_1 \cdots dp_N$$

ここに，J はヤコビアン

$$J = \frac{\partial(Q_1, \cdots, Q_N, P_1, \cdots, P_N)}{\partial(q_1, \cdots, q_N, p_1, \cdots, p_N)} = \det V$$

であって，$2N \times 2N$ 行列 V は

$$V = \begin{pmatrix} \dfrac{\partial Q_i}{\partial q_j} & \dfrac{\partial Q_i}{\partial p_j} \\ \dfrac{\partial P_i}{\partial q_j} & \dfrac{\partial P_i}{\partial p_j} \end{pmatrix} = \begin{pmatrix} \frac{\partial Q_1}{\partial q_1} & \cdots & \frac{\partial Q_1}{\partial q_N} & \frac{\partial Q_1}{\partial p_1} & \cdots & \frac{\partial Q_1}{\partial p_N} \\ \vdots & \cdots & \vdots & \vdots & \cdots & \vdots \\ \frac{\partial Q_N}{\partial q_1} & \cdots & \frac{\partial Q_N}{\partial q_N} & \frac{\partial Q_N}{\partial p_1} & \cdots & \frac{\partial Q_N}{\partial p_N} \\ \frac{\partial P_1}{\partial q_1} & \cdots & \frac{\partial P_1}{\partial q_N} & \frac{\partial P_1}{\partial p_1} & \cdots & \frac{\partial P_1}{\partial p_N} \\ \vdots & \cdots & \vdots & \vdots & \cdots & \vdots \\ \frac{\partial P_N}{\partial q_1} & \cdots & \frac{\partial P_N}{\partial q_N} & \frac{\partial P_N}{\partial p_1} & \cdots & \frac{\partial P_N}{\partial p_N} \end{pmatrix}$$

V の最初の 2×2 行列的な表式の意味は第 2 の表式の通りである．(Q, P) が微小正準変換 (84.2)により (q, p) で表されている場合は

$$V = \begin{pmatrix} \dfrac{\partial}{\partial q_j}\left(q_i + \varepsilon \dfrac{\partial G}{\partial p_i}\right) & \dfrac{\partial}{\partial p_j}\left(q_i + \varepsilon \dfrac{\partial G}{\partial p_i}\right) \\ \dfrac{\partial}{\partial q_j}\left(p_i - \varepsilon \dfrac{\partial G}{\partial q_i}\right) & \dfrac{\partial}{\partial p_j}\left(p_i - \varepsilon \dfrac{\partial G}{\partial q_i}\right) \end{pmatrix} = \begin{pmatrix} \delta_{ij} + \varepsilon \dfrac{\partial^2 G}{\partial q_j \partial p_i} & \varepsilon \dfrac{\partial^2 G}{\partial p_j \partial p_i} \\ -\varepsilon \dfrac{\partial G}{\partial q_j \partial q_i} & \delta_{ij} - \varepsilon \dfrac{\partial^2 G}{\partial p_j \partial q_i} \end{pmatrix}$$

$$= \mathbb{I}_{2N} + \varepsilon A, \qquad A = \begin{pmatrix} \dfrac{\partial^2 G}{\partial q_j \partial p_i} & \dfrac{\partial^2 G}{\partial p_i \partial p_j} \\ -\dfrac{\partial G}{\partial q_j \partial q_i} & -\dfrac{\partial^2 G}{\partial p_j \partial q_i} \end{pmatrix}$$

となる．ここで公式 (87.1)を用いると ($O(\varepsilon^2)$ を無視し)

$$J = \det V = \det(\mathbb{I}_{2N} + \varepsilon A) = 1 + \varepsilon \operatorname{tr} A = 1 + \varepsilon \sum_{i=1}^{N} \underbrace{\left(\frac{\partial^2 G}{\partial q_i \partial p_i} - \frac{\partial^2 G}{\partial p_i \partial q_i}\right)}_{=0} = 1$$

を得る．したがって，位相空間の体積要素は微小正準変換で不変:

$$dQ_1 \cdots dQ_N dP_1 \cdots dP_N = dq_1 \cdots dq_N dp_1 \cdots dp_N \tag{87.3}$$

微小正準変換 $(q, p) \mapsto (Q, P)$ で位相空間 (q, p) 内の領域 γ は位相空間 (Q, P) 内の領域 Γ (γ から微小に変形している) に写るが，(87.3)は γ と Γ の体積が等しいこと

$$\int \cdots \int_\gamma dq_1 \cdots dq_N dp_1 \cdots dp_N = \int \cdots \int_\Gamma dQ_1 \cdots dQ_N dP_1 \cdots dP_N$$

を意味する．

Tea Time ………… 正準変換に対するポアソン括弧の不変性

正準変換に対してポアソン括弧が不変であること，すなわち，「$(q,p) \mapsto (Q,P)$ が正準変換ならば (81.2)式，$\{f,g\}_{q,p} = \{f,g\}_{Q,P}$，が任意の f と g に対して成り立つ，あるいは，それと等価な (81.3)が成り立つ」については，本書では完全な証明の問題は与えなかった (ただし，1 自由度系の場合は**問題 82** で，微小正準変換の場合については**問題 86** の設問 1 で扱っている)．これは単に「証明が複雑，あるいは，多くの準備が必要だから」であるが，ここではいくつかの証明を簡単に紹介しよう．

1. ランダウ・リフシッツの証明
『ランダウ・リフシッツ理論物理学教程 力学』(改訂第 3 版，東京図書，1974 年) の §46 には，わずか 7 行 (日本語) での「証明」が与えられている．要約すると (f と g が陽な時間依存性がない場合を考えて)「g をハミルトニアンとする仮想的な系を考えると，本書の (71.1)式により $\{f,g\} = \dfrac{df}{dt}$ である．系の時間発展はその正準変数の選び方には依らないので，ポアソン括弧 $\{f,g\}$ も正準変数の取り方には依らない．」というものである．簡潔かつ直観的すぎて，凡人にはこれで証明になっているのかわからない．
2. ラグランジュ括弧を用いた証明
正準変数 (q,p) が 2 変数 (u,v) の関数として $q_i(u,v)$, $p_i = p_i(u,v)$ と与えられているとして，ラグランジュ括弧 (Lagrange bracket) $\langle u,v \rangle_{q,p}$ は
$$\langle u,v \rangle_{q,p} = \sum_{i=1}^{N} \left(\frac{\partial q_i}{\partial u}\frac{\partial p_i}{\partial v} - \frac{\partial p_i}{\partial u}\frac{\partial q_i}{\partial v} \right)$$
で定義される．$(q,p) \mapsto (Q,P)$ が正準変換である場合，(73.1)等の母関数による正準変換の表式を用いて，ラグランジュ括弧の正準変換不変性 $\langle u,v \rangle_{q,p} = \langle u,v \rangle_{Q,P}$ が比較的簡単に示される．このことと，ラグランジュ括弧とポアソン括弧の間の関係式 (ここでは省略) を用いることで，(81.3)が導かれる．
3. 微分形式を用いた証明
微分形式の理論を知っていれば，シンプレクティック形式 (symplectic form) $\omega(q,p) = \sum_{i=1}^{N} dp_i \wedge dq_i$ の正準変換不変性，$\omega(q,p) = \omega(Q,P)$，が簡単に導かれ，関係式 $N\,df \wedge dg \wedge \omega(q,p)^{N-1} = -\{f,g\}_{q,p}\,\omega(q,p)^N$ より (81.2)が示される．
4. “強引”な証明
母関数による正準変換の表式 (73.1)を用いて愚直に (81.3)式を示す方法．ラグランジュ括弧や微分形式の理論等の準備は不要な代わりに，かなり複雑で長い式変形が必要である．筆者は大学の講義でこの「“強引”な証明」をやっていたこともあるが，時間がかかる割におもしろくないのでやめた．

Chapter 8

ハミルトン・ヤコビ理論

ハミルトン・ヤコビ理論は，正準変換 $(q, p) \mapsto (Q, P)$ により新ハミルトニアン $K(Q, P, t)$ をゼロ，あるいは，P のみの関数にすることで，(Q, P) のハミルトンの運動方程式の解が自明に求まるようにし，これを用いて元の正準変数 (q, p) に対するハミルトンの運動方程式の解を得る手法である．この章では，ハミルトン・ヤコビ理論の一般論に関する問題，および，さまざまな具体的応用の問題を扱う．

問題 88　ハミルトン・ヤコビ方程式の導出　標準

ハミルトニアン $H(q,p,t)$ で記述される N 自由度系において，**問題 78** で扱った母関数 $\Phi(q,P,t)$ による正準変換 (78.1)により新変数 (Q,P) のハミルトニアン $K(Q,P,t)$ (78.2)をゼロ $(K=0)$ にすることを考えることで，**ハミルトン・ヤコビ方程式** (Hamilton-Jacobi equation)

$$H\left(q_1,\cdots,q_N,\frac{\partial S}{\partial q_1},\cdots,\frac{\partial S}{\partial q_N},t\right)+\frac{\partial S}{\partial t}=0 \tag{88.1}$$

を導け．ここに，母関数 Φ を別の記号 S で表したが，これは**ハミルトンの主関数** (Hamilton's principal function) と呼ばれる．

さらに，ハミルトン・ヤコビ方程式 (88.1)の解 S から，元の変数 (q,p) に対するハミルトンの運動方程式の一般解 $(q(t),p(t))$ がどのように構成されるかを説明せよ．

解説　**ハミルトン・ヤコビ理論**は，正準変換で新ハミルトニアン $K(Q,P,t)$ をゼロにすることにより新変数 (Q,P) のハミルトンの運動方程式を自明にし，それを利用して元の正準変数のハミルトンの運動方程式の一般解 $(q(t),p(t))$ を構成する手法である．

解答

以下では，1.～4. と順を追って説明を行う．

1. まず，正準変換で $K(Q,P,t)=0$ が実現できたとすると，(Q,P) に対するハミルトンの運動方程式 (73.3)の解は

$$\dot{Q}_i=\frac{\partial K}{\partial P_i}=0 \qquad \Rightarrow \quad Q_i(t)=(\text{定数})=\beta_i$$
$$\dot{P}_i=-\frac{\partial K}{\partial Q_i}=0 \quad \Rightarrow \quad P_i(t)=(\text{定数})=\alpha_i \tag{88.2}$$

と簡単に与えられる．したがって，母関数 Φ による正準変換の公式 (78.1),

$$p_i=\frac{\partial\Phi(q,P,t)}{\partial q_i}, \qquad Q_i=\frac{\partial\Phi(q,P,t)}{\partial P_i} \tag{78.1}$$

を (q,p) について解いて得られる新旧変数の関係式 $q_i=q_i(Q,P,t)$ と $p_i=p_i(Q,P,t)$ に上記の解 (88.2)を代入することにより，(q,p) のハミルトンの運動方程式 (63.4) の解が $q_i(t)=q_i(\beta,\alpha,t)$，$p_i(t)=p_i(\beta,\alpha,t)$ により得られる ((q,p) と (Q,P) が正準変換で関係しているなら，それぞれのハミルトンの運動方程式は互いに等価であることに注意)．

2. 母関数 $\Phi(q,P,t)$ に対する $K(Q,P,t)=0$ の要請は (78.2) より

$$K(Q,P,t)=H(q_1,\cdots,q_N,p_1,\cdots,p_N,t)+\frac{\partial\Phi(q,P,t)}{\partial t}=0 \tag{88.3}$$

であるが，$H(q,p,t)$ の変数 p は (78.1)の第 1 式により母関数 Φ で与えられている．ここで，問題の指示に従って，母関数 Φ を別の記号 S で表し，さらに，新運動量 P_i を ((88.2)を考慮して) 別の記号 α_i で表すと，$H(q,p,t)$ の変数 p は

$$p_i = \frac{\partial S(q,\alpha,t)}{\partial q_i} \tag{88.4}$$

により母関数 S で与えられる．これを代入し，また，$\partial\Phi(q,P,t)\partial t \to \partial S(q,\alpha,t)/\partial t$ として (88.3)式を表しなおしたものがハミルトン・ヤコビ方程式 (88.1)である．

3. ハミルトン・ヤコビ方程式 (88.1)は未知関数 S に対する $(N+1)$ 個の変数 $(q,t) = (q_1,\cdots,q_N,t)$ に関する偏微分方程式であり，これより S の (q,t) 依存性が決定される．母関数 $S(q,\alpha,t)$ は (q,t) の他にも新運動量 $\alpha = (\alpha_1,\cdots,\alpha_N)$ を変数に持つが，この自由度はハミルトン・ヤコビ方程式 (88.1)の解 S の積分定数 ((q,t) に依らない任意量) として導入される．すなわち，$(N+1)$ 個の変数 (q,t) についての偏微分方程式 (88.1) の解 S は一般に $(N+1)$ 個の積分定数を持つ．ただし，このうちの 1 個は S に (q,t) に依らない量を加える自明な自由度 $S \to S +$ (積分定数) であり ((88.1)式に S は微分量 $\partial S/\partial q_i$，$\partial S/\partial t$ としてのみ現れることに注意)，これ以外の N 個の積分定数を $\alpha = (\alpha_1,\cdots,\alpha_N)$ として取る．

4. 以上のようにハミルトン・ヤコビ方程式 (88.1)の解 $S(q,\alpha,t)$ が求まったとすると，元の変数 (q,p) に対するハミルトンの運動方程式の解 $(q(t),p(t))$ はこの解答の 1. のように得られる．より具体的には，まず，(78.1)の第 2 式に (88.2)からの $Q_i = (t$ に依らない定数$) = \beta_i$ を用い，$\Phi \to S$, $P_i \to \alpha_i$ と記号を置き換えた N 個の方程式

$$\beta_i = \frac{\partial S(q,\alpha,t)}{\partial \alpha_i} \qquad (i = 1,\cdots,N) \tag{88.5}$$

を N 個の q_i について解くことにより一般解が

$$q_i = q_i(\beta,\alpha,t) \tag{88.6}$$

と時間の関数として定まる．最後に，(78.1)の第 1 式に $\Phi \to S$, $P_i \to \alpha_i$ とし，(88.6)を代入して，時間の関数としての p_i

$$p_i(t) = \left.\frac{\partial S(q,\alpha,t)}{\partial q_i}\right|_{q=q(\beta,\alpha,t)} \tag{88.7}$$

を得る．

問題	89	陽な時間依存性がないハミルトニアンのハミルトン・ヤコビ方程式	標準

陽な時間依存性を持たないハミルトニアン $H(q,p)$ の場合，ハミルトン・ヤコビ方程式 (88.1) は変数 (q,t) について**変数分離**，すなわち，$S(q,t)=W(q)+Y(t)$ の形を仮定して解くことができる．この場合の S の構成と，ハミルトンの運動方程式の一般解 $(q(t),p(t))$ の構成を説明せよ．

解 説　ハミルトニアンが陽な時間依存性を持たない場合，ハミルトン・ヤコビ方程式 (88.1)は $S(q,t)=W(q)+Y(t)$ という「変数分離」を仮定することにより「変数 q だけの偏微分方程式」と「変数 t の自明な微分方程式」に帰着され，解の構成がより見やすくなる．この問題では，この一般論を説明することを要求している．

解 答

ハミルトニアンが時間に陽に依存しない場合のハミルトン・ヤコビ方程式

$$H\left(q_i, p_i=\frac{\partial S}{\partial q_i}\right)+\frac{\partial S}{\partial t}=0 \tag{89.1}$$

において，解 $S(q,t)$ が「q のみの関数」と「t のみの関数」の和で与えられる，すなわち，

$$S(q,t)=W(q)+Y(t) \tag{89.2}$$

と仮定する．S，したがって，W と Y は新運動量 α にも依存するが，α は変数 (q,t) についての偏微分方程式である (89.1)にとっては「定数」であり，今は S の α 依存性は省略している．(89.2)を (89.1)に代入し，今の場合 (88.4)が

$$p_i=\frac{\partial S(q,t)}{\partial q_i}=\frac{\partial W(q)}{\partial q_i} \tag{89.3}$$

であることを用いて

$$\underbrace{H\left(q_i, \frac{\partial W(q)}{\partial q_i}\right)}_{t\text{ に依らない}}=\underbrace{-\frac{dY(t)}{dt}}_{q\text{ に依らない}}=(q\text{ にも }t\text{ にも依らない量})=\alpha_1$$

を得る．ここに，「q にも t にも依らない量」を α_1 と定義した．すると，

$$\frac{dY(t)}{dt}=-\alpha_1 \;\Rightarrow\; Y(t)=-\alpha_1 t+(\text{定数}) \;\Rightarrow\; S(q,t)=W(q)-\alpha_1 t \tag{89.4}$$

となり，$W(q)$ は偏微分方程式

$$H\left(q_i, p_i=\frac{\partial W(q)}{\partial q_i}\right)=\alpha_1 \tag{89.5}$$

の解として得られる．N 個の変数 $(q_1, \cdots, q_N)$ についての偏微分方程式である (89.5)の解 $W(q)$ は α_1 に依存する他に，N 個の積分定数を含む．このうちの「$W+$(定数)」の形以外の $(N-1)$ 個の積分定数を $(\alpha_2, \cdots, \alpha_N)$ とし，α_1 も含めて $\alpha = (\alpha_1, \alpha_2, \cdots, \alpha_N)$ として (89.5)の解を $W(q, \alpha)$ と表すことにする．

なお，関数 $W(q, \alpha)$ を**ハミルトンの特性関数** (Hamilton's characteristic function), (89.5)を**簡略化されたハミルトン・ヤコビ方程式** (reduced Hamilton-Jaocbi equaton) と呼ぶ．また，(89.5)式より，α_1 はエネルギー (今の場合，保存量) であることがわかる．

以上を用いてハミルトンの運動方程式の一般解 $(q(t), p(t))$ は，**問題 88** の一般論に従い次のように構成される．まず，(88.5)に (89.4)を代入して

$$\beta_i = \frac{\partial S(q, \alpha, t)}{\partial \alpha_i} = \frac{\partial W(q, \alpha)}{\partial \alpha_i} - \frac{\partial \alpha_1}{\partial \alpha_i} t = \frac{\partial W(q, \alpha)}{\partial \alpha_i} - \delta_{i,1} t$$

すなわち，

$$t + \beta_1 = \frac{\partial W(q, \alpha)}{\partial \alpha_1} \tag{89.6}$$

$$\beta_i = \frac{\partial W(q, \alpha)}{\partial \alpha_i} \quad (i = 2, \cdots, N) \tag{89.7}$$

これら N 個の方程式を N 個の q_i について解くことによりハミルトンの運動方程式の一般解 $q(t)$ を得る．また，$p(t)$ は (88.7)と (89.4) より

$$p_i(t) = \left.\frac{\partial S(q, \alpha, t)}{\partial q_i}\right|_{q=q(t)} = \left.\frac{\partial W(q, \alpha)}{\partial q_i}\right|_{q=q(t)} \quad (i = 1, \cdots, N) \tag{89.8}$$

で与えられる．なお，(89.6)からわかるように，$(q(t), p(t))$ に β_1 は $t + \beta_1$ の形でのみ含まれることに注意 (すなわち，β_1 は解の時間並進の任意性).

問題 90　ハミルトンの特性関数の手法の応用　標準

問題 89 のハミルトンの特性関数の手法の応用として，次の各1自由度系のハミルトンの運動方程式の一般解 $(q(t), p(t))$ を，簡略化されたハミルトン・ヤコビ方程式 (89.5)を解くことにより求めよ．

1. ハミルトニアンが次式で与えられる，一様な重力場中を鉛直方向にのみ運動する質点の系 (q は質点の高度):

$$H(q,p) = \frac{1}{2m}p^2 + mgq$$

2. ハミルトニアンが次式で与えられる1次元調和振動子系:

$$H(q,p) = \frac{1}{2m}p^2 + \frac{1}{2}kq^2$$

解 説　**問題 89** で与えた，ハミルトニアンが陽な時間依存性を持たない場合のハミルトン・ヤコビ理論の一般論を簡単な1自由度系に具体的に応用し，ハミルトンの運動方程式の一般解を求める問題である．

解 答

いずれも1自由度系 $(N=1)$ なので，以下では**問題 89** の一般論での α_1 と β_1 をそれぞれ α と β と表す．

1. 問題の系の場合，(89.5)式とその解は

$$\frac{1}{2m}\left(\frac{\partial W(q)}{\partial q}\right)^2 + mgq = \alpha \quad \Rightarrow \quad \frac{\partial W(q)}{\partial q} = \pm\sqrt{2m\,(\alpha - mgq)}$$

$$\Rightarrow \quad W(q,\alpha) = \mp\frac{2\sqrt{2m}}{3mg}\,(\alpha - mgq)^{3/2}$$

これを (89.6) に代入して一般解 $q(t)$ を得る．

$$t + \beta = \frac{\partial W(q,\alpha)}{\partial \alpha} = \mp\frac{1}{mg}\sqrt{2m\,(\alpha - mgq)} \;\Rightarrow\; q(t) = \frac{\alpha}{mg} - \frac{1}{2}g\,(t+\beta)^2$$

さらに，(89.8)より

$$p(t) = \left.\frac{\partial W(q,\alpha)}{\partial q}\right|_{q=q(t)} = \pm\sqrt{2m\,(\alpha - mgq(t))} = -mg(t+\beta)$$

定数 α と β は，初期条件により決まる．

2. ハミルトンの特性関数 $W(q)$ に対する簡略化されたハミルトン・ヤコビ方程式 (89.5)は

$$\frac{1}{2m}\left(\frac{dW(q)}{dq}\right)^2 + \frac{1}{2}kq^2 = \alpha$$

これより W は

$$\frac{dW(q)}{dq}=\sqrt{mk}\sqrt{\frac{2\alpha}{k}-q^2} \quad\Rightarrow\quad W(q,\alpha)=\sqrt{mk}\int dq\sqrt{\frac{2\alpha}{k}-q^2}$$

と不定積分で表される．なお，これらの式中のの平方根 $\sqrt{(2\alpha/k)-q^2}$ は，以下で見るように正負の値を取るものである．ハミルトンの運動方程式の一般解 $(q(t), p(t))$ を求めるためには，この不定積分を陽に実行する必要はない．まず，$q(t)$ は (89.6) に不定積分で与えられた $W(q,\alpha)$ を代入し，α 微分と q 積分を交換させて

$$\begin{aligned}
t+\beta&=\frac{\partial W(q,\alpha)}{\partial\alpha}=\sqrt{mk}\int dq\frac{\partial}{\partial\alpha}\sqrt{\frac{2\alpha}{k}-q^2}=\sqrt{\frac{m}{k}}\int\frac{dq}{\sqrt{(2\alpha/k)-q^2}}\\
&\underset{\uparrow}{=}\sqrt{\frac{m}{k}}\int d\theta=\sqrt{\frac{m}{k}}\,\theta=\sqrt{\frac{m}{k}}\arcsin\left(\sqrt{\frac{k}{2\alpha}}\,q\right) \qquad (90.1)
\end{aligned}$$

$\boxed{q=\sqrt{2\alpha/k}\,\sin\theta}$

$$\Rightarrow\quad q(t)=\sqrt{\frac{2\alpha}{k}}\sin\left(\sqrt{\frac{k}{m}}\,(t+\beta)\right)$$

と求まる．次に，$p(t)$ は (89.8)より

$$p(t)=\left.\frac{\partial W(q,\alpha)}{\partial q}\right|_{q=q(t)}=\sqrt{mk}\sqrt{\frac{2\alpha}{k}-q(t)^2}=\sqrt{2m\alpha}\cos\left(\sqrt{\frac{k}{m}}\,(t+\beta)\right)$$

結局，

$$q(t)=\sqrt{\frac{2\alpha}{k}}\,\sin\left(\sqrt{\frac{k}{m}}\,(t+\beta)\right),\quad p(t)=\sqrt{2m\alpha}\,\cos\left(\sqrt{\frac{k}{m}}\,(t+\beta)\right)$$

が求める解である．α は系のエネルギー，β は時間並進の任意性である．
最後に，上では用いなかったが，$W(q,\alpha)$ を与える q 積分を実行すると

$$W(q,\alpha)=\sqrt{mk}\int dq\sqrt{\frac{2\alpha}{k}-q^2}\underset{\uparrow}{=}\sqrt{mk}\,\frac{2\alpha}{k}\int d\theta\,\cos^2\theta$$

$\boxed{q=\sqrt{2\alpha/k}\,\sin\theta}$

$$\begin{aligned}
&=\alpha\sqrt{\frac{m}{k}}\,(\theta+\sin\theta\cos\theta)\\
&=\alpha\sqrt{\frac{m}{k}}\left\{\arcsin\left(\sqrt{\frac{k}{2\alpha}}\,q\right)+\sqrt{\frac{k}{2\alpha}}\,q\sqrt{1-\frac{k}{2\alpha}q^2}\right\} \qquad (90.2)
\end{aligned}$$

を得る．

問題 91　ハミルトンの特性関数 $W(q,\alpha)$ を母関数とする正準変換　標準

問題 88 においてハミルトン・ヤコビ方程式を考えた際は，ハミルトンの主関数 $S(q,P,t)$ を母関数とする正準変換により新ハミルトニアン $K(Q,P,t)=0$ とした．さらに**問題 89** の通り，$H(q,p)$ が陽な時間依存性を持たない場合，主関数は $S(q,\alpha,t)=W(q,\alpha)-\alpha_1 t$ と表され，ハミルトンの特性関数 $W(q,\alpha)$ は簡略化されたハミルトン・ヤコビ方程式 (89.5) を満たすべきものであった．

1. 陽な時間依存性を持たないハミルトニアン $H(q,p)$ の系において，(主関数 $S(q,P,t)$ ではなく) 特性関数 $W(q,P)$ を母関数 $\Phi(q,P)$ と見なして正準変換 (78.1)および (78.2) を行うことにより元の正準変数 (q,p) のハミルトンの運動方程式の解を得る方法を説明せよ．
2. **問題 77** の設問 1 では，(77.1)式で与えられる母関数 $F(q,Q)$ による正準変換により調和振動子の新ハミルトニアンが $K(Q,P)=\sqrt{k/m}\,P$ となることを用いて運動方程式の解を求めた．この母関数 $F(q,Q)$ が実は**問題 90** で得た $W(q,\alpha)$ (90.2)により $\Phi(q,P)=W(q,\sqrt{k/m}\,P)$ で与えられる母関数 Φ と (78.3)の関係にあり同じ正準変換を生成する，すなわち
$$F(q,Q)=\Phi(q,P)-PQ$$
の関係を示せ．ここに，右辺の P は $Q=\partial\Phi(q,P)/\partial P$ により $P=P(q,Q)$ と表されるものである．

解 説　**問題 77** の設問 1 では，調和振動子に対して新運動量 P にのみに依る新ハミルトニアン $K(Q,P)=\sqrt{k/m}\,P$ を実現する母関数 $F(q,Q)$ (77.1)を唐突に与えたが，この問題によりその起源がハミルトン・ヤコビ理論にあることが理解される．

解 答

1. 公式 (78.1)より，$W(q,P)$ を母関数とする正準変換 $(q,p)\mapsto(Q,P)$ は
$$p_i=\frac{\partial W(q,P)}{\partial q_i},\qquad Q_i=\frac{\partial W(q,P)}{\partial P_i}\tag{91.1}$$
で与えられ，$W(q,P)$ は時間に依存しないので (78.2)より新ハミルトニアンは $K(Q,P)=H(q,p)$ であるが，$W(q,P)$ が (89.5) (ただし，ここでは $\alpha\to P$) を満たすべきことを用いると
$$K(Q,P)=H\left(q_i,p_i=\frac{\partial W(q,P)}{\partial q_i}\right)=P_1$$
となる．したがって，新変数 (Q,P) のハミルトンの運動方程式とその一般解は
$$\dot{Q}_i=\frac{\partial K(Q,P)}{\partial P_i}=\delta_{i,1}\ \Rightarrow\ Q_i(t)=\delta_{i,1}t+\beta_i=\begin{cases}t+\beta_1 & (i=1)\\ \beta_i & (i\neq 1)\end{cases}\quad(\beta_i\text{: 定数})$$

$$\dot{P}_i = -\frac{\partial K(Q,P)}{\partial Q_i} = 0 \;\Rightarrow\; P_i(t) = (\text{定数}) = \alpha_i$$

と簡単に与えられる．ここに，あらためて定数 α_i と β_i を導入した．これと正準変換公式 (91.1)より元の正準変数の解 $(q(t), p(t))$ は

$$\delta_{i,1}t + \beta_i = \left.\frac{\partial W(q,P)}{\partial P_i}\right|_{P=\alpha} = \frac{\partial W(q,\alpha)}{\partial \alpha_i} \quad\Rightarrow\quad q_i = q_i(t)$$

$$p_i(t) = \left.\frac{\partial W(q,P)}{\partial q_i}\right|_{q=q(t),P=\alpha} = \left.\frac{\partial W(q,\alpha)}{\partial q_i}\right|_{q=q(t)}$$

により与えられるが，これらは**問題 89** の (89.6)，(89.7)，(89.8)と同じものである．

2. 問題の指示にしたがい，**問題 90** の [解答] の (90.2)式で与えられる

$$W(q,\alpha) = \alpha\sqrt{\frac{m}{k}}\left\{\arcsin\left(\sqrt{\frac{k}{2\alpha}}\,q\right) + \sqrt{\frac{k}{2\alpha}}\,q\sqrt{1-\frac{k}{2\alpha}q^2}\right\}$$

により

$$\Phi(q,P) = W\!\left(q, \sqrt{k/m}\,P\right) = W(q,\alpha) \qquad \left(\alpha = \sqrt{\frac{k}{m}}\,P\right)$$

で定義される母関数 $\Phi(q,P)$ を考える．

$$Q = \frac{\partial \Phi(q,P)}{\partial P} = \sqrt{\frac{k}{m}}\,\frac{\partial W(q,\alpha)}{\partial \alpha} \underset{\substack{\uparrow \\ (90.1)\text{参照}}}{=} \arcsin\left(\sqrt{\frac{k}{2\alpha}}\,q\right)$$

からの

$$\sqrt{\frac{k}{2\alpha}}\,q = \sin Q \quad\Rightarrow\quad \alpha = \frac{k}{2}\frac{q^2}{\sin^2 Q}$$

の関係式を用いて

$$\begin{aligned}
F(q,Q) &= \Phi(q,P) - PQ = W(q,\alpha) - \sqrt{\frac{m}{k}}\alpha Q \\
&= \sqrt{\frac{m}{k}}\left(\alpha Q + \alpha\sqrt{\frac{k}{2\alpha}}\,q\sqrt{1-\frac{k}{2\alpha}q^2}\right) - \sqrt{\frac{m}{k}}\,\alpha Q \\
&= \sqrt{\frac{m}{k}}\,\underset{\substack{\parallel \\ \boxed{\frac{k}{2}\frac{q^2}{\sin^2 Q}}}}{\alpha}\,\overbrace{\sqrt{\frac{k}{2\alpha}}\,q}^{\sin Q}\,\overbrace{\sqrt{1-\frac{k}{2\alpha}q^2}}^{\cos Q} = \frac{1}{2}\sqrt{mk}\,q^2\cot Q
\end{aligned}$$

を得るが，これは**問題 77** の設問 1 の $F(q,Q)$ (77.1)と一致する．

問題	92	中心力ポテンシャル下の質点のハミルトン・ヤコビ方程式	標準

問題 39 において，中心力ポテンシャルの下，平面上を運動する質点の系を 2 次元極座標 (r, ϕ) を用いて考察した．この系をハミルトン・ヤコビ理論を用いて再考し，運動方程式の解として時間 t と角度変数 ϕ を動径座標 r の関数として表せ．また，得られた結果を**問題 39** の設問 3 の結果と比較せよ．

解説　平面上を運動する中心力ポテンシャル下の 1 質点系に対して，**問題 39** では，エネルギー保存と角運動量保存を用いて，r の関数としての t と ϕ の表式を得た．この問題は，同じ量をハミルトン・ヤコビ理論，特に**問題 89** のハミルトンの特性関数の手法を用いて求めるものである．

なお，ラグランジアン $L(q, \dot{q}, t)$ がある力学変数 q_A に依存せず，q_A が循環座標 (**問題 35** 参照) である場合，ハミルトン形式におけるハミルトニアン $H(q, p, t)$ (63.3) も q_A には依存しない ((63.1)からの $\dot{q}_i = \dot{q}_i(q, p, t)$ (63.2)が q_A に依存しないことに注意)．ハミルトン形式においては，循環座標 q_A に対応した運動量 p_A の保存はハミルトンの運動方程式

$$\dot{p}_A = -\frac{\partial H}{\partial q_A} = 0$$

よりしたがう．

解答

まず，この系のハミルトニアンを求める．**問題 39** のラグランジアン (39.1)からの

$$p_r = \frac{\partial L}{\partial \dot{r}} = m\dot{r}, \quad p_\phi = \frac{\partial L}{\partial \dot{\phi}} = mr^2\dot{\phi} \quad \Rightarrow \quad \dot{r} = \frac{p_r}{m}, \quad \dot{\phi} = \frac{p_\phi}{mr^2}$$

をエネルギー (39.3)に用いてハミルトニアンは

$$H(r, \phi, p_r, p_\phi) = \frac{1}{2}m\left(\dot{r}^2 + r^2\dot{\phi}^2\right) + U(r) = \frac{1}{2m}\left(p_r^2 + \frac{p_\phi^2}{r^2}\right) + U(r) \qquad (92.1)$$

H は角度座標 ϕ に依らない，すなわち，ϕ は「循環座標」であることに注意．

ハミルトニアン (92.1)は陽な時間依存性を持たないので，**問題 89** のハミルトンの特性関数の手法を用いる．(92.1)より，今の特性関数 $W(r, \phi)$ に対する (89.5)式は

$$\frac{1}{2m}\left[\left(\frac{\partial W(r, \phi)}{\partial r}\right)^2 + \frac{1}{r^2}\left(\frac{\partial W(r, \phi)}{\partial \phi}\right)^2\right] + U(r) = \alpha_1 \qquad (92.2)$$

ただし，今の場合「ϕ が循環座標である」ことから，$W(r, \phi)$ の ϕ 依存性は簡単になる．まず，元のハミルトンの運動方程式より

$$\dot{p}_\phi = -\frac{\partial H(r, p_r, p_\phi)}{\partial \phi} = 0 \quad \Rightarrow \quad p_\phi = (\text{一定}) = \alpha_\phi$$

すなわち，循環座標 ϕ に対応した運動量 p_ϕ(=角運動量) は保存する．これを (89.3)で $(q_i, p_i) = (\phi, p_\phi)$ としたものに用いて，$W(r,\phi)$ の ϕ 依存性が決まる:

$$p_\phi = \frac{\partial W(r,\phi)}{\partial \phi} = \alpha_\phi \quad \Rightarrow \quad W(r,\phi) = W_r(r) + \alpha_\phi \phi \tag{92.3}$$

ここに現れる r の関数 $W_r(r)$ は，(92.3)の $W(r,\phi)$ を (92.2)式に代入した

$$\frac{1}{2m}\left[\left(\frac{dW_r(r)}{dr}\right)^2 + \frac{\alpha_\phi^2}{r^2}\right] + U(r) = \alpha_1$$

より

$$W_r(r, \alpha_1, \alpha_\phi) = \int dr \sqrt{2m\left(\alpha_1 - U(r)\right) - \frac{\alpha_\phi^2}{r^2}} \tag{92.4}$$

と不定積分で与えられる．結局，特性関数は

$$W(r, \phi, \alpha_1, \alpha_\phi) = W_r(r, \alpha_1, \alpha_\phi) + \alpha_\phi \phi \tag{92.5}$$

これを用いて，まず，公式 (89.6)より「r の関数としての時間 t」の表式

$$\begin{aligned} t + \beta_1 &= \frac{\partial W(r,\phi,\alpha_1,\alpha_\phi)}{\partial \alpha_1} = \frac{\partial W_r(r,\alpha_1,\alpha_\phi)}{\partial \alpha_1} = \int dr \frac{\partial}{\partial \alpha_1}\sqrt{2m\left(\alpha_1 - U(r)\right) - \frac{\alpha_\phi^2}{r^2}} \\ &= m \int dr \left[2m\left(\alpha_1 - U(r)\right) - \frac{\alpha_\phi^2}{r^2}\right]^{-1/2} \end{aligned}$$

を得る．次に，公式 (89.7)で $i = \phi$ として

$$\beta_\phi = \frac{\partial W(r,\phi,\alpha_1,\alpha_\phi)}{\partial \alpha_\phi} = \frac{\partial W_r(r,\alpha_1,\alpha_\phi)}{\partial \alpha_\phi} + \phi$$

これより「r の関数としての角度 ϕ」の表式

$$\phi - \beta_\phi = -\frac{\partial W_r(r,\alpha_1,\alpha_\phi)}{\partial \alpha_\phi} = \alpha_\phi \int \frac{dr}{r^2}\left[2m\left(\alpha_1 - U(r)\right) - \frac{\alpha_\phi^2}{r^2}\right]^{-1/2}$$

を得る．以上の結果は，**問題 39** の設問 3 で得た $t(r)$ (39.8) および $\phi(r)$ (39.9)と $\alpha_1 = E$ および $\alpha_\phi = M$ の対応で一致する (β_1 と β_ϕ は共に定数).

問題 93　調和振動子系の作用変数と角変数　標準

問題 90 の設問 2 ではハミルトンの特性関数の手法を用いて 1 次元調和振動子系を扱った．ここでは，新運動量 (エネルギー) α の代わりに次式で定義される**作用変数** (action variable) と呼ばれる量 J を新運動量として採用する:

$$J(\alpha) = \oint p\, dq \qquad (93.1)$$

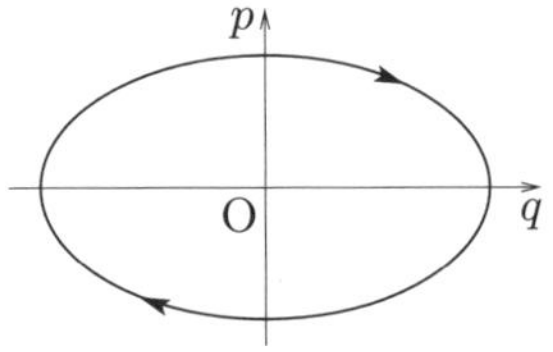

ここに，周回積分 $\oint$ は α で定まる解に沿っての 1 周期分の積分であり，p は**問題 90** の設問 2 より

$$p = p(q,\alpha) = \frac{\partial W(q,\alpha)}{\partial q} = \pm\sqrt{mk}\sqrt{\frac{2\alpha}{k} - q^2} \qquad (93.2)$$

で与えられている．すなわち，(93.1)の積分はエネルギー α の位相空間軌跡 (**問題 66** の設問 2 参照) である楕円 $\dfrac{p^2}{2m\alpha} + \dfrac{q^2}{2\alpha/k} = 1$ に沿った一周積分であり，(93.2) の $\pm$ は楕円の上/下半分において $+/-$ であって，$J(\alpha)$ はこの楕円の面積である．

1. (93.1)の積分を実行し，J を α の関数として表せ．

次に，作用変数 J に対応した**角変数** (angle variable) w をハミルトンの特性関数 $W(q,\alpha)$ により

$$w = \frac{\partial W(q,\alpha(J))}{\partial J} \qquad (93.3)$$

で定義する．ここに，$\alpha(J)$ は (93.1)式より α を J の関数として表したものである．角変数 w は特性関数 $W(q,\alpha(J))$ を母関数とした正準変換において，新運動量 J に対応した新座標である ((91.1)の第 2 式で $(Q,P) = (w,J)$ としたもの)．

2. 系の 1 周期の運動の間の w の変化分が 1 であることを示せ．
3. 角変数 w が時間の関数として

   $$w = \nu t + \beta_J \qquad (\nu,\ \beta_J\text{: 定数})$$

   の形となることを示し，定数 ν を $\alpha(J)$ を用いて表せ．さらに，設問 1 の結果から得られる $\alpha(J)$ を用いて ν を求めよ．なお，設問 2 より，ν は系の周期運動の振動数 ($1/\nu$ は周期) のはずである．
4. 角変数 w を元の力学変数 q で表せ．

解説　本問の作用変数 J (93.1)は，**問題 86** で考えた「正準変換で不変な量」J_1 (86.1)の 1 自由度版 $J_1 = \iint_S dq dp$ を積分面 S として位相空間軌跡である楕円の内部

に取ったものでもある.

解 答

1. $a \equiv \sqrt{2\alpha/k}$ として (93.2)を (93.1)に用いて,

$$J(\alpha) = \sqrt{mk}\Big(\underbrace{\int_{-a}^{a} dq\sqrt{a^2-q^2}}_{\text{楕円の上半分 }(p\geq 0)} + \underbrace{\int_{a}^{-a} dq\big(-\sqrt{a^2-q^2}\big)}_{\text{楕円の下半分 }(p\leq 0)}\Big)$$

$$= 2\sqrt{mk}\int_{-a}^{a} dq\sqrt{a^2-q^2} \underset{\substack{\uparrow \\ q = a\sin\theta}}{=} 2\sqrt{mk}\,a^2 \underbrace{\int_{-\pi/2}^{\pi/2} d\theta\,\cos^2\theta}_{=\pi/2} = \frac{2\pi\alpha}{\sqrt{k/m}}$$

2. Δw を「系の 1 周期の運動の間の w の変化分」として

$$\Delta w = \oint \frac{\partial w}{\partial q} dq \underset{\substack{\uparrow \\ (93.3)}}{=} \oint \frac{\partial W(q,\alpha(J))}{\partial q \partial J} dq = \frac{\partial}{\partial J} \underbrace{\oint \frac{\partial W(q,\alpha(J))}{\partial q} dq}_{=J} = 1 \quad (93.4)$$

3. 角変数 w は特性関数 $W(q,\alpha(J))$ を母関数とした正準変換において新運動量 J に対応した新座標であることと, 新正準変数 (w, J) のハミルトニアンが $K(w,J) = \alpha(J)$ であること (**問題 91** 設問 1 参照) より, w に対するハミルトンの運動方程式は

$$\dot{w} = \frac{\partial K(w,J)}{\partial J} = \frac{\partial \alpha(J)}{\partial J} = \text{一定} \quad (93.5)$$

これより

$$w(t) = \frac{\partial \alpha(J)}{\partial J} t + (\text{定数}) \quad \Rightarrow \quad \nu = \frac{\partial \alpha(J)}{\partial J} \quad (93.6)$$

また, 設問 1 の結果より

$$J(\alpha) = \frac{2\pi\alpha}{\sqrt{k/m}} \ \Rightarrow\ \alpha(J) = \frac{1}{2\pi}\sqrt{\frac{k}{m}}\,J \ \Rightarrow\ \nu = \frac{\partial \alpha(J)}{\partial J} = \frac{1}{2\pi}\sqrt{\frac{k}{m}}$$

この ν は確かに今の調和振動子の振動数である.

なお, J に対するハミルトンの運動方程式は

$$\dot{J} = -\frac{\partial K(w,J)}{\partial w} = -\frac{\partial \alpha(J)}{\partial w} = 0 \quad \Rightarrow \quad J = \text{一定}$$

4. 角変数の定義式 (93.3)に対して偏微分のチェインルールを用いて

$$w = \frac{\partial W(q,\alpha(J))}{\partial J} = \frac{\partial W(q,\alpha)}{\partial \alpha}\frac{\partial \alpha(J)}{\partial J} = \sqrt{\frac{m}{k}} \arcsin\left(\sqrt{\frac{k}{2\alpha}}\,q\right) \frac{1}{2\pi}\sqrt{\frac{k}{m}}$$

$$= \frac{1}{2\pi} \arcsin\left(\sqrt{\frac{k}{2\alpha}}\,q\right)$$

を得る. $\partial W(q,\alpha)/\partial\alpha$ については (90.1) の第 2 等号以下の結果を用いた.

問題 94　単振り子系の作用変数と角変数　標準

問題 10 の「たわまない棒でつるされた質点」からなる単振り子の系において角度 $\theta(t)$ を力学変数に取る．

1. エネルギー α の関数としての作用変数 $J(\alpha)$ を θ 積分の形で与えよ．なお，単振り子の運動が往復運動と回転運動の両方の場合を考えよ．
2. **問題 93** の設問 3 で得た振動数 ν と $\alpha(J)$ の関係 (93.6)は任意の 1 自由度周期運動系に対して成り立つ．これを用いて今の単振り子の周期を θ 積分で与えよ．
3. 単振り子が往復運動をする場合の周期が**問題 38** において得た結果 (38.7)と一致することを確認せよ．

解 説　単振り子の位相空間軌跡は**問題 68** において扱った．振り子の運動はエネルギーの大きさに応じて，往復運動か回転運動か (あるいはそれらの境界運動) の場合があり，作用変数の「1 周期」の θ 積分領域がそれに依存することに注意．

解 答

1. 単振り子のハミルトニアン (68.1)より，簡略化されたハミルトン・ヤコビ方程式 (89.5)は今の場合

$$\frac{1}{2m\ell^2}\left(\frac{\partial W(\theta,\alpha)}{\partial\theta}\right)^2 + mg\ell\,(1-\cos\theta) = \alpha$$

これより

$$p_\theta = \frac{\partial W(\theta,\alpha)}{\partial\theta} = \pm\sqrt{2m}\,\ell\, f(\theta,\alpha) \qquad \left(f(\theta,\alpha) \equiv \sqrt{\alpha - 2mg\ell\sin^2\frac{\theta}{2}}\right) \tag{94.1}$$

作用変数 $J = \oint p_\theta\, d\theta$ の 1 周期分の積分はエネルギー $E = \alpha$ の値に依存して以下の通りである:

(A) $\dfrac{\alpha}{2mg\ell} < 1$ の場合: 振り子は往復運動を行い，その位相空間軌跡は**問題 68** の [解答] の図の $\mathbf{A}$ となる．$J(\alpha)$ はこの位相空間軌跡 $\mathbf{A}$ で囲まれた領域の面積であり，上半分 ($p_\theta > 0$) の面積の 2 倍として次式で与えられる:

$$J(\alpha) = 2\times\sqrt{2m}\,\ell\int_{-\theta_{\max}(\alpha)}^{\theta_{\max}(\alpha)} d\theta\, f(\theta,\alpha) \tag{94.2}$$

ここに，$\theta_{\max}(\alpha)$ はエネルギー α で決まる振り子の最大振れ角である:

$$f(\theta_{\max}(\alpha),\alpha) = 0 \quad (0 \le \theta_{\max} < \pi) \tag{94.3}$$

(B) $\dfrac{\alpha}{2mg\ell} > 1$ の場合: 振り子は回転運動を行い，その位相空間軌跡は回転が反時計回り ($p_\theta > 0$) か時計回り ($p_\theta < 0$) に対応して**問題 68** の [解答] の図

の $\mathbf{B}_+$ か $\mathbf{B}_-$ になる．このことと，θ が角度変数であって「2π の整数倍だけ異なる θ は同一視する」ことから 1 周期分の θ 積分範囲は任意の幅 2π の区間 (ここでは $[-\pi, \pi]$ に取る) であり，その向きは，$\mathbf{B}_+$ は θ の正の方向 $\displaystyle\int_{-\pi}^{\pi} d\theta$，$\mathbf{B}_-$ は θ の負の方向 $\displaystyle\int_{\pi}^{-\pi} d\theta$ である．この積分の向きの違いからの符号と p_θ (94.1)の $\pm$ が相殺し，いずれの場合も作用変数は次の積分で与えられる ($\mathbf{B}_\pm$ と θ 軸の幅 2π の区間で囲まれた部分の面積):

$$J(\alpha) = \sqrt{2m}\,\ell \int_{-\pi}^{\pi} d\theta\, f(\theta, \alpha) \tag{94.4}$$

(C) $\dfrac{\alpha}{2mg\ell} = 1$ の場合: 位相空間軌跡は**問題 68** の [解答] の図の $\mathbf{C}_+$ か $\mathbf{C}_-$ $(-\pi < \theta < \pi)$ であり，上記 (B) の場合の $\dfrac{\alpha}{2mg\ell} \to 1$ 極限である ((94.5)より，$\theta = \mp\pi$ から $\theta = \pm\pi$ までの運動に無限の時間を要することがわかる)．

2. $\dfrac{\alpha}{2mg\ell} \lesseqgtr 1$ の 3 つの場合をまとめて表すために

$$\oint = \begin{cases} 2 \times \displaystyle\int_{-\theta_{\max}(\alpha)}^{\theta_{\max}(\alpha)} & \left(\dfrac{\alpha}{2mg\ell} < 1\right) \\ \displaystyle\int_{-\pi}^{\pi} & \left(\dfrac{\alpha}{2mg\ell} \geq 1\right) \end{cases}$$

とすると，一般公式 (93.6)および (94.2)と (94.4)の $J(\alpha)$ より周期 T は

$$T = \frac{1}{\nu} = \left(\frac{\partial\alpha(J)}{\partial J}\right)^{-1} = \frac{\partial J(\alpha)}{\partial\alpha} = \sqrt{\frac{m}{2}}\,\ell \oint \frac{d\theta}{f(\theta, \alpha)} \tag{94.5}$$

なお，(94.2)の場合は $\partial J(\alpha)/\partial\alpha$ に積分端点 $\pm\theta_{\max}(\alpha)$ の微分からの寄与

$$2 \times \sqrt{2m}\ell\big(f(\theta_{\max}(\alpha), \alpha) + f(-\theta_{\max}(\alpha), \alpha)\big)\frac{\partial\theta_{\max}(\alpha)}{\partial\alpha} = 0$$

が加わるが，これは (94.3)のために消える．

3. 振り子が往復運動をする $\dfrac{\alpha}{2mg\ell} < 1$ の場合，(94.5)式は

$$T = \sqrt{2m}\,\ell \int_{-\theta_{\max}}^{\theta_{\max}} \frac{d\theta}{f(\theta, \alpha)} = 2\sqrt{\frac{\ell}{g}} \int_0^{\theta_{\max}} \frac{d\theta}{\sqrt{k^2 - \sin^2(\theta/2)}} \qquad \left(k \equiv \sqrt{\frac{\alpha}{2mg\ell}}\right)$$

そこで，(38.1)に従い，積分変数を θ から $\sin\dfrac{\theta}{2} = k\sin\phi$ で定まる ϕ に変更すると，積分範囲が $0 \leq \phi \leq \pi/2$ であることと $d\theta = 2k\cos\phi\, d\phi/\sqrt{1 - k^2\sin^2\phi}$，および，$\sqrt{k^2 - \sin^2(\theta/2)} = k\cos\phi$ を用いて

$$T = 4\sqrt{\frac{\ell}{g}} \int_0^{\pi/2} \frac{d\phi}{\sqrt{1 - k^2\sin^2\phi}}$$

を得る．これは**問題 38** の (38.7)式と一致する．

問題 95 1/r ポテンシャル下の質点系の作用変数と角変数 (その 1) 発展

問題 93 と**問題 94** では，周期運動をする 1 自由度系における作用変数と角変数を扱った．これは，$q=(q_1,\cdots,q_N)$ を力学変数とし，ハミルトンの特性関数 $W(q,\alpha)$ が完全に変数分離して各 q_i の特性関数 $W_i(q_i,\alpha)$ の和

$$W(q,\alpha)=\sum_{i=1}^{N}W_i(q_i,\alpha)\qquad \bigl(\alpha=(\alpha_1,\cdots,\alpha_N)\bigr) \tag{95.1}$$

と表され，各 q_i が周期運動をする多自由度系に次のように一般化される．まず，各 q_i に対応した作用変数 $J_i(\alpha)$ を

$$J_i(\alpha)=\oint_{C_i}p_i dq_i=\oint_{C_i}\frac{\partial W_i(q_i,\alpha)}{\partial q_i}dq_i\quad (i=1,\cdots,N) \tag{95.2}$$

で定義する．ここに，$\oint_{C_i}$ は変数 q_i の 1 周期分の積分である．次に，N 個の (95.2) 式を α について逆解きして $\alpha_i=\alpha_i(J)=\alpha(J_1,\cdots,J_N)$ と表し，角変数 w_i を特性関数 $W(q,\alpha)$ (95.1) 全体を用いて

$$w_i=\frac{\partial W(q,\alpha(J))}{\partial J_i}\quad (i=1,\cdots,N) \tag{95.3}$$

で与える．

1. **問題 93** の設問 2 と設問 3 の結果が今の多自由度系においてどのように一般化されるかを説明せよ．具体的には，「q_j を 1 周期分変化させる (他の q_k $(k\neq j)$ は変えない) 間の q の関数 w_i の変化分」$\Delta_j w_i$ を求め，w_i に対するハミルトンの運動方程式の解から各 q_i の周期運動の振動数の表式 ((93.6)の一般化) を与えよ．

問題 92 において，ハミルトンの特性関数の手法を用いて中心力ポテンシャル $U(r)$ 下で平面上を運動する質点の系を扱った．この系の力学変数として 2 次元極座標 (r,ϕ) を取ると，特性関数はこれら 2 変数について変数分離型 (95.1)となった ((92.3)あるいは (92.5)参照)．以下では，特に $U(r)$ を万有引力型 $U(r)=-k/r$ $(k>0)$ にとった場合を考える．

2. ϕ に対応した作用変数 $J_\phi(\alpha)$ を求めよ．

解 説 多自由度系においても，ハミルトンの特性関数が完全に変数分離する場合は，作用変数と角変数を定義することができる．

解 答

1. まず，$\Delta_j w_i$ について，**問題 93** の (93.4)式は次のように一般化される:

$$\Delta_j w_i = \oint_{C_j} \frac{\partial w_i}{\partial q_j} dq_j = \oint_{C_j} \frac{\partial W(q, \alpha(J))}{\partial q_j \partial J_i} dq_j = \frac{\partial}{\partial J_i} \oint_{C_j} \frac{\partial W(q, \alpha(J))}{\partial q_j} dq_j$$
$$= \frac{\partial}{\partial J_i} \oint_{C_j} \frac{\partial W_j(q_j, \alpha(J))}{\partial q_j} dq_j = \frac{\partial}{\partial J_i} J_j = \delta_{ij} \tag{95.4}$$

次に，特性関数 $W(q, \alpha(J))$ を母関数とした正準変換による新正準変数 (w, J) のハミルトニアンが $\alpha_1(J)$ であることを用いた w_i のハミルトンの運動方程式より

$$\dot{w}_i = \frac{\partial \alpha_1(J)}{\partial J_i} = 一定 \;\Rightarrow\; w_i(t) = \nu_i t + (定数)$$

ここに ν_i は

$$\nu_i = \frac{\partial \alpha_1(J)}{\partial J_i} \underset{\substack{\uparrow \\ (95.4)より}}{=} (q_i \text{ の周期運動の振動数}) \tag{95.5}$$

2. **問題 92** の (92.5) より，問題の系において特性関数は次のように変数分離型で与えられる:

$$W(r, \phi, \alpha_1, \alpha_\phi) = W_r(r, \alpha_1, \alpha_\phi) + W_\phi(\phi, \alpha_\phi)$$

ここに，W_r と W_ϕ は

$$W_r(r, \alpha_1, \alpha_\phi) = \int dr \sqrt{2m\alpha_1 + \frac{2mk}{r} - \frac{\alpha_\phi^2}{r^2}}, \qquad W_\phi(\phi, \alpha_\phi) = \alpha_\phi \phi$$

であり，特に W_r は (92.4)において $U(r) = -k/r$ としたものである．
作用変数 J_ϕ は (95.2)より $J_\phi = \oint_{C_\phi} p_\phi \, d\phi$ で与えられる．ここに，p_ϕ は

$$p_\phi = \frac{\partial W(r, \phi, \alpha_1, \alpha_\phi)}{\partial \phi} = \frac{\partial W_\phi(\phi, \alpha_\phi)}{\partial \phi} = \alpha_\phi$$

今の「ϕ の 1 周期分の積分 $\oint_{C_\phi}$」は，ϕ が角度変数であり「2π の整数倍だけ異なる ϕ は同一視する」ことから幅 2π の任意の区間であり，積分方向は $p_\phi = \alpha_\phi$ の正/負に応じて ϕ の正方向/負方向であって

$$J_\phi = \oint_{C_\phi} p_\phi \, d\phi = \pm \int_0^{2\pi} \alpha_\phi \, d\phi = 2\pi \, |\alpha_\phi| \quad (\pm \text{ は } \alpha_\phi \text{ の正/負に対応}) \tag{95.6}$$

この J_ϕ は部分位相空間 (ϕ, p_ϕ) 上の位相空間軌跡 $p_\phi = \alpha_\phi$ と ϕ 軸とで囲まれた領域の $0 \leq \phi \leq 2\pi$ の部分 (右図の網掛け部分) の面積である．なお，右図は $\alpha_\phi > 0$ の場合であり，$\alpha_\phi < 0$ の時は位相空間軌跡は左向きである．また，この位相空間は点 $(\phi + 2n\pi, p_\phi)$ $(n = 0, \pm 1, \pm 2, \cdots)$ がすべて同一視されており，**問題 68** の [解説] の図と同じ円筒表面である．

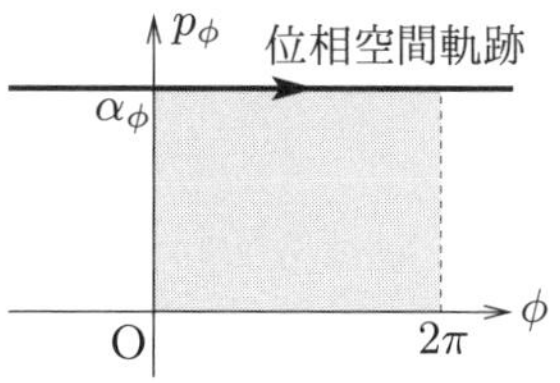

問題 96　$1/r$ ポテンシャル下の質点系の作用変数と角変数 (その 2)　**発展**

問題 95 の $1/r$ ポテンシャル下の質点系を引き続き考える．

3. 力学変数 r に対応した作用変数 $J_r(\alpha)$ を求めよ．ただし，系のエネルギー α_1 が負の場合 $(\alpha_1 < 0)$，すなわち，軌道が閉じた楕円の場合を考える．
4. **問題 95** の設問 1 の一般論と前設問 3 の結果を用いて r と ϕ の周期運動の周期をエネルギー α_1 の関数として与えよ．

解説　1 自由度系の**問題 93** と**問題 94** の場合と同様に計算をすればよい．

解答

3. 作用変数 J_r は (95.2)より $J_r = \oint_{C_r} p_r\, dr$ であり，p_r は

$$p_r = \frac{\partial W_r(r, \alpha_1, \alpha_\phi)}{\partial r} = \sqrt{2m\alpha_1 + \frac{2mk}{r} - \frac{\alpha_\phi^2}{r^2}}$$
$$= \frac{\sqrt{2m(-\alpha_1)}}{r}\sqrt{(r_+ - r)(r - r_-)} \qquad (96.1)$$

ここに，$r_\pm$ は $p_r = 0$ となる r の値，すなわち，2 次方程式

$$r^2 - \frac{k}{(-\alpha_1)}r + \frac{\alpha_\phi^2}{2m(-\alpha_1)} = 0$$

の解 (共に正) であり，$0 < r_- < r_+$ とする．具体的には

$$r_\pm = \frac{k}{2(-\alpha_1)} \pm \sqrt{\left(\frac{k}{2(-\alpha_1)}\right)^2 - \frac{\alpha_\phi^2}{2m(-\alpha_1)}}\ (>0)$$

$r_\pm$ が実であるために，α_1 は次の範囲であるとする:

$$-\frac{m}{2}\left(\frac{k}{\alpha_\phi}\right)^2 < \alpha_1 < 0$$

部分位相空間 (r, p_r) 上の (96.1)で指定される位相空間軌跡は右図の閉曲線で与えられ，(96.1) の平方根 $\sqrt{(r_+ - r)(r - r_-)}$ は位相空間軌跡の上半分 $(p_r > 0)$/下半分 $(p_r < 0)$ では正/負の値を取る．

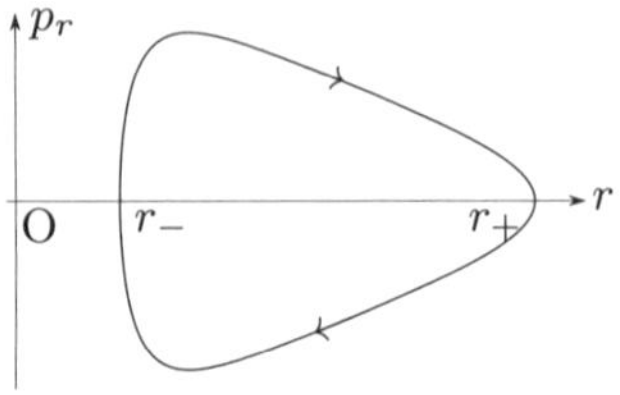

作用変数 J_r はこの位相空間軌跡で囲まれた領域の面積であり，この領域の上半

分の面積の 2 倍として計算することで

$$J_r = \oint_{C_r} p_r\,dr = 2 \times \sqrt{2m(-\alpha_1)}\,\underbrace{\int_{r_-}^{r_+} \frac{dr}{r}\sqrt{(r_+ - r)(r - r_-)}}_{=\frac{\pi}{2}\left(\sqrt{r_+} - \sqrt{r_-}\right)^2}$$

$$= \pi\sqrt{2m(-\alpha_1)}\,(r_+ + r_- - 2\sqrt{r_+ r_-}) = \pi k\sqrt{\frac{2m}{-\alpha_1}} - 2\pi\,|\alpha_\phi| \tag{96.2}$$

を得る (r 積分については下の補足を参照のこと)．ここに次式を用いた:

$$r_+ + r_- = \frac{k}{-\alpha_1}, \qquad r_+ r_- = \frac{\alpha_\phi^2}{2m(-\alpha_1)}$$

4.　(95.6)と (96.2)より α_1 を作用変数 (J_r, J_ϕ) で表すと

$$\alpha_1(J_r, J_\phi) = -2m\left(\frac{\pi k}{J_r + J_\phi}\right)^2 \tag{96.3}$$

公式 (95.5)より，r と ϕ の周期運動の振動数 ν_r と ν_ϕ は

$$\nu_r = \frac{\partial\alpha_1(J_r, J_\phi)}{\partial J_r} = \frac{4m(\pi k)^2}{(J_r + J_\phi)^3}, \quad \nu_\phi = \frac{\partial\alpha_1(J_r, J_\phi)}{\partial J_\phi} = \frac{\partial\alpha_1(J_r, J_\phi)}{\partial J_r} = \nu_r$$

$\nu_\phi = \nu_r$ は $\alpha_1(J_r, J_\phi)$ が $J_r + J_\phi$ の関数であるため．r と ϕ に共通の周期 T は

$$T = \frac{1}{\nu_r} = \frac{(J_r + J_\phi)^3}{4m(\pi k)^2} = \pi k\sqrt{\frac{m}{2(-\alpha_1)^3}}$$

ここに，(95.6) + (96.2) (あるいは (96.3)) からの次式を用いた:

$$J_r + J_\phi = \pi k\sqrt{\frac{2m}{-\alpha_1}}$$

補足

(96.2)の r 積分は，例えば以下のような変数変換を繰り返し行うことで実行できる:

$$\int_{r_-}^{r_+} \frac{dr}{r}\sqrt{(r_+ - r)(r - r_-)} \underset{\substack{\uparrow \\ \boxed{r = r_- + (r_+ - r_-)u}}}{=} (r_+ - r_-)\int_0^1 du\,\frac{\sqrt{u(1-u)}}{u+a} \qquad \left(a \equiv \frac{r_-}{r_+ - r_-} > 0\right)$$

$$\underset{\substack{\uparrow \\ \boxed{u = y^2/(1+y^2)}}}{=} 2(r_+ - r_-)\int_0^\infty dy\left[\underbrace{\frac{a}{y^2+1} + \frac{1}{(y^2+1)^2}}_{y = \tan\theta} - \underbrace{\frac{a}{y^2+b}}_{y = \sqrt{b}\tan\theta}\right] \qquad \left(b \equiv \frac{a}{1+a}\right)$$

$$= 2(r_+ - r_-)\int_0^{\pi/2} d\theta\left(a + \cos^2\theta - \frac{a}{\sqrt{b}}\right) = (r_+ - r_-)\pi\left(a + \frac{1}{2} - \sqrt{a(1+a)}\right)$$

$$= \frac{\pi}{2}\left(r_+ + r_- - 2\sqrt{r_+ r_-}\right)$$

なお，留数積分の手法を用いればもっと簡単に求めることもできる．

Tea Time ……………… ハミルトン・ヤコビ理論と量子力学

「量子力学」については第 6 章の **Tea Time** 欄でも触れたが，実はハミルトン・ヤコビ方程式 (88.1)は量子力学へとつながる方程式でもある．ポテンシャル・エネルギー $U(\boldsymbol{x})$ の下での 1 質点系を考えよう．そのハミルトニアンは $H(\boldsymbol{x},\boldsymbol{p})=\dfrac{1}{2m}\boldsymbol{p}^2+U(\boldsymbol{x})$ であり，主関数 $S(\boldsymbol{x},t)$ に対するハミルトン・ヤコビ方程式 (88.1)は次式となる:

$$H(\boldsymbol{x},\boldsymbol{p}=\boldsymbol{\nabla}S)+\frac{\partial S}{\partial t}=0 \quad\Rightarrow\quad \frac{1}{2m}(\boldsymbol{\nabla}S)^2+U(\boldsymbol{x})+\frac{\partial S}{\partial t}=0 \tag{I}$$

他方，(量子力学を知らない読者には唐突ではあるが) 同じ 1 質点系の量子力学は，波動関数と呼ばれる $\psi(\boldsymbol{x},t)$(一般に複素数値) に対する次の偏微分方程式 (シュレーディンガー方程式と呼ばれる) で記述される:

$$i\hbar\frac{\partial\psi(\boldsymbol{x},t)}{\partial t}=-\frac{\hbar^2}{2m}\boldsymbol{\nabla}^2\psi(\boldsymbol{x},t)+U(\boldsymbol{x})\psi(\boldsymbol{x},t) \tag{II}$$

この右辺はハミルトニアン $H(\boldsymbol{x},\boldsymbol{p})$ の運動量 $\boldsymbol{p}$ を $-i\hbar\boldsymbol{\nabla}$ で置き換えたものを波動関数に作用させた $H(\boldsymbol{x},\boldsymbol{p}=-i\hbar\boldsymbol{\nabla})\psi(\boldsymbol{x},t)$ である．また，波動関数には，領域 V での積分 $\displaystyle\int_V d^3x\,|\psi(\boldsymbol{x},t)|^2$ が「時刻 t に粒子が V 内に存在する確率」を与える，等の意味がある．なお，換算プランク定数 $\hbar$ については第 6 章の **Tea Time** 欄を参照のこと．

そこで，波動関数を複素関数 $\mathcal{S}(\boldsymbol{x},t)$ により $\psi(\boldsymbol{x},t)=\exp\left(\dfrac{i}{\hbar}\mathcal{S}(\boldsymbol{x},t)\right)$ と表し (これは常に可能)，シュレーディンガー方程式 (II) に代入すると

$$\frac{1}{2m}(\boldsymbol{\nabla}\mathcal{S})^2+U(\boldsymbol{x})-\frac{i\hbar}{2m}\boldsymbol{\nabla}^2\mathcal{S}+\frac{\partial\mathcal{S}}{\partial t}=0 \tag{III}$$

を得る．$\boldsymbol{\nabla}\psi=(i/\hbar)(\boldsymbol{\nabla}\mathcal{S})\psi$，$\boldsymbol{\nabla}^2\psi=[(i/\hbar)(\boldsymbol{\nabla}^2\mathcal{S})+(i/\hbar)^2(\boldsymbol{\nabla}\mathcal{S})^2]\,\psi$ に注意．このシュレーディンガー方程式と等価な (III) 式とハミルトン・ヤコビ方程式 (I) を見比べると，(III) 式において $\hbar\to 0$ とするとその左辺第 3 項が落ち，ハミルトン・ヤコビ方程式 (I) に一致する，すなわち，「$\hbar\to 0$ の極限で量子力学は古典力学に帰着する」ことがわかる．

また，$U(\boldsymbol{x})=0$ の自由粒子の場合は，(I) 式の解と (III) 式の解は定数ベクトル $\boldsymbol{\alpha}$ をもちいて共に

$$S(\boldsymbol{x},t)=\mathcal{S}(\boldsymbol{x},t)=\boldsymbol{\alpha}\cdot\boldsymbol{x}-\frac{\boldsymbol{\alpha}^2}{2m}t$$

で与えられる ((III) 式の左辺第 3 項はゼロとなる)．ハミルトン・ヤコビ理論では，(88.5)より $\beta_i=\partial S/\partial\alpha_i=x_i-(\alpha_i/m)t \Rightarrow \boldsymbol{x}(t)=(\boldsymbol{\alpha}/m)t+\boldsymbol{\beta}$，(88.7)より $\boldsymbol{p}(t)=\boldsymbol{\nabla}S=\boldsymbol{\alpha}$，すなわち，一定運動量 $\boldsymbol{\alpha}$ の等速直線運動を得る．他方，量子力学の波動関数は $\psi(\boldsymbol{x},t)\propto\exp\left(\dfrac{i}{\hbar}\boldsymbol{\alpha}\cdot\boldsymbol{x}\right)$ であり，波数ベクトル $\dfrac{\boldsymbol{\alpha}}{2\pi\hbar}$ の波を表している．ここに量子力学における「粒子の波動性」が現れている．

Chapter 9

剛体系の解析力学

剛体は「拡がりを持った硬い変形しない物体」であるが，解析力学では「互いの距離が固定された複数 (あるいは，無数) の質点の集まり」として導入する．この剛体の運動は，その中の固定された一点 (例えば，重心) の空間並進運動 (3 自由度) とその点周りの空間回転運動 (3 自由度) の合わせて 6 自由度からなる．特に，後者の空間回転運動は 3 次元回転行列を力学変数とするものであり，その解析力学はこれまでの質点系と比べて数学的に複雑なものとなる．この章では，剛体系の解析力学を，回転行列による一般的記述法の基礎問題から始めて，オイラー角を用いた対称こまの運動に至る，さまざまな問題を取り上げて学んでいく．

問題 97　一般の回転座標系での質点の運動 (その 1)　基礎

慣性系における位置ベクトルを $\boldsymbol{x} = \begin{pmatrix} x_1 \\ x_2 \\ x_3 \end{pmatrix}$ として，ラグランジアンが

$$L = \frac{1}{2} m \dot{\boldsymbol{x}}^2 - U(\boldsymbol{x}) \tag{97.1}$$

で与えられる 1 質点系の運動が，慣性系に対して原点周りに回転する座標系 (**回転座標系**) でどのように表されるかを一般的に考える．

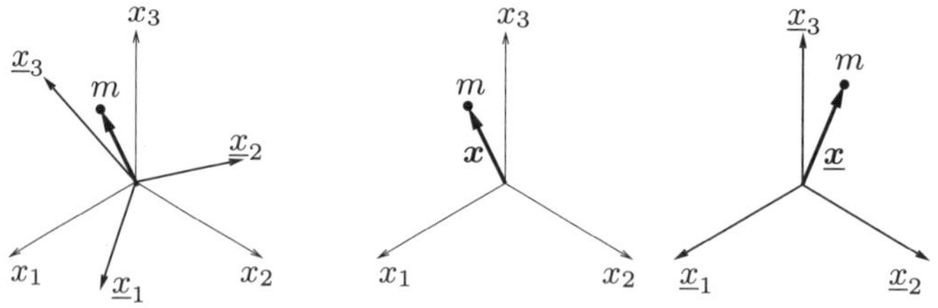

この回転座標系で見た質点の位置ベクトルを $\underline{\boldsymbol{x}} = \begin{pmatrix} \underline{x}_1 \\ \underline{x}_2 \\ \underline{x}_3 \end{pmatrix}$ とすると，時刻 t において 2 つの位置ベクトル $\boldsymbol{x}(t)$ と $\underline{\boldsymbol{x}}(t)$ の間には次の関係がある:

$$\boldsymbol{x}(t) = R(t)\underline{\boldsymbol{x}}(t) \tag{97.2}$$

ここに，$R(t)$ は $R^{\mathrm{T}}R = RR^{\mathrm{T}} = \mathbb{I}_3$ を満たす回転行列 (3×3 直交行列) である．

1.　一般に

$$\boldsymbol{A}(t) = R(t)\underline{\boldsymbol{A}}(t) \tag{97.3}$$

　の関係にある 2 つのベクトル $\boldsymbol{A}$ と $\underline{\boldsymbol{A}}$(= 慣性系におけるベクトル $\boldsymbol{A}$ を回転座標系でみたもの) の時間微分に関する次の関係式を示せ:

$$\dot{\boldsymbol{A}} = R\dot{\underline{\boldsymbol{A}}} + \boldsymbol{\omega} \times \boldsymbol{A} = R\big(\dot{\underline{\boldsymbol{A}}} + \underline{\boldsymbol{\omega}} \times \underline{\boldsymbol{A}}\big) \tag{97.4}$$

　ここに，ベクトル $\boldsymbol{\omega}$ と $\underline{\boldsymbol{\omega}}$ は

$$\omega_i = -\frac{1}{2}\epsilon_{ijk}(\dot{R}R^{\mathrm{T}})_{jk}, \qquad \underline{\omega}_i = -\frac{1}{2}\epsilon_{ijk}(R^{\mathrm{T}}\dot{R})_{jk} \tag{97.5}$$

　で定義される．

2.　$\boldsymbol{\omega}$ と $\underline{\boldsymbol{\omega}}$ の間の関係式

$$\boldsymbol{\omega} = R\underline{\boldsymbol{\omega}} \tag{97.6}$$

　を示せ．

解 説　z 軸回りの一定角速度回転の場合は**問題 15** (および**問題 80**) で扱ったが，この問題および次の**問題 98** では一般的な回転を考える．

解答

1. まず，$R^{\mathrm{T}}\dot{R}$ は反対称行列，$(R^{\mathrm{T}}\dot{R})_{ij} = -(R^{\mathrm{T}}\dot{R})_{ji}$，である．実際，

$$(R^{\mathrm{T}}\dot{R})^{\mathrm{T}} = \dot{R}^{\mathrm{T}}(R^{\mathrm{T}})^{\mathrm{T}} = \dot{R}^{\mathrm{T}}R = -R^{\mathrm{T}}\dot{R}$$

ここに，一般に 2 つの行列 $M_{1,2}$ に対して $(M_1M_2)^{\mathrm{T}} = M_2^{\mathrm{T}}M_1^{\mathrm{T}}$ であること，転置を 2 回行うと元に戻ること $(R^{\mathrm{T}})^{\mathrm{T}} = R$，および，$R^{\mathrm{T}}R = \mathbb{I}_3$ を時間微分して得られる $\dot{R}^{\mathrm{T}}R + R^{\mathrm{T}}\dot{R} = 0$ を用いた．この反対称性を用いて

$$\epsilon_{ijk}\underline{\omega}_k = -\frac{1}{2}\underbrace{\epsilon_{ijk}\epsilon_{k\ell m}}_{\delta_{i\ell}\delta_{jm}-\delta_{im}\delta_{j\ell}\ \leftarrow\ (31.4)}(R^T\dot{R})_{\ell m} = -\frac{1}{2}\Big((R^T\dot{R})_{ij} - (R^T\dot{R})_{ji}\Big) = -(R^T\dot{R})_{ij}$$

を得る．$\boldsymbol{\omega}$ についても $\dot{R}R^{\mathrm{T}}$ が反対称行列であることを用いて，結局，次の 2 式が得られる:

$$(R^{\mathrm{T}}\dot{R})_{ij} = \epsilon_{ikj}\underline{\omega}_k, \qquad (\dot{R}R^{\mathrm{T}})_{ij} = \epsilon_{ikj}\omega_k \tag{97.7}$$

以上の準備の後，(97.3)の両辺を時間微分して

$$\dot{\boldsymbol{A}} = R\dot{\underline{\boldsymbol{A}}} + \dot{R}\underline{\boldsymbol{A}} = R\big(\dot{\underline{\boldsymbol{A}}} + R^{\mathrm{T}}\dot{R}\underline{\boldsymbol{A}}\big)$$

であり，(97.7)とベクトル積の定義 (31.7)からの

$$(R^{\mathrm{T}}\dot{R}\underline{\boldsymbol{A}})_i = (R^{\mathrm{T}}\dot{R})_{ij}\underline{A}_j = \epsilon_{ikj}\underline{\omega}_k\underline{A}_j = (\underline{\boldsymbol{\omega}}\times\underline{\boldsymbol{A}})_i \tag{97.8}$$

を用いて

$$\dot{\boldsymbol{A}} = R\big(\dot{\underline{\boldsymbol{A}}} + \underline{\boldsymbol{\omega}}\times\underline{\boldsymbol{A}}\big)$$

を得る．他方，$\dot{R}\underline{\boldsymbol{A}}$ 項を $\boldsymbol{A}$ で表すと，(97.8)と同様の計算で次式を得る:

$$\dot{\boldsymbol{A}} = R\dot{\underline{\boldsymbol{A}}} + \dot{R}\underline{\boldsymbol{A}} \underset{\substack{\uparrow\\ \underline{\boldsymbol{A}} = R^{\mathrm{T}}\boldsymbol{A}}}{=} R\dot{\underline{\boldsymbol{A}}} + \dot{R}R^{\mathrm{T}}\boldsymbol{A} \underset{\substack{\uparrow\\ (97.7)}}{=} R\dot{\underline{\boldsymbol{A}}} + \boldsymbol{\omega}\times\boldsymbol{A}$$

2. $\boldsymbol{\omega}$ と $\underline{\boldsymbol{\omega}}$ の定義 (97.5) を用いて

$$(R\underline{\boldsymbol{\omega}})_i = R_{ij}\underline{\omega}_j \underset{\substack{\uparrow\\ (97.5)}}{=} -\frac{1}{2}\epsilon_{jk\ell}R_{ij}(R^{\mathrm{T}}\dot{R})_{k\ell} = -\frac{1}{2}\epsilon_{jk\ell}R_{ij}\underbrace{(R^{\mathrm{T}}\dot{R}\overbrace{R^{\mathrm{T}}R}^{\mathbb{I}_3})_{k\ell}}_{R_{mk}(\dot{R}R^{\mathrm{T}})_{mn}R_{n\ell}}$$

$$= -\frac{1}{2}\underbrace{\epsilon_{jk\ell}R_{ij}R_{mk}R_{n\ell}}_{\epsilon_{imn}\det R}(\dot{R}R^{\mathrm{T}})_{mn} = -\frac{1}{2}\epsilon_{imn}(\dot{R}R^{\mathrm{T}})_{mn} = \omega_i$$

を得る．ここに，一般の 3×3 行列 M に対する行列式 $\det M$ の定義式

$$\epsilon_{j_1j_2j_3}M_{i_1j_1}M_{i_2j_2}M_{i_3j_3} = \epsilon_{i_1i_2i_3}\det M \tag{97.9}$$

および，今の回転行列 R に対して $\det R = 1$ を用いた．なお，$\det R = 1$ は

$$R^{\mathrm{T}}R = \mathbb{I}_3 \ \Rightarrow\ \underbrace{\det(R^{\mathrm{T}}R)}_{\det R^{\mathrm{T}}\det R = (\det R)^2} = \det\mathbb{I}_3 = 1 \ \Rightarrow\ \det R = \pm 1$$

および，今の R が $R = \mathbb{I}_3$ から連続的につながっていること (空間反転を含まないこと) より導かれる．

問題 98　一般の回転座標系での質点の運動 (その 2)　基礎

問題 97 からの続きの設問である．

(97.4)より $\boldsymbol{x}(t)$ と $\underline{\boldsymbol{x}}(t)$ に対しても次の関係式が成り立つ:

$$\dot{\boldsymbol{x}} = R\dot{\underline{\boldsymbol{x}}} + \boldsymbol{\omega}\times\boldsymbol{x} = R\big(\dot{\underline{\boldsymbol{x}}} + \underline{\boldsymbol{\omega}}\times\underline{\boldsymbol{x}}\big) \tag{98.1}$$

回転座標系に固定された点 ($\dot{\underline{\boldsymbol{x}}} = 0$) に対しては (98.1)より $\dot{\boldsymbol{x}} = \boldsymbol{\omega}\times\boldsymbol{x}$ であることから分かるように，$\boldsymbol{\omega}(t)$ は慣性系から見た回転座標系の (時刻 t における) **角速度ベクトル**であり，$\underline{\boldsymbol{\omega}}(= R^{\mathrm{T}}\boldsymbol{\omega})$ はこの角速度ベクトルを回転座標系で見たものである．

3. この系のラグランジアン (97.1)を，力学変数として回転座標系での位置ベクトル $\underline{\boldsymbol{x}}(t)$ を取り，$\underline{\boldsymbol{\omega}}$ と R を用いて表せ ($\dot{R}$ は使わない)．さらに，$\underline{\boldsymbol{x}}(t)$ のオイラー・ラグランジュ方程式を求めよ．
4. 任意の回転行列 R と任意のベクトル $\boldsymbol{A}$ と $\boldsymbol{B}$ に対して成り立つ次式を示せ:

$$(R\boldsymbol{A})\times(R\boldsymbol{B}) = R(\boldsymbol{A}\times\boldsymbol{B}) \tag{98.2}$$

解説　設問 3 では，z 軸回りの定常回転座標系の場合に**問題 15** (および **問題 80**) で得た「遠心力」や「コリオリ力」を全く一般の回転座標系において再現する．角速度が一定でない場合に特有の力も現れる．設問 4 は有用な公式の導出問題である．**問題 97** からの全体の問題とは直接関係はないが，紙面の都合上ここに置く．

解答

3. (97.2)と (98.1)の最後の表式をラグランジアン (97.1)に代入して，$\underline{\boldsymbol{x}}(t)$ を力学変数としたラグランジアンは

$$L = \frac{1}{2}m\left(R\big(\dot{\underline{\boldsymbol{x}}} + \underline{\boldsymbol{\omega}}\times\underline{\boldsymbol{x}}\big)\right)^2 - U(R\underline{\boldsymbol{x}}) = \frac{1}{2}m\big(\dot{\underline{\boldsymbol{x}}} + \underline{\boldsymbol{\omega}}\times\underline{\boldsymbol{x}}\big)^2 - U(R\underline{\boldsymbol{x}})$$

ここに，一般の 3 成分縦ベクトル $\boldsymbol{A}$ に対して

$$(R\boldsymbol{A})^2 = (R\boldsymbol{A})^{\mathrm{T}}(R\boldsymbol{A}) = \boldsymbol{A}^{\mathrm{T}}\underbrace{R^{\mathrm{T}}R}_{=\mathbb{I}_3}\boldsymbol{A} = \boldsymbol{A}^{\mathrm{T}}\boldsymbol{A} = \boldsymbol{A}^2 \tag{98.3}$$

すなわち，回転でベクトルの長さが変わらないことを用いた．

次に，$\underline{\boldsymbol{x}}(t)$ のオイラー・ラグランジュ方程式

$$\frac{d}{dt}\frac{\partial L}{\partial\dot{\underline{\boldsymbol{x}}}} = \frac{\partial L}{\partial\underline{\boldsymbol{x}}} \tag{98.4}$$

の両辺を計算する．まず，

$$\frac{\partial L}{\partial\dot{\underline{\boldsymbol{x}}}} = m\big(\dot{\underline{\boldsymbol{x}}} + \underline{\boldsymbol{\omega}}\times\underline{\boldsymbol{x}}\big) \;\Rightarrow\; \frac{d}{dt}\frac{\partial L}{\partial\dot{\underline{\boldsymbol{x}}}} = m\left(\ddot{\underline{\boldsymbol{x}}} + \underline{\boldsymbol{\omega}}\times\dot{\underline{\boldsymbol{x}}} + \dot{\underline{\boldsymbol{\omega}}}\times\underline{\boldsymbol{x}}\right)$$

次に，(98.4)の右辺を求めるために次式に注意:

$$
\begin{aligned}
\left(\underline{\dot{\boldsymbol{x}}}+\underline{\boldsymbol{\omega}}\times\underline{\boldsymbol{x}}\right)^2 &= \underline{\dot{\boldsymbol{x}}}^2+2\underline{\dot{\boldsymbol{x}}}\cdot(\underline{\boldsymbol{\omega}}\times\underline{\boldsymbol{x}})+(\underline{\boldsymbol{\omega}}\times\underline{\boldsymbol{x}})^2\\
&= \underline{\dot{\boldsymbol{x}}}^2-2\underline{\boldsymbol{x}}\cdot(\underline{\boldsymbol{\omega}}\times\underline{\dot{\boldsymbol{x}}})+\underline{\boldsymbol{\omega}}^2\underline{\boldsymbol{x}}^2-(\underline{\boldsymbol{\omega}}\cdot\underline{\boldsymbol{x}})^2
\end{aligned}
$$

ここに，第 2 等号で公式 (31.9)，(31.8) と (31.12) を用いた．この表式を用いて

$$
\begin{aligned}
\frac{\partial}{\partial\underline{\boldsymbol{x}}}\frac{1}{2}\left(\underline{\dot{\boldsymbol{x}}}+\underline{\boldsymbol{\omega}}\times\underline{\boldsymbol{x}}\right)^2 &= -\underline{\boldsymbol{\omega}}\times\underline{\dot{\boldsymbol{x}}}+\underline{\boldsymbol{\omega}}^2\underline{\boldsymbol{x}}-(\underline{\boldsymbol{\omega}}\cdot\underline{\boldsymbol{x}})\underline{\boldsymbol{\omega}}\\
&= -\underline{\boldsymbol{\omega}}\times\underline{\dot{\boldsymbol{x}}}-\underline{\boldsymbol{\omega}}\times(\underline{\boldsymbol{\omega}}\times\underline{\boldsymbol{x}})
\end{aligned}
$$

を得る．ここに，最後の表式を得る際に公式 (31.10)を用いた．あるいは，ベクトル積の定義 (31.7)を用いた

$$
\begin{aligned}
\frac{\partial}{\partial\underline{x}_i}\frac{1}{2}\left(\underline{\dot{\boldsymbol{x}}}+\underline{\boldsymbol{\omega}}\times\underline{\boldsymbol{x}}\right)^2 &= \left(\underline{\dot{\boldsymbol{x}}}+\underline{\boldsymbol{\omega}}\times\underline{\boldsymbol{x}}\right)_j\underbrace{\frac{\partial}{\partial\underline{x}_i}\overbrace{\left(\underline{\dot{\boldsymbol{x}}}+\underline{\boldsymbol{\omega}}\times\underline{\boldsymbol{x}}\right)_j}^{\underline{\dot{x}}_j+\epsilon_{jk\ell}\underline{\omega}_k\underline{x}_\ell}}_{=\epsilon_{jki}\underline{\omega}_k=\epsilon_{ijk}\underline{\omega}_k}\\
&= \left(\left(\underline{\dot{\boldsymbol{x}}}+\underline{\boldsymbol{\omega}}\times\underline{\boldsymbol{x}}\right)\times\underline{\boldsymbol{\omega}}\right)_i
\end{aligned}
$$

からも同じ結果を得る．したがって，

$$
\frac{\partial L}{\partial\underline{\boldsymbol{x}}}=-m\left(\underline{\boldsymbol{\omega}}\times\underline{\dot{\boldsymbol{x}}}+\underline{\boldsymbol{\omega}}\times(\underline{\boldsymbol{\omega}}\times\underline{\boldsymbol{x}})\right)-\frac{\partial}{\partial\underline{\boldsymbol{x}}}U(R\underline{\boldsymbol{x}})
$$

以上より，オイラー・ラグランジュ方程式 (98.4)は

$$
m\underline{\ddot{\boldsymbol{x}}}=-2m\underline{\boldsymbol{\omega}}\times\underline{\dot{\boldsymbol{x}}}-m\underline{\boldsymbol{\omega}}\times(\underline{\boldsymbol{\omega}}\times\underline{\boldsymbol{x}})-m\underline{\dot{\boldsymbol{\omega}}}\times\underline{\boldsymbol{x}}-\frac{\partial}{\partial\underline{\boldsymbol{x}}}U(R\underline{\boldsymbol{x}})
$$

となる．なお，右辺の最初の 2 項は

$-2m\underline{\boldsymbol{\omega}}\times\underline{\dot{\boldsymbol{x}}}$：コリオリ力　　$-m\underline{\boldsymbol{\omega}}\times(\underline{\boldsymbol{\omega}}\times\underline{\boldsymbol{x}})$：遠心力

である．右辺第 3 項 $(-m\underline{\dot{\boldsymbol{\omega}}}\times\underline{\boldsymbol{x}})$ は**オイラー力** (Euler force) と呼ばれ，角速度 $\boldsymbol{\omega}$ が一定でない場合に現れる．

4. $(R\boldsymbol{A})\times(R\boldsymbol{B})=RR^{\mathrm{T}}\left((R\boldsymbol{A})\times(R\boldsymbol{B})\right)$ と表すと，$R^{\mathrm{T}}\left((R\boldsymbol{A})\times(R\boldsymbol{B})\right)$ の部分はベクトル積の定義 (31.7)を用いて

$$
\begin{aligned}
&\left[R^{\mathrm{T}}\left((R\boldsymbol{A})\times(R\boldsymbol{B})\right)\right]_i=R_{ji}\left((R\boldsymbol{A})\times(R\boldsymbol{B})\right)_j=R_{ji}\epsilon_{jk\ell}(R\boldsymbol{A})_k(R\boldsymbol{B})_\ell\\
&=\underbrace{\epsilon_{jk\ell}R_{ji}R_{km}R_{\ell n}}_{\epsilon_{imn}\det R}A_mB_n=\epsilon_{imn}A_mB_n=(\boldsymbol{A}\times\boldsymbol{B})_i
\end{aligned}
$$

ここで，公式 (97.9)および $\det R=1$ を用いた (**問題 97** の設問 2 の解答参照)．よって

$$
(R\boldsymbol{A})\times(R\boldsymbol{B})=R\underbrace{R^{\mathrm{T}}\left((R\boldsymbol{A})\times(R\boldsymbol{B})\right)}_{\boldsymbol{A}\times\boldsymbol{B}}=R(\boldsymbol{A}\times\boldsymbol{B})
$$

問題 *99*　回転剛体の運動エネルギーと角運動量　基礎

剛体とは有限の大きさと質量を持ち，変形しない物体であるが，ここでは数学的扱いのために「剛体とは，多く (あるいは，無数) の質点の集まりであって，各質点の相対的位置が固定されているもの」とする．具体的には，静止した剛体上の適当な点 (例えば，重心) を原点とする座標系 (**剛体座標系**) を取ると，剛体はそれぞれ固定された位置ベクトル $\underline{\boldsymbol{x}}_a$ にある質量 m_a の質点 a ($a=1,2,\cdots$) からなるとする．

ここでは，剛体座標系の原点が慣性系の原点に固定され，剛体 (したがって剛体座標系) がこの共通の原点周りに回転する場合を考える．すると，剛体を構成する質点 a の慣性系における位置ベクトル $\boldsymbol{x}_a(t)$ は回転行列 $R(t)$ により

$$\boldsymbol{x}_a(t)=R(t)\underline{\boldsymbol{x}}_a \tag{99.1}$$

と表される．

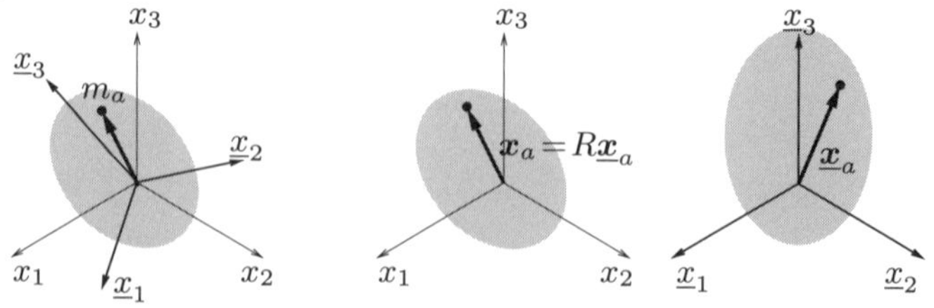

慣性系での剛体の回転による運動エネルギー T と角運動量 $\boldsymbol{M}$ は，剛体を構成する各質点の運動エネルギーと角運動量のそれぞれの和である:

$$T=\sum_a\frac{1}{2}m_a\dot{\boldsymbol{x}}_a^2,\qquad \boldsymbol{M}=\sum_a\boldsymbol{x}_a\times\boldsymbol{p}_a=\sum_a m_a\boldsymbol{x}_a\times\dot{\boldsymbol{x}}_a \tag{99.2}$$

これらの T と $\boldsymbol{M}$ が

$$I_{ij}(t)=\sum_a m_a\left(\boldsymbol{x}_a(t)^2\delta_{ij}-(\boldsymbol{x}_a(t))_i(\boldsymbol{x}_a(t))_j\right) \tag{99.3}$$

$$\underline{I}_{ij}=\sum_a m_a\left(\underline{\boldsymbol{x}}_a^2\delta_{ij}-(\underline{\boldsymbol{x}}_a)_i(\underline{\boldsymbol{x}}_a)_j\right) \tag{99.4}$$

で定義される慣性系と剛体座標系における**慣性モーメント** I_{ij} と $\underline{I}_{ij}$，および，(97.5) の角速度ベクトル ω_i と $\underline{\omega}_i$ により

$$T=\frac{1}{2}\boldsymbol{\omega}\cdot I\boldsymbol{\omega}=\frac{1}{2}\underline{\boldsymbol{\omega}}\cdot\underline{I}\,\underline{\boldsymbol{\omega}}\qquad\left(T=\frac{1}{2}I_{ij}\omega_i\omega_j=\frac{1}{2}\underline{I}_{ij}\underline{\omega}_i\underline{\omega}_j\right) \tag{99.5}$$

$$\boldsymbol{M}=I\boldsymbol{\omega}=R\underline{I}\,\underline{\boldsymbol{\omega}}\qquad\left(M_i=I_{ij}\omega_j=R_{ij}\underline{I}_{jk}\underline{\omega}_k\right) \tag{99.6}$$

と表されることを示せ．ここに，I と $\underline{I}$ はそれぞれ I_{ij} と $\underline{I}_{ij}$ を成分とする 3×3 対称行列 (**慣性モーメント行列**) である ($I_{ij}=I_{ji}$, $\underline{I}_{ij}=\underline{I}_{ji}$ に注意).

解 説 剛体のラグランジアンとオイラー・ラグランジュ方程式を求める準備として，基本量である運動エネルギーと角運動量を慣性モーメントと角速度ベクトルで表現する問題である．剛体座標系上の各 $\underline{\boldsymbol{x}}_a$ は固定されたベクトルなので $\underline{I}_{ij}$ は定数であるが，慣性系上の $\boldsymbol{x}_a(t)$ は剛体の回転と共に時間変化するので $I_{ij}(t)$ は時間に依ることに注意．

解 答

まず，(99.1)において $\underline{\boldsymbol{x}}_a$ は固定されたベクトル ($\dot{\underline{\boldsymbol{x}}}_a = 0$) であることに注意すると，公式 (97.4)あるいは (98.1)より

$$\dot{\boldsymbol{x}}_a = \boldsymbol{\omega}\times\boldsymbol{x}_a = R(\underline{\boldsymbol{\omega}}\times\underline{\boldsymbol{x}}_a)$$

運動エネルギー T は $\dot{\boldsymbol{x}}_a = R(\underline{\boldsymbol{\omega}}\times\underline{\boldsymbol{x}}_a)$ を用いると

$$\begin{aligned}T &= \frac{1}{2}\sum_a m_a\dot{\boldsymbol{x}}_a^2 = \sum_a \frac{1}{2}m_a\big(R(\underline{\boldsymbol{\omega}}\times\underline{\boldsymbol{x}}_a)\big)^2 \underset{\substack{\uparrow\\(98.3)}}{=} \sum_a \frac{1}{2}m_a(\underline{\boldsymbol{\omega}}\times\underline{\boldsymbol{x}}_a)^2\\ &\underset{\substack{\uparrow\\(31.12)}}{=} \frac{1}{2}\sum_a m_a\left(\underline{\boldsymbol{\omega}}^2\underline{\boldsymbol{x}}_a^2 - (\underline{\boldsymbol{\omega}}\cdot\underline{\boldsymbol{x}}_a)^2\right) = \frac{1}{2}\underbrace{\sum\nolimits_a m_a\left(\underline{\boldsymbol{x}}_a^2\delta_{ij} - (\underline{\boldsymbol{x}}_a)_i(\underline{\boldsymbol{x}}_a)_j\right)}_{\underline{I}_{ij}}\underline{\omega}_i\underline{\omega}_j\end{aligned}$$

を得る．他方，$\dot{\boldsymbol{x}}_a = \boldsymbol{\omega}\times\boldsymbol{x}_a$ を用いることで，全く同様にして $T = \frac{1}{2}I_{ij}\omega_i\omega_j$ を得る．

次に角運動量 $\boldsymbol{M}$ は，$\dot{\boldsymbol{x}}_a = \boldsymbol{\omega}\times\boldsymbol{x}_a$ を用いて

$$\boldsymbol{M} = \sum_a m_a\boldsymbol{x}_a\times(\boldsymbol{\omega}\times\boldsymbol{x}_a) \underset{\substack{\uparrow\\(31.10)}}{=} \sum_a m_a\big(\boldsymbol{x}_a^2\boldsymbol{\omega} - (\boldsymbol{x}_a\cdot\boldsymbol{\omega})\boldsymbol{x}_a\big)$$

この第 i 成分は

$$\begin{aligned}&M_i = \sum_a m_a\left(\boldsymbol{x}_a^2\omega_i - (\boldsymbol{x}_a)_j\omega_j(\boldsymbol{x}_a)_i\right) = \underbrace{\sum\nolimits_a m_a\left(\boldsymbol{x}_a^2\delta_{ij} - (\boldsymbol{x}_a)_i(\boldsymbol{x}_a)_j\right)}_{I_{ij}}\omega_j\\ &\Rightarrow\quad \boldsymbol{M} = I\boldsymbol{\omega}\end{aligned}$$

さらに，(99.1)を用いて得られる

$$I_{ij} = \sum_a m_a\Big(\underbrace{(R\underline{\boldsymbol{x}}_a)^2}_{\underline{\boldsymbol{x}}_a^2}\underbrace{\delta_{ij}}_{R_{ik}R_{j\ell}\delta_{k\ell}} - (R\underline{\boldsymbol{x}}_a)_i(R\underline{\boldsymbol{x}}_a)_j\Big) = R_{ik}R_{j\ell}\underline{I}_{k\ell} \;\Rightarrow\; I = R\underline{I}R^{\mathrm{T}} \tag{99.7}$$

と (97.6)を用いると

$$\boldsymbol{M} = I\boldsymbol{\omega} = (R\underline{I}\underbrace{R^{\mathrm{T}})(R}_{\mathbb{I}}\underline{\boldsymbol{\omega}}) = R\underline{I}\,\underline{\boldsymbol{\omega}}$$

を得る．なお，T (99.5)の 2 つの表式の等価性も (99.7)と (97.6)を用いて示される:

$$\begin{aligned}T &= \frac{1}{2}\boldsymbol{\omega}\cdot I\boldsymbol{\omega} = \frac{1}{2}\boldsymbol{\omega}^{\mathrm{T}}I\boldsymbol{\omega} = \frac{1}{2}(R\underline{\boldsymbol{\omega}})^{\mathrm{T}}(R\underline{I}R^{\mathrm{T}})(R\underline{\boldsymbol{\omega}}) = \frac{1}{2}\underline{\boldsymbol{\omega}}^{\mathrm{T}}\underbrace{R^{\mathrm{T}}(R}_{\mathbb{I}}\,\underline{I}\,\underbrace{R^{\mathrm{T}})(R}_{\mathbb{I}}\underline{\boldsymbol{\omega}})\\ &= \frac{1}{2}\underline{\boldsymbol{\omega}}^{\mathrm{T}}\underline{I}\,\underline{\boldsymbol{\omega}} = \frac{1}{2}\underline{\boldsymbol{\omega}}\cdot\underline{I}\,\underline{\boldsymbol{\omega}}\end{aligned}$$

問題 100　回転剛体のラグランジアンと運動方程式　標準

固定された一点 (慣性系の原点とする) の周りに回転運動する剛体を考える．剛体に固定され，剛体とともに回転する座標系 (剛体座標系) の原点も固定点に取る．この系のラグランジアンも (運動エネルギー T) − (ポテンシャル・エネルギー U) の形であるが，T は**問題 99** の (99.2) および (99.5)で与えられ，他方，U としてここでは $U=-\sum_a \boldsymbol{f}_a\cdot\boldsymbol{x}_a$ ($\boldsymbol{f}_a$:定数ベクトル)，すなわち，剛体を構成する各質点 a に力 $\boldsymbol{f}_a$ が働いている場合を考える．例えば，一様重力が働いている場合は $\boldsymbol{f}_a=-m_a g\boldsymbol{e}_3$ ($\boldsymbol{e}_3$: 慣性系の第 3 軸方向の単位ベクトル) である．したがって，今の剛体系のラグランジアンは

$$L=T-U=\sum_a \frac{1}{2}m_a\dot{\boldsymbol{x}}_a^2+\sum_a \boldsymbol{f}_a\cdot\boldsymbol{x}_a \tag{100.1}$$

で与えられる．ただし，$\boldsymbol{x}_a$ と $\dot{\boldsymbol{x}}_a$ は回転行列 $R(t)$ と剛体座標系における定数ベクトル $\underline{\boldsymbol{x}}_a$ により

$$\boldsymbol{x}_a(t)=R(t)\underline{\boldsymbol{x}}_a,\qquad \dot{\boldsymbol{x}}_a(t)=\dot{R}(t)\underline{\boldsymbol{x}}_a$$

と表されるものであり，この系の力学変数は回転行列 $R(t)$ である．

ラグランジアン (100.1)よりこの系のオイラー・ラグランジュ方程式を導け．必要なら，直交行列 $R(t)$ の任意の微小変形は各成分が微小な 3×3 反対称行列 $\eta(t)$ を用いて

$$R(t)\to(\mathbb{I}_3+\eta(t))R(t)\qquad \big(\eta(t)^{\mathrm{T}}=-\eta(t)\big) \tag{100.2}$$

と表されることを用いよ．なお，$(\mathbb{I}_3+\eta)R$ が $O(\eta)$ の精度で直交行列であることは

$$\begin{aligned}(\mathbb{I}_3+\eta)R\big((\mathbb{I}_3+\eta)R\big)^{\mathrm{T}}&=(\mathbb{I}_3+\eta)\underbrace{RR^{\mathrm{T}}}_{\mathbb{I}_3}\underbrace{(\mathbb{I}_3+\eta)^{\mathrm{T}}}_{\mathbb{I}_3+\eta^{\mathrm{T}}}=(\mathbb{I}_3+\eta)(\mathbb{I}_3-\eta)\\&=\mathbb{I}_3+O(\eta^2)\end{aligned}$$

より理解される．

解説　固定された 1 点の周りに回転運動する剛体の力学変数は回転行列 $R(t)$ である．この問題では，回転行列 (直交行列) の微小変形が一般的に (100.2)で表されることを用い，最小作用の原理から剛体系のオイラー・ラグランジュ方程式を導く．

解答

(100.2)のとおり，力学変数である回転行列 $R(t)$ の微小変形は微小反対称行列 $\eta(t)$ を用いて $\delta R(t)=\eta(t)R(t)$ と表されるが，この微小変形で $\boldsymbol{x}_a(t)$ の変化分は

$$\delta\boldsymbol{x}_a(t)=\delta R(t)\,\underline{\boldsymbol{x}}_a=\eta(t)R(t)\underline{\boldsymbol{x}}_a=\eta(t)\boldsymbol{x}_a(t) \tag{100.3}$$

となる．反対称行列 η に対してベクトル $\widetilde{\boldsymbol{\eta}}$ を次にように導入する:

$$\widetilde{\eta}_i = -\frac{1}{2}\epsilon_{ijk}\eta_{jk} \;\Leftrightarrow\; \eta_{ij} = \epsilon_{ikj}\widetilde{\eta}_k \left(= -\frac{1}{2}\underbrace{\epsilon_{ikj}\epsilon_{k\ell m}}_{\delta_{im}\delta_{j\ell}-\delta_{i\ell}\delta_{jm}}\eta_{\ell m} = -\frac{1}{2}(\eta_{ji}-\eta_{ij}) = \eta_{ij}\right)$$

すると $(\eta\boldsymbol{x}_a)_i = \eta_{ij}(\boldsymbol{x}_a)_j = \epsilon_{ikj}\widetilde{\eta}_k(\boldsymbol{x}_a)_j = (\widetilde{\boldsymbol{\eta}}\times\boldsymbol{x}_a)_i$ と表され

$$\delta\boldsymbol{x}_a = \widetilde{\boldsymbol{\eta}}\times\boldsymbol{x}_a, \qquad \delta\dot{\boldsymbol{x}}_a = \frac{d}{dt}\left(\widetilde{\boldsymbol{\eta}}\times\boldsymbol{x}_a\right) = \dot{\widetilde{\boldsymbol{\eta}}}\times\boldsymbol{x}_a + \widetilde{\boldsymbol{\eta}}\times\dot{\boldsymbol{x}}_a$$

これを用いて，運動エネルギー項 T とポテンシャル項 U の微小変化分はそれぞれ

$$\begin{aligned}
\delta T &= \sum_a m_a\dot{\boldsymbol{x}}_a\cdot\delta\dot{\boldsymbol{x}}_a = \sum_a m_a\dot{\boldsymbol{x}}_a\cdot\left(\dot{\widetilde{\boldsymbol{\eta}}}\times\boldsymbol{x}_a + \widetilde{\boldsymbol{\eta}}\times\dot{\boldsymbol{x}}_a\right)\\
&\underset{\substack{\uparrow\\(31.9)}}{=} \sum_a m_a\Big[\dot{\widetilde{\boldsymbol{\eta}}}\cdot(\boldsymbol{x}_a\times\dot{\boldsymbol{x}}_a) + \widetilde{\boldsymbol{\eta}}\cdot\underbrace{(\dot{\boldsymbol{x}}_a\times\dot{\boldsymbol{x}}_a)}_{=0}\Big]\\
&= \frac{d}{dt}\left(\widetilde{\boldsymbol{\eta}}\cdot\sum_a m_a(\boldsymbol{x}_a\times\dot{\boldsymbol{x}}_a)\right) - \widetilde{\boldsymbol{\eta}}\cdot\frac{d}{dt}\sum_a m_a(\boldsymbol{x}_a\times\dot{\boldsymbol{x}}_a)\\
\delta U &= -\sum_a \boldsymbol{f}_a\cdot\delta\boldsymbol{x}_a = -\sum_a \boldsymbol{f}_a\cdot(\widetilde{\boldsymbol{\eta}}\times\boldsymbol{x}_a) = -\widetilde{\boldsymbol{\eta}}\cdot\left(\sum_a \boldsymbol{x}_a\times\boldsymbol{f}_a\right)
\end{aligned}$$

(99.2)式の剛体の角運動量 $\boldsymbol{M} = \sum_a m_a(\boldsymbol{x}_a\times\dot{\boldsymbol{x}}_a)$ と剛体に働く**トルク** (torque) $\boldsymbol{N}$

$$\boldsymbol{N} = \sum_a \boldsymbol{x}_a\times\boldsymbol{f}_a$$

を用いると，作用 S の微小変化分は

$$\delta S = \int_{t_I}^{t_F} dt\,\delta L = \int_{t_I}^{t_F} dt\,(\delta T - \delta U) = \underbrace{\Big[\widetilde{\boldsymbol{\eta}}\cdot\boldsymbol{M}\Big]_{t=t_I}^{t=t_F}}_{=0} + \int_{t_I}^{t_F} dt\,\widetilde{\boldsymbol{\eta}}\cdot\left(-\frac{d}{dt}\boldsymbol{M}+\boldsymbol{N}\right)$$

ここに，端点項は $t = t_{I,F}$ での $R(t)$ が固定されており，$\widetilde{\boldsymbol{\eta}}(t = t_{I,F}) = 0$ であることから落ちる．したがって，任意の $\widetilde{\boldsymbol{\eta}}(t)$ に対して $\delta S = 0$ であるべきこと (最小作用の原理) からオイラー・ラグランジュ方程式として

$$\frac{d}{dt}\boldsymbol{M} = \boldsymbol{N} \tag{100.4}$$

を得る．さらにこれを

$$\boldsymbol{M} = R\underline{\boldsymbol{M}}, \qquad \boldsymbol{N} = R\underline{\boldsymbol{N}} \tag{100.5}$$

で与えられる「剛体座標系で見た角運動量 $\underline{\boldsymbol{M}}$ とトルク $\underline{\boldsymbol{N}}$」で表現すると，公式 (97.4) を用いて (剛体の回転運動についての) **オイラーの運動方程式**を得る:

$$\frac{d}{dt}\underline{\boldsymbol{M}} + \underline{\boldsymbol{\omega}}\times\underline{\boldsymbol{M}} = \underline{\boldsymbol{N}} \quad\Rightarrow\quad \underline{I}\,\frac{d}{dt}\underline{\boldsymbol{\omega}} + \underline{\boldsymbol{\omega}}\times(\underline{I}\,\underline{\boldsymbol{\omega}}) = \underline{\boldsymbol{N}} \tag{100.6}$$

ここに (99.6)からの

$$\underline{\boldsymbol{M}} = \underline{I}\,\underline{\boldsymbol{\omega}} \tag{100.7}$$

と慣性モーメント行列 $\underline{I}$ が定数行列 $(\frac{d}{dt}\underline{I} = 0)$ であることを用いた．なお，$\boldsymbol{f}_a = R\underline{\boldsymbol{f}}_a$ で与えられる「剛体座標系で見た力 $\underline{\boldsymbol{f}}_a$」を用いると，$\underline{\boldsymbol{N}}$ は

$$\underline{\boldsymbol{N}} = \sum_a \underline{\boldsymbol{x}}_a\times\underline{\boldsymbol{f}}_a \tag{100.8}$$

と表される (公式 (98.2)を用いよ).

問題 101　空間並進＋回転運動をする剛体　標準

問題 99 と**問題 100** では，固定された 1 点の周りに回転運動をする剛体を考えたが，ここでは，剛体の空間並進運動も取り入れる．

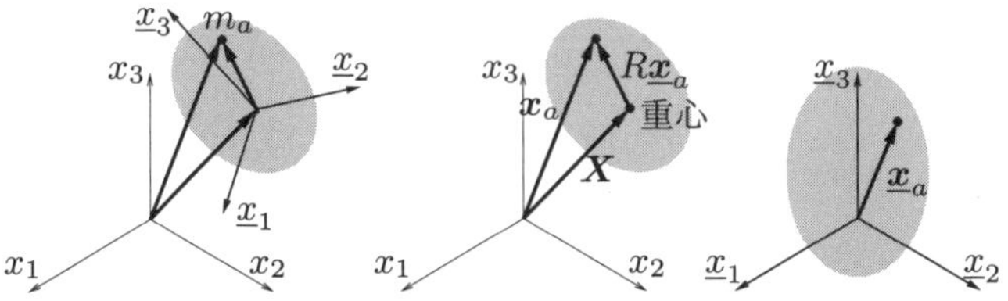

剛体に固定した座標系 (剛体座標系) の原点を剛体の重心に取ると，剛体座標系での位置 $\underline{\boldsymbol{x}}_a$ にある質点 a の慣性系における位置ベクトル $\boldsymbol{x}_a(t)$ は

$$\boldsymbol{x}_a(t) = \boldsymbol{X}(t) + R(t)\underline{\boldsymbol{x}}_a \tag{101.1}$$

と表される．ここに，$\boldsymbol{X}(t)$ は**剛体の重心**の慣性系での位置ベクトル，

$$\boldsymbol{X}(t) = \frac{1}{\mathcal{M}}\sum_a m_a\boldsymbol{x}_a(t) \qquad \Big(\mathcal{M} \equiv \sum_a m_a：\text{剛体の総質量}\Big) \tag{101.2}$$

であり，$R(t)$ は剛体の重心周りの回転を表す回転行列である．(101.1)から剛体を構成する全ての質点の位置ベクトルは $\boldsymbol{X}(t)$ (3 成分) と $R(t)$ (3 つの回転角，例えばオイラー角で指定される) で与えられるので，この剛体系の自由度は $3+3=6$ である．

1. 重心を原点とする剛体座標系では次式が成り立つことを示せ:

$$\sum_a m_a\underline{\boldsymbol{x}}_a = 0 \tag{101.3}$$

2. 慣性系での剛体の運動エネルギー T と角運動量 $\boldsymbol{M}$ は，今の並進運動を取り入れた場合も，剛体を構成する各質点の運動エネルギーと角運動量のそれぞれの和として (99.2)式で与えられる．T と $\boldsymbol{M}$ がそれぞれ**重心運動**と**重心周りの回転運動**の寄与の和となることを示せ．
3. この剛体に働くポテンシャル・エネルギーが $U = -\sum_a \boldsymbol{f}_a\cdot\boldsymbol{x}_a$ ($\boldsymbol{f}_a$:定数ベクトル) であるとする．この系の力学変数である $\boldsymbol{X}(t)$ と $R(t)$ のオイラー・ラグランジュ方程式をそれぞれ与えよ．

解説　回転だけでなく空間並進もする剛体を考える場合,「重心の並進＋重心周りの回転」と表すことで，並進と回転が完全に分離することを見る．

解答

1. $\sum_a m_a$(101.1) を考え，(101.2)を用いて

$$\underbrace{\textstyle\sum_a m_a \boldsymbol{x}_a}_{\mathcal{M}\boldsymbol{X}} = \underbrace{\textstyle\sum_a m_a}_{\mathcal{M}} \boldsymbol{X} + R\sum_a m_a \underline{\boldsymbol{x}}_a \ \Rightarrow\ R\sum_a m_a\underline{\boldsymbol{x}}_a = 0 \underset{\substack{\uparrow\\ \text{左から } R^{\mathrm{T}} \text{ を掛け}}}{\Rightarrow} \sum_a m_a \underline{\boldsymbol{x}}_a = 0$$

2. (101.1)を

$$\boldsymbol{x}_a(t) = \boldsymbol{X}(t) + \boldsymbol{r}_a(t) \qquad \Big(\boldsymbol{r}_a(t) \equiv R(t)\underline{\boldsymbol{x}}_a, \quad \dot{\boldsymbol{r}}_a(t) = \dot{R}(t)\underline{\boldsymbol{x}}_a\Big)$$

と表すと

$$\begin{aligned} T &= \sum \frac{1}{2} m_a \dot{\boldsymbol{x}}_a^2 = \frac{1}{2}\sum_a m_a \left(\dot{\boldsymbol{X}} + \dot{\boldsymbol{r}}_a\right)^2 = \frac{1}{2}\sum_a m_a \left(\dot{\boldsymbol{X}}^2 + 2\dot{\boldsymbol{X}}\cdot\dot{\boldsymbol{r}}_a + \dot{\boldsymbol{r}}_a^2\right) \\ &= \frac{1}{2}\underbrace{\textstyle\sum_a m_a}_{\mathcal{M}} \dot{\boldsymbol{X}}^2 + \dot{\boldsymbol{X}}\cdot \underbrace{\textstyle\sum_a m_a \dot{\boldsymbol{r}}_a}_{=0} + \frac{1}{2}\sum_a m_a (\dot{\boldsymbol{r}}_a)^2 \\ &= \frac{1}{2}\mathcal{M}\dot{\boldsymbol{X}}^2 + \frac{1}{2}\sum_a m_a(\dot{\boldsymbol{r}}_a)^2 = \frac{1}{2}\mathcal{M}\dot{\boldsymbol{X}}^2 + \frac{1}{2}\underline{\boldsymbol{\omega}}\cdot\underline{I}\,\underline{\boldsymbol{\omega}} \end{aligned} \tag{101.4}$$

となり，「重心運動部分」＋「重心周りの回転運動部分」に分離する．ここに，

$$\sum_a m_a \boldsymbol{r}_a(t) = R(t)\sum_a m_a \underline{\boldsymbol{x}}_a = 0 \quad \Rightarrow \quad \sum_a m_a \dot{\boldsymbol{r}}_a = 0$$

を用いた．また，$\frac{1}{2}\sum_a m_a (\dot{\boldsymbol{r}}_a)^2 = \frac{1}{2}\underline{\boldsymbol{\omega}}\cdot\underline{I}\,\underline{\boldsymbol{\omega}}$ の導出は**問題 99** での T の計算と全く同じ (ここの $\boldsymbol{r}_a$ は**問題 99** での $\boldsymbol{x}_a$ と同一であることに注意．また，角速度 $\underline{\boldsymbol{\omega}}$ は (97.5)で定義したもの)．角運動量も同様に分離する:

$$\begin{aligned} \boldsymbol{M} &= \sum_a m_a \boldsymbol{x}_a \times \dot{\boldsymbol{x}}_a = \sum_a m_a \big(\boldsymbol{X} + \boldsymbol{r}_a\big) \times \big(\dot{\boldsymbol{X}} + \dot{\boldsymbol{r}}_a\big) \\ &= \underbrace{\textstyle\sum_a m_a}_{\mathcal{M}} \boldsymbol{X}\times\dot{\boldsymbol{X}} + \boldsymbol{X}\times \underbrace{\textstyle\sum_a m_a\dot{\boldsymbol{r}}_a}_{=0} + \underbrace{\textstyle\sum_a m_a \boldsymbol{r}_a}_{=0} \times\dot{\boldsymbol{X}} + \sum_a m_a \boldsymbol{r}_a \times \dot{\boldsymbol{r}}_a \\ &= \mathcal{M}\boldsymbol{X}\times\dot{\boldsymbol{X}} + \sum_a m_a \boldsymbol{r}_a \times \dot{\boldsymbol{r}}_a = \mathcal{M}\boldsymbol{X}\times\dot{\boldsymbol{X}} + R\underline{I}\,\underline{\boldsymbol{\omega}} \end{aligned}$$

ここでも最後の $\displaystyle\sum_a m_a \boldsymbol{r}_a \times \dot{\boldsymbol{r}}_a = I\boldsymbol{\omega} = R\underline{I}\,\underline{\boldsymbol{\omega}}$ の式変形は**問題 99** と同じ．

3. (101.4)の T と設問で与えられた U より，この系のラグランジアン $L = T - U$ は

$$L(\boldsymbol{X}(t), R(t)) = \frac{1}{2}\mathcal{M}\dot{\boldsymbol{X}}^2 + \frac{1}{2}\sum_a m_a(\dot{\boldsymbol{r}}_a)^2 + \sum_a \boldsymbol{f}_a \cdot \big(\boldsymbol{X} + \boldsymbol{r}_a\big)$$

まず，$\boldsymbol{X}(t)$ のオイラー・ラグランジュ方程式は

$$\frac{d}{dt}\frac{\partial L}{\partial \dot{\boldsymbol{X}}} = \frac{\partial L}{\partial \boldsymbol{X}} \quad \Rightarrow \quad \mathcal{M}\ddot{\boldsymbol{X}} = \sum_a \boldsymbol{f}_a = (\text{剛体に働く力の和})$$

次に，$R(t)$ のオイラー・ラグランジュ方程式は，$R(t)$ に対して (100.3)式の微小変形を考えることで**問題 100** と全く同様にしてオイラーの運動方程式

$$\underline{I}\frac{d}{dt}\underline{\boldsymbol{\omega}} + \underline{\boldsymbol{\omega}} \times (\underline{I}\,\underline{\boldsymbol{\omega}}) = \underline{\boldsymbol{N}}$$

を得る．右辺の剛体座標系で見たトルク $\underline{\boldsymbol{N}}$ はここでも (100.8)で与えられる．

問題 102　慣性モーメントの計算　基本

剛体の慣性モーメントは (99.3)あるいは (99.4)式で与えられるが，連続的な剛体の場合は和 $\sum_a$ を積分に置き換えて次式となる (ここでは剛体座標系の $\underline{I}_{ij}$，あるいは，慣性系でのある時刻の I_{ij} を考えるが，前者の場合も諸量の下線を省略する):

$$I_{ij} = \int d^3x\, \rho(\boldsymbol{x}) \left(\boldsymbol{x}^2 \delta_{ij} - x_i x_j\right) \tag{102.1}$$

ここに $\rho(\boldsymbol{x})$ は剛体上の点 $\boldsymbol{x}$ における密度である．よって，慣性モーメント行列は

$$I = \begin{pmatrix} I_{11} & I_{12} & I_{13} \\ I_{21} & I_{22} & I_{23} \\ I_{31} & I_{32} & I_{33} \end{pmatrix} = \int d^3x\, \rho(\boldsymbol{x}) \begin{pmatrix} y^2+z^2 & -xy & -xz \\ -yx & z^2+x^2 & -yz \\ -zx & -zy & x^2+y^2 \end{pmatrix} \tag{102.2}$$

次の各剛体 (重心はいずれも原点) の慣性モーメント行列を求めよ．

1. 質量 $m/3$ の 3 質点が $z=0$ 平面上の原点を中心とする一辺の長さ a の正三角形の頂点 $(\pm a/2, a/(2\sqrt{3}), 0)$, $(0, -a/\sqrt{3}, 0)$ にある剛体 (総質量 m)
2. 原点に中心がある半径 a で質量 m の一様密度の球
3. 原点に中心があり $z=0$ 平面上に置かれた半径 a で質量 m の一様面密度の円盤

解説　剛体の具体的な問題を考えるためには，まず，その剛体の慣性モーメントが必要となる．ここでは，3 つの簡単な例で慣性モーメントの計算を体験する．なお，これ以降の問題では $(x, y, z) = (x_1, x_2, x_3)$ であり，どちらも用いる．

解答

1. (99.3)式において $z_a = 0$ および $m_a = m/3$ として，まず対角成分は

$$I_{11} = \frac{m}{3}\sum_a y_a^2 = \frac{m}{3}\left[\left(\frac{a}{2\sqrt{3}}\right)^2 + \left(\frac{a}{2\sqrt{3}}\right)^2 + \left(-\frac{a}{\sqrt{3}}\right)^2\right] = \frac{1}{6}ma^2$$

$$I_{22} = \frac{m}{3}\sum_a x_a^2 = \frac{m}{3}\left[\left(\frac{a}{2}\right)^2 + \left(-\frac{a}{2}\right)^2 + 0\right] = \frac{1}{6}ma^2$$

$$I_{33} = \frac{m}{3}\sum_a \left(x_a^2 + y_a^2\right) = I_{11} + I_{22} = \frac{1}{3}ma^2$$

非対角成分は $z_a = 0$ のために $I_{12} (= I_{21})$ 以外は自明にゼロであり，I_{12} も

$$I_{12} = -\frac{m}{3}\sum_a x_a y_a = -\frac{m}{3}\left[\frac{a}{2}\frac{a}{2\sqrt{3}} + \left(-\frac{a}{2}\right)\frac{a}{2\sqrt{3}} + 0\times\left(-\frac{a}{\sqrt{3}}\right)\right] = 0$$

結局

$$I = \frac{1}{6}ma^2 \begin{pmatrix} 1 & 0 & 0 \\ 0 & 1 & 0 \\ 0 & 0 & 2 \end{pmatrix}$$

2. この球の一定密度を ρ とする $(m=(4\pi/3)a^3\rho)$．原点周りの回転対称性から明らかに $I_{11}=I_{22}=I_{33}$ であり，これを用いて (102.2)より

$$I_{11}=\frac{1}{3}\left(I_{11}+I_{22}+I_{33}\right)=\frac{2}{3}\rho\iiint_{|\boldsymbol{x}|\le a}d^3x\,\underbrace{\left(x^2+y^2+z^2\right)}_{r^2}$$

$$=\frac{2}{3}\rho\int_0^a r^2dr\underbrace{\int_0^\pi\sin\theta d\theta\int_0^{2\pi}d\varphi}_{4\pi}\,r^2=\frac{8\pi}{3}\rho\int_0^a dr\,r^4=\frac{8\pi}{15}a^5\rho=\frac{2}{5}ma^2$$

ここに，3 次元極座標 (r,θ,φ)(**問題 65** の図を参照):

$$\begin{pmatrix}x\\y\\z\end{pmatrix}=\begin{pmatrix}r\sin\theta\cos\varphi\\r\sin\theta\sin\varphi\\r\cos\theta\end{pmatrix}\quad(0\le r<\infty,\ 0\le\theta<\pi,\ 0\le\varphi<2\pi)$$

$$d^3x=r^2\sin\theta\,drd\theta d\varphi \tag{102.3}$$

を用いた．次に，非対角成分 I_{ij} $(i\ne j)$ は全てゼロである．例えば，

$$I_{12}=-\rho\iiint_{|\boldsymbol{x}|\le a}d^3x\,xy=-\rho\int_0^a dr\,r^4\int_0^\pi d\theta\,\sin^3\theta\underbrace{\int_0^{2\pi}d\varphi\,\cos\varphi\sin\varphi}_{=0}=0$$

あるいは，I_{12} の被積分関数 xy が x の奇関数であること (あるいは，y の奇関数であること) からも直ちに $I_{12}=0$ が分かる．結局，求める慣性モーメントは

$$I_{\text{球}}=\frac{2}{5}ma^2\begin{pmatrix}1&0&0\\0&1&0\\0&0&1\end{pmatrix}$$

3. 問題の円盤は $z=0$ の平面上にあるので，その慣性モーメントは (102.2)式において $z=0$ とし，積分を (x,y) についてのものとして

$$I_{\text{円盤}}=\rho\iint_{x^2+y^2\le a^2}dxdy\begin{pmatrix}y^2&-xy&0\\-yx&x^2&0\\0&0&x^2+y^2\end{pmatrix}$$

で与えられる．ここに円盤の一様面密度を ρ $(m=\pi a^2\rho)$ とした．2 次元極座標

$$(x,y)=(r\cos\varphi,r\sin\varphi)\quad(0\le r<\infty,\ 0\le\varphi<2\pi)$$

$$dxdy=rdrd\varphi \tag{102.4}$$

を用いて陽に計算すると，

$$I_{\text{円盤}}=\rho\int_0^a rdr\int_0^{2\pi}d\varphi\,r^2\begin{pmatrix}\sin^2\varphi&-\cos\varphi\sin\varphi&0\\-\sin\varphi\cos\varphi&\cos^2\varphi&0\\0&0&\cos^2\varphi+\sin^2\varphi\end{pmatrix}$$

$$=\rho\times\frac{a^4}{4}\times2\pi\begin{pmatrix}\frac{1}{2}&0&0\\0&\frac{1}{2}&0\\0&0&1\end{pmatrix}=\frac{1}{4}ma^2\begin{pmatrix}1&0&0\\0&1&0\\0&0&2\end{pmatrix} \tag{102.5}$$

問題 103　慣性モーメントの諸性質　標準

1. 任意の点Oの周りの剛体の慣性モーメント I と，Oから見て位置ベクトル $\boldsymbol{X}$ の点にある剛体の重心Cの周りの慣性モーメント $I^{(\text{重心})}$ の関係

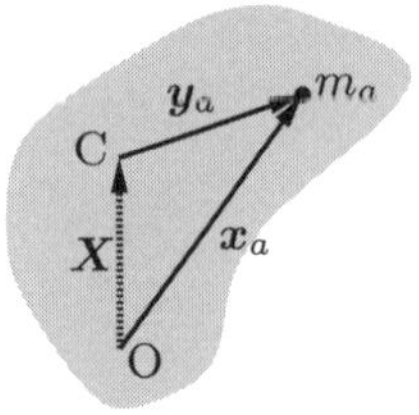

$$I_{ij} = I_{ij}^{(\text{重心})} + \mathcal{M}\left(\boldsymbol{X}^2\delta_{ij} - X_iX_j\right) \qquad (103.1)$$

を示せ．ここに，$\mathcal{M}$ は剛体の質量であり，$I_{ij}^{(\text{重心})}$ は図の位置ベクトル $\boldsymbol{y}_a$ を用いて次式で与えられる:

$$I_{ij}^{(\text{重心})} = \sum_a m_a\left(\boldsymbol{y}_a^2\delta_{ij} - (\boldsymbol{y}_a)_i(\boldsymbol{y}_a)_j\right)$$

また，(103.1)の応用として，次の2つの慣性モーメントを求めよ:

i) **問題 102** 設問2の半径 a で質量 m の一様密度の球の中心が点 $(0, Y, 0)$ にある場合の原点 $(0,0,0)$ の周りの慣性モーメント．

ii) **問題 102** 設問3の $z=0$ 平面上に置かれた半径 a で質量 m の一様面密度の円盤の中心が点 $(X, Y, 0)$ にある場合の原点 $(0,0,0)$ の周りの慣性モーメント．

2. x_3 軸の周りに**軸対称な剛体**（x_3 軸の周りに回転させても変わらない剛体）の慣性モーメント行列が次の対角形（特に $I_{11}=I_{22}$）であることを示せ:

$$I = \begin{pmatrix} I_{11} & 0 & 0 \\ 0 & I_{22} & 0 \\ 0 & 0 & I_{33} \end{pmatrix} \qquad (I_{11} = I_{22})$$

解説　剛体の回転中心がその重心以外の点にある場合も，重心の周りの慣性モーメントがわかっていれば，回転中心の周りの慣性モーメントは公式(103.1)を用いて簡単に求めることができる．また，設問2の結果は**問題 105** 以降で用いることになる．

解答

1. 図からの

$$\boldsymbol{x}_a = \boldsymbol{X} + \boldsymbol{y}_a \qquad \left(\boldsymbol{X} = \frac{1}{\mathcal{M}}\sum_a m_a\boldsymbol{x}_a,\ \mathcal{M} = \sum_a m_a\right)$$

を用いて，点Oの周りの慣性モーメントは

$$\begin{aligned} I_{ij} &= \sum_a m_a\left(\boldsymbol{x}_a^2\delta_{ij} - (\boldsymbol{x}_a)_i(\boldsymbol{x}_a)_j\right) \\ &= \sum_a m_a\left((\boldsymbol{X}+\boldsymbol{y}_a)^2\delta_{ij} - (\boldsymbol{X}+\boldsymbol{y}_a)_i(\boldsymbol{X}+\boldsymbol{y}_a)_j\right) \\ &= \sum_a m_a\left(\boldsymbol{X}^2\delta_{ij} - X_iX_j\right) + \sum_a m_a\left(\boldsymbol{y}_a^2\delta_{ij} - (\boldsymbol{y}_a)_i(\boldsymbol{y}_a)_i\right) \end{aligned}$$

$$
+ 2\boldsymbol{X}\cdot\Big(\sum_a m_a \boldsymbol{y}_a\Big)\delta_{ij} - X_i\Big(\sum_a m_a \boldsymbol{y}_a\Big)_j - \Big(\sum_a m_a \boldsymbol{y}_a\Big)_i X_j
$$

$$
= \mathcal{M}\left(\boldsymbol{X}^2\delta_{ij} - X_i X_j\right) + I_{ij}^{(\text{重心})}
$$

となる．ここに，点 C が重心であることからの

$$
\sum_a m_a \boldsymbol{y}_a = \sum_a m_a\left(\boldsymbol{x}_a - \boldsymbol{X}\right) = \mathcal{M}\boldsymbol{X} - \mathcal{M}\boldsymbol{X} = 0
$$

を用いた．慣性モーメントの具体例の計算は以下の通り:

i) **問題 102** で求めた慣性モーメントは重心周りのもの $I_{\text{球}}^{(\text{重心})}$ であり，これと公式 (103.1)より原点 $(0,0,0)$ 周りの慣性モーメントは

$$
I_{\text{球}} = \frac{2}{5}ma^2\begin{pmatrix}1&0&0\\0&1&0\\0&0&1\end{pmatrix} + m\begin{pmatrix}Y^2&0&0\\0&0&0\\0&0&Y^2\end{pmatrix} = m\begin{pmatrix}\frac{2}{5}a^2+Y^2&0&0\\0&\frac{2}{5}a^2&0\\0&0&\frac{2}{5}a^2+Y^2\end{pmatrix}
$$

ii) 同様にして，問題の円盤の原点周りの慣性モーメントは

$$
I_{\text{円盤}} = \frac{1}{4}ma^2\begin{pmatrix}1&0&0\\0&1&0\\0&0&2\end{pmatrix} + m\begin{pmatrix}Y^2&-XY&0\\-XY&X^2&0\\0&0&X^2+Y^2\end{pmatrix}
$$

$$
= m\begin{pmatrix}\frac{1}{4}a^2+Y^2&-XY&0\\-XY&\frac{1}{4}a^2+X^2&0\\0&0&\frac{1}{2}a^2+X^2+Y^2\end{pmatrix} \tag{103.2}
$$

2. 次の**円筒座標系** (η,φ,z) を取る $(\eta\ge 0,\ 0\le\varphi<2\pi)$:

$$
(x,y,z) = (\eta\cos\varphi, \eta\sin\varphi, z), \quad d^3x = dxdydz = \eta d\eta\, d\varphi\, dz
$$

η は z 軸 $(=x_3$ 軸$)$ からの距離，φ は z 軸回りの角度である．z 軸対称な剛体の密度 $\rho(\boldsymbol{x})$ は角度 φ に依らないこと $(\rho(\boldsymbol{x})=\rho(\eta,z))$ を用いて，(102.2) の 6 つの I_{ij} の独立成分は φ 積分が実行できて

$$
\begin{pmatrix}I_{11}\\I_{22}\\I_{33}\\I_{12}\\I_{23}\\I_{31}\end{pmatrix} = \int_a^b dz\int_0^{F(z)}\eta\,d\eta\int_0^{2\pi}d\varphi\,\rho(\eta,z)\begin{pmatrix}\eta^2\sin^2\varphi+z^2\\ \eta^2\cos^2\varphi+z^2\\ \eta^2\\ -\eta^2\cos\varphi\sin\varphi\\ -\eta\sin\varphi\, z\\ -\eta\cos\varphi\, z\end{pmatrix}
$$

$$
= 2\pi\int_a^b dz\int_0^{F(z)}\eta\,d\eta\,\rho(\eta,z)\begin{pmatrix}\frac{1}{2}\eta^2+z^2\\ \frac{1}{2}\eta^2+z^2\\ \eta^2\\ 0\\ 0\\ 0\end{pmatrix}
$$

となる．ここに，$F(z)$ は z が一定の面での剛体の断面 (=円) の半径であり，剛体は $a\le z\le b$ の範囲にあるとした．これより，$I_{ij}(=I_{ji})$ の非対角成分はすべてゼロであり，また，$I_{11}=I_{22}$ も成り立っていることがわかる．

問題	104	剛体振り子	基本

慣性系のデカルト座標 (x_1, x_2, x_3) を，x_1 と x_3 が水平方向，x_2 の正方向を鉛直上向きに取る．半径 a，質量 m の一様面密度の円盤が，その中心 C から距離 b の点を原点 O に固定し，x_3 軸を回転軸として (x_1, x_2) 鉛直面内を振り子運動する (**剛体振り子**)．以下の設問に答えよ．なお，重力加速度の大きさを g とする．また，図の $\underline{x}_1$ と $\underline{x}_2$ は剛体座標系のデカルト座標である (紙面に垂直な方向の $\underline{x}_3$ と x_3 は共通: $\underline{x}_3 = x_3$).

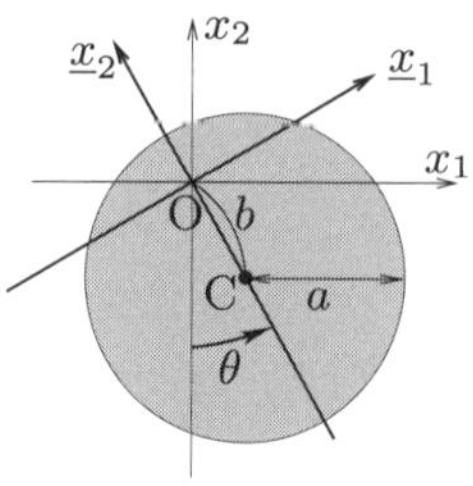

1. 円盤の原点周りの振れ角 $\theta(t)$ (図参照) を力学変数として，この系のラグランジアン $L(\theta, \dot{\theta})$ およびそのオイラー・ラグランジュ方程式を与えよ．
2. 前設問 1 で求めた剛体振り子のオイラー・ラグランジュ方程式は，ある長さ ℓ の単振り子のオイラー・ラグランジュ方程式と等価である．この対応する単振り子の長さ ℓ (**相当単振り子の長さ**) を求めよ．また，円盤の振れが微小な場合 ($|\theta| \ll 1$) の振り子運動の周期を求めよ．

解説

剛体振り子の問題である．**問題 99** の剛体の回転運動の一般論と円盤の慣性モーメントに関する**問題 103** の設問 3 の結果を用いる．

解答

1. 円盤は x_3 軸回りの回転運動を行うので，その角速度ベクトル $\boldsymbol{\omega}$ は x_3 軸方向を向き，$\omega_3 = \dot{\theta}$ である．すなわち，$\boldsymbol{\omega} = \begin{pmatrix} 0 \\ 0 \\ \dot{\theta} \end{pmatrix}$ ([解答] の最後の「補足」を参照)．したがって，円盤の運動エネルギー T は (99.5)式より

$$T = \frac{1}{2}\boldsymbol{\omega} \cdot I\boldsymbol{\omega} = \frac{1}{2} I_{33}\omega_3^2 = \frac{1}{2} m \left(\frac{1}{2}a^2 + b^2\right)\dot{\theta}^2 \qquad (104.1)$$

ここに，円盤の原点 O 周りの慣性モーメントの 33 成分が，**問題 103** の解答の (103.2)式において $X^2 + Y^2 = b^2$ と置くことで

$$I_{33} = m\left(\frac{1}{2}a^2 + b^2\right)$$

で与えられることを用いた．この I_{33} は慣性系におけるものであるが，θ に依らない定数であることに注意 (I_{11}, I_{22}, I_{12} は θ に依る．例えば，$I_{11} = \frac{1}{4}a^2 + b^2\cos^2\theta$)．他方，円盤の重力ポテンシャル・エネルギー U は，円盤を「質量 m_a，位置ベクトル $\boldsymbol{x}_a$ の質点の集まり $(m = \sum_a m_a)$」と考えることで

$$U = \sum_a m_a g(\boldsymbol{x}_a)_2 = mg\frac{\sum_a m_a(\boldsymbol{x}_a)_2}{\sum_a m_a} = mg\,(\text{重心 C の } x_2 \text{ 座標}) = -mgb\cos\theta$$

で与えられる．

したがって，今の円盤系のラグランジアンは

$$L(\theta,\dot{\theta}) = T - U = \frac{1}{2}m\left(\frac{1}{2}a^2 + b^2\right)\dot{\theta}^2 + mgb\cos\theta$$

であり，オイラー・ラグランジュ方程式は

$$\frac{d}{dt}\frac{\partial L}{\partial\dot{\theta}} = \frac{\partial L}{\partial\theta} \quad \Rightarrow \quad m\left(\frac{1}{2}a^2 + b^2\right)\ddot{\theta} = -mgb\sin\theta$$

2. 前設問 1 で得たオイラー・ラグランジュ方程式

$$\ddot{\theta} = -\frac{gb}{\frac{1}{2}a^2 + b^2}\sin\theta$$

を長さ ℓ の単振り子のオイラー・ラグランジュ方程式 (10.2)

$$\ddot{\theta} = -\frac{g}{\ell}\sin\theta$$

と比べて

$$\frac{g}{\ell} = \frac{gb}{\frac{1}{2}a^2 + b^2} \quad \Rightarrow \quad \ell = \frac{1}{b}\left(\frac{1}{2}a^2 + b^2\right)$$

なら 2 つのオイラー・ラグランジュ方程式が同一となる．

振れ角 θ が微小な場合の今の剛体振り子の周期は単振り子の周期 (10.3)より

$$\text{周期} = 2\pi\sqrt{\frac{\ell}{g}} = 2\pi\sqrt{\frac{1}{gb}\left(\frac{1}{2}a^2 + b^2\right)}$$

補足: 回転行列 $R(t)$ による記述

慣性系での位置ベクトル $\boldsymbol{x}$ と剛体座標系での位置ベクトル $\underline{\boldsymbol{x}}$ を関係付ける (99.1)式の回転行列 $R(t)$ および $\dot{R}R^{\mathrm{T}}$ は今の場合 ($s \equiv \sin\theta$, $c \equiv \cos\theta$ の省略記号を用いて)

$$R = \begin{pmatrix} c & -s & 0 \\ s & c & 0 \\ 0 & 0 & 1 \end{pmatrix} \quad \Rightarrow \quad \dot{R}R^{\mathrm{T}} = \dot{\theta}\begin{pmatrix} -s & -c & 0 \\ c & -s & 0 \\ 0 & 0 & 0 \end{pmatrix}\begin{pmatrix} c & s & 0 \\ -s & c & 0 \\ 0 & 0 & 1 \end{pmatrix} = \begin{pmatrix} 0 & -1 & 0 \\ 1 & 0 & 0 \\ 0 & 0 & 0 \end{pmatrix}\dot{\theta}$$

これを角速度ベクトル $\boldsymbol{\omega}$ の $\dot{R}R^{\mathrm{T}}$ による定義式 (97.7)，すなわち，

$$\dot{R}R^{\mathrm{T}} = \begin{pmatrix} 0 & -\omega_3 & \omega_2 \\ \omega_3 & 0 & -\omega_1 \\ -\omega_2 & \omega_1 & 0 \end{pmatrix}$$

と比べることでも，今の場合 $\omega_1 = \omega_2 = 0$，$\omega_3 = \dot{\theta}$，すなわち，$\boldsymbol{\omega} = \begin{pmatrix} 0 \\ 0 \\ \dot{\theta} \end{pmatrix}$ となる．

なお，剛体座標系での角速度ベクトル $\underline{\boldsymbol{\omega}}$ と $\underline{I}_{33}$ は，(97.6)式からの $\underline{\boldsymbol{\omega}} = R^{\mathrm{T}}\boldsymbol{\omega}$ および (99.7)からの $\underline{I} = R^{\mathrm{T}}IR$ を用いて，それぞれ，慣性系での $\boldsymbol{\omega}$ および I_{33} と同一となる (直観的にも明らか):

$$\underline{\boldsymbol{\omega}} = R^{\mathrm{T}}\boldsymbol{\omega} = \begin{pmatrix} c & s & 0 \\ -s & c & 0 \\ 0 & 0 & 1 \end{pmatrix}\begin{pmatrix} 0 \\ 0 \\ \dot{\theta} \end{pmatrix} = \begin{pmatrix} 0 \\ 0 \\ \dot{\theta} \end{pmatrix}, \quad \underline{I}_{33} = R_{k3}R_{\ell 3}I_{k\ell} = R_{33}R_{33}I_{33} = I_{33}$$

これより，剛体座標系での量で表した運動エネルギー $T = \frac{1}{2}\underline{\boldsymbol{\omega}}\cdot\underline{I}\,\underline{\boldsymbol{\omega}} = \frac{1}{2}\underline{I}_{33}\underline{\omega}_3^2$ も (104.1) を与えることがわかる．

問題 105　軸対称な剛体の自由回転　基本

剛体座標系における慣性モーメント行列 $\underline{I}$ は各成分が実定数の 3×3 対称行列 ($\underline{I}^{\mathrm{T}} = \underline{I}$) であるが，一般に対称行列は直交行列 (回転行列) により対角化されることから，$\underline{I}$ もある回転行列 $\mathcal{R}$ により

$$\mathcal{R}\,\underline{I}\,\mathcal{R}^{\mathrm{T}} = \underline{I}^{(\text{新})} = \begin{pmatrix} I_1 & 0 & 0 \\ 0 & I_2 & 0 \\ 0 & 0 & I_3 \end{pmatrix} \tag{105.1}$$

と対角化される．対角成分 I_a $(a = 1, 2, 3)$ は $\underline{I}$ の固有値 (実数) である．したがって，剛体座標系の座標軸を回転行列 $\mathcal{R}$ で原点周りに回転し，$\underline{\boldsymbol{x}}^{(\text{新})} = \mathcal{R}\underline{\boldsymbol{x}}$ なる新しい剛体座標系に移ると，そこでの慣性モーメント行列は上記の対角行列 $\underline{I}^{(\text{新})}$ となる．このような慣性モーメント行列が対角化される新剛体座標系の $(\underline{x}_1, \underline{x}_2, \underline{x}_3)$ 座標軸を**慣性主軸**，(I_1, I_2, I_3) を**主慣性モーメント**と呼ぶ．

1.　オイラーの運動方程式 (100.6)

$$\underline{I}\,\frac{d}{dt}\underline{\boldsymbol{\omega}} + \underline{\boldsymbol{\omega}} \times (\underline{I}\,\underline{\boldsymbol{\omega}}) = \underline{\boldsymbol{N}} \tag{105.2}$$

の 3 成分を剛体座標系の座標軸を慣性主軸に取った場合に陽に書き下せ．

2.　$\underline{x}_3$ 軸周りに**軸対称な剛体**に重力等の外力のトルクが一切働かない場合 ($\underline{\boldsymbol{N}} = 0$) の運動 (自由回転) を考える．例えば，無重力空間に浮かぶ軸対称剛体の重心周りの回転運動である．$\underline{x}_3$ 軸対称な剛体の場合，$\underline{x}_1$ 軸と $\underline{x}_2$ 軸 (互いに，および，$\underline{x}_3$ 軸に垂直) の取り方に依らず，$(\underline{x}_1, \underline{x}_2, \underline{x}_3)$ 軸が慣性主軸であり，$I_1 = I_2$ であること (**問題 103** の設問 2 参照) を用いて，オイラーの運動方程式 (105.2)の一般解 $\underline{\boldsymbol{\omega}}(t)$ を求めよ．また，剛体座標系における角運動量 $\underline{\boldsymbol{M}}(t)$ も与えよ．

解説　**問題 100** (および**問題 101** の設問 3) で剛体座標系での運動方程式として導出したオイラーの運動方程式を，外力が働かない軸対称な剛体の場合に解く問題である．[解答] で得られる剛体座標系で見た角速度と角運動量の結果から，自由な軸対称剛体が**歳差運動**を行うことが理解されるが，本書ではこの歳差運動をオイラー角を力学変数とした**問題 108** の設問 3 で見ることになる．

解答

1.　今の場合

$$\underline{I} = \begin{pmatrix} I_1 & 0 & 0 \\ 0 & I_2 & 0 \\ 0 & 0 & I_3 \end{pmatrix} \;\Rightarrow\; \underline{I}\,\underline{\boldsymbol{\omega}} = \begin{pmatrix} I_1\underline{\omega}_1 \\ I_2\underline{\omega}_2 \\ I_3\underline{\omega}_3 \end{pmatrix} \;\Rightarrow\; \underline{\boldsymbol{\omega}} \times (\underline{I}\,\underline{\boldsymbol{\omega}}) = \begin{pmatrix} \underline{\omega}_2 I_3 \underline{\omega}_3 - \underline{\omega}_3 I_2 \underline{\omega}_2 \\ \underline{\omega}_3 I_1 \underline{\omega}_1 - \underline{\omega}_1 I_3 \underline{\omega}_3 \\ \underline{\omega}_1 I_2 \underline{\omega}_2 - \underline{\omega}_2 I_1 \underline{\omega}_1 \end{pmatrix}$$

より (105.2)の各成分は次の 3 式となる:

$$
\begin{aligned}
I_1\dot{\underline{\omega}}_1 - (I_2 - I_3)\,\underline{\omega}_2\underline{\omega}_3 &= \underline{N}_1 \\
I_2\dot{\underline{\omega}}_2 - (I_3 - I_1)\,\underline{\omega}_3\underline{\omega}_1 &= \underline{N}_2 \\
I_3\dot{\underline{\omega}}_3 - (I_1 - I_2)\,\underline{\omega}_1\underline{\omega}_2 &= \underline{N}_3
\end{aligned}
\tag{105.3}
$$

2. $I_1 = I_2$ かつ $\underline{\boldsymbol{N}} = 0$ の場合，オイラーの運動方程式 (105.3) は

$$
\begin{aligned}
I_1\dot{\underline{\omega}}_1 - (I_1 - I_3)\,\underline{\omega}_2\underline{\omega}_3 &= 0 \\
I_1\dot{\underline{\omega}}_2 - (I_3 - I_1)\,\underline{\omega}_3\underline{\omega}_1 &= 0 \\
I_3\dot{\underline{\omega}}_3 &= 0
\end{aligned}
\tag{105.4}
$$

$I_3 \neq 0$ として (「$\underline{x}_3$ 軸方向に伸びた太さのない棒」は除外)，この第 3 式より

$$\underline{\omega}_3(t) = \text{時間に依らない定数}$$

したがって，(105.4)の第 1 式と第 2 式は

$$\dot{\underline{\omega}}_1 + \Omega\,\underline{\omega}_2 = 0, \qquad \dot{\underline{\omega}}_2 - \Omega\,\underline{\omega}_1 = 0, \tag{105.5}$$

となる．ここに Ω は次式で定義される定数である:

$$\Omega \equiv \frac{I_3 - I_1}{I_1}\,\underline{\omega}_3 \tag{105.6}$$

連立 1 階微分方程式 (105.5)は，複素関数

$$f(t) = \underline{\omega}_1(t) + i\,\underline{\omega}_2(t)$$

を用いると

$$\dot{f}(t) = i\Omega f(t)$$

と等価であり (この実部と虚部がそれぞれ (105.5)の 2 式)，その一般解は

$$f(t) = A\,e^{i(\Omega t + \alpha)} = A\cos(\Omega t + \alpha) + iA\sin(\Omega t + \alpha) \quad (A,\ \alpha\text{: 実定数})$$

となる．したがって，今のオイラーの運動方程式の一般解は

$$\underline{\omega}_1(t) = A\cos(\Omega t + \alpha), \quad \underline{\omega}_2(t) = A\sin(\Omega t + \alpha), \quad \underline{\omega}_3(t) = \text{一定}$$

で与えられる．また，剛体座標系での角運動量は (100.7)の $\underline{\boldsymbol{M}} = \underline{\boldsymbol{I\omega}}$ より

$$\underline{M}_1(t) = I_1A\cos(\Omega t + \alpha), \quad \underline{M}_2(t) = I_1A\sin(\Omega t + \alpha), \quad \underline{M}_3(t) = I_3\underline{\omega}_3$$

問題 106　オイラー角による記述　標準

問題 99 と **問題 100** のとおり，剛体の回転運動の力学変数は回転行列 $R(t)$ であるが，ここでは $R(t)$ を**オイラー角** (Euler angles) と呼ばれる 3 つの角度 $(\phi(t), \theta(t), \psi(t))$ により具体的に次のように与える:

$$R(t) = R_\phi^{(3)} R_\theta^{(1)} R_\psi^{(3)} \tag{106.1}$$

ここに，$R_\theta^{(a)}$ は (32.2)と (32.3) で与えた「第 a 軸周りの角度 θ の回転」を表す回転行列である．すなわち，慣性系と剛体座標系の原点が一致し，剛体上の各点の両座標系での位置ベクトルが $R(t)$ を用いて (99.1)で関係している場合，(106.1)式の $R(t)$ は剛体を慣性系で見て「x_3 軸 (この段階では $\underline{x}_3$ 軸と一致) 周りの角度 ψ の回転」(その後の回転のために図では $\underline{x}_3$ 軸周りの回転となっている) を行った後に「x_1 軸周りの角度 θ の回転」を行い，その後再び「x_3 軸周りの角度 ϕ の回転」を行っている．各オイラー角の範囲は $0 \leq \phi \leq 2\pi$, $0 \leq \theta \leq \pi$, $0 \leq \psi \leq 2\pi$ である．(106.1)式により，剛体の回転運動を表す力学変数は 3 つのオイラー角 $(\phi(t), \theta(t), \psi(t))$ となる．

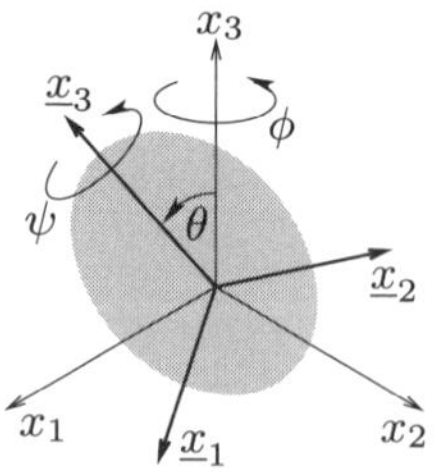

1.　(106.1)式の $R(t)$ を 3×3 行列として陽に書き下せ．
2.　$R^{\mathrm{T}}\dot{R}$ を用いて (97.5)あるいは (97.7)で定義される剛体座標系での角速度ベクトル $\underline{\boldsymbol{\omega}}$ の各成分 $\underline{\omega}_i$ をオイラー角およびそれらの時間微分を用いて与えよ．

解 説　3 次元空間での回転を表すオイラー角の定義は (106.1) 式で与えたものも含めて全部で 12 通りあり，例えば，$R(t) = R_\phi^{(1)} R_\theta^{(2)} R_\psi^{(3)}$ でもよい．なお，θ の範囲が 2π 幅ではなく $0 \leq \theta \leq \pi$ でよいのは，(106.2)からわかるように (106.1)において $\theta \to -\theta$ は $(\phi, \psi) \to (\phi \pm \pi, \psi \pm \pi)$ と等価なためである．

解 答

1.　$s_\theta = \sin\theta$, $c_\theta = \cos\theta$ 等の省略記号を用いると

$$R(t) = R_\phi^{(3)} R_\theta^{(1)} R_\psi^{(3)} = \underbrace{\begin{pmatrix} c_\phi & -s_\phi & 0 \\ s_\phi & c_\phi & 0 \\ 0 & 0 & 1 \end{pmatrix} \begin{pmatrix} 1 & 0 & 0 \\ 0 & c_\theta & -s_\theta \\ 0 & s_\theta & c_\theta \end{pmatrix}}_{= \begin{pmatrix} c_\phi & -s_\phi c_\theta & s_\phi s_\theta \\ s_\phi & c_\phi c_\theta & -c_\phi s_\theta \\ 0 & s_\theta & c_\theta \end{pmatrix}} \begin{pmatrix} c_\psi & -s_\psi & 0 \\ s_\psi & c_\psi & 0 \\ 0 & 0 & 1 \end{pmatrix}$$

$$= \begin{pmatrix} c_\phi c_\psi - s_\phi c_\theta s_\psi & -c_\phi s_\psi - s_\phi c_\theta c_\psi & s_\phi s_\theta \\ s_\phi c_\psi + c_\phi c_\theta s_\psi & -s_\phi s_\psi + c_\phi c_\theta c_\psi & -c_\phi s_\theta \\ s_\theta s_\psi & s_\theta c_\psi & c_\theta \end{pmatrix} \tag{106.2}$$

2. (106.2)の R の表式を直接用いるのは計算が煩雑になるので，以下のように行う．回転行列が $R_\theta^{(a)\mathrm{T}} R_\theta^{(a)} = \mathbb{I}$ を満たすことを用いて

$$
\begin{aligned}
R^{\mathrm{T}} \dot{R} &= R_\psi^{(3)\mathrm{T}} R_\theta^{(1)\mathrm{T}} R_\phi^{(3)\mathrm{T}} \left(\dot{R}_\phi^{(3)} R_\theta^{(1)} R_\psi^{(3)} + R_\phi^{(3)} \dot{R}_\theta^{(1)} R_\psi^{(3)} + R_\phi^{(3)} R_\theta^{(1)} \dot{R}_\psi^{(3)} \right) \\
&= R_\psi^{(3)\mathrm{T}} R_\theta^{(1)\mathrm{T}} \left(R_\phi^{(3)\mathrm{T}} \dot{R}_\phi^{(3)} \right) R_\theta^{(1)} R_\psi^{(3)} + R_\psi^{(3)\mathrm{T}} \left(R_\theta^{(1)\mathrm{T}} \dot{R}_\theta^{(1)} \right) R_\psi^{(3)} + R_\psi^{(3)\mathrm{T}} \dot{R}_\psi^{(3)}
\end{aligned}
\tag{106.3}
$$

この各項を計算する．まず，

$$
R_\psi^{(3)\mathrm{T}} \dot{R}_\psi^{(3)} = \begin{pmatrix} c_\psi & s_\psi & 0 \\ -s_\psi & c_\psi & 0 \\ 0 & 0 & 1 \end{pmatrix} \begin{pmatrix} -s_\psi & -c_\psi & 0 \\ c_\psi & -s_\psi & 0 \\ 0 & 0 & 0 \end{pmatrix} \dot{\psi} = \begin{pmatrix} 0 & -1 & 0 \\ 1 & 0 & 0 \\ 0 & 0 & 0 \end{pmatrix} \dot{\psi}
$$

次に，

$$
R_\theta^{(1)\mathrm{T}} \dot{R}_\theta^{(1)} = \begin{pmatrix} 1 & 0 & 0 \\ 0 & c_\theta & s_\theta \\ 0 & -s_\theta & c_\theta \end{pmatrix} \begin{pmatrix} 0 & 0 & 0 \\ 0 & -s_\theta & -c_\theta \\ 0 & c_\theta & -s_\theta \end{pmatrix} \dot{\theta} = \begin{pmatrix} 0 & 0 & 0 \\ 0 & 0 & -1 \\ 0 & 1 & 0 \end{pmatrix} \dot{\theta}
$$

を用いて

$$
\begin{aligned}
R_\psi^{(3)\mathrm{T}} \left(R_\theta^{(1)\mathrm{T}} \dot{R}_\theta^{(1)} \right) R_\psi^{(3)} &= \begin{pmatrix} c_\psi & s_\psi & 0 \\ -s_\psi & c_\psi & 0 \\ 0 & 0 & 1 \end{pmatrix} \begin{pmatrix} 0 & 0 & 0 \\ 0 & 0 & -1 \\ 0 & 1 & 0 \end{pmatrix} \begin{pmatrix} c_\psi & -s_\psi & 0 \\ s_\psi & c_\psi & 0 \\ 0 & 0 & 1 \end{pmatrix} \dot{\theta} \\
&= \begin{pmatrix} 0 & 0 & -s_\psi \\ 0 & 0 & -c_\psi \\ s_\psi & c_\psi & 0 \end{pmatrix} \dot{\theta}
\end{aligned}
$$

同様の計算で

$$
R_\psi^{(3)\mathrm{T}} R_\theta^{(1)\mathrm{T}} \left(R_\phi^{(3)\mathrm{T}} \dot{R}_\phi^{(3)} \right) R_\theta^{(1)} R_\psi^{(3)} = \begin{pmatrix} 0 & -c_\theta & c_\psi s_\theta \\ c_\theta & 0 & -s_\psi s_\theta \\ -c_\psi s_\theta & s_\psi s_\theta & 0 \end{pmatrix} \dot{\phi}
$$

以上の結果を (106.3)に代入して

$$
R^{\mathrm{T}} \dot{R} = \begin{pmatrix} 0 & -\dot{\psi} - c_\theta \dot{\phi} & -s_\psi \dot{\theta} + c_\psi s_\theta \dot{\phi} \\ \dot{\psi} + c_\theta \dot{\phi} & 0 & -c_\psi \dot{\theta} - s_\psi s_\theta \dot{\phi} \\ s_\psi \dot{\theta} - c_\psi s_\theta \dot{\phi} & c_\psi \dot{\theta} + s_\psi s_\theta \dot{\phi} & 0 \end{pmatrix}
$$

を得る．これを (97.7)式，すなわち，$(R^{\mathrm{T}} \dot{R})_{ij} = \epsilon_{ikj} \underline{\omega}_k$ からの

$$
R^{\mathrm{T}} \dot{R} = \begin{pmatrix} 0 & -\underline{\omega}_3 & \underline{\omega}_2 \\ \underline{\omega}_3 & 0 & -\underline{\omega}_1 \\ -\underline{\omega}_2 & \underline{\omega}_1 & 0 \end{pmatrix}
$$

と比べて次の $\underline{\omega}_i$ を得る:

$$
\begin{aligned}
\underline{\omega}_1 &= \dot{\phi} \sin\theta \sin\psi + \dot{\theta} \cos\psi \\
\underline{\omega}_2 &= \dot{\phi} \sin\theta \cos\psi - \dot{\theta} \sin\psi \\
\underline{\omega}_3 &= \dot{\phi} \cos\theta + \dot{\psi}
\end{aligned}
\tag{106.4}
$$

問題 107　軸対称剛体のオイラー角による記述　標準

剛体座標系の原点 (=慣性系の原点) 周りに回転運動する $\underline{x}_3$ 軸対称な剛体 ($I_1 = I_2$, **問題 105** 参照) を考える.

1. この剛体の回転運動エネルギー T (99.5)を**問題 106** のオイラー角 (ϕ, θ, ψ) とその時間微分および主慣性モーメント I_1 と I_3 を用いて表せ.
2. この剛体のポテンシャル・エネルギーがオイラー角を用いて $U(\phi, \theta, \psi)$ で与えられるとする. ラグランジアン $L = T - U$ より力学変数 (ϕ, θ, ψ) のオイラー・ラグランジュ方程式 3 本を求めよ.
3. 剛体の原点周りの角運動量 $\boldsymbol{M}$ を (ϕ, θ, ψ) および $(\dot{\phi}, \dot{\theta}, \underline{\omega}_3)$ により表せ ($\dot{\psi}$ の代わりに (106.4)式の $\underline{\omega}_3$ を用いよ).
4. 特に $U = 0$ で剛体にトルクが働かない場合 ($\boldsymbol{N} = 0$), 設問 2 で求めたオイラー・ラグランジュ方程式が設問 3 で求めた角運動量 $\boldsymbol{M}$ の保存 ($\dot{\boldsymbol{M}} = 0$) と等価であることを具体的に示せ.

解説　次の**問題 108** のための準備の問題である.

問題 100 では, 回転行列 $R(t)$ の微小変形が一般に (100.2)で表されることを用いて, 最小作用の原理から運動方程式として (100.4)式, $\frac{d}{dt}\boldsymbol{M} = \boldsymbol{N}$, を導いた. 設問 4 は, 特にトルクが働かない $\boldsymbol{N} = 0$ の場合に, オイラー角を力学変数とした軸対称剛体のオイラー・ラグランジュ方程式が角運動量保存 $\frac{d}{dt}\boldsymbol{M} = 0$ と等価であることを具体的に示す問題である.

解答

1. (106.4)式で与えられる $\underline{\omega}_i$ を用いて

$$
\begin{aligned}
T &= \frac{1}{2}I_1\left(\underline{\omega}_1^2 + \underline{\omega}_2^2\right) + \frac{1}{2}I_3\,\underline{\omega}_3^2 \\
&= \frac{1}{2}I_1\Big(\big(\dot{\phi}\sin\theta\sin\psi + \dot{\theta}\cos\psi\big)^2 + \big(\dot{\phi}\sin\theta\cos\psi - \dot{\theta}\sin\psi\big)^2\Big) \\
&\quad + \frac{1}{2}I_3\big(\dot{\phi}\cos\theta + \dot{\psi}\big)^2 \\
&= \frac{1}{2}I_1\big(\dot{\theta}^2 + \dot{\phi}^2\sin^2\theta\big) + \frac{1}{2}I_3\big(\dot{\phi}\cos\theta + \dot{\psi}\big)^2 \qquad (107.1)
\end{aligned}
$$

2. 今の剛体のラグランジアンは

$$
L = \frac{1}{2}I_1\big(\dot{\theta}^2 + \dot{\phi}^2\sin^2\theta\big) + \frac{1}{2}I_3\big(\dot{\phi}\cos\theta + \dot{\psi}\big)^2 - U(\phi, \theta, \psi) \qquad (107.2)
$$

であり

$$
\frac{\partial L}{\partial\dot{\phi}} = I_1\dot{\phi}\sin^2\theta + I_3\big(\dot{\phi}\cos\theta + \dot{\psi}\big)\cos\theta, \qquad \frac{\partial L}{\partial\phi} = -\frac{\partial U}{\partial\phi}
$$

$$
\frac{\partial L}{\partial\dot{\theta}} = I_1\dot{\theta}, \qquad \frac{\partial L}{\partial\theta} = I_1\dot{\phi}^2\sin\theta\cos\theta - I_3\big(\dot{\phi}\cos\theta + \dot{\psi}\big)\dot{\phi}\sin\theta - \frac{\partial U}{\partial\theta}
$$

$$\frac{\partial L}{\partial \dot{\psi}} = I_3\big(\dot{\phi}\cos\theta + \dot{\psi}\big), \qquad \frac{\partial L}{\partial \psi} = -\frac{\partial U}{\partial \psi}$$

より (ϕ, θ, ψ) のオイラー・ラグランジュ方程式はそれぞれ

$$\frac{d}{dt}\left(I_1\dot{\phi}\sin^2\theta + I_3\big(\dot{\phi}\cos\theta + \dot{\psi}\big)\cos\theta\right) = -\frac{\partial U}{\partial \phi} \tag{107.3}$$

$$I_1\big(\ddot{\theta} - \dot{\phi}^2\sin\theta\cos\theta\big) + I_3\big(\dot{\phi}\cos\theta + \dot{\psi}\big)\dot{\phi}\sin\theta = -\frac{\partial U}{\partial \theta} \tag{107.4}$$

$$I_3\frac{d}{dt}\big(\dot{\phi}\cos\theta + \dot{\psi}\big) = -\frac{\partial U}{\partial \psi} \tag{107.5}$$

3. まず，剛体座標系で見た角運動量 $\underline{\boldsymbol{M}}$ は

$$\underline{\boldsymbol{M}} = \underline{I}\,\underline{\boldsymbol{\omega}} = \begin{pmatrix} I_1\underline{\omega}_1 \\ I_1\underline{\omega}_2 \\ I_3\underline{\omega}_3 \end{pmatrix} = \begin{pmatrix} I_1\big(\dot{\phi}\sin\theta\sin\psi + \dot{\theta}\cos\psi\big) \\ I_1\big(\dot{\phi}\sin\theta\cos\psi - \dot{\theta}\sin\psi\big) \\ I_3\underline{\omega}_3 \end{pmatrix} \tag{107.6}$$

慣性系で見た運動量 $\boldsymbol{M}$ は (106.2)で与えた R の表式を用いて

$$\begin{aligned}
\boldsymbol{M} &= R\underline{\boldsymbol{M}} \\
&= \begin{pmatrix} c_\phi c_\psi - s_\phi c_\theta s_\psi & -c_\phi s_\psi - s_\phi c_\theta c_\psi & s_\phi s_\theta \\ s_\phi c_\psi + c_\phi c_\theta s_\psi & -s_\phi s_\psi + c_\phi c_\theta c_\psi & -c_\phi s_\theta \\ s_\theta s_\psi & s_\theta c_\psi & c_\theta \end{pmatrix} \begin{pmatrix} I_1\big(\dot{\phi}\,s_\theta s_\psi + \dot{\theta}\,c_\psi\big) \\ I_1\big(\dot{\phi}\,s_\theta c_\psi - \dot{\theta}\,s_\psi\big) \\ I_3\underline{\omega}_3 \end{pmatrix} \\
&= \begin{pmatrix} I_1\dot{\theta}\cos\phi - \big(I_1\dot{\phi}\cos\theta - I_3\,\underline{\omega}_3\big)\sin\theta\sin\phi \\ I_1\dot{\theta}\sin\phi + \big(I_1\dot{\phi}\cos\theta - I_3\,\underline{\omega}_3\big)\sin\theta\cos\phi \\ I_1\dot{\phi}\sin^2\theta + I_3\,\underline{\omega}_3\cos\theta \end{pmatrix}
\end{aligned} \tag{107.7}$$

4. まず，(107.7)の M_3 の表式と (106.4)の $\underline{\omega}_3 = \dot{\phi}\cos\theta + \dot{\psi}$ より，「(107.3)において (右辺) $= 0$」は $\dot{M}_3 = 0$ に他ならないことがわかる．次に，(107.7)の M_1 と M_2，および，$f \equiv \big(I_1\dot{\phi}\cos\theta - I_3\,\underline{\omega}_3\big)\sin\theta$ について

$$\begin{aligned}
&\begin{pmatrix} M_1 \\ M_2 \end{pmatrix} = \begin{pmatrix} c_\phi & -s_\phi \\ s_\phi & c_\phi \end{pmatrix} \begin{pmatrix} I_1\dot{\theta} \\ f \end{pmatrix} \\
\Rightarrow\ &\begin{pmatrix} \dot{M}_1 \\ \dot{M}_2 \end{pmatrix} = \begin{pmatrix} c_\phi & -s_\phi \\ s_\phi & c_\phi \end{pmatrix} \begin{pmatrix} I_1\ddot{\theta} \\ \dot{f} \end{pmatrix} + \dot{\phi}\begin{pmatrix} -s_\phi & -c_\phi \\ c_\phi & -s_\phi \end{pmatrix} \begin{pmatrix} I_1\dot{\theta} \\ f \end{pmatrix} \\
\Rightarrow\ &\begin{pmatrix} \cos\phi & \sin\phi \\ -\sin\phi & \cos\phi \end{pmatrix} \begin{pmatrix} \dot{M}_1 \\ \dot{M}_2 \end{pmatrix} = \begin{pmatrix} I_1\ddot{\theta} - f\dot{\phi} = (107.4)\text{の左辺} \\ \dot{f} + I_1\dot{\theta}\dot{\phi} \end{pmatrix}
\end{aligned} \tag{107.8}$$

を得る．さらに，(107.8)の右辺の下成分 $\dot{f} + I_1\dot{\theta}\dot{\phi}$ と $\dot{M}_3 = \dfrac{d}{dt}\big(I_1\dot{\phi}\sin^2\theta + I_3\,\underline{\omega}_3\cos\theta\big)$ について

$$\dot{M}_3\cos\theta - \big(\dot{f} + I_1\dot{\theta}\dot{\phi}\big)\sin\theta = I_3\dot{\underline{\omega}}_3 = (107.5)\text{の左辺}$$

が成り立つ．以上より，$\dot{\boldsymbol{M}} = 0$ と「オイラー・ラグランジュ方程式 (107.3)–(107.5) において (右辺) $= 0$ としたもの」は等価である．

問題 108　軸対称剛体の自由回転のオイラー角による扱い　標準

問題 105 において $\underline{x}_3$ 軸対称剛体の自由回転をオイラーの運動方程式に基づいて扱ったが，ここでは同じ問題をオイラー角を力学変数として取ることにより考える．

問題 107 では，剛体座標系の原点 (=慣性系の原点) 周りに回転運動する $\underline{x}_3$ 軸対称な剛体 ($I_1 = I_2$) に対して，オイラー角を力学変数とするオイラー・ラグランジュ方程式 (107.3)–(107.5) およびオイラー角による角運動量の表式 (107.7) を得た．これを用いて，軸対称剛体の自由回転を考えよう．

1. 今の自由回転する剛体にはトルクが働かず ($\boldsymbol{N} = 0$)，慣性系で見た角運動量ベクトル $\boldsymbol{M}$ は保存する (**問題 107** の設問 4 参照)．したがって，$\boldsymbol{M}$ の方向を慣性系の任意の固定した方向に定めることができるが，特にこれを慣性系の x_3 軸の正方向に取ることにより，$(\phi(t), \theta(t), \psi(t))$ を角運動量の大きさ $M = |\boldsymbol{M}|$ を用いて表せ．なお，必要なら，ψ のオイラー・ラグランジュ方程式 (107.5)より剛体座標系で見た角速度の第 3 成分 $\underline{\omega}_3$ が保存量であることを用いよ．
2. 剛体座標系で見た角速度ベクトル $\underline{\boldsymbol{\omega}}(t)$ を与えよ．
3. この剛体の対称軸である $\underline{x}_3$ 軸の慣性系における運動を調べよ．

解 説　**問題 105** において $\underline{z}$ 軸対称剛体の自由回転をオイラーの運動方程式に基づいて扱ったが，ここでは同じ問題をオイラー角を力学変数として取ることにより考える．**問題 105** では扱わなかった軸対称剛体の慣性系における自由運動が比較的簡単にわかる．

解 答

1. (107.7)式より

$$\begin{pmatrix} M_1 \\ M_2 \end{pmatrix} = \begin{pmatrix} \cos\phi & -\sin\phi \\ \sin\phi & \cos\phi \end{pmatrix} \begin{pmatrix} I_1\dot{\theta} \\ \left(I_1\dot{\phi}\cos\theta - I_3\,\underline{\omega}_3\right)\sin\theta \end{pmatrix}$$

$\boldsymbol{M}$ を x_3 軸の正方向に取ると $M_1 = M_2 = 0$ であり，これは上式より

$$I_1\dot{\theta} = 0, \qquad \left(I_1\dot{\phi}\cos\theta - I_3\,\underline{\omega}_3\right)\sin\theta = 0$$

を意味する．この左式より ($I_1 \neq 0$ として)

$$\dot{\theta} = 0 \quad \Rightarrow \quad \theta(t) = \text{一定} = \theta_0$$

であり，右式から ($\sin\theta_0 \neq 0$ として)

$$\dot{\phi} = \frac{I_3\,\underline{\omega}_3}{I_1\cos\theta_0} \quad \Rightarrow \quad \phi(t) = \frac{I_3\,\underline{\omega}_3}{I_1\cos\theta_0}t + \phi_0 \quad (\phi_0\text{: 定数})$$

となる．ここに，$\underline{\omega}_3$ が時間に依らない定数であることを用いた．さらに，(106.4)式で与えられた $\underline{\omega}_3$ のオイラー角による表式より

$$\underline{\omega}_3 = \dot{\phi}\cos\theta_0 + \dot{\psi} \quad \Rightarrow \quad \dot{\psi} = \underline{\omega}_3 - \underbrace{\dot{\phi}\cos\theta_0}_{I_3\,\underline{\omega}_3/I_1} = \left(1 - \frac{I_3}{I_1}\right)\underline{\omega}_3$$

$$\Rightarrow \quad \psi(t) = \left(1-\frac{I_3}{I_1}\right)\underline{\omega}_3 t + \psi_0 \quad (\psi_0\text{: 定数})$$

を得る．

次に，(107.7)式の M_3 の表式と，今 $M_3 = M = |\boldsymbol{M}|\ (>0)$ であることより

$$M = M_3 = \underbrace{I_1\dot{\phi}}_{\frac{I_3\,\underline{\omega}_3}{\cos\theta_0}} \sin^2\theta_0 + I_3\,\underline{\omega}_3\cos\theta_0 = \frac{I_3\,\underline{\omega}_3}{\cos\theta_0} \ \Rightarrow\ \underline{\omega}_3 = \frac{M\cos\theta_0}{I_3}$$

これにより，$\underline{\omega}_3$ の代わりに M を用いて

$$\theta(t) = \theta_0, \quad \phi(t) = \frac{M}{I_1}t + \phi_0, \quad \psi(t) = \left(\frac{1}{I_3} - \frac{1}{I_1}\right) M\cos\theta_0\, t + \psi_0$$

2. (106.4)と $\theta = \theta_0,\ \dot{\theta} = 0$ より

$$\underline{\boldsymbol{\omega}}(t) = \begin{pmatrix} \dot{\phi}\sin\theta_0\sin\psi \\ \dot{\phi}\sin\theta_0\cos\psi \\ \underline{\omega}_3 \end{pmatrix} = \frac{M}{I_1}\begin{pmatrix} \sin\theta_0\sin\psi(t) \\ \sin\theta_0\cos\psi(t) \\ \dfrac{I_1}{I_3}\cos\theta_0 \end{pmatrix} = \frac{M}{I_1}\begin{pmatrix} \sin\theta_0\cos\left(\frac{\pi}{2} - \psi(t)\right) \\ \sin\theta_0\sin\left(\frac{\pi}{2} - \psi(t)\right) \\ \dfrac{I_1}{I_3}\cos\theta_0 \end{pmatrix}$$

これより，剛体座標系において $\underline{\boldsymbol{\omega}}$ は $\underline{x}_3$ 軸の周りを一定の角速度

$$-\dot{\psi} = \left(\frac{I_3}{I_1} - 1\right)\underline{\omega}_3 = (105.6)\text{式の}\ \Omega$$

で回転することがわかる．これは**問題 105** と同じ結果である．

3. 剛体の対称軸である $\underline{x}_3$ 軸の正方向の単位ベクトル $\underline{\boldsymbol{e}}_3 = \left(\begin{smallmatrix}0\\0\\1\end{smallmatrix}\right)$ を慣性系で見ると，(106.2)式の $R(t)$ の表式を用いて

$$R(t)\underline{\boldsymbol{e}}_3 = \begin{pmatrix} c_\phi c_\psi - s_\phi c_\theta s_\psi & -c_\phi s_\psi - s_\phi c_\theta c_\psi & s_\phi s_\theta \\ s_\phi c_\psi + c_\phi c_\theta s_\psi & -s_\phi s_\psi + c_\phi c_\theta c_\psi & -c_\phi s_\theta \\ s_\theta s_\psi & s_\theta c_\psi & c_\theta \end{pmatrix}\begin{pmatrix}0\\0\\1\end{pmatrix}$$

$$= \begin{pmatrix} \sin\phi\sin\theta \\ -\cos\phi\sin\theta \\ \cos\theta \end{pmatrix} = \begin{pmatrix} \sin\theta_0\sin\phi(t) \\ -\sin\theta_0\cos\phi(t) \\ \cos\theta_0 \end{pmatrix} = \begin{pmatrix} \sin\theta_0\cos\left(\phi(t) - \frac{\pi}{2}\right) \\ \sin\theta_0\sin\left(\phi(t) - \frac{\pi}{2}\right) \\ \cos\theta_0 \end{pmatrix}$$

を得る．これは，慣性系において，剛体の対称軸 ($\underline{x}_3$ 軸) は角運動量 $\boldsymbol{M}$ の方向 (x_3 軸方向) を回転軸として，それと角度 θ_0 をなし，一定の角速度 $\dot{\phi} = M/I_1$ で回転することを意味する．この運動は**歳差運動**と呼ばれる．

問題 *109* 軸上の一点を固定した対称こまの重力下での運動 (その 1) 発展

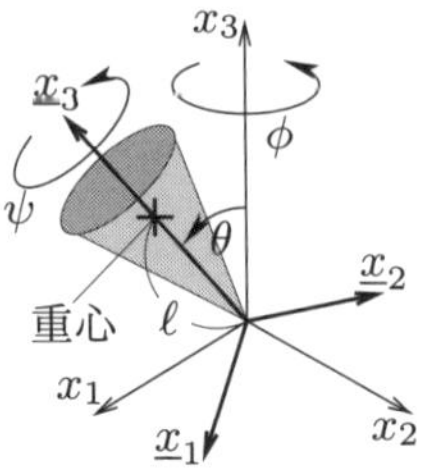

一様な重力場の下，軸上の一点が固定された軸対称なこま (**対称こま**) の運動を考える．すなわち，剛体座標系の原点が慣性系の原点に固定され，その周りに回転運動する $\underline{x}_3$ 軸対称な剛体 $(I_1 = I_2)$ を考える．剛体の質量を m とし，慣性系の x_3 軸の正方向が鉛直上向き，重力加速度の大きさを g とする．

1. オイラー角 (ϕ, θ, ψ) を力学変数としたこの系のラグランジアンを与えよ．ただし，このこまの重心は剛体座標系の点 $\underline{\boldsymbol{x}}_{\text{重心}} = \begin{pmatrix} 0 \\ 0 \\ \ell \end{pmatrix}$，すなわち，こまの固定点から距離 ℓ の軸上にあるとする．
2. 前設問 1 のラグランジアンから，力学変数 ϕ と ψ は循環座標であり，対応する運動量 p_ϕ と p_ψ はそれぞれ保存量であることがわかる．また，(107.7)と (107.6) から，$(p_\phi, p_\psi) = (M_3, \underline{M}_3)$，すなわち，慣性系および剛体座標系での角運動量の第 3 成分と同定される．以上のことを用いて，$\dot{\phi}$ と $\dot{\psi}$ をそれぞれ定数 M_3, $\underline{M}_3$, I_1, I_3 を用いた θ の関数として表せ．
3. この系のもう 1 つの保存量であるエネルギー E を，定数として M_3, $\underline{M}_3$, I_1, I_3, $mg\ell$ を用いた $(\theta, \dot{\theta})$ の関数として表せ．さらに，この E の表式を θ の代わりに $u \equiv \cos\theta$ で表すと
$$\dot{u}^2 = f(u) \equiv (\alpha - \beta u)\left(1 - u^2\right) - (a - bu)^2 \tag{109.1}$$
の形の式が得られる．ここに現れる定数 (α, β, a, b) を元の定数 $(E, M_3, \underline{M}_3, I_1, I_3, mg\ell)$ を用いて与えよ．
4. $\dot{\phi}$ と $\dot{\psi}$ を定数として $(a, b, \underline{M}_3/I_3)$ を用いた u の関数として表せ．

解 説　この問題と次の**問題 110** で，一様重力下で軸上の一点が固定された軸対称こまの運動をオイラー角を用いて考える．ここでは，**問題 110** で必要とされる諸式を導出する．

解 答

1. 一点を固定した軸対称剛体のラグランジアンは一般に (107.2)式で与えられる．慣性系での重心の位置ベクトル $\boldsymbol{x}_{\text{重心}}$ は $R(t)$ の表式 (106.2)を用いて
$$\boldsymbol{x}_{\text{重心}} = R(t)\,\underline{\boldsymbol{x}}_{\text{重心}} = R(t)\begin{pmatrix} 0 \\ 0 \\ \ell \end{pmatrix} = \ell \begin{pmatrix} \sin\phi\sin\theta \\ -\cos\phi\sin\theta \\ \cos\theta \end{pmatrix} = \ell \begin{pmatrix} \sin\theta\cos\left(\phi - \frac{\pi}{2}\right) \\ \sin\theta\sin\left(\phi - \frac{\pi}{2}\right) \\ \cos\theta \end{pmatrix} \tag{109.2}$$

これより，慣性系での重心の x_3 座標は $\ell\cos\theta$ であり，重力のポテンシャル・エネルギーは $U=mg\ell\cos\theta$．これを (107.2)に代入して，求めるラグランジアンは

$$L=\frac{1}{2}I_1\left(\dot{\theta}^2+\dot{\phi}^2\sin^2\theta\right)+\frac{1}{2}I_3\left(\dot{\phi}\cos\theta+\dot{\psi}\right)^2-mg\ell\cos\theta \tag{109.3}$$

2. ラグランジアン (109.3)は確かに ϕ と ψ には依らず，これらは循環座標である．対応する運動量 (=保存量) は ((107.7)の $\underline{M}_3$ と (107.6)の M_3 を参照)

$$p_\phi=\frac{\partial L}{\partial\dot{\phi}}=I_1\dot{\phi}\sin^2\theta+I_3\left(\dot{\phi}\cos\theta+\dot{\psi}\right)\cos\theta=\text{一定}=M_3 \tag{109.4}$$

$$p_\psi=\frac{\partial L}{\partial\dot{\psi}}=I_3\left(\dot{\phi}\cos\theta+\dot{\psi}\right)=\text{一定}=\underline{M}_3 \tag{109.5}$$

すなわち

$$I_1\dot{\phi}\sin^2\theta+\underline{M}_3\cos\theta=M_3,\qquad \dot{\phi}\cos\theta+\dot{\psi}=\frac{\underline{M}_3}{I_3}$$

これら 2 式を $(\dot{\phi},\dot{\psi})$ について解くと

$$\dot{\phi}=\frac{M_3-\underline{M}_3\cos\theta}{I_1\sin^2\theta} \tag{109.6}$$

$$\dot{\psi}=\frac{\underline{M}_3}{I_3}-\dot{\phi}\cos\theta=\frac{\underline{M}_3}{I_3}-\frac{M_3-\underline{M}_3\cos\theta}{I_1\sin^2\theta}\cos\theta \tag{109.7}$$

3. エネルギー $E=T+U$ に (109.6)と (109.5) を用いると

$$\begin{aligned}E&=\frac{1}{2}I_1\left(\dot{\theta}^2+\dot{\phi}^2\sin^2\theta\right)+\frac{1}{2}I_3\left(\dot{\phi}\cos\theta+\dot{\psi}\right)^2+mg\ell\cos\theta\\&=\frac{1}{2}I_1\dot{\theta}^2+\frac{(M_3-\underline{M}_3\cos\theta)^2}{2I_1\sin^2\theta}+\frac{\underline{M}_3^2}{2I_3}+mg\ell\cos\theta\end{aligned}$$

この式の両辺に $\sin^2\theta$ を掛け変形すると

$$\begin{aligned}\dot{\theta}^2\sin^2\theta&=\frac{2}{I_1}\left(E-\frac{\underline{M}_3^2}{2I_3}\right)\sin^2\theta-\left(\frac{M_3}{I_1}-\frac{\underline{M}_3}{I_1}\cos\theta\right)^2-\frac{2mg\ell}{I_1}\cos\theta\sin^2\theta\\&=\left[\frac{2}{I_1}\left(E-\frac{\underline{M}_3^2}{2I_3}\right)-\frac{2mg\ell}{I_1}\cos\theta\right]\sin^2\theta-\left(\frac{M_3}{I_1}-\frac{\underline{M}_3}{I_1}\cos\theta\right)^2\end{aligned}$$

これに $\cos\theta=u$，$\sin^2\theta=1-u^2$，$\dot{\theta}^2\sin^2\theta=\dot{u}^2$ を用いると，定数 (α,β,a,b) を

$$\alpha=\frac{2}{I_1}\left(E-\frac{\underline{M}_3^2}{2I_3}\right),\quad \beta=\frac{2mg\ell}{I_1},\quad a=\frac{M_3}{I_1},\quad b=\frac{\underline{M}_3}{I_1}$$

として，ちょうど (109.1)の形となっている．

4. (109.6)と (109.7)より

$$\dot{\phi}=\frac{M_3-\underline{M}_3u}{I_1(1-u^2)}=\frac{a-bu}{1-u^2} \tag{109.8}$$

$$\dot{\psi}=\frac{\underline{M}_3}{I_3}-\dot{\phi}u=\frac{\underline{M}_3}{I_3}-\frac{a-bu}{1-u^2}u \tag{109.9}$$

問題 110 軸上の一点を固定した対称こまの重力下での運動 (その 2) 発展

問題 109 からの続きの問題である．

(109.1)式より $u(t) = \cos\theta(t)$ は積分

$$t = \pm \int_{u(0)}^{u(t)} \frac{du}{\sqrt{f(u)}} \tag{110.1}$$

から求めることができ，この $u(t)$ を用いて (109.8)と (109.9)から $\phi(t)$ と $\psi(t)$ が得られる．$f(u)$ は u の 3 次式であり，(110.1)の積分は**楕円積分**となって一般に初等関数で表すことはできないが，$\theta(t)$ と $\phi(t)$ の定性的な振る舞い，したがって，こまの軸の運動の定性的な様子は以下のようにして知ることができる．

5. (109.1)式の関数 $f(u)$ の形，および，こまの運動は $-1 \le u\,(=\cos\theta) \le 1$ かつ $f(u)\,(=\dot{u}^2) \ge 0$ の範囲に限られるという物理的要請を用いて，$f(u)$ の概形を与えよ．特に，u の 3 次式 $f(u)$ の実零点 ($f(u) = 0$ となる実数 u) を u_1, u_2, u_3 ($u_1 \le u_2 \le u_3$) として，これらの零点の配置を説明せよ．
6. 対称こまの運動により，その軸上の決まった点 (例えば，こまの重心) は軸の固定点を中心とした一定の半径 (重心の場合は半径 ℓ) の球面上を時間とともに移動していく．この球面上の軌跡がどのようなものであるかを，前設問 5 の結果および (109.8)式も考慮して説明せよ．

解 説 前問からの続きであり，そこで用意した諸式を用いてこまの軸の運動を具体的に考える．

解 答

5. まず，(109.1)式の $f(u)$ より

(1) $\beta = 2mg\ell/I_1 > 0 \Rightarrow f(u \to \pm\infty) = \beta \times (\pm\infty)^3 = \pm\infty$

(2) $f(u = \pm 1) = -(a \mp b)^2 \le 0$

さらに，こまの運動に対しては $f(u) = \dot{u}^2 \ge 0$ より

(3) $-1 \le u \le 1$ の範囲に $f(u) \ge 0$ となる領域が存在する．

これらより

- (1) の $f(+\infty) = +\infty$ と (2) の $f(1) \le 0$ より，$u \ge 1$ に $f(u)$ の (実) 零点が少なくとも 1 つ存在する．
- さらに，(2) と (3) より，$-1 \le u \le 1$ の範囲に一般に $f(u)$ の零点が 2 つ存在しなければならない．したがって，$u \ge 1$ の零点は一般に 1 つだけ．

よって，3 つの零点の配置は

$$-1 \leq u_1 \leq u_2 \leq 1 \leq u_3$$

であって，$f(u)$ の概形は一般に右図のとおり (u_1 と u_2 が同符号でもよいし，例外的に，零点達が一致する場合もある).

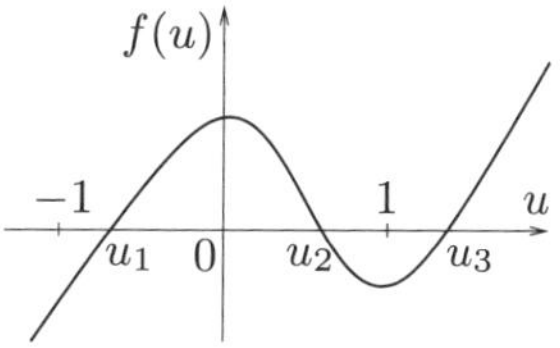

6. まず，(109.2)からわかるように，こまの重心は半径 ℓ の球面上の x_3 軸からの角度 θ と x_3 軸周りの角度 ϕ (x_2 軸の負の方向が起点) の (θ, ϕ) で指定される．
θ_1 と θ_2 を $u_1 = \cos\theta_1$, $u_2 = \cos\theta_2$ で定義される角度 ($0 \leq \theta_{1,2} \leq \pi$) として，前設問 5 の結果から $\theta(t)$ は時間発展と共に $\theta_2 \leq \theta \leq \theta_1$ の間を往復する周期運動をし，その周期 T は (110.1)より $T = 2\int_{u_1}^{u_2} \frac{du}{\sqrt{f(u)}}$ で与えられることがわかる (往路と復路で (110.1)の右辺の符号が逆になる).
次に，$\phi(t)$ は (109.8)式，すなわち $\dot{\phi}(t) = \dfrac{a - bu(t)}{1 - u(t)^2}$ に (110.1)から得られる $u(t)$ を代入し t 積分を行うことで求まるが，ここでは時間発展と共に $\phi(t)$ が単調に増大あるいは減少するか，あるいは，増大と減少を繰り返すのかを考え，$(\phi(t), \theta(t))$ で指定される重心の軌跡を図示する．これは

$$u_s \equiv \frac{a}{b} = \frac{M_3}{\underline{M}_3} \quad \Rightarrow \quad \dot{\phi} = b\frac{u_s - u}{1 - u^2}$$

として

- $u_s < u_1$ あるいは $u_s > u_2$ の場合，$\dot{\phi}$ の符号は一定であり，$\phi(t)$ は単調に増大あるいは減少する $\Rightarrow$ 下図 (a)
- $u_1 < u_s < u_2$ の場合，$\theta = \theta_s$ ($u_s = \cos\theta_s$) で $\dot{\phi}$ の符号が変化し，$\phi(t)$ は増大と減少を繰り返す $\Rightarrow$ 例は下図 (b)
- $u_s = u_1$ あるいは $u_s = u_2$ の場合，$\theta = \theta_1$ あるいは $\theta = \theta_2$ で $\dot{\theta}$ と $\dot{\phi}$ が同時に 0 となる $\Rightarrow$ 下図 (c) ($u_s = u_2$ の場合)

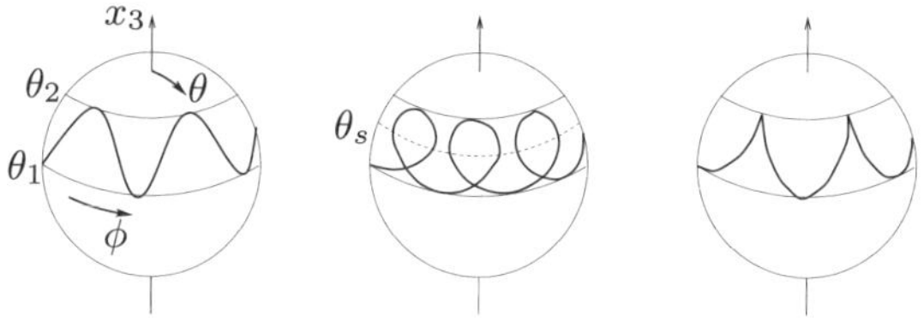

(a)　(b)　(c)

なお，図 (c) で曲線が $\theta = \theta_2$ で尖っているのは，$u \sim u_2 = u_s$ において $\dot{\phi} \sim u_2 - u$ および $f(u) \sim u_2 - u \Rightarrow \dot{u} \sim \sqrt{u_2 - u}$ (いずれも全体の係数を除いて) であり，

$$\frac{d\theta}{d\phi} = \frac{\dot{\theta}}{\dot{\phi}} = -\frac{\dot{u}}{\dot{\phi}\sin\theta} \sim \frac{1}{\sqrt{u_2 - u}}\frac{1}{\sin\theta_2} \to \infty \quad (u \to u_2)$$

のためである．

Tea Time ……………………………… 経路積分と解析力学

第 6 章と第 8 章の **Tea Time** に続き，ここでも量子力学と解析力学の関係についての話をする．量子力学にはさまざまな表し方があるが，その中に「経路積分量子化」と呼ばれる手法がある．そこではラグランジアン $L(q, \dot{q}, t)$ を持った一般の N 自由度系に対して次の「経路積分」を考える:

$$K(t_F, q_F; t_I, q_F) = \int_{q(t_I)=q_I}^{q(t_F)=q_F} \mathcal{D}q(t)\, \exp\Big(\frac{i}{\hbar}\int_{t_I}^{t_F} dt\, L(q, \dot{q}, t)\Big) \tag{I}$$

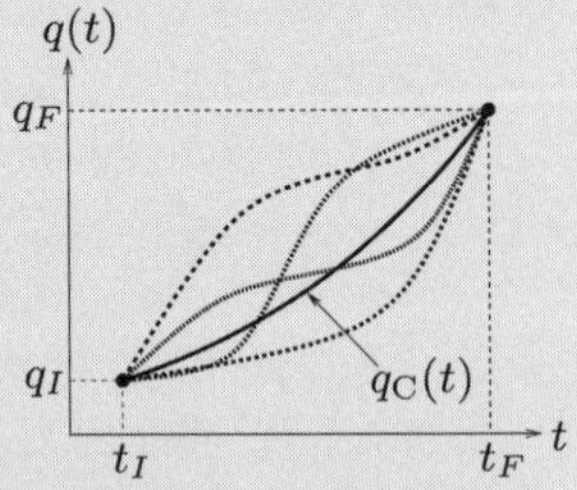

ここに，“積分” $\displaystyle\int_{q(t_I)=q_I}^{q(t_F)=q_F} \mathcal{D}q(t)$ は，始時刻 t_I と終時刻 t_F における条件 $q(t_I) = q_I$ と $q(t_F) = q_F$ を満たす「時間の関数 $q(t)$ についての積分」であり，「汎関数積分」とも呼ばれる．境界条件を満たす全ての関数 $q(t)$(=右図のさまざまな経路) について“足し上げる”のである．また，この経路積分 $K(t_F, q_F; t_I, q_F)$ の量子力学における意味は

> 時刻 t_I に系が $q = q_I$ の状態にあったとき，その後の時刻 t_F に系が $q = q_F$ の状態にある確率を経路積分の絶対値の二乗 $|K(t_F, q_F; t_I, q_F)|^2$ が与える．

である．初期条件を与えたとき，その後の系の時間発展が確率的にしか表現できないのが量子力学の特徴の 1 つである．

第 6 章と第 8 章の **Tea Time** では「換算プランク定数 $\hbar \to 0$ の極限で量子力学は古典力学に帰着する」ことを述べたが，(I) 式の経路積分においてもそれが見て取れる．そのために (I) 式において足し上げる関数 $q(t)$ を，オイラー・ラグランジュ方程式の解 $q_{\mathrm{C}}(t)$ とそれからのズレ $f(t)$ の和として $q(t) = q_{\mathrm{C}}(t) + f(t)$ と表す．すると，(I) 式はズレ $f(t)$ についての汎関数積分

$$K = \exp\Big(\frac{i}{\hbar}\int_{t_I}^{t_F} dt\, L(q_{\mathrm{C}}, \dot{q}_{\mathrm{C}}, t)\Big) \int_{f(t_I)=0}^{f(t_F)=0} \mathcal{D}f(t)\, \underbrace{\exp\Big(\frac{i}{\hbar}\int_{t_I}^{t_F} dt\, \big(f(t)Af(t) + O(f(t)^3)\big)\Big)}_{(\star)}$$

となる．ここに $(\star)$ 内において，A は $(d/dt)^2$ 等を含む量であり，$f(t)$ の 1 次項が存在しないのは $q_{\mathrm{C}}(t)$ がオイラー・ラグランジュ方程式の解であるためである．この $f(t)$ についての汎関数積分において $\hbar \to 0$ とすると，被積分量 $(\star)$(=絶対値が 1 の複素数) の偏角が激しく変動して汎関数積分に相殺がおこる．結局，(I) 式の汎関数積分に寄与するのはオイラー・ラグランジュ方程式の解 $q_{\mathrm{C}}(t)$，すなわち，古典力学の経路のみになる．

索　引

和文

ア行

カ行

サ行

マ行

ヤ行

ラ行

■著者紹介

畑《はた》　浩之《ひろゆき》

京都大学大学院理学研究科 (物理学第二専攻) 博士後期課程修了．理学博士．
京都大学大学院理学研究科教授 等を経て，現在，京都大学名誉教授．

弱点克服《じゃくてんこくふく》 大学生《だいがくせい》の解析力学《かいせきりきがく》

2022 年 7 月25日　第 1 刷発行　　Printed in Japan

著者　畑 浩之

発行所　東京図書株式会社

〒 102-0072 東京都千代田区飯田橋 3-11-19

振替 00140-4-13803 電話 03(3288)9461

http://www.tokyo-tosho.co.jp

ISBN 978-4-489-02391-0